国家出版基金项目
NATIONAL PUBLICATION FOUNDATION

"十四五"时期
国家重点出版物出版专项规划项目 · 重大出版工程

空间科学与技术研究丛书

火星进入轨迹优化与制导方法

TRAJECTORY OPTIMIZATION AND GUIDANCE METHODS FOR MARS ENTRY

李 爽 刘 旭 江秀强 彭玉明 著

北京理工大学出版社
BEIJING INSTITUTE OF TECHNOLOGY PRESS

图书在版编目（CIP）数据

火星进入轨迹优化与制导方法 / 李爽等著. -- 北京：北京理工大学出版社，2023.1
ISBN 978-7-5763-2097-8

Ⅰ. ①火… Ⅱ. ①李… Ⅲ. ①火星探测-航天器着陆-研究 Ⅳ. ①V476.4

中国国家版本馆 CIP 数据核字(2023)第 028217 号

责任编辑：李炳泉　　文案编辑：李炳泉
责任校对：周瑞红　　责任印制：李志强

出版发行 / 北京理工大学出版社有限责任公司
社　　址 / 北京市丰台区四合庄路 6 号
邮　　编 / 100070
电　　话 /（010）68944439（学术售后服务热线）
网　　址 / http://www.bitpress.com.cn

版 印 次 / 2023 年 1 月第 1 版第 1 次印刷
印　　刷 / 雅迪云印（天津）科技有限公司
开　　本 / 710 mm×1000 mm　1/16
印　　张 / 26.75
字　　数 / 405 千字
定　　价 / 132.00 元

前 言

火星进入、下降和着陆过程是火星着陆探测、采样返回和载人登陆任务的核心环节之一，直接影响探测器在火星大气层内飞行的安全和最终的着陆精度。由于火星大气和引力场等环境参数存在较大的不确定性，加上探测器长期运行导致自身物理参数存在偏差，因此，火星进入段的飞行任务受到各种随机干扰和误差的影响非常大。

早期的弹道式火星进入方案由于没有采用制导算法控制火星进入轨迹，导致着陆误差较大。近期的火星探测器（包括火星科学实验室和天问一号）均采用弹道升力式进入方案，通过进入终点控制算法调整火星进入轨迹，从而提高飞行任务的安全性和最终的着陆精度。但现有的火星进入制导方法依赖发射前装订在探测器上的参考轨迹，对火星进入段不确定因素的鲁棒性有限。同时，随着未来载人火星登陆任务对着陆精度要求的提高，现有制导算法不仅需要提高制导精度，还需要能够与新型火星探测器的制导控制模式相匹配。因此，有必要对火星进入轨迹优化和制导算法开展研究，从而提高算法的鲁棒性、适应性和精确性。

本书以火星着陆探测为工程背景，研究火星进入过程中的轨迹优化和制导问题，基于最优控制理论、凸优化理论、不确定性量化理论、鲁棒优化理论发展了相应的轨迹优化和制导算法，从而较为完整和系统地回答了确定性环境下、不确定性环境下如何获得火星进入最优轨迹和制导指令的问题。本书所提出的火星进入轨迹优化和制导算法较为全面地梳理了这一领域所涉及的理论和方法，同时结合了不确定性量化、凸优化、计算制导等近期比较新的理论和概念，为后续火星进入任务的轨迹优化和制导算法设计提供了新思路，将为我国火星采样返回、载人登陆任务提供一定的技术储备。

本书从确定性优化方法、不确定性优化方法和鲁棒最优制导方法三方面入手，较为全面地整理了作者团队近年来在火星进入轨迹优化和制导领域的研究进展。全书的章节内容概述如下。

第 1 章回顾了历史上成功的无人火星着陆任务和正在开展的载人火星登陆计划，同时较为详细地阐述了火星进入轨迹优化和制导领域的研究进展。

第 2 章则对火星进入问题建模以及相关的基础理论进行介绍，便于读者深入阅读后续章节所涉及的方法。

第 3 章到第 7 章分别介绍了五类确定性优化方法，用于实现火星进入轨迹优化。其中，改进 Gauss 伪谱法以启发式算法的优化结果为初始猜测值，兼具启发式算法优化速度快、伪谱法收敛精度高的优势，在求解火星进入轨迹优化问题方面具有优势；改进序列凸优化方法则从火星进入动力学建模和凸优化离散方式两方面入手，对经典序列凸优化方法进行了改进，求解得到的火星进入高度最大化轨迹精度与自适应伪谱法相当；伪谱模型预测凸优化方法引入误差动力学系统来表述火星进入动力学，相比采用状态空间的传统方法，有效提高了求解火星进入轨迹优化问题的计算效率；间接序列凸优化方法结合了间接法和凸优化方法，可以得到火星进入轨迹优化问题的协态变量信息；协同优化方法解决了未来数十吨量级载人火星探测器的进入和着陆轨迹协同优化问题。

第 8 章到第 10 章阐述了三类火星进入轨迹不确定性优化方法，分别提出了基于灵敏度优化理论、不确定性量化理论和鲁棒优化理论的火星进入轨迹优化方法，降低了火星未知环境和探测器系统参数偏差对参考轨迹的影响，从而提高火星进入轨迹的鲁棒性。

第 11 章到第 13 章结合模型参考自适应控制、神经网络、模型预测控制、二次约束二次规划等方法给出了几类鲁棒最优制导策略，包括跟踪制导、预测校正制导和计算制导方法，从而克服各类不确定性因素，实现高精度火星进入。

本书由南京航空航天大学航天学院李爽、刘旭、江秀强和彭玉明撰写。其中，第 1 章和第 2 章由李爽、刘旭和江秀强撰写；第 3 章、第 7 章、第 9 章和第 10 章由李爽、江秀强撰写；第 4 章、第 5 章、第 6 章、第 13 章由李爽、刘旭撰写；第 8 章、第 11 章、第 12 章由李爽、彭玉明撰写；李爽负责全书统稿和审校。

本书的研究内容得到了国家自然科学基金的支持，在此表示感谢！

本书在编写过程中参考和引用了大量国内外文献，本书的完成离不开这些文献作者的开创性工作，在此对他们表示深深的谢意。限于作者水平及能力，书中难免有诸多不妥和疏漏之处，敬请广大读者不吝批评、指正。

李爽

目　录

第一部分　基础知识

第三部分 不确定性优化方法

第一部分

基础知识

第1章 绪论

火星是太阳系第四颗行星，具有和地球相近的自然环境，是人类探索宇宙生命起源和行星环境演化规律的首选[1]。如图 1.1 所示，自 1960 年以来，人类已经开展了数十次火星探测任务，探测形式从早期的飞跃和环绕探测逐步发展为当前的着陆探测，未来还计划实施无人火星采样返回和载人火星登陆任务[2]。

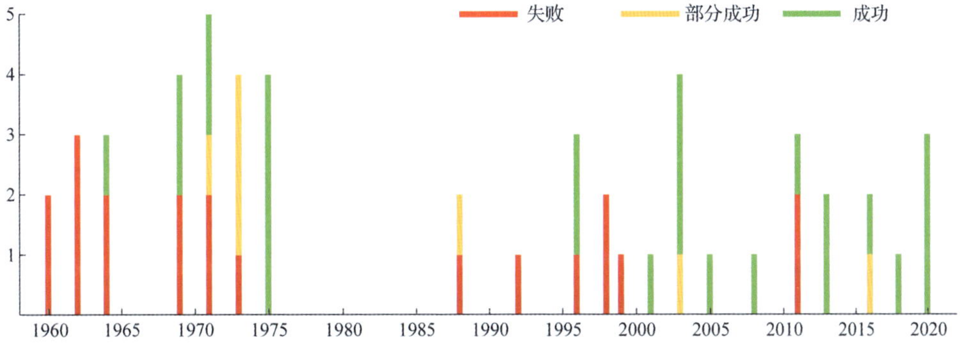

图 1.1　截至 2022 年全球火星探测任务统计

截至 2022 年，人类共执行 47 次火箭发射任务以开展火星探测，共发射飞跃器 11 颗、轨道器 28 颗、着陆器 16 颗（不含 2 颗火卫一着陆器）、火星车 8 辆（不含 1 辆火卫一火星车），但只有 22 次发射任务完全成功，任务失败率高达 53.2%[3,4]。同时，在涉及火星着陆探测的 19 次发射任务中仅有 10 次完全成功，包括美国 9 次和中国 1 次，成功率不到 53%[3]。在火星着陆探测任务中，火星进入、下降和着陆（Entry，Descent and Landing，EDL）过程是确保探测器从火星轨道安全转移到火星表面的关键[5,6]，而火星进入阶段持续时间最长，因此有必要针对火星进入问题开展研究，从而保障火星着陆探测任务的顺利执行。

1.1 火星着陆任务概述

1.1.1 无人火星着陆任务

第一颗计划在火星着陆的探测器为苏联于 1962 年 11 月发射的 Mars 2 MV - 3 No. 1（或称 Sputnik 24），但火箭发射失败导致任务终止；随后苏联于 1971 年 5 月发射的 Mars 2 是首颗到达火星表面的探测器，但软着陆失败，硬着陆在火星表面后坠毁；其备份 Mars 3 成功软着陆火星表面，仅发回部分图像后失联；而 1973 年 8 月发射的 Mars 6 和 Mars 7 探测器均在火星 EDL 过程中失联。第一颗成功着陆火星的探测器是美国于 1975 年 8 月发射的 Viking 1，着陆时间为 1976 年 7 月，其备份 Viking 2 也于 1976 年 9 月成功着陆火星[7,8]。此后，美国成功发射多颗探测器到达火星表面，包括搭载首辆火星车 Sojourner 的 Mars Pathfinder（MPF）探测器[9,10]、核动力探测器 Mars Exploration Rovers（MER - A，Spirit；MER - B，Opportunity）[11,12]等。欧洲先后于 2003 年 6 月和 2016 年 3 月发射了 Mars Express[13-15]和 ExoMars 2016 [16,17]探测器，但其搭载的着陆器 Beagle 2 和 Schiaparelli 分别由于太阳能电池板故障和着陆事故导致任务失败。中国于 2020 年 7 月发射的天问一号是首颗一次性实现火星环绕、着陆和巡视的探测器，创造了火星探测的历史[18,19]。

在火星进入阶段，探测器也被称为进入器，其普遍采用气动减速的方式消耗绝大部分多余动能，减速期间探测器的飞行高度从约 125 km 下降到 8 ~ 12 km、飞行速度从 4 ~ 7 km/s 降低到 1. 6 ~ 2. 2 Ma，并依次经历峰值热流、动压和过载，全过程持续 4 ~ 8 min，是火星 EDL 全程中飞行距离最长、机动范围最大的阶段，基本决定了火星着陆任务的精度[5,6]。火星进入方式主要有两类：一类以 Viking 1，2[7,8]、Phoenix[20-22]和 InSight[23-27]探测器为代表，采用弹道式进入，依次经历进入大气、打开降落伞、降落伞分离、重力转弯着陆等过程。而以 MPF 和 MER 为代表的探测器同样采用弹道式进入，但在降落伞分离后通过气囊缓冲着陆实现着陆。这一类方案在火星进入过程中无制导环节。另一类是弹道升力式进入，该方案在进入段通过制导算法主动调整升力，从而控制航程以提高着陆精度，在下降段则通过固体火箭反推实现着陆。采用弹道升力式进入的探测器有 Mars Science Laboratory（MSL，Curiosity）[28-31]、Mars 2020[32-34] 和天问一号[18,19]。

MSL 是首个在火星进入段实施轨迹控制的探测器，其采用的进入终点控制器（Entry Terminal Point Controller，ETPC）制导算法源自阿波罗指令舱返回地球的再入制导，是一种预测校正与标称轨迹相结合的方法[35,36]。MSL 通过质心偏置，使其能形成配平攻角，进而产生升力矢量。然后将导航系统提供的导航数据输入制导算法，根据航程、高度变化率、阻力加速度与参考轨迹的偏差来生成倾侧角指令。最后利用反作用控制系统（RCS）实现对倾侧角指令的跟踪，从而调节升力矢量的方向（即改变升力矢量在纵向和横向的分量大小），进而实现对航程和航向的调整，并利用 RCS 保持稳定的期望姿态。制导和控制算法框架分别如图 1.2 和图 1.3 所示。

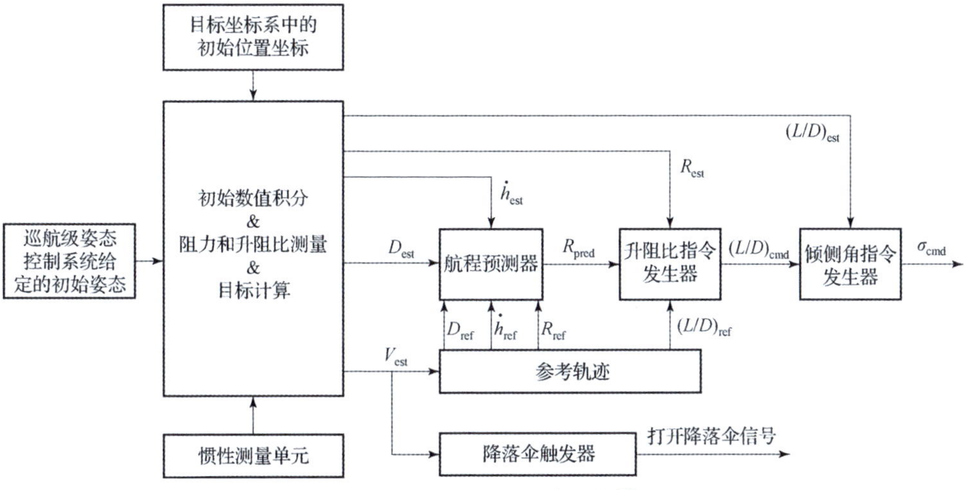

图 1.2　MSL 制导系统架构[6]

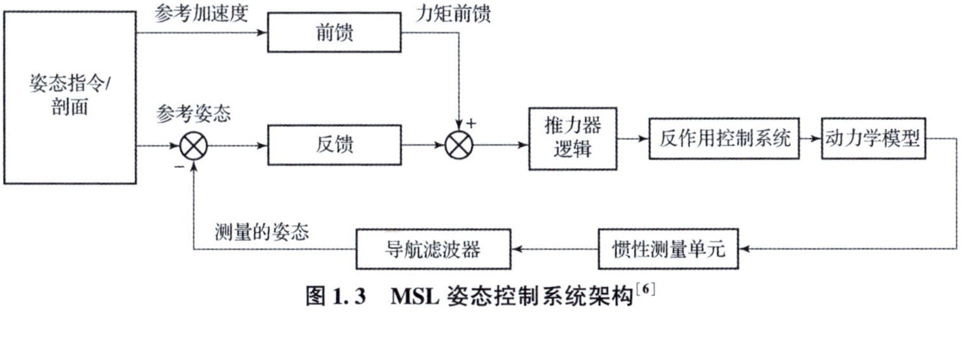

图 1.3　MSL 姿态控制系统架构[6]

整个制导控制算法的流程如下。

（1）航程控制阶段。该阶段从加速度计敏感到0.2倍地球表面重力加速度大小开始，到速度低于1 100 m/s结束。采用预测校正算法调整倾侧角以改变升力矢量方向，从而控制航程同时保持航向误差在3次倾侧角反转所能控制的范围内。如果算法预测到探测器的航程将小于目标航程，就调整倾侧角使升力增加、阻力减小，从而增加航程。如果算法预测到探测器将超出目标航程，就调整倾侧角使升力减小、阻力增加，从而缩短航程。为此，制导算法根据导航系统给出的飞行状态和事先存储的参考轨迹计算出状态偏差量，然后根据这些偏差来预测能满足开伞点条件的航程。此外，还需要对预测剩余航程与当前实际剩余航程之间的偏差量进行补偿，以保证航程精度，因此制导算法中增加了一项与航程偏差相对应的补偿控制量。最后，根据升力矢量和倾侧角之间的关系式计算出倾侧角指令。

（2）航向校正阶段。该阶段从航程控制阶段结束后开始，直到准备开伞前结束，该阶段只减少航程控制段留下的航向偏差，而不对航程误差进行继续控制。一旦敏感到探测器的速度低于1 100 m/s，就停止航程控制模式，启动航向校正模式。算法首先结合导航输出和参考轨迹确定航向偏差量，计算出所需升力矢量的水平分量大小，得出倾侧角指令，再通过姿态控制最终实现对航向的调整，使探测器飞向目标开伞点。同时，将倾侧角控制量限幅为15°，就能保证提供大部分升力来抵销重力，从而保持较高的开伞高度。进入段需要维持良好的系统稳定性，因为进入器会经历高超声速静不稳定和超声速动态不稳定，尤其是后者容易在开伞前引起进入器振动，从而导致进入器超出开伞所需的攻角限制。进入段姿态控制则采用一个混合PD加前馈的死区控制器和RCS脉冲宽度调节器。

MSL采用70°半锥角的球－锥形低升阻比构型，使用ETPC[35-38]制导算法和通过倾侧转弯（Bank－To－Turn，BTT）来改变升力的大小和方向，从而控制飞行轨迹并实现航程的精确控制。相比MER和InSight等探测器无制导方案的百公里级着陆误差，MSL的3σ着陆误差椭圆为19.1×6.9 km[29]，而Mars 2020在继承MSL技术的基础上进行了多项重大改进，包括采用航程开伞条件代替ETPC制导律的速度开伞条件，这一改进使3σ着陆误差椭圆（如图1.4所示）从11.1×6.4 km减小到7.1×6.5 km[33]。Mars 2020的EDL过程如图1.5所示[34]。

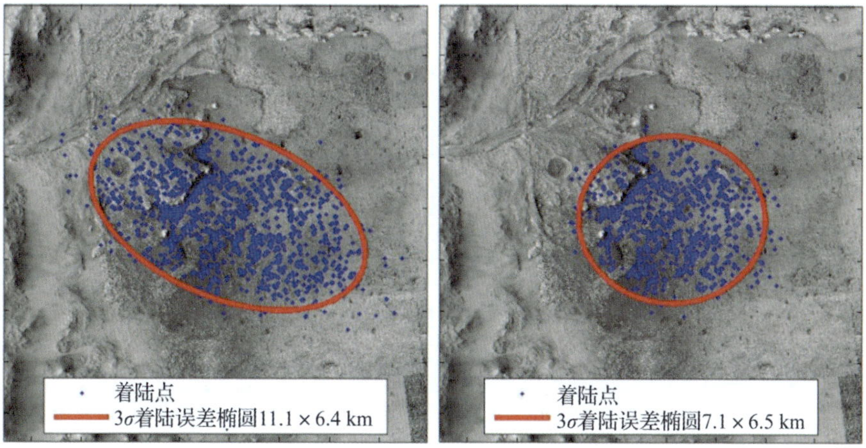

图 1.4　Mars 2020 着陆误差椭圆（左：速度触发开伞；右：航程触发开伞）[33]

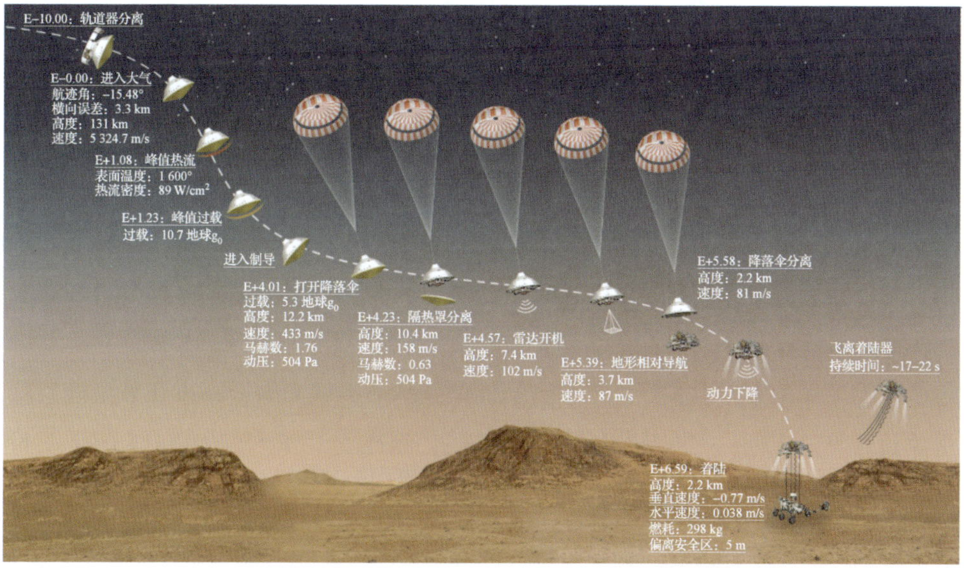

图 1.5　Mars 2020 的 EDL 过程[34]

Mars 2020 的 EDL 过程共持续约 7 min，其中火星进入过程持续约 241 s，其间，探测器的飞行高度从 131 km 下降到 12.2 km，速度从 5 324.7 m/s 减速到 433 m/s，打开降落伞时马赫数和动压分别为 1.76 和 504 Pa，详细时序如表 1.1 所示[33,34,39]。

表 1.1 Mars 2020 任务大气进入时序

剩余时间/min	阶段	高度/km	速度/(km · h^{-1})	剩余航程/km
+16.49	巡航级分离	1 596.59	16 728.24	3 955.63
+15.28	消旋	1 363.53	17 035.68	3 242.26
+14.53	抛配平质量块	1 257.92	17 185.56	3 073.25
+6.49	进入大气	131	19 202.21	635.98
+5.54	启动制导	53.68	19 293.97	342.56
+4.29	航向校正	16.16	3 967.36	78.26
+3.03	抛配平质量块	13.74	1 719.24	21.14
+2.46	打开降落伞	11.94	1 521.06	14.75
+2.25	隔热大底分离	9.74	584.26	10.46
+1.25	雷达开机	4.27	322.53	4.31
+1.18	地形相对导航	3.68	313.3	3.71
+1.00	降落伞分离	2.18	293.55	2.22

"天问一号"探测器采用如图 1.6 所示的 70°半锥角球锥大底 + 球锥后体结构，整体构型具有阻力系数高、配平攻角所需质心偏置小、静稳定性对纵向质心不敏感、后体容积率大、跨声速区稳定性好等优势[40]。此外，"天问一号"还通过展开配平翼的方式改变气动外形，从而调整探测器横向质心，可在开伞前使配平攻角回零。天问一号的配平翼重约 11 kg，相比 MSL 重约 300 kg 的配平质量块，可有效降低探测器整体重量[40]。

与 MSL 和 Mars 2020 类似，"天问一号"同样采用如图 1.7 所示的弹道升力式进入方案，经过气动减速、伞群减速、动力下降等过程后在火星乌托邦平原南部缓冲着陆[18,41]。"天问一号"进入火星大气时惯性位置和速度矢量分别为[3 163 492.266 471; -1 522 037.547 769; 147 228.268 912] km 和[-215.964 964 069;1 333.853 595 255; -4 605.398 643 736] m/s，距离火星表面约 125 km、速度约 4.8 km/s、航迹角约 -11.6 °；进入火星大气后保持 -10 °的配平攻角和 52°的倾侧角，直到阻力加速度达到 1.96 m/s^2 时转入升力控制，此时高度约 60 km、24 Ma；升力控制阶段采

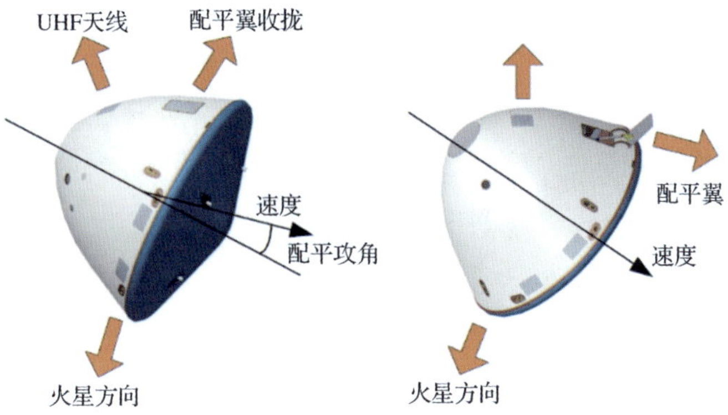

（a）　　　　　　（b）

图 1.6 "天问一号"气动外形[40]

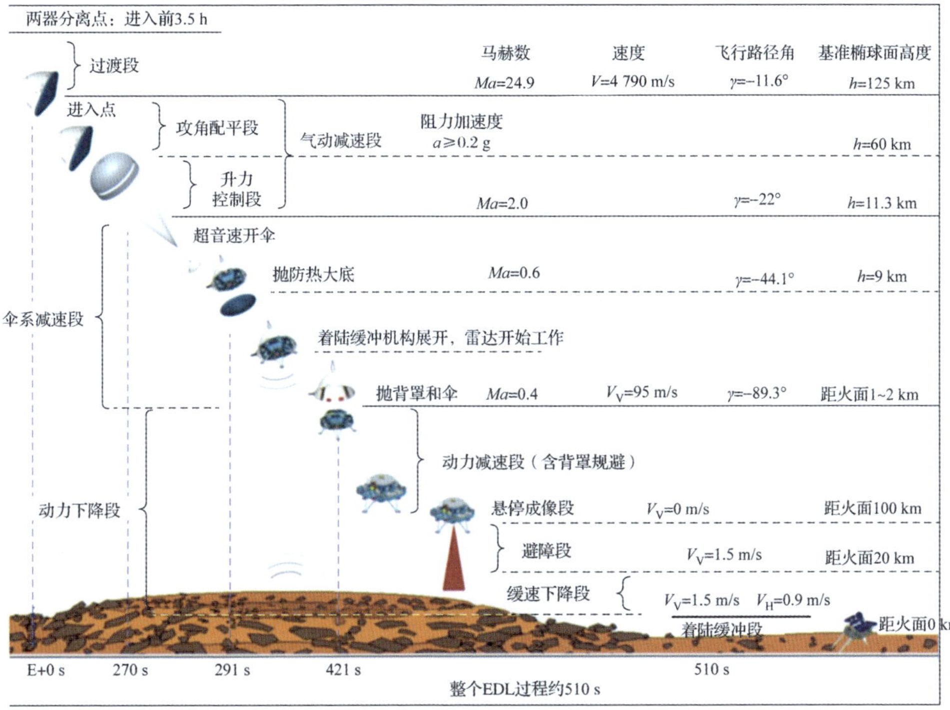

图 1.7 "天问一号"的 EDL 过程[44,46]

用多约束自适应轨迹规划与制导方法修正航程误差，可以满足热流密度、开伞条件等强约束条件，制导流程如图 1.8 所示；当速度下降到 2.8 Ma 时展开配平翼使攻角回零，继续减速到 1.8 Ma、高度 13 km 时打开降落伞；开伞 0.5 s 后弹出隔热大底，弹出大底 10 s 后着陆机构展开、地形相对导航系统工作；继续减速到高度 1.3 km、0.25 Ma 时，背罩和着陆器分离，1 s 后 7.5 kN 变推力发动机点火进行障碍规避机动，到达着陆区域上方 20 m 时垂直速度为 1.5 m/s、水平速度为 0；发动机继续反推减速，直到至少触发 2 个着陆敏感器后发动机关机，着陆时刻垂直速度约 1.68 m/s、水平速度小于 0.16 m/s；整个 EDL 过程持续约 9 min，其中大气进入段约 281.335 s，伞降段约 169.472 s，动力下降段约 89.6 s，实际和目标着陆点经纬度分别为（25.066° N，109.925° E）和（25.118 8° N，109.930 5°E），实际着陆误差 3.11 km[41-46,48]。表 1.2 则对比了“天问一号”和其他火星探测任务的 EDL 关键参数[7-12,20-34,49-53]。

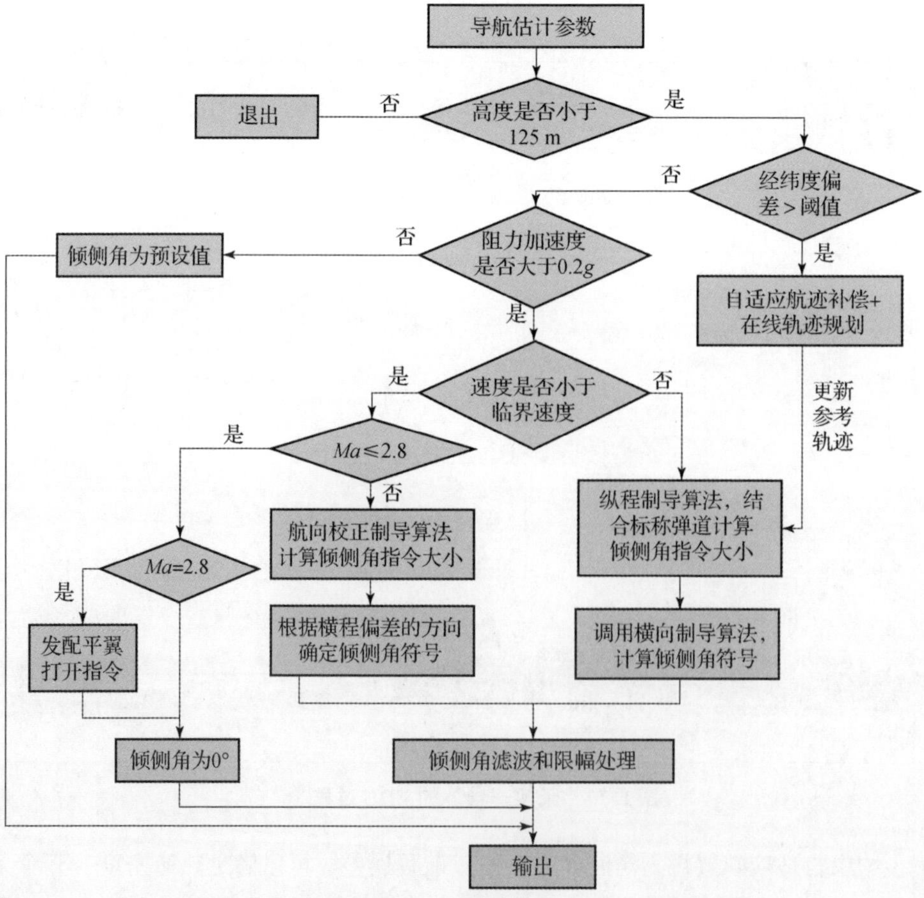

图 1.8　天问一号多约束自适应轨迹规划与制导算法流程[44]

表 1.2 火星着陆探测任务的 EDL 关键参数

任务型号	Viking	MPF	MER	Phoenix	MSL	InSight	Mars 2020	天问一号
直径/m	3.505	2.65	2.65	2.65	4.52	2.65	4.52	3.4
进入速度/($km\cdot s^{-1}$)	4.7	7.2	5.4，5.5	5.67	5.9	5.5	5.3	4.8
进入质量/kg	922	584	827，832	600	3 153	608	3 368	1 410
进入升力控制	质心偏置	无	无	无	质心偏置	无	质心偏置	配平翼
进入制导	无	无	无	无	有	无	有	有
升阻比	0.18	0	0	0.06	0.22	0	0.28	0.15
进入航迹角/(°)	−17	−14.06	−11.47，−11.49	−13	−15.5	−12	−15.48	−11.6
配平攻角/(°)	−11	0	0	0	−15	0	−15	−10
热流密度/($W\cdot cm^{-2}$)	26	100	44	46	208	45.6	89	67.86
峰值过载/g	7.4	16.2	6.3	8.5	12.5	7.6	10.7	10
开伞速度/Ma	1.1	1.71	1.67	1.65	1.75	1.66	1.8	1.8
开伞动压/Pa	350	585	725，750	430	750	553.7	504	500
开伞高度/km	5.79	9.4	7.4	12.7	6.5	12	12.2	13
理论着陆误差/km	280×100	200×100	80×12	260×30	20×20	130×27	7.7×6.6	50×20

1.1.2 载人火星登陆计划

美国在 20 世纪 90 年代就开展了载人火星登陆计划的论证，并发布火星设计参考架构（Design Reference Architecture，DRA）方案1.0版本。到2008年，DRA方案已经迭代到5.0版[54,55]，并在2014年进一步发展为火星演化行动（Evolvable Mars Campaign，EMC）方案[56,57]。以上方案给出了载人火星登陆的详细技术路线，计划在2035年将人类送往火星并返回地球。如表1.3所示，DRA和EMC方案中载人火星着陆器的重量可达数十吨，若使用常规降落伞减速将导致伞体庞大、结构复杂、拉直困难等一系列问题[58-60]。为满足大质量载人着陆器的进入减速要求，EMC方案给出了如图1.9所示的两种气动装置减速方案和两类发动机反推减速方案，分别是柔性可展开式进入部署技术（Adaptable Deployable Entry Placement Technology，ADEPT）[61,62]和高超音速充气式气动减速器（Hypersonic Inflatable Aerodynamic Decelerator，HIAD）[63,64]，球－锥形低升阻比（$L/D<0.3$）的乘员舱构型（Capsule concept）探测器[65,66]和椭圆形中升阻比（$L/D\approx0.5\sim0.8$）刚体构型（Rigid structure）探测器[67,68]。前两者通过柔性可展开装置或充气式减速装置进行减速，后两者则采用反推发动机替代气动装置实现进入减速。搭载二十吨载荷的火星载人着陆器参数如表1.4所示。

表1.3 DRA和EMC方案EDL特征参数[54-57]

DRA质量参数/t	数值	DRA状态参数	数值	EMC质量参数/kg	数值
轨道总质量	110.2	离轨速度增量/($m\cdot s^{-1}$)	15	总质量	65 341
离轨燃料质量	0.5	弹道系数/($kg\cdot m^{-2}$)	471	结构	4 916
进入总质量	109.7	动力下降速度增量/($m\cdot s^{-1}$)	595	推进	5 570
背罩	22.5	最大热流密度/($W\cdot cm^{-2}$)	131	电源	1 437
隔热大底	18.2	总气动加热量/($MJ\cdot m^{-2}$)	172	航电	413
RCS燃料	1.0	发动机点火高度/m	1 350	热防护	573
RCS干重	1.2	发动机点火马赫数	2.29	HIAD	10 689
动力下降燃料	10.1	EDL时长/s	486	载荷	27 000
着陆器干重	16.4	动力下降时长/s	134	其他液体	971
载荷	40.4	发动机推重比/($N\cdot kg$)	161	燃料	13 774

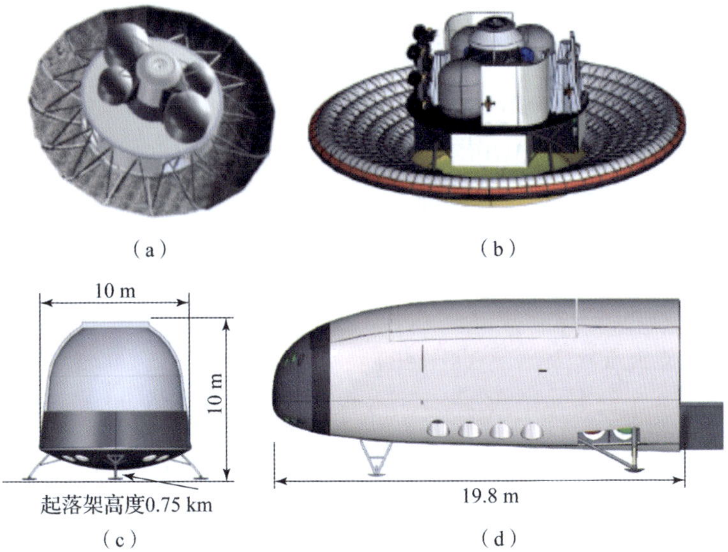

图 1.9　四类火星载人着陆器构型[61-68]

(a) ADEPT；(b) HIAD；(c) 乘员舱构型；(d) 刚体构型

表 1.4　搭载二十吨载荷的火星载人着陆器参数[60]

构型	升阻比	尺寸	发射质量/t	进入质量/t	弹道系数 /$(kg \cdot m^{-2})$
乘员舱	0.3	高 10 m，宽 10 m	68	63	500
刚体	0.55	长 22 m，高 10 m，宽 10 m	66	62	380
ADEPT	0.2	高 4.3 m，直径 18 m	60	55	155
HIAD	0.2	高 4.3 m，直径 16.4 m	57	49	155

四类载人探测器构型中，以 HIAD 为代表的充气式减速器研究较早。20 世纪末，NASA 以未来大质量火星着陆探测任务为潜在的工程背景，启动了充气减速器的研究计划，发展和验证充气式再入气动减速技术[69]。在充气减速器的研究中，NASA 开发的充气减速器（IRVE）[70,71]是一种堆叠圆环型充气减速器，由柔性材料制成的一系列不同直径的充气环组成倒锥形充气减速器。IRVE 的结构刚度高，展开后的阻力面受到气动力载荷作用时不易变形。2007 年，IRVE－1 进行了飞行试验，减速器没有与火箭分离，导致充气防热结构未能得到验证。2009

年，IRVE－2 再次进行了飞行试验，初步验证了 IRVE 减速器的充气过程和再入生存能力，对再入热防护和减速性能进行了评估[72]。2010 年，NASA 在 FY09 型号研究中重点发展了一种大型超声速充气式减速器，为 10～50 t 级的大质量火星探测任务做准备。2012 年，IRVE－3 飞行任务验证了充气式防热罩展开技术的可行性[73]，图 1.10 为 IRVE－3 任务中减速器的截面。随着 IRVE－3 飞行试验的成功，美国开始关注具有大载荷能力的高超声速充气式气动减速器，并将其作为实现 40 t 级的载人或 10 t 级的无人着陆火星任务的关键技术。美国的 HIAD 计划中也包括了高能大气再入试验（HEART），于 2014—2015 年年底进行飞行验证，其中 HEART－2 主要是为了验证充气式减速器能够使有效载荷受控着陆到指定的目标位置，从而为火星精确着陆任务做准备。与 IRVE－4 不同的是，HEART 再入飞行器的质心偏移装置可以朝横向和轴向两个方向移动[74]。

图 1.10　充气式气动减速器截面图[72]

NASA 为了进一步解决有效载荷 40 t 以上的大质量探测器精确着陆到火星表面所带来的技术难题，提出了极具挑战性的研究项目 EDL－SA（EDL Systems Analysis）。EDL－SA 计划研发超过 80 t 的大质量探测器安全精确着陆火星所需的减速技术，并已经提出了几种备选方案[75]。在这项研究中，充气式气动减速器被进一步细分为超声速充气式气动减速器（SIAD）和高超声速充气式气动减速器（HIAD）。SIAD 可以在超声速（$Ma<5$）条件下进气充气，也可以用内置气源充气，或者采用两种相结合的方式实现充气，展开和充气过程必须能够承受在超声速马赫数条件下的高动压和恶劣的气动加热环境。HIAD 可以在超声速（$Ma>5$）条件下进气充气，能用于火星大气捕获、进入和着陆[76]。研究采用直径为 23 m 的 HIAD 实现火星大气捕获，在超声速阶段采用直径为 44 m 的 SIAD，这种 HIAD/SIAD 系统能够将大约 40 t 的有效载荷着陆到火星表面，其发射质量为 80 t 左右。而如果采用不可展开的传统刚性进入系统将需要超过 114 t 的发射质量才能成功着陆同样质量的有效载荷[77]。

与充气式气动减速器类似，柔性可展开式气动减速器（ADEPT）也是通过先收拢后展开的方式增大参考面积，进而增加火星进入段的气动力并降低进入器的弹道系数，以实现大质量探测器的火星进入减速并实施进入制导控制。可展开式气动减速器是一种半刚性、机械式的减速器，主要由 6 个部件组成[78]：主体、头锥、肋状结构、撑杆、蒙皮和驱动机构，如图 1.11 所示。

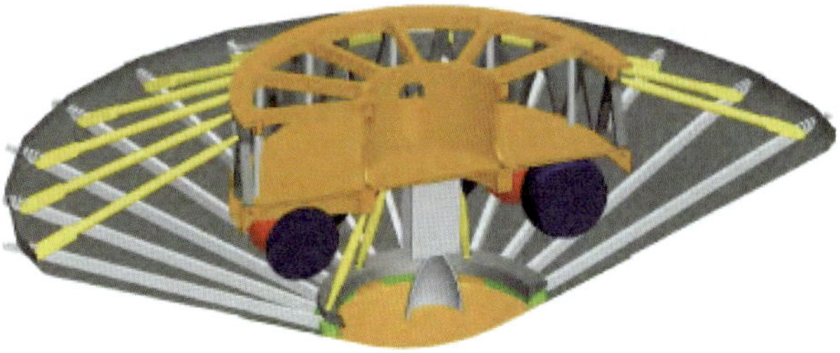

图 1.11 可展开式气动减速器截面图[78]

采用 ADEPT 减速器可以实现大气捕获、高超声速减速、进入段防热、超声速减速、飞行控制、着陆缓冲等多种功能，从而大幅降低了探测器的质量[78-81]。目前大部分弹道式进入器都是钝头体球锥形，对于大气稀薄的火星进入段，进入器前部采用 70°锥角，可以在给定的迎风面积条件下使阻力系数最大化。EDL-SA 的研究表明，采用直径为 23 m、70°球锥形的刚性气动面适用于大气捕获和高超声速进入，但对于超声速段则需要更大的气动面才能达到预定的气动减速效果，这时可展开式气动减速器具有优势。ADEPT 减速器是一种类似于折叠式雨伞的概念设计，它可以以一种折叠收拢的状态使探测器能放入火箭整流罩以满足发射要求，然后在轨展开。如图 1.12 所示，它的四连杆机构可以在大气捕获、进入和下降过程中为展开面进行重新定位，从而有能力操控进入轨迹以支持精确着陆任务。展开气动面的驱动装置和机构也能实现多种功能，在大气捕获过程中可以调节气动面的大小达到所期望的制动量；在进入段可以通过改变气动面与进入器主体的夹角来实现重心或压心的偏置，从而产生气动升力和期望的升阻比，进而实现弹道式进入方式与弹道升力式进入方式的相互转变；然后随着反推减速发动机的点火，该结构还可以向下倒置，形成着陆缓冲腿，伞式的结构辐条则用于吸收着陆冲击力，同时气动面可以挡住反推发动机羽流所扬起的着陆尘埃和碎石，以支持在不平坦地形上的安全着陆。除此之外，将其用于大质量的载人天地往返、金星和土星无人探测任务的应用研究也在进行中。

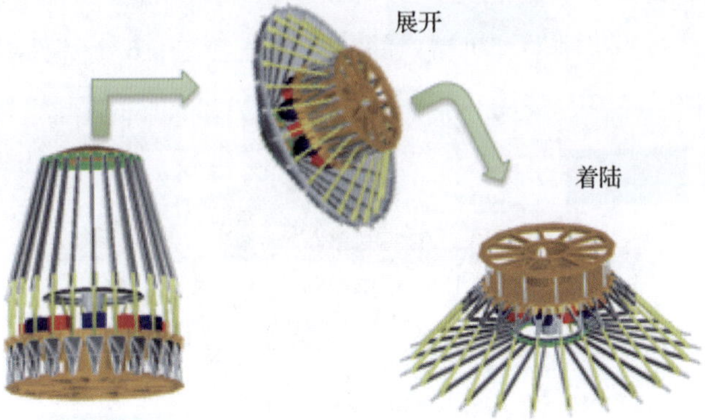

图 1.12 可展开式气动减速机构的不同功能[78]

超声速反推减速的工作原理是利用反推发动机或发动机组直接在超声速状态下进行反向推进，从而实现减速。NASA 最早在 Viking 探测器时期便开展了超声速状态下全推力减速系统的研究，但由于技术成熟度低于盘 - 缝 - 带超音速减速伞技术，因而研究中止。后续 DRA 5.0 项目旨在确定 40 t 有效载荷安全着陆到火星表面的最低技术要求，超声速反推减速、充气式减速装置、可展开式减速装置等方案被选作进入段超声速减速的基本方式。而 NASA 的 EDL - SA 项目提出了用于大质量火星着陆任务的 8 种备选 EDL 亚/超声速反推减速方案，其中 4 种需要依赖超声速反推减速术[82-86]。随着火星载人探测任务的不断推进，NASA 于 2016 年后加大力度开展了多项超音速反推减速装置的技术论证和仿真测试，确定的四类超音速反推装置示意图如图 1.13 所示。

以上几种着陆器在减速方式上和当前的球 - 锥形着陆器存在明显差异，现有 EDL 算法不直接能用于载人着陆器的进入制导[87]。例如，使用气动减速方式的着陆器在设计制导律时必须考虑减速装置展开导致的气动系数和弹道系数突变[88]，而中升阻比着陆器采用尾部襟翼和反作用控制系统进行制导控制，必须考虑攻角和侧滑角对航程的影响，因此不再是 MSL 中给定配平攻角的 BTT 模式。

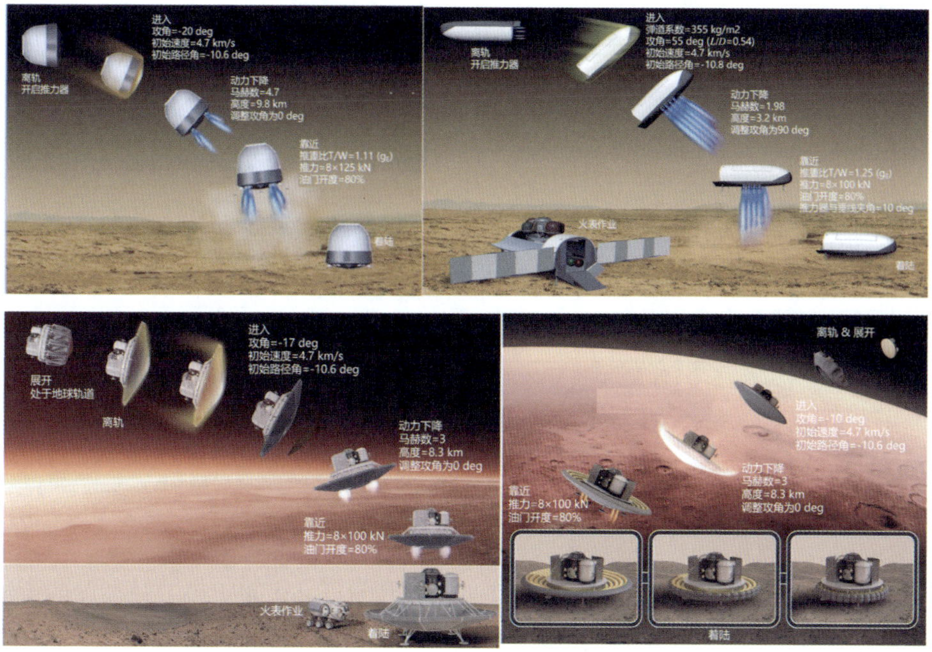

图 1.13　四类超音速反推装置示意图[60]

此外，载人着陆任务需要多次向火星发射设备和物资，要求火星 EDL 的着陆精度达到 100 m 量级，但现有 EDL 技术的最优着陆精度仅为数千米，无法满足载人着陆的要求。因此，NASA 顾问委员会在 2015 年将 EDL 技术列为载人火星着陆的首要技术难点。近年来，NASA 持续推进载人 EDL 技术的发展，要求在 EDL 仿真中考虑载人特性和传感器测量等技术细节，形成一套比以往所有飞行仿真都成熟的六自由度仿真方案[89,90]。NASA 采用 POST-2 轨迹优化软件对着陆器进行了端到端（end-to-end）的蒙特卡洛仿真，测试了不同着陆器在直接力控制或 BTT 模式下的着陆精度[91-93]，其中超音速充气式气动减速器采用三自由度 POST-2 软件仿真得到的 3σ 着陆半径约为 50 m，球-锥形低升阻比胶囊着陆器采用六自由度 POST-2 软件仿真得到的 3σ 着陆半径约为 400 m，椭圆形中升阻比刚体着陆器采用三自由度 POST-2 软件仿真得到的 3σ 着陆半径约为 50 m。据此，NASA 在飞行仿真层面已经基本满足载人 EDL 任务的精度要求，达到技术准备等级 4 级，同时样机研制和缩比模型试验工作也在进行。综合来看，无人和载人火星着陆探测任务差异如表 1.5 所示。

表 1.5 无人和载人火星着陆探测任务差异[94]

无人火星	载人火星
载荷质量小，最大 5 t	载荷质量大，至少 40 t
超音速伞减速	超音速伞或反推减速
着陆精度要求低，公里级	着陆精度要求高，50 ~ 100 m
发射次数少	发射次数多
可无人操控	可有人操控

1.2 火星进入轨迹优化方法研究进展

火星进入轨迹优化是实现制导的重要基础技术，是未来火星着陆任务的关键之一。一方面，它可以增加 EDL 任务的安全性。例如，当火星进入阶段出现一些故障时，可以快速重新规划一个应急轨迹，从而继续引导进入器安全着陆，而这一策略对于载人登陆火星任务是必不可少的。另一方面，合理的安全轨迹也可以使进入过程的操作更加灵活，进而减少控制系统的设计负担。

实现火星进入轨迹优化本质上是求解具有复杂状态和边界约束的最优控制问题，根据求解原理可以分为启发式方法、直接法和间接法三类。此外，以上三类方法大部分都没有考虑火星进入过程中的不确定因素，随着对火星进入任务着陆精度的提高，给出不确定环境下火星进入的最优轨迹将有效提高火星进入任务的安全系数和着陆精度。

1.2.1 启发式方法

启发式方法是一类从自然界各类现象或规律发展而来的方法，典型方法包括遗传算法、粒子群算法等。Sorgenfrei 和 Chester[95] 提出了一种利用遗传算法对 EDL 系统参数进行搜索的策略，并开发了参数进入、下降和着陆综合仿真工具 (PEDALS)，可以有效地利用遗传算法的随机搜索过程来搜索火星进入任务中大量候选参数对最优轨迹的影响[96]。Grant 和 Mendeck[97,98] 则讨论了使用粒子群方法进行火星进入轨迹优化的可能，以降低轨迹优化难度，所提方法包括单目标粒子群优化算法（SOPSO）和多目标粒子群优化算法（MOPSO）。其中，SOPSO 验证了粒子群方法求解火星进入轨迹的能力。MOPSO 则扩展了 SOPSO，并获得火星进入轨迹优化参数空间的帕累托前沿，使研究人员可以直接理解各类参数对火星进入轨迹的影响程度，有效缩短了任务开发周期。

1.2.2 直接法

典型的直接法有配点法和凸优化法。Betts 较早总结了局部配点法、全局配点法等方法在飞行器轨迹规划问题中的应用[99]，后续 Kelly 总结了基于各类离散格式和序列二次优化方法的轨迹优化方法[100]，并开发了基于序列二次规划方法的开源轨迹优化工具箱[101]。赵吉松结合广义二分网格和稀疏差分算法提出了具有网格细化能力的局部配点法，并应用于火星进入末端高度最大化问题、飞行器定点再入问题[102-104]。伪谱法是一类全局配点法，Fahroo 和 Ross 早在 2002 年就使用 Chebyshev 伪谱法研究了大气进入轨迹优化问题[105]。Benson 和 Rao 分别发展了 LGL 伪谱法和 hp 自适应 LGR 伪谱法[106-108]，并开发了 GPOPS 工具箱求解再入轨迹优化问题。而 Ross 和 Han 等人随后提出了间接伪谱法和伪谱反馈（Pseudospectral Feedback）策略[109-111]。间接伪谱法采用伪谱法求解原始最优控制问题对应的两点边值问题，而伪谱反馈则在间接伪谱法的基础上，通过求解最优轨迹跟踪问题得到反馈制导律。国内，Tian 测试了间接 LGL 伪谱法在升力体飞行器再入制导问题中的性能[112]，廖宇新也发展了间接 LGR 伪谱制导律[113,114]。另一类基于伪谱法的制导方法则将伪谱法作为在线轨迹优化内核，以滚动时域的方式动态更新最优控制，再根据不同的制导控制策略分别进行轨迹跟踪或前馈制导，由于在线计算实现制导，因此也属于计算制导的范畴[115-117]。此外，如果能对原始问题进行合理简化或改写，伪谱法的求解效率和精度均有可能提高。例如，Desai 和 Conway 基于多时标方法将六自由度进入动力学分解为高频转动动力学和低频平动动力学，然后采用直接配点法求解，相比于单时标方法的计算精度更高、耗时更少[118-119]。Zerar 则基于微分平坦理论将速度和倾侧角的导数用平坦输出表示，然后进行多约束再入轨迹优化，再结合 LPV 控制方法为欧洲过渡试验飞行器设计了跟踪制导律[120]。基于微分平坦方法，蔡伟伟进一步引入虚拟控制量，使原本不具有微分平坦性质的三自由度动力学可以用平坦输出表示，从而简化了控制变量的维数，最后使用基于重心有理插值的映射 Chebyshev 伪谱法实现了在线轨迹优化[121-124]。

凸优化方法通过凸松弛等手段将非凸最优控制问题改写为凸问题，然后采用原始对偶内点法求解，相比伪谱法具有更高的计算效率和在线计算潜力[125]。采用凸优化方法求解大气进入最优轨迹时，由于控制变量和动力学模型存在强耦合，最优倾侧角剖面经常发生高频抖振现象。Liu 将倾侧角的正、余弦值作为控制变量，并引入二阶锥不等式约束，将大气进入问题松弛为凸优化问题后快速求解[126,127]。而后 Zhao 将倾侧角替换为泛化升力系数，但只能减小抖振，未能消除[128]。为彻底消除控制抖振，Wang 将倾侧角扩充为状态量，通过引入倾侧角的导数作为新的控制变量得到仿射控制动力学，从而实现控制变量和动力学解耦，最终消除了控制变量的高频抖振现象[129]。随后，这一处理手段的有效性在 Wang 的研究中得到进一步验证[130]。Sagliano 针对再入轨迹在线生成问题提出了自适应高维伪谱插值方法（Adaptive Multivariate Pseudospectral Interpolation，AMPI）[131]，通过地面轨迹优化生成大量最优轨迹数据库，飞行过程根据实际飞行状态，采用自适应高维插值方法和伪谱插值多项式构造高密度标称制导轨迹进行跟踪制导即可。这一方法在复杂扰动条件下性能优良，且对箭机能力要求相对较低。此外，Sagliano 还提出使用 LGL 伪谱凸优化方法优化阻力加速度导数及其一阶、二阶导数，实现多约束条件下大气进入轨迹优化[132]。Zhao 通过设置多个路径点，将考虑禁飞区约束的 CAV 再入轨迹分为多段，然后通过序列凸优化方法对多段凸优化问题求解[128]。Yu 还提出了 CGL 伪谱凸优化方法进行飞行器再入轨迹优化[133]。Wang 等人则基于回溯线性搜索思想对凸优化方法的信赖域步长进行动态调整[134]，提高了大气进入轨迹规划问题的求解效率。Zhou 等人则采用网格细化策略对经典序列凸优化方法进行了改进，从而提高大气进入轨迹优化的精度[135]。李俊则提出将航程作为自变量进行动力学建模，并采用变量代换方法将路径约束线性化，进而采用序列凸优化方法求解大气进入轨迹优化问题[136]。

1.2.3 间接法

在间接法方面，Long 通过最优控制理论，确定火星进入段末端高度最大化问题的最优倾侧角幅值剖面为 Bang - Bang 结构，并且至少切换两次，然后设计了双层寻优策略对倾侧角幅值剖面切换的速度序列进行寻优，从而完成制导律设计[137]。Halbe 等人在目标函数中加入路径约束的二次型惩罚函数，将受约束型优化问题转为无约束优化问题，然后采用模型预测静态规划方法进行在线求解，实现鲁棒在线制导[138]。Zheng 结合间接法和同伦技术，将火星进入路径自由情况下的最大化末端高度问题转化为两点边值问题求迹，并进一步采用精确罚函数和函数光滑化方法将路径约束处理为等式约束后增广到目标函数，进而将受约束问题转化为无约束问题进行求解[139]。吴旭忠针对跳跃式再入问题，在间接法中引入自适应约束判定条件，并通过逐步增大约束同伦因子来逼近原始约束最优控制问题的解[140]。Kshitij 等人则将控制量参数化为三角函数的线性组合，同时引入误差控制项和约束惩罚项，提出了 UTM 方法，可以用于求解 bang - bang 或奇异弧最优控制问题，该方法在火星大气进入和气动捕获问题中得到了应用[141,142]。

1.2.4 不确定性优化方法

火星进入制导的目的是将进入器从火星大气层边界导引至预定的降落伞开伞点并满足一定的约束和精度要求。而初始状态不确定性（主要由导航误差、轨控和轨道演化误差的累积引起）、火星多变的大气环境（如大气环流、阵风、沙尘暴等）、火星大气密度和进入器气动参数中存在的不确定性是实现精确火星进入制导控制的最大障碍[143]。因此，在轨迹规划和制导控制设计中有针对性地考虑和抑制不确定性的不利影响，将不确定性条件下火星大气进入高精度制导控制技术作为未来火星精确着陆任务的关键技术之一，已经得到了各国航天机构和学术界的高度重视。在 NASA 为下一代火星探测任务所需技术进行的预先研究计划中，高精度火星大气进入制导控制就是重点[144,145]。ESA 也从高保真 EDL 仿真、精确 EDL 的制导导航与控制（GNC，Guidance Navigation and Control）技术等方面入手对未来火星采样返回和载人登陆任务所需的关键技术进行了预研[146]。

在设计火星进入制导之前，需要分析计算进入飞行包线，进而确定标称进入点、开伞点和着陆点[147]。为此，Benito 提出了火星大气进入的可达域和可控域的概念，用于描述进入器以当前状态为初始状态所能到达的落点区域，以及为了能抵达目标所需的进入状态范围[148]。可达域也称可达集，表示从标称初始状态出发所能到达的所有末端状态的集合。可控域也称可控集，表示能够到达末端目标状态的所有初始状态的集合。可达域和可控域也能用于评价轨迹规划算法，有助于入口的选择和落区范围的确定，便于进行合理的轨迹设计和任务规划。Eren等人在充分考虑控制和约束条件下利用凸优化方法分析了火星动力下降段的可达域和可控域，从而为标称飞行过程的离线设计和在线自主决策提供了依据[149]。为了更好地刻画不确定性对飞行轨迹和着陆安全的影响，Long 等人提出了可控并集和可控交集的概念[150]，分析了不确定性对可控并集和可控交集的范围大小的贡献。Huang 等人分析了不确定性对行星进入可达域的影响[151]，所得结论为确定鲁棒性更好的火星进入状态和进入轨迹提供了依据。

Ren 等[152,153]分析了火星探测器在初始条件和其他系统参数存在较大不确定性时的状态轨迹演化。通过引入不确定性因子，将随机动力系统转化为高维空间中等价的确定性动力系统。然后基于局部线性化和线性系统理论，得到了一种快速的不确定度传播方法。仿真结果表明，与传统的蒙特卡罗方法相比，该方法能较好地预测不确定度的演化，且精度下降较小，计算效率更高。Prabhakar[154]等人提出了一种新的计算框架，用于分析高超声速飞行器由于初始条件和其他系统参数的不确定性所导致的状态轨迹不确定性的演化。于正湜等人[155]采用 Prabhakar 的方法分析了火星大气进入阶段的不确定性传播问题。Lorenzoni[156]和 Shidner[157]等人则考虑了火星 EDL 过程中的不确定性来源，包括初始进入条件、弹道系数、升力/阻力比和大气密度。Seebinder[158]和 Zheng 等人[159]则应用系统参数灵敏度理论求解了考虑初始进入状态、气动参数误差情况下的火星最优进入轨迹。

1.3 火星进入制导方法研究进展

火星进入误差的重要因素包括飞行器状态估计误差、大气密度和气动系数偏差及阵风。提高火星进入精度的最有效方法是通过制导算法消除不确定性和误差的不利影响。下一代的火星探测器，如火星采样返回器、载人火星任务飞行器等，基本将沿用 MSL 任务发展的制导方式。但随着探测器构型的变化，如使用高超音速反推发动机实现减速的刚体构型着陆器配备了襟翼，而 HIAD 和 ADEPT

类减速器则具备多轴重心移动能力，因此可以通过同时控制攻角和倾侧角实现更高精度的控制。

一般来说，火星进入制导方法可分为标称轨迹跟踪制导和预测校正制导两大类，各有优缺点。标称轨迹跟踪制导根据标称的系统模型、参数和约束条件，按照一定的性能指标，预先规划出一条标称轨迹，然后控制进入器跟踪这一标称轨迹。传统的标称轨迹跟踪制导的优点是算法简单、易于实现，便于事后根据飞行结果修正参考轨迹所基于的先验模型。其缺点在于在缺乏足够准确的模型和参数情况下，事先规划的火星大气进入轨迹在实际中通常不是最优的；同时，由于存在不确定性，加之火星探测器的轨迹控制能力较弱，从而增加了跟踪控制的难度。预测校正制导是利用动力学模型根据进入器当前状态来预测其末端状态，将末端状态的预测值与其期望值比较作差，通过修正当前轨迹使末端状态误差最小化。传统的预测校正制导的优点是在不确定性条件下具有较好的鲁棒性和适应性，对跟踪控制能力要求低；但该类方法的制导精度严重依赖于系统模型（如动力学模型、大气模型、重力场模型等）及其参数的准确程度。由于火星本身存在多变的大气环境（大气密度不确定性、大气环流、阵风和沙尘暴等），尤其对于我国火星着陆任务而言，事先缺乏足够准确的模型数据，难以建立非常精确的系统模型。因此，这两类制导方法都需要进行相应的改进，才能胜任不确定性条件下的火星进入制导需求。

1.3.1 参考轨迹跟踪制导

火星进入器为低升阻比飞行器，加之火星大气密度稀薄，通过升力控制轨迹容易造成控制饱和。为了提高饱和情况下跟踪律的性能，Benito 和 Mease 开发了基于非线性预测控制器（NPC）的阻力跟踪进入制导[160,161]。该算法在每个制导周期都根据阻力、阻力变化率和纵向航程的误差进行在线轨迹规划，从而获得倾侧角指令。后续 Benito 和 Mease 进一步改进了该制导算法，可用于更高海拔的火星着陆任务，且着陆精度更好[162]。类似思路的方法还有进化加速制导逻辑（EAGLE）[163]，其包括两个主要功能：一个是参考轨迹规划功能，确定后续轨迹；另一个是跟踪功能，使倾侧角和攻角遵循计划的参考轨迹。EAGLE 在阿波罗（Apollo）载人登月返回舱和航天飞机计划中均有沿用，通过跟踪阻力加速度实现制导。从本质上说，在 MSL 大气进入中采用的 ETPC 制导也属于参考轨迹跟踪制导的一类。Liang 等人提出的阻力加速度剖面在线规划和跟踪制导的思路也和 EAGLE 方法类似[164]。

为了提高在不确定性条件下的轨迹跟踪性能，Furfaro 提出了火星进入的多滑模面制导，获得了较高的精度和鲁棒性[165]。Wu 等人利用高增益状态观测器和扰动观测器对模型不确定性和扰动引起的阻力和阻力变化率进行逼近，从而使反馈线性化控制器在具有模型不确定性和扰动的情况下仍然具有较好的跟踪控制效果[166]。Huang 等采用滑模扰动观测器对不确定性进行辨识，提出了基于扰动观测器的火星进入二阶滑模制导方法[167]。Dai 等人采用终端滑模控制和扩展状态观测器设计了火星进入鲁棒跟踪制导方法，扩展状态观测器用于对不确定性进行逼近，终端滑模控制用于实现对标称轨迹的稳定跟踪[168]。Lu 等人利用扩展状态观测器对不确定性进行估计，采用滑模控制器确保跟踪误差在有限时间收敛，提出了基于扩展状态观测器的火星进入滑模制导控制方法[169]。Xia 等人将各种不确定性视为扰动，引入主动扰动补偿控制技术设计了火星进入鲁棒跟踪制导方法[170]。Zhao 等人考虑外部扰动和初始状态不确定性，采用非奇异终端滑模面，设计了火星进入有限时间超螺旋制导控制方法[171]。Zhao 等人引入有限时间扰动观测器对大气不确定性进行逼近，设计了基于有限时间扰动观测器的复合超螺旋滑模制导控制方法[172]。Dai 等人采用二阶微分器对不确定性引起的状态误差进行估计，提出了基于二阶微分器和终端滑模控制的火星进入鲁棒非线性制导方法[173]。Shen 等人将自适应有限时间滑模控制、终端位置制导、扩展状态观测器相结合，提出了一种火星进入混合制导方法[174]。Li 等人提出了基于神经网络逼近的滑模控制算法，通过对不确定性参数的逼近和对标称轨迹的鲁棒跟踪，获得了较好的制导精度[175]。Hormigo 和 Kranzusch 采用动态逆控制和神经网络在线逼近模型逆误差，有效补偿了由于不确定因素引起的制导控制误差[176,177]。利用模型参考自适应控制和结构自适应模型逆控制设计的火星进入制导也能有效克服参数不确定性的不利影响、提高进入制导的鲁棒性[178]。Li 等人发展了基于指令生成和跟踪的直接模型，参考自适应制导算法，依据直接参考模型的输出来抑制不确定性和扰动的影响，从而获得良好的火星进入制导性能[179]。

1.3.2 预测校正制导

为适应不确定性条件下火星进入的需求，当前的火星进入预测校正制导主要有两种发展思路：引入在线模型辨识或补偿的预测校正制导；对预测校正的执行过程进行分段或与标称轨迹制导相结合。为了抑制初始状态不确定性的不利影响，Xia 等人发展了火星进入的分段预测校正制导算法，从而提高了不确定性条件下火星进入制导的精度[180]。Zheng 等人通过引入约束作为传统非线性搜索函数的惩罚项，提出了带约束的火星进入数值预测校正制导方法，从而抑制了不确定性的影响程度、提高了制导精度[181]。李毛毛等人提出了火星进入自适应预测校正制导方法，通过引入一阶特征模型对预测误差与修正量之间的动态增益进行补偿，并结合标称制导量与修正量确定制导输出，从而大幅提高了不确定性条件下火星进入预测校正制导的收敛性和精度[182]。

截至目前，国内关于不确定性条件下大气进入制导方面研究的报道主要集中于地球再入制导方面。崔平远等人系统地总结了火星着陆任务制导方法的研究进展[183]。王大轶等人对航天器大气进入制导方法进行了比较详细的综述[184]。为减小大气不确定性的影响，李强等发展了基于在线大气预估的可重复运载器再入预测制导方法[185]。梁子璇提出了一种基于在线气动参数修正的高超声速飞行器再入预测校正制导方法[186]。卢宝刚提出了一种基于气动参数辨识的导弹再入线性二次型跟踪制导方法[187]。由于火星进入过程和地球再入过程存在较大差异（如火星进入动力学参数和初始状态都存在显著的不确定性、可用以调节飞行轨迹的气动力很小等），上述以地球再入为背景发展起来的制导控制方法很难直接应用到火星进入制导控制中。

针对低升阻比飞行器，Lu 等人先后提出了基于倾侧角剖面参数化方法的割线法预测－校正制导[188]和阻尼牛顿法预测－校正制导[189]。对于中升阻比飞行器，Shen[190]和 Xue[191]等人引入拟平衡滑翔条件及其改进条件，将再入段轨迹分为初始下降段和拟平衡滑翔段分别进行设计，借助高度－速度再入走廊换算得到了倾侧角的约束边界，通过线性搜索方法设计满足航程和末端速度要求的倾侧角剖面，再结合倾侧角符号的单参数搜索设计方法可实现三维进入轨迹在线规划。此外，Lu[192-194]还根据多时间尺度方法将纵向动力学分为外环慢变子系统和内环快变子系统，分别设计了外环和内环预测式卸载方法来避免路径约束过载。2014年，Lu 给出了一种适用于各类飞行器构型的全数值预测－校正制导（FN-PEG）[195]方法，不仅实现多约束鲁棒进入制导，还避免了高度方向的无效振荡，该方法已用于载人火星登陆任务的仿真测试[196]。此外，Zheng 也将 L1 精确罚函数法引入到预测－校正制导框架中[197]，还在 ETPC 制导律的基础上结合了数值预测方法，为低升阻比飞行器的火星进入任务发展了一种半解析预测－校正制导律[198,199]。Liang 则测试了预测校正制导算法对于 HIAD 探测器的适应性[200]。

Levesque 和 Lafontaine[201]开发了两类解析预测－校正制导算法，基于大气密度相对航迹角的剖面进行飞行路径预测，以实现所需的终端高度、速度和纵向航程。第一类算法在轨迹预测时使用两个恒定航迹角剖面，以满足终端高度、速度和纵向航程的要求。第二类方法则给出一个定常值航迹角随大气密度变化的剖面。两种算法的制导轨迹均接近弹道飞行轨迹，以最大限度地利用倾角对升力矢量的控制权限。Kozynchenko[202]详细分析了预测制导技术在进入阶段的适用性，重点是在高大气和气动不确定性下的功能，并显示了所研究的预测制导算法固有的精度限制。预测－校正制导算法可以确定火星进入的倾侧角大小，因此需要精确的动力学模型来预测最终状态变量[203]。但火星大气密度、弹道系数等因素的不确定性会导致动力学模型的不准确。为了减少预测过程的计算负担，Wang 引入模糊逻辑设计纵向制导，但模糊逻辑的设计过程严重依赖个人经验[204]。同时，预测校正算法需要较大的计算能力，不适用于不确定性较大且机载计算能力有限的火星大气进入阶段。

而横向制导方面，Smith[205]提出一种确定倾侧角符号翻转次数的横向制导律，用于替代 Apollo 的横向制导律（即漏斗边界），相比于 Apollo 横向制导算法，该算法计算了当前状态下的最大纵程，当正负方向上的最大纵程比值大于给定值时，发生倾侧角符号翻转。该方法的本质是在飞行器横向机动能力减弱到一定程度时进行符号翻转，因此可以确保飞行器有充足的控制裕度进行飞行末段的倾侧角机动，从而减小最终的着陆误差。Shen 等人[206]也对 Apollo 横向制导算法进行了改进，先后提出了基于落点偏置策略的横向制导算法和基于动态边界的横向制导算法，显著提高了大气进入的落点精度。Liang 等人则提出基于航向角误差的动态横程走廊，同时满足禁飞区约束[207]。

1.4 小结

从飞行器制导控制方面来看，制约火星着陆探测任务精度主要有以下几点原因。

(1) 火星进入过程中不确定性传播机理及其对制导规划的影响尚未厘清。当前的火星进入制导方法主要借助于各种先进的控制方法来辨识、补偿或抑制各种不确定性对进入制导精度的不利影响，很少从根源上关注动力学系统中不确定性的传播机理并对其进行量化分析，因而现有的火星进入制导方法的性能很难有质的突破。

(2) 不确定性条件下火星进入标称轨迹的鲁棒性有待提高。火星大气进入过程中，进入器初始状态、动力学参数、火星大气密度等存在显著的不确定性。传统的轨迹优化方法很少考虑不确定性的影响，所生成的标称轨迹在不确定性火星进入过程中往往会带来很大的跟踪误差。因此，火星进入标称轨迹需要进行鲁棒优化，即充分考虑各种不确定性的影响，从而使标称轨迹在不确定性条件下既能可靠地满足各种约束条件，又能使性能指标没有过多的损失；或者通过在线轨迹规划方式，在必要条件下重新生成新的标称轨迹，然后根据该轨迹实现高精度进入制导。

(3) 适合于不确定性条件下火星进入的鲁棒最优制导方法鲜有报道。当前用于不确定性条件下的火星大气进入鲁棒制导方法大都是在传统的标称轨迹制导或预测校正制导的基础上加入对不确定性的辨识或补偿，不仅增加了系统复杂度也不能保证制导的最优性，而且制导精度取决于对不确定性的辨识或补偿的精度，而辨识或补偿算法的设计在很大程度上依赖于经验和地面试验，这些都限制了它们的应用。因此，需要发展适合于不确定性条件下火星大气进入的鲁棒最优制导方法。

针对当前火星进入轨迹优化和制导所面临的问题，作者从以下三个方面出发，提出了相应的方法用于解决火星进入最优轨迹优化和制导问题。

(1) 开展火星进入不确定性量化问题研究。针对火星进入过程中的不确定性严重制约进入制导性能提升的这一问题，可借助多项式混沌、随机配点法和响应面法等行之有效的数学工具，设计适用于火星大气进入不确定性量化的计算方法和理论框架，分析火星进入不确定性量化规律及演化机理。

(2) 火星进入标称轨迹鲁棒优化和在线轨迹优化。针对火星进入标称轨迹需要对不确定性具有鲁棒性的这一问题，可在不确定性量化的基础上结合任务约束、不确定性传播、可达域和可控域等，计算火星大气进入鲁棒飞行包线，为后续标称轨迹和制导设计提供更切合实际的可行域，进而考虑不确定性参数的影响、跟踪控制能力和着陆精度等要求，设计适用于不确定性条件下火星进入轨迹规划的鲁棒优化方法，并对生成的轨迹在不确定性条件下的性能进行评估；或者研究具有在线计算能力的优化方法，在进入过程中根据实时情况规划出新的最优轨迹，然后根据该轨迹设计制导方法，从而抵消各类不确定性因素的干扰。

(3) 不确定性条件下火星进入鲁棒最优制导。针对火星进入过程所面临的初始状态不确定性和动力学参数不确定性，可引入计算制导控制（CGC）策略，将火星进入制导问题分解建模为多个简单的最优控制子问题，并按照一定的规则设计成易于求解的完整的解算回路，根据实际飞行状态和控制效果进行实时求解最优制导，并评估其在不确定性条件下火星进入制导的鲁棒性和精度，最终建立起一套较为完整的火星进入不确定性量化与制导规划的理论框架。

依据以上三点思路，本书研究了火星进入轨迹优化的确定性优化方法、不确定性优化方法、火星进入鲁棒最优制导方法，全书章节架构如图 1.14 所示。

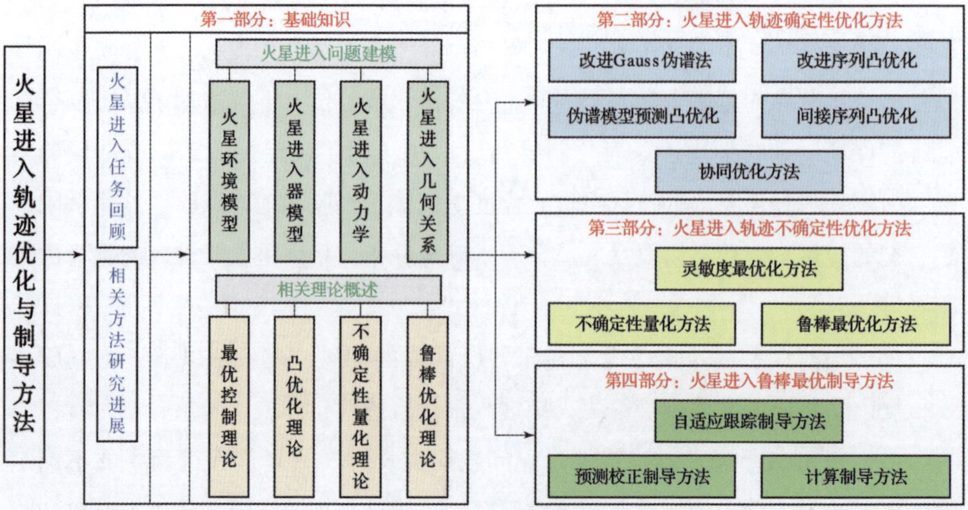

图 1.14　全书章节架构

全书的章节安排如下：第 1 章回顾了历史上成功的火星进入探测任务和正在开展的载人火星登陆计划，同时较为详细地阐述了火星进入轨迹优化和制导领域的研究进展；第 2 章则对火星进入问题建模以及相关的基础理论进行概述，便于读者深入阅读后续章节所涉及的方法；第 3 章到第 7 章则分别介绍了五类确定性优化方法，用于实现火星进入轨迹优化；第 8 章到第 10 章阐述了三类火星进入轨迹不确定性优化方法，从而提高火星进入的鲁棒性；第 11 章到第 13 章则给出了三类鲁棒最优制导策略，包括跟踪制导、预测校正制导和计算制导方法，从而克服各类不确定性因素实现高精度火星进入。

第 2 章
相关理论基础

建立简洁有效的动力学模型是研究火星进入问题的基础之一，直接影响后续轨迹优化和制导方法的设计思路。动力学建模时应通过合适的数学模型描述火星环境和进入器参数，进而在合理假设条件下建立关于飞行状态的微分方程组，以描述飞行器在火星大气中的运动情况。因此本章首先对火星进入问题进行建模，并概述轨迹优化和制导方法所涉及的最优控制理论、伪谱法、凸优化理论、不确定性理论及鲁棒优化理论，从而为后续提出火星进入轨迹优化与制导方法提供理论基础。

2.1　火星进入动力学模型

2.1.1　火星环境模型

1. 火星引力场模型

与地球类似，可以用球谐函数展开式导出火星的引力势 U 的表达式[208]：

$$U = \frac{GM}{r}\left[1 + \sum_{n=2}^{\infty}\left(\frac{R_0}{r}\right)^n \sum_{m=0}^{n}(C_{nm}\cos m\theta + S_{nm}\sin m\theta)P_{nm}(\sin\phi)\right] \quad (2-1)$$

式中，G 表示万有引力常数；M 表示火星质量；R_0 表示火星参考半径；r、θ 和 ϕ 分别表示火心距离、经度和纬度；C_{nm} 和 S_{nm} 表示球谐系数，$n \neq m$ 时为田谐系数，$n = m$ 时为扇谐系数；$P_{nm}(\sin\phi)$ 表示缔合 Legendre 函数。

通常，火星环绕任务应考虑高阶非球形引力项，而火星进入问题考虑 2 阶带

谐引力项 J_2 即可，则引力势可简化为

$$U=\frac{GM}{r}\left[1+\frac{J_2}{2}\left(\frac{R_0}{r}\right)^2(1-3\sin^2\phi)\right] \tag{2-2}$$

根据式（2-2）可知，此时引力势仅与火心距离 r 和火心纬度 ϕ 有关，而引力加速度大小定义为引力势梯度的负值，因此引力加速度在火心距离和火心纬度方向的大小分别为

$$g_r=-\frac{\partial U}{\partial r}=\frac{GM}{r^2}\left[1+\frac{3J_2}{2}\left(\frac{R_0}{r}\right)^2(1-3\sin^2\phi)\right] \tag{2-3}$$

$$g_\phi=-\frac{1}{r}\frac{\partial U}{\partial \phi}=\frac{GM}{r^2}\frac{3J_2}{2}\left(\frac{R_0}{r}\right)^2\sin 2\phi \tag{2-4}$$

由于只考虑 J_2 项引力摄动，此时可以将火星近似为国际天文学联合会定义的椭球模型（如图 2.1 所示），该模型中火星的赤道半径 a 和极地半径 b 分别为 3 396.2 km 和 3 376.2 km。

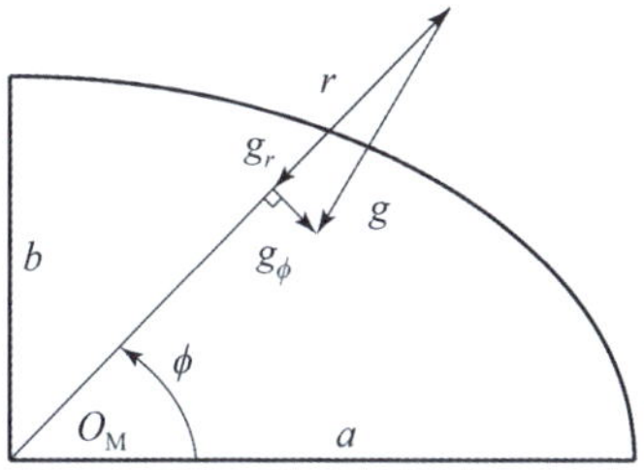

图 2.1　火星椭球模型

则根据椭球模型计算得到的飞行器距离火星表面的高度 h 为

$$h=r-a\left[1-0.5(1-\cos 2\phi)f-\left(\frac{a}{4r}-\frac{1}{16}\right)(1-\cos 4\phi)f^2\right] \tag{2-5}$$

其中，$f=\frac{(a-b)}{a}$，表示火星椭球扁率。

2. 火星大气密度模型

目前可公开获取的火星大气数据库有两个，分别是 NASA 主导的火星全球参考大气模型（Mars Global Reference Atmospheric Model，Mars - GRAM）和 ESA 主导的火星气候数据库（Mars Climate Database，MCD）。两个数据库均记录了火星大气密度、压强、温度、音速等参数，构建了较为完整和精确的火星大气模型，已经在多个火星任务中得到应用和修正。截至 2022 年，NASA 最新的火星大气数

据库为 Mars - GRAM 2010，可以从 NASA 科技转化项目的网站申请下载[209]；ESA 最新的火星大气数据库为 MCD 5.3，可以从火星气候数据库项目的网站在线使用或申请下载[210]。

以上两个大型数据库调用复杂，难以直接用于火星进入轨迹优化和制导仿真。因此，文献通常对大型数据库的真实数据进行拟合，将火星大气密度 ρ、温度 T 和压强 P 等参数简化为关于高度 h 的解析模型。常见的火星大气密度模型如表 2.1 所示，火星大气密度模型对比如图 2.2 所示。

表 2.1 常见的火星大气密度模型[211]

来源	火星大气密度模型	
模型 1	$\rho=\rho_0\exp[-h/h_s]$	$\rho_0=1.474\times10^{-2}\ \mathrm{kg/m^3}$，$h_s=8\ 805.7\ \mathrm{m}$
模型 2	$\rho=\rho_0\exp[-h/h_s]$	$\rho_0=1.58\times10^{-2}\ \mathrm{kg/m^3}$，$h_s=9\ 354.5\ \mathrm{m}$
模型 3	$\rho=\rho_0\exp[-(h-h_0)/h_s]$	$\rho_0=2\times10^{-4}\ \mathrm{kg/m^3}$，$h_s=7\ 500\ \mathrm{m}$，$h_0=40\ 000\ \mathrm{m}$
模型 4	$T=1.4\times10^{-13}h^3-8.85\times10^{-9}h^2-1.245\times10^{-3}h+205.364\ 5$； $P=559.351\ 005\ 946\ 503\times\exp(-0.000\ 105h)$；$\rho=P/188.951\ 107\ 110\ 75/T$	

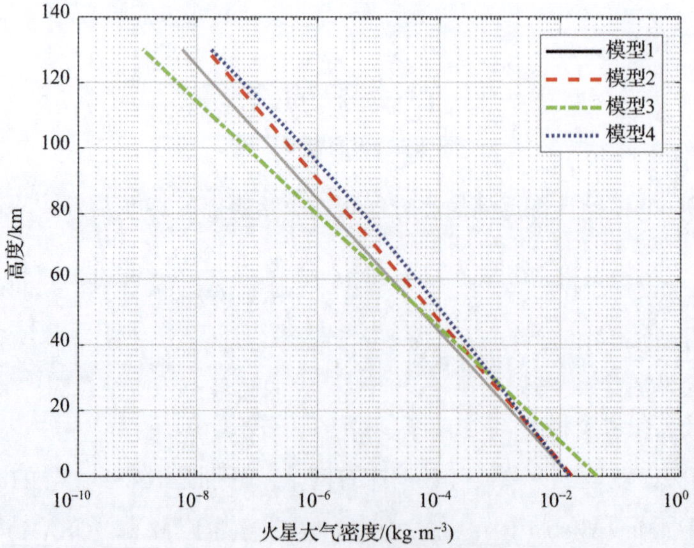

图 2.2 火星大气密度模型对比

其中模型 4 为 Mars - GRAM 2010 模型。也可以直接拟合成关于高度的指数函数形式

$$\rho = \exp(\beta(h)) \tag{2-6}$$

式中，$\beta(h)$是一个关于高度 h 的 k 阶多项式函数 $\beta_0 + \beta_1 h + \cdots + \beta_k h^k$；$h = r - r_0$，$r_0$ 为火星参考半径（取 3 397 km）。火星大气密度模型拟合结果对比如图 2.3 所示。

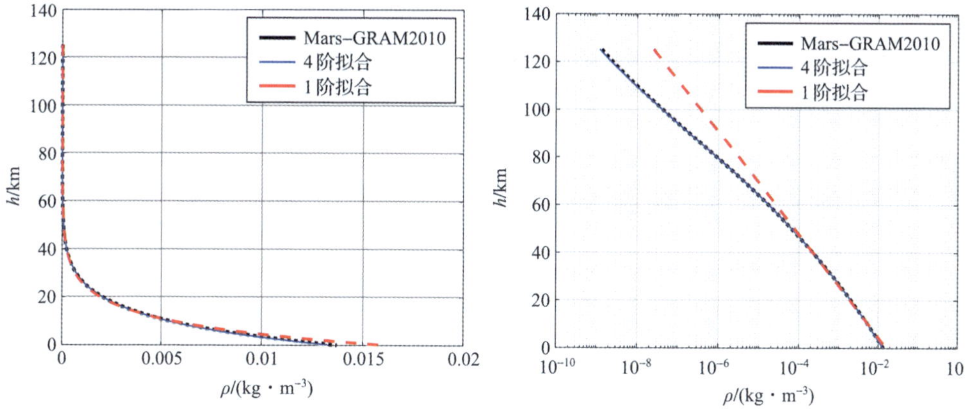

图 2.3　火星大气密度模型拟合结果对比

根据 Mars - GRAM. 2010 版的数据，可以拟合得到具有较高近似精度和较低阶次的火星大气密度模型的 4 阶形式：

$$\rho = \exp(-4.324 - 9.204 \times 10^{-5} h - 1.936 \times 10^{-11} h^2 - 7.507 \times 10^{-15} h^3 + 4.195 \times 10^{-20} h^4) \tag{2-7}$$

特别地，当取 $k = 1$，$\beta_0 = \ln \rho_0$，$\beta_1 = -1/h_s$ 时，可得火星大气密度模型的常用 1 阶拟合形式，即模型 2，因此一般采用模型 2 进行轨迹优化和制导算法设计。

2.1.2　坐标系定义及其关系

1. 坐标系定义

定义坐标系时，假设火星自转角速度 ω_0 的大小和方向保持不变、火星自转轴和火星赤道面垂直、火星大气相对火星表面静止、火星进入器的运动只受火星影响。

1）火心惯性坐标系（Mars - centered inertial coordinate frame，MCI）

火心惯性坐标系 $O_M - X_I Y_I Z_I$的原点位于火星质心 O_M；OX_I轴位于火星赤道面内，指向火星春分点；$O_M Z_I$轴与火星自转轴重合，指向火星北极；$O_M Y_I$轴位于火星赤道面内，与 $O_M X_I$ 和 $O_M Z_I$ 轴构成右手直角坐标系。该坐标系相对惯性空间静止，用于描述飞行器相对惯性空间的位置，简记为 I 系。

2）火心固连坐标系（Mars – centered Mars – fixed coordinate frame，MCMF）

火心固连坐标系 $O_M - X_M Y_M Z_M$ 原点位于火星质心 O_M；$O_M X_M$ 轴位于火星赤道面内，指向火星的本初子午线；$O_M Z_M$ 轴与火星自转轴重合，指向火星北极；$O_M Y_M$ 轴位于火星赤道面内，与 $O_M X_M$ 和 $O_M Z_M$ 轴构成右手直角坐标系。由于火星的本初子午线随火星自转而运动，因此该坐标系相对惯性空间运动，用于描述飞行器相对火星表面的位置，简记为 M 系。

3）东北天坐标系（Local east，north，up coordinates frame，ENU）

东北天坐标系 $O_M - X_L Y_L Z_L$ 原点位于火星质心 O_M；$O_M X_L$ 轴指向飞行器质心；$O_M Y_L$ 轴位于飞行器质心所在的当地水平面，指向当地正东方向；$O_M Z_L$ 轴位于飞行器质心所在的当地水平面，指向当地正北方向，并与 $O_M X_L$ 和 $O_M Z_L$ 轴构成右手直角坐标系。该坐标系相对惯性空间运动，用于描述飞行器在某一经度、纬度和高度时受到的火星引力，简记为 L 系。

4）航迹坐标系（Path coordinate frame）

航迹坐标系 $O - X_P Y_P Z_P$ 原点位于飞行器质心 O；OX_P 轴与飞行器相对速度方向重合；OZ_P 轴位于当地铅锤面内，垂直于 OX_P 轴指向火星表面；OY_P 轴与 OX_P 和 OZ_P 轴构成右手直角坐标系。该坐标系相对惯性空间运动，用于描述飞行器质心的平动，简记为 P 系。

5）速度坐标系（Wind coordinate frame）

速度坐标系 $O - X_V Y_V Z_V$ 也称气流坐标系、风轴坐标系，原点位于飞行器质心 O；OX_V 轴与飞行器相对速度方向重合；OZ_V 轴位于飞行器纵对称面内，垂直于 OX_V 轴指向火星表面；OY_V 轴与 OX_V 和 OZ_V 轴构成右手直角坐标系。该坐标系相对惯性空间运动，用于描述飞行器受到的气动力（包括升力 L、阻力 D 和侧向力 S），在本章中简记为 V 系。

6）本体坐标系（Body coordinate frame）

本体坐标系 $O - X_B Y_B Z_B$ 原点位于飞行器质心 O；OX_B 轴与飞行器对称轴重合，指向飞行器头部；OZ_B 轴位于飞行器纵对称面内，垂直于 OX_B 轴指向火星表面；OY_B 轴与 OX_B 和 OZ_B 轴构成右手直角坐标系。该坐标系相对惯性空间运动，用于描述飞行器绕质心的转动，简记为 B 系。

2. 坐标系转换关系

直角坐标系绕某一轴旋转称为基元旋转，旋转的角度称为欧拉角。任意两个直角坐标系之间至多经过三次旋转即可完全重合，二者之间的坐标转换关系则由欧拉角和各轴的旋转顺序决定。单独绕 X、Y、Z 轴旋转角度 a，则原直角坐标系 A 和新直角坐标系 B 之间的坐标转换关系可以用方向余弦矩阵 $\boldsymbol{C}_1(a)$、$\boldsymbol{C}_2(a)$ 和 $\boldsymbol{C}_3(a)$ 表示，各坐标系之间的旋转关系如图 2.4 所示。

$$\boldsymbol{C}_1(a)=\begin{bmatrix}1 & 0 & 0\\ 0 & \cos a & \sin a\\ 0 & -\sin a & \cos a\end{bmatrix},\ \boldsymbol{C}_2(a)=\begin{bmatrix}\cos a & 0 & -\sin a\\ 0 & 1 & 0\\ \sin a & 0 & \cos a\end{bmatrix},$$

$$\boldsymbol{C}_3(a)=\begin{bmatrix}\cos a & \sin a & 0\\ -\sin a & \cos a & 0\\ 0 & 0 & 1\end{bmatrix} \tag{2-8}$$

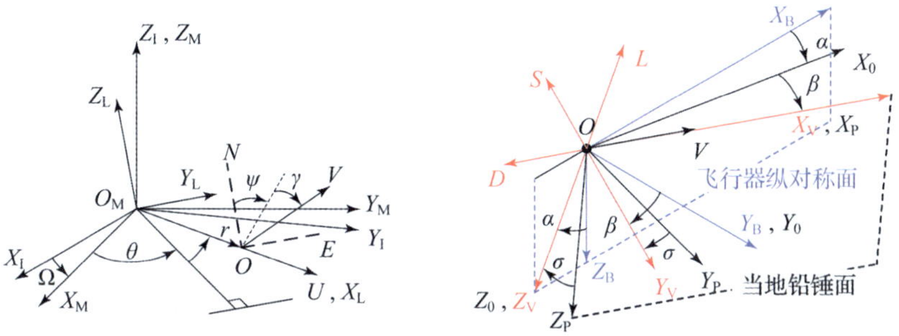

图 2.4　各坐标系之间的旋转关系

同时，坐标系 A 到坐标系 B 的转换矩阵 $\boldsymbol{C}_{B/A}$ 满足 $\boldsymbol{C}_{B/A}=\boldsymbol{C}_{A/B}^{T}$。

1）火心惯性坐标系与火心固连坐标系

两个坐标系通过角度 $\Omega=\omega_0 t$ 相互转换，其中 t 为时间、ω_0 为火星自转角速度。火心惯性坐标系绕 $O_M Z_I$ 轴旋转 Ω 得到火心固连坐标系，坐标转换关系为

$$\begin{bmatrix}X_M\\ Y_M\\ Z_M\end{bmatrix}=\boldsymbol{C}_{M/I}\begin{bmatrix}X_I\\ Y_I\\ Z_I\end{bmatrix}=\boldsymbol{C}_3(\Omega)\begin{bmatrix}X_I\\ Y_I\\ Z_I\end{bmatrix} \tag{2-9}$$

其中，$\boldsymbol{C}_{M/I}$ 表示 I 系到 M 系的方向余弦矩阵（或旋转矩阵），下文同理。

2）火心固连坐标系与东北天坐标系

两个坐标系通过火心经度 θ 和纬度 ϕ 相互转换。火心固连坐标系先绕 $O_M Z_I$ 轴旋转 θ，再绕新的 $O_M Y_I$ 轴旋转 $-\phi$，得到东北天坐标系，坐标转换关系为

$$\begin{bmatrix} X_L \\ Y_L \\ Z_L \end{bmatrix} = \boldsymbol{C}_{L/M} \begin{bmatrix} X_M \\ Y_M \\ Z_M \end{bmatrix} = \boldsymbol{C}_2(-\phi)\boldsymbol{C}_3(\theta) \begin{bmatrix} X_M \\ Y_M \\ Z_M \end{bmatrix} \tag{2-10}$$

3）东北天坐标系与航迹坐标系

两个坐标系通过航迹角 γ 和航向角 ψ 相互转换。其中，航迹角定义为相对速度矢量 $\boldsymbol{V}$ 和当地水平面的夹角，相对速度矢量 $\boldsymbol{V}$ 位于当地水平面上方时 γ 为正角度；航向角定义为相对速度矢量 $\boldsymbol{V}$ 在当地水平面的投影和当地水平面正北方向的夹角，相对速度矢量的投影位于当地水平面正北方向右侧时 ψ 为正角度。首先将东北天坐标系原点 O_M 移动到航迹坐标系原点 O，然后绕 OX_L 轴旋转 $-\psi$，再绕新的 OY_I 轴旋转 $-(\pi/2-\gamma)$，得到航迹坐标系，坐标转换关系为

$$\begin{bmatrix} X_P \\ Y_P \\ Z_P \end{bmatrix} = \boldsymbol{C}_{P/L} \begin{bmatrix} X_L \\ Y_L \\ Z_L \end{bmatrix} = \boldsymbol{C}_2(\gamma-\pi/2)\boldsymbol{C}_1(-\psi) \begin{bmatrix} X_L \\ Y_L \\ Z_L \end{bmatrix} \tag{2-11}$$

4）航迹坐标系与速度坐标系

两个坐标系通过倾侧角 σ 相互转换。倾侧角定义为 OZ_V 轴与 OZ_P 轴的夹角（即 OZ_V 轴与飞行器纵对称面的夹角），OZ_P轴位于 OZ_V 轴右侧时 σ 为正角度。航迹坐标系绕 OX_P轴旋转 σ，得到速度坐标系，坐转换关系为

$$\begin{bmatrix} X_V \\ Y_V \\ Z_V \end{bmatrix} = \boldsymbol{C}_{V/P} \begin{bmatrix} X_P \\ Y_P \\ Z_P \end{bmatrix} = \boldsymbol{C}_1(\sigma) \begin{bmatrix} X_P \\ Y_P \\ Z_P \end{bmatrix} \tag{2-12}$$

5）速度坐标系与本体坐标系

两个坐标系通过攻角 α 和侧滑角 β 相互转换。攻角定义为 OZ_V 轴在飞行器纵对称面的投影与 OZ_B 轴的夹角，OZ_V 轴位于 OZ_B 轴下方时 α 为正角度；侧滑角定义为 OZ_V 轴与飞行器纵对称面的夹角，OZ_V 轴位于飞行器纵对称面右侧时 β 为正角度。速度坐标系绕 OZ_V 轴旋转 $-\beta$，再绕新的 OZ_V 轴旋转 α，得到本体坐

标系，坐标转换关系为

$$\begin{bmatrix} X_B \\ Y_B \\ Z_B \end{bmatrix} = \boldsymbol{C}_{B/V} \begin{bmatrix} X_V \\ Y_V \\ Z_V \end{bmatrix} = \boldsymbol{C}_2(\alpha)\boldsymbol{C}_3(-\beta) \begin{bmatrix} X_V \\ Y_V \\ Z_V \end{bmatrix} \tag{2-13}$$

2.1.3　火星进入器模型

常见的火星进入器为 MSL 类构型[38]，通过将进入器的重心与其体轴偏置，使进入器能够保持一定的配平攻角稳定进入，并使来流沿不对称的流线流过进入器表面从而产生一定的气动升力和阻力，如图 2.5 所示，MSL 类飞行器通过倾侧角可调节升力矢量的方向，从而实现对进入飞行轨迹的控制。

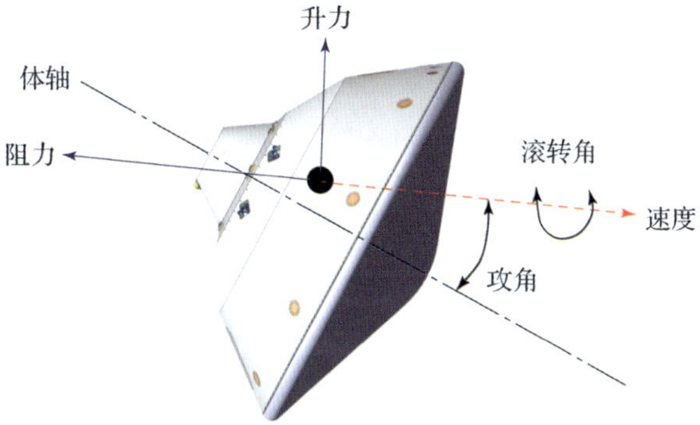

图 2.5　MSL 类飞行器气动力几何关系示意图

MSL 类进入器通过质心偏置保持配平攻角和标称升阻比，因此在高超音速飞行时升力和阻力系数几乎保持不变，倾侧角是唯一的控制变量。

2.1.4　动力学模型

1. 基于时间的动力学模型

在火心惯性系中，进入器受到自身推力矢量 $\boldsymbol{T}$、气动力矢量 $\boldsymbol{A}$、火星引力加

速度矢量 $\boldsymbol{g}$，以及附加科氏力 $\boldsymbol{F}_{\mathrm{c}}$ 和附加相对力 $\boldsymbol{F}_{\mathrm{rel}}$，根据牛顿力学建立火星进入动力学模型：

$$\frac{\mathrm{d}\boldsymbol{r}}{\mathrm{d}t}=\boldsymbol{v},\ \frac{\mathrm{d}^2\boldsymbol{r}}{\mathrm{d}t^2}=\frac{(\boldsymbol{T}+\boldsymbol{A}+\boldsymbol{F}_{\mathrm{c}}+\boldsymbol{F}_{\mathrm{rel}})}{m+\boldsymbol{g}} \tag{2-14}$$

式中，$\boldsymbol{r}$ 表示火心距离矢量；$\boldsymbol{v}$ 表示进入器的速度矢量；m 表示进入器质量。

忽略附加科氏力和附加相对力，并根据矢量求导法则，式（2-14）可改写为

$$\frac{\mathrm{d}\boldsymbol{r}}{\mathrm{d}t}=\frac{\mathrm{d}[\boldsymbol{r}]_{\mathrm{M}}}{\mathrm{d}t}+\boldsymbol{\omega}_0\times[\boldsymbol{r}]_{\mathrm{M}}=\boldsymbol{V}+\boldsymbol{\omega}_0\times[\boldsymbol{r}]_{\mathrm{M}}$$

$$\frac{\mathrm{d}^2\boldsymbol{r}}{\mathrm{d}t^2}=\left[\frac{\mathrm{d}\boldsymbol{V}}{\mathrm{d}t}+2\boldsymbol{\omega}_0\times\boldsymbol{V}+\boldsymbol{\omega}_0\times(\boldsymbol{\omega}_0\times[\boldsymbol{r}]_{\mathrm{M}})\right]=\frac{(\boldsymbol{T}+\boldsymbol{A})}{m+\boldsymbol{g}} \tag{2-15}$$

式中，$[\ ]_{\mathrm{M}}$表示物理量在 M 系中的投影，下文同理；$\frac{\mathrm{d}[\boldsymbol{r}]_{\mathrm{M}}}{\mathrm{d}t}$表示矢量 $\boldsymbol{r}$ 相对 M 系的时间导数，即进入器的相对速度矢量 $\boldsymbol{V}$；$\boldsymbol{\omega}_0$ 表示火星自转角速度矢量，也即 M 系相对于 I 系的旋转角速度在 M 系的投影。

根据坐标转换关系，式（2-15）第一项中：

$$\boldsymbol{V}=\frac{\mathrm{d}[\boldsymbol{r}]_{\mathrm{M}}}{\mathrm{d}t}=\frac{\mathrm{d}(\boldsymbol{C}_{\mathrm{M/L}}[\boldsymbol{r}]_{\mathrm{L}})}{\mathrm{d}t}=\frac{\mathrm{d}(r[\cos\phi\cos\theta\quad\cos\phi\sin\theta\quad\sin\phi]^{\mathrm{T}})}{\mathrm{d}t} \tag{2-16}$$

同时，相对速度矢量在 L 系的投影满足：

$$[\boldsymbol{V}]_{\mathrm{L}}=\boldsymbol{C}_{\mathrm{L/V}}[\boldsymbol{V}]_{\mathrm{V}}=\boldsymbol{C}_{\mathrm{L/V}}[V\quad 0\quad 0]=\boldsymbol{C}_{\mathrm{L/M}}\boldsymbol{V} \tag{2-17}$$

将式（2-16）代入式（2-17）可得：

$$[V\sin\gamma\quad V\cos\gamma\sin\psi\quad V\cos\gamma\cos\psi]^{\mathrm{T}}=[\dot{r}\quad \dot{\theta}r\cos\phi\quad \dot{\phi}r]^{\mathrm{T}} \tag{2-18}$$

将式（2-15）第二项投影到 P 系中可得：

$$\frac{\mathrm{d}[\boldsymbol{V}]_{\mathrm{P}}}{\mathrm{d}t}=\frac{([\boldsymbol{T}]_{\mathrm{P}}+[\boldsymbol{A}]_{\mathrm{P}})}{m}+[\boldsymbol{g}]_{\mathrm{P}}-2[\boldsymbol{\omega}_0]_{\mathrm{P}}\times[\boldsymbol{V}]_{\mathrm{P}}-[\boldsymbol{\omega}_0]_{\mathrm{P}}\times([\boldsymbol{\omega}_0]_{\mathrm{P}}\times[\boldsymbol{r}]_{\mathrm{P}}) \tag{2-19}$$

根据矢量求导法则，式（2-19）左侧有：

$$\frac{\mathrm{d}[\boldsymbol{V}]_{\mathrm{P}}}{\mathrm{d}t}=\frac{\mathrm{d}(\boldsymbol{C}_{\mathrm{P/M}}\boldsymbol{V})}{\mathrm{d}t}+\boldsymbol{\omega}_{\mathrm{P/M}}\times[\boldsymbol{V}]_{\mathrm{P}} \tag{2-20}$$

$$\begin{aligned}\boldsymbol{\omega}_{\mathrm{P/M}}=&\boldsymbol{C}_{\mathrm{P/L}}\boldsymbol{C}_{\mathrm{L/M}}[0\quad 0\quad \dot{\theta}]^{\mathrm{T}}+\boldsymbol{C}_{\mathrm{P/L}}\boldsymbol{C}_2(-\phi)[0\quad -\dot{\phi}\quad 0]^{\mathrm{T}}\\&+\boldsymbol{C}_{\mathrm{P/L}}[-\dot{\psi}\quad 0\quad 0]^{\mathrm{T}}+\boldsymbol{C}_2(\gamma-\pi/2)[0\quad \dot{\gamma}\quad 0]^{\mathrm{T}}\end{aligned} \tag{2-21}$$

其中，$\boldsymbol{\omega}_{P/M}$表示 P 系相对 M 系的旋转角速度在 P 系的投影。

根据坐标转换关系，式（2-19）右侧有：

$$[\boldsymbol{r}]_P=\boldsymbol{C}_{P/L}[\boldsymbol{r}]_L=\boldsymbol{C}_{P/L}[r\quad 0\quad 0]^T,\ [\boldsymbol{V}]_P=[V\quad 0\quad 0]^T \tag{2-22}$$

$$[\boldsymbol{T}]_P=\boldsymbol{C}_{P/V}\boldsymbol{C}_{V/B}[\boldsymbol{T}]_B=\boldsymbol{C}_{P/V}\boldsymbol{C}_{V/B}[T\quad 0\quad 0]^T \tag{2-23}$$

$$[\boldsymbol{A}]_P=\boldsymbol{C}_{P/V}[\boldsymbol{A}]_V=\boldsymbol{C}_{P/V}[-D\quad -S\quad -L]^T \tag{2-24}$$

$$[\boldsymbol{g}]_P=\boldsymbol{C}_{P/L}[\boldsymbol{g}]_L=\boldsymbol{C}_{P/L}[-g_r\quad 0\quad -g_\phi]^T \tag{2-25}$$

$$[\boldsymbol{\omega}_0]_P=\boldsymbol{C}_{P/L}\boldsymbol{C}_{L/M}[0\quad 0\quad \omega_0]^T \tag{2-26}$$

展开式（2-20）~（2-26）可得：

$$\begin{bmatrix}\dot{V}\\ V\dot{\psi}\cos\gamma\\ -V\dot{\gamma}\end{bmatrix}=\frac{1}{m}\begin{bmatrix}T\cos\alpha\cos\beta\\ -T\cos\alpha\sin\beta\cos\sigma+T\sin\alpha\sin\sigma\\ -T\cos\alpha\sin\beta\sin\sigma-T\sin\alpha\cos\sigma\end{bmatrix}+\frac{1}{m}\begin{bmatrix}-D\\ -S\cos\sigma+L\sin\sigma\\ -S\sin\sigma-L\cos\sigma\end{bmatrix}+$$
$$\begin{bmatrix}-g_r\sin\gamma-g_\phi\cos\gamma\cos\psi\\ g_\phi\sin\psi\\ g_r\cos\gamma-g_\phi\sin\gamma\cos\psi\end{bmatrix}+\begin{bmatrix}0\\ 2V(\omega_0\sin\phi\cos\gamma-\omega_0\cos\phi\sin\gamma\cos\psi)\\ -2V\omega_0\cos\phi\sin\psi\end{bmatrix}+$$
$$\begin{bmatrix}r\omega_0^2\cos\phi(\cos\phi\sin\gamma-\sin\phi\cos\gamma\cos\psi)\\ r\omega_0^2\sin\phi\cos\phi\sin\psi\\ -r\omega_0^2\cos\phi(\cos\phi\cos\gamma+\cos\psi\sin\phi\sin\gamma)\end{bmatrix}+\begin{bmatrix}0\\ V^2\cos^2\gamma\sin\psi\tan\phi/r\\ -V^2\cos\gamma/r\end{bmatrix} \tag{2-27}$$

进一步考虑到火星进入器采用弹道升力式方案，推力 T 和侧向力 S 均为 0，因此整理式（2-18）和式（2-27）可得三自由度大气进入动力学模型：

$$\dot{r}=V\sin\gamma \tag{2-28}$$

$$\dot{\theta}=\frac{V\cos\gamma\sin\psi}{r\cos\phi} \tag{2-29}$$

$$\dot{\phi}=\frac{V\cos\gamma\cos\psi}{r} \tag{2-30}$$

$$\begin{aligned}\dot{V}=&-D-g_r\sin\gamma-g_\phi\cos\gamma\cos\psi\\ &+\omega_0^2 r\cos\phi(\cos\phi\sin\gamma-\sin\phi\cos\gamma\cos\psi)\end{aligned} \tag{2-31}$$

$$\dot{\gamma}=\frac{L\cos\sigma}{V}+\left(\frac{V}{r}-\frac{g_r}{V}\right)\cos\gamma+\frac{g_\phi\sin\gamma\cos\psi}{V}+$$
$$2\omega_0\cos\phi\sin\psi+\frac{\omega_0^2r\cos\phi(\cos\phi\cos\gamma+\cos\psi\sin\phi\sin\gamma)}{V} \tag{2-32}$$

$$\dot{\psi}=\frac{L\sin\sigma}{V\cos\gamma}+\frac{V\cos\gamma\sin\psi\tan\phi}{r}+\frac{g_\phi\sin\psi}{V\cos\gamma}+$$
$$\frac{2\omega_0(\sin\phi-\cos\phi\tan\gamma\cos\psi)}{V}+\frac{\omega_0^2r\sin\phi\cos\phi\sin\psi}{V\cos\gamma} \tag{2-33}$$

式中，L 和 D 分别表示升力和阻力加速度，表达式为

$$L=\frac{\rho V^2S_rC_L}{2m},\ D=\frac{\rho V^2S_rC_D}{2m} \tag{2-34}$$

火星大气进入过程持续约 4 min，研究表明忽略 J_2 项引力摄动时动力学模型的误差小于 1%，因此在制导时令式（2－28）~式(2－34）中的 J_2 项为 0。

而在轨迹优化时，考虑到火星自转角速度 ω_0 的值远小于其他物理量，因此可以忽略含有火星自转角速度的项，此时动力学模型简化为

$$\dot{r}=V\sin\gamma \tag{2-35}$$

$$\dot{\theta}=\frac{V\cos\gamma\sin\psi}{r\cos\phi} \tag{2-36}$$

$$\dot{\phi}=\frac{V\cos\gamma\cos\psi}{r} \tag{2-37}$$

$$\dot{V}=-D-g\sin\gamma \tag{2-38}$$

$$\dot{\gamma}=\frac{L\cos\sigma}{V}+\left(\frac{V}{r}-\frac{g}{V}\right)\cos\gamma \tag{2-39}$$

$$\dot{\psi}=\frac{L\sin\sigma}{V\cos\gamma}+\frac{V\cos\gamma\sin\psi\tan\phi}{r} \tag{2-40}$$

式中，$g=\dfrac{GM}{r^2}$表示火心的引力加速度。

注意到火心距离 r、相对速度 V 和航迹角 γ 的一阶导数与其他三项解耦，反映了质心在纵向平面内的运动规律，同时考虑航程角 s 的一阶导数，则火星进入纵向动力学模型为

$$\dot{r}=V\sin\gamma \tag{2-41}$$

$$\dot{V}=-D-g\sin\gamma \tag{2-42}$$

$$\dot{\gamma}=\frac{L\cos\sigma}{V}+\left(\frac{V}{r}-\frac{g}{V}\right)\cos\gamma \tag{2-43}$$

$$\dot{s}=\frac{V\cos\gamma\cos\Delta\psi}{r}\approx\frac{V\cos\gamma}{r} \tag{2-44}$$

式中，航程角 s 和航向角误差 $\Delta\psi$ 的详细定义将在 2.1.6 节给出。该模型通常用于设计火星进入制导律来确定倾侧角的大小。

2. 无量纲动力学模型

由于火星进入问题中各个物理量的数值存在数量级差异，导致轨迹优化和制导时容易出现数值奇异问题，因此有必要对动力学模型进行无量纲化，使各个物理量的数值处于同一数量级，从而避免数值奇异。

本章中，长度无量纲因子为火星参考半径 R_0，加速度无量纲因子为火星表面重力加速度 g_0，时间无量纲因子为 $t_s=\sqrt{\frac{R_0}{g_0}}$，速度无量纲因子为 $V_s=\sqrt{R_0g_0}$，即

$$\bar{r}=\frac{r}{R_0},\ \bar{V}=\frac{V}{V_s},\ \tau=\frac{t}{t_s},\ \bar{\omega}_0=\omega_0t_s \tag{2-45}$$

忽略 J_2 项引力摄动时，无量纲化后的动力学模型为

$$\dot{r}=V\sin\gamma \tag{2-46}$$

$$\dot{\theta}=\frac{V\cos\gamma\sin\psi}{r\cos\phi} \tag{2-47}$$

$$\dot{\phi}=\frac{V\cos\gamma\cos\psi}{r} \tag{2-48}$$

$$\dot{V}=-D-\frac{\sin\gamma}{r^2}+\omega_0^2r\cos\phi(\cos\phi\sin\gamma-\sin\phi\cos\gamma\cos\psi) \tag{2-49}$$

$$\dot{\gamma}=\frac{L\cos\sigma}{V}+\left(\frac{V}{r}-\frac{1}{r^2V}\right)\cos\gamma+ 2\omega_0\cos\phi\sin\psi+\frac{\omega_0^2r\cos\phi(\cos\phi\cos\gamma+\cos\psi\sin\phi\sin\gamma)}{V} \tag{2-50}$$

$$\dot{\psi}=\frac{L\sin\sigma}{V\cos\gamma}+\frac{V\cos\gamma\sin\psi\tan\phi}{r}+ \frac{2\omega_0(\sin\phi-\cos\phi\tan\gamma\cos\psi)}{V}+\frac{\omega_0^2r\sin\phi\cos\phi\sin\psi}{V\cos\gamma} \tag{2-51}$$

其中，各物理量均为无量纲物理量；各变量的导数为相对无量纲时间 τ 的导数；无量纲升力和阻力加速度 L 和 D 的表达式为

$$L=\frac{R_0\rho V^2 S_r C_L}{2m},\ D=\frac{R_0\rho V^2 S_r C_D}{2m} \tag{2-52}$$

此外，将无量纲动力学模型用于轨迹优化时，忽略含有火星自转角速度项即可。

3. 基于能量的无量纲动力学模型

由于大气进入问题的另一类常用动力学模型以无量纲能量 e（轨道力学中称为比机械能，下文简称能量）为自变量，其中能量 e 的定义为

$$e=\frac{1}{r}-\frac{V^2}{2} \tag{2-53}$$

因此能量 e 对时间 τ 的导数为

$$\frac{\mathrm{d}e}{\mathrm{d}\tau}=DV-\omega_0^2 rV\cos\phi(\cos\phi\sin\gamma-\sin\phi\cos\gamma\cos\psi)\approx DV \tag{2-54}$$

根据式（2－53），并考虑无量纲火星距离 $r\approx1$，速度 V 可以用能量 e 表示：

$$V=\sqrt{2(1/r-e)}\approx\sqrt{2(1-e)} \tag{2-55}$$

因此，以能量为自变量的动力学模型的阶次降为 5 阶：

$$\dot{r}=\frac{\sin\gamma}{D} \tag{2-56}$$

$$\dot{\theta}=\frac{\cos\gamma\sin\psi}{rD\cos\phi} \tag{2-57}$$

$$\dot{\phi}=\frac{\cos\gamma\cos\psi}{rD} \tag{2-58}$$

$$\dot{\gamma}=\frac{L\cos\sigma}{V^2D}+\left(\frac{1}{r}-\frac{1}{r^2V^2}\right)\frac{\cos\gamma}{D}+\frac{2\omega_0\cos\phi\sin\psi}{D}+\frac{\omega_0^2 r\cos\phi(\cos\phi\cos\gamma+\cos\psi\sin\phi\sin\gamma)}{V^2D} \tag{2-59}$$

$$\dot{\psi}=\frac{L\sin\sigma}{V^2D\cos\gamma}+\frac{\cos\gamma\sin\psi\tan\phi}{rD}+\frac{2\omega_0(\sin\phi-\cos\phi\tan\gamma\cos\psi)}{VD}+\frac{\omega_0^2 r\sin\phi\cos\phi\sin\psi}{V^2D\cos\gamma} \tag{2-60}$$

该模型中各无量纲物理量的导数为相对能量 e 的导数。

2.1.5　约束条件

受火星进入器结构强度和材料耐热程度的限制，火星进入过程中的路径约束主要是动压、热流密度和法向过载约束：

$$q=\frac{\rho\left(V_sV\right)^2}{2}\leqslant q_{\max} \tag{2-61}$$

$$\dot{Q}=k_Q\left(\frac{\rho}{R_n}\right)^{0.5}\left(V_sV\right)^{3.15}\leqslant\dot{Q}_{\max} \tag{2-62}$$

$$a=\sqrt{L^2+D^2}\leqslant a_{\max} \tag{2-63}$$

其中，$q_{\max}$，$\dot{Q}_{\max}$，$a_{\max}$分别为容许的动压、热流密度和法向过载最大值；k_Q为与火星大气相关的热流密度系数；R_n为火星进入器鼻锥半径。

一般情况下，火星进入的初始状态全部给定，而末端状态则需要满足开伞时刻的经纬度、动压和马赫数约束，这些约束可以转化为火心距离（即高度）、经纬度和速度的约束，航迹角和航向角无特殊要求，因此末端约束满足部分状态约束即可：

$$\boldsymbol{x}(t_0)=\boldsymbol{x}_0,\ \boldsymbol{x}(t_f)=\boldsymbol{x}_f \tag{2-64}$$

式中，状态量$\boldsymbol{x}=[r,\theta,\phi,V,\gamma,\psi]^{\mathrm{T}}$；$\boldsymbol{x}_0$ 和 $\boldsymbol{x}_f$ 表示给定的初始和末端状态；$\boldsymbol{x}_{\min}$和$\boldsymbol{x}_{\max}$表示各状态量的容许变化范围。

此外，火星进入过程中应保证状态量和控制量处于合理范围内：

$$\boldsymbol{x}_{\min}\leqslant\boldsymbol{x}\leqslant\boldsymbol{x}_{\max},\ \boldsymbol{u}_{\min}\leqslant\boldsymbol{u}\leqslant\boldsymbol{u}_{\max},\ \dot{\boldsymbol{u}}_{\min}\leqslant\dot{\boldsymbol{u}}\leqslant\dot{\boldsymbol{u}}_{\max} \tag{2-65}$$

式中，$\boldsymbol{u}=\sigma$ 或 $\boldsymbol{u}=[\sigma,\alpha]^{\mathrm{T}}$；$\boldsymbol{u}_{\min}$和 $\boldsymbol{u}_{\max}$表示控制量的变化范围；$\dot{\boldsymbol{u}}_{\min}$和 $\dot{\boldsymbol{u}}_{\max}$表示控制量导数的变化范围。

2.1.6　进入几何

根据 2.1.4 节可知，火星进入器质心的运动可以解耦为纵向和横向运动，并分别进行纵向和横向轨迹规划与制导律设计。不同于三自由度运动动力学模型中采用火心经纬度描述火星进入器在水平方向的位置，解耦动力学模型定义纵向航程 *DR* 和横向航程 *CR*（简称纵程和横程）描述火星进入器在水平方向的位置。纵程 *DR* 和横程 *CR* 的定义如图 2.6 所示。

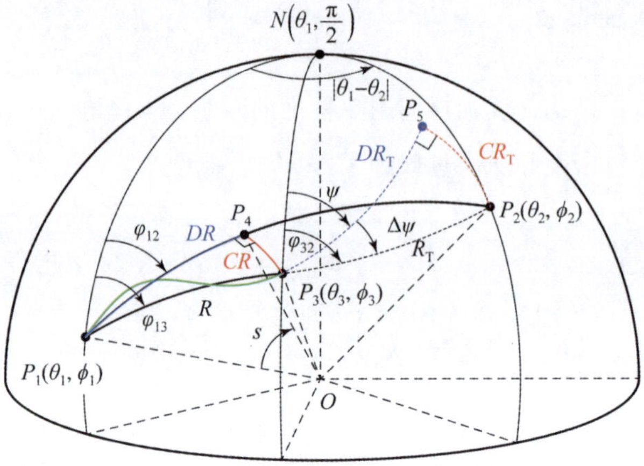

图 2.6 纵程 ***DR*** 和横程 ***CR*** 的定义

图中，点 $N\left(\theta_1, \frac{\pi}{2}\right)$为火星北极点及其火心经纬度；点 $P_1(\theta_1, \phi_1)$、$P_2(\theta_2, \phi_2)$和 $P_3(\theta_3, \phi_3)$分别表示火星进入器的初始位置、末端位置、当前位置在火星表面大圆上的星下点及其火心经纬度；弧 P_1P_2、P_1P_3、P_3P_2、P_3P_4、P_3P_5 和 P_5P_2 均为火星表面大圆上的大圆弧，且弧 P_1P_2 与弧 P_3P_4 垂直于 P_4，弧 P_5P_2 与弧 P_3P_5 垂直于 P_5，弧 P_3P_5 由当前时刻的相对速度矢量决定；定义弧 P_1P_4 为纵程 DR，弧 P_3P_4 为横程 CR，DR 和 CR 实际上表示火星表面大圆上的曲线 R 在弧 P_1P_2 上的投影和到弧 P_1P_2 的距离，而曲线 R 表示进入飞行轨迹在火星表面大圆上的投影，称为航程。图 2.6 中所有大圆弧长度 d 的单位均为弧度，等于大圆弧对应的火心角度；航程、横程、纵程及其衍生物理量的单位均为 m，且航程 R 对应的火心角度定义为航程角 s；航程 R 的导数为

$$\dot{R} = V\cos\gamma \tag{2-66}$$

根据球面三角学可以计算纵程和横程。首先，在球面三角形 NP_1P_2 中，根据边的余弦公式可得：

$$\cos d_{12} = \cos\left(\frac{\pi}{2} - \phi_2\right)\cos\left(\frac{\pi}{2} - \phi_1\right) + \sin\left(\frac{\pi}{2} - \phi_2\right)\sin\left(\frac{\pi}{2} - \phi_1\right)\cos(\theta_2 - \theta_1)$$

$$\cos\left(\frac{\pi}{2} - \phi_2\right) = \cos\left(\frac{\pi}{2} - \phi_1\right)\cos d_{12} + \sin\left(\frac{\pi}{2} - \phi_1\right)\sin d_{12}\cos\varphi_{12} \tag{2-67}$$

式中，d_{12}表示弧 P_1P_2 的长度；φ_{12}表示弧 P_1P_2 和弧 NP_1 之间的夹角。进一步化简式（2-67）有：

$$\cos d_{12} = \sin\phi_2 \sin\phi_1 + \cos\phi_2 \cos\phi_1 \cos(\theta_2 - \theta_1) \tag{2-68}$$

$$\cos\varphi_{12} = \frac{\sin\phi_2 - \sin\phi_1 \cos d_{12}}{\cos\phi_1 \sin d_{12}} \tag{2-69}$$

由于 $\theta_1 > \theta_2$ 时角度 φ_{12}为负值，因此式 d_{12}和 φ_{12}的表达式为

$$d_{12} = \arccos(\sin\phi_2 \sin\phi_1 + \cos\phi_2 \cos\phi_1 \cos(\theta_2 - \theta_1)) \tag{2-70}$$

$$\varphi_{12} = \mathrm{sgn}(\theta_2 - \theta_1)\arccos\left(\frac{\sin\phi_2 - \sin\phi_1 \cos d_{12}}{\cos\phi_1 \sin d_{12}}\right) \tag{2-71}$$

且火星进入初始时刻的航向角 ψ_0 应等于 φ_{12}，来保证飞行方向指向目标位置。同理可得：

$$d_{13} = \arccos(\sin\phi_3 \sin\phi_1 + \cos\phi_3 \cos\phi_1 \cos(\theta_3 - \theta_1)) \tag{2-72}$$

$$\varphi_{13} = \mathrm{sgn}(\theta_3 - \theta_1)\arccos\left(\frac{\sin\phi_3 - \sin\phi_1 \cos d_{13}}{\cos\phi_1 \sin d_{13}}\right) \tag{2-73}$$

然后，在球面直角三角形 $P_4P_1P_3$ 中，根据正弦公式可得：

$$\frac{\sin d_{34}}{\sin(\varphi_{13} - \varphi_{12})} = \frac{\sin d_{13}}{\sin\left(\dfrac{\pi}{2}\right)} \tag{2-74}$$

那么有：

$$CR = R_0 d_{34} = R_0 \arcsin(\sin d_{13} \sin(\varphi_{13} - \varphi_{12})) \tag{2-75}$$

同时，在球面直角三角形 $P_4P_1P_3$ 中两直角边 d_{14}、d_{34}和斜边 d_{13}满足：

$$\cos d_{13} = \cos d_{14} \cos d_{34} \tag{2-76}$$

那么有

$$DR = R_0 d_{14} = R_0 \arccos\left(\frac{\cos d_{13}}{\cos d_{34}}\right) \tag{2-77}$$

在此基础上，如图 2.6 所示，可以类似地将弧 P_3P_2、弧 P_3P_5 和弧 P_5P_2 定义为待飞航程 R_T、无控纵程 DR_T、无控横程 CR_T，同时定义 φ_{12}和当前航向角 ψ 的误差 $\Delta\psi$ 为航向角误差，则在球面直角三角形 NP_3P_2 中应用边的余弦公式和在球面直角三角形 $P_5P_3P_2$ 中应用正弦公式可得：

$$d_{32} = \arccos(\sin\phi_3 \sin\phi_2 + \cos\phi_3 \cos\phi_2 \cos(\theta_2 - \theta_3)) \tag{2-78}$$

$$\varphi_{32} = \mathrm{sgn}(\theta_2 - \theta_3)\arccos\left(\frac{\sin\phi_2 - \sin\phi_3 \cos d_{32}}{\cos\phi_3 \sin d_{32}}\right) \tag{2-79}$$

$$\Delta\psi = \varphi_{32} - \psi \tag{2-80}$$

$$CR_{\mathrm{T}}=R_0 d_{52}=R_0 \arcsin(\sin d_{32}\sin\Delta\psi) \tag{2-81}$$

横向制导方法通过调整航向角误差 $\Delta\psi$ 或无控横程 CR_{T} 来控制横向位置精度。

2.2 最优控制理论概述

最优控制理论主要以变分法、极值原理和动态规划为基础，作为控制领域的一个主要分支，已有诸多专著进行论述。下面根据本章研究的火星进入最优控制问题的特点，简要对含有过程状态约束的最优控制问题进行回顾。

根据性能指标的形式不同，最优控制问题可分为 Mayer 问题、Lagrange 问题和 Bolza 问题。其中 Mayer 问题和 Lagrange 问题都可以看作 Bolza 问题的特殊形式。因此，为了不失一般性，本章以 Bolza 问题为研究对象。Bolza 问题可描述为确定控制变量 $\boldsymbol{u}(t)\in\mathbb{R}^m$，使如下目标函数最小化：

$$J=\theta(x(t_{\mathrm{f}}),t_{\mathrm{f}})+\int_{t_0}^{t_{\mathrm{f}}}F(x(t),u(t),t)\,\mathrm{d}t \tag{2-82}$$

并且状态变量 $\boldsymbol{x}(t)\in\mathbb{R}^n$，初始时间 t_0 以及终端时间 t_{f} 满足状态方程：

$$\dot{x}=f(x(t),u(t),t),\ t\in[t_0,t_{\mathrm{f}}] \tag{2-83}$$

并满足边界条件

$$x(t_0)=x_0,\ M(x(t_{\mathrm{f}}),t_{\mathrm{f}})=0 \tag{2-84}$$

过程约束

$$g(x(t),t)\leqslant 0,\ t\in[t_0,t_{\mathrm{f}}] \tag{2-85}$$

同时，初始时间 t_0 给定，终端时间 t_{f} 未知。

此外，函数 θ，F，f，M 和 g 的定义为

$$\theta\ :\ \mathbb{R}^n\times\mathbb{R}\times\mathbb{R}^n\times\mathbb{R}\to\mathbb{R} \tag{2-86}$$

$$F\ :\ \mathbb{R}^n\times\mathbb{R}^m\times\mathbb{R}\to\mathbb{R} \tag{2-87}$$

$$f\ :\ \mathbb{R}^n\times\mathbb{R}^m\times\mathbb{R}\to\mathbb{R}^n \tag{2-88}$$

$$M\ :\ \mathbb{R}^n\times\mathbb{R}\to\mathbb{R}^{\phi} \tag{2-89}$$

$$g\ :\ \mathbb{R}^n\times\mathbb{R}\to\mathbb{R}^{c} \tag{2-90}$$

下面通过变分法求解 Bolza 最优控制问题。

引入拉格朗日乘子 $v(t)$，$\boldsymbol{\lambda}(t)$ 和 $\boldsymbol{\gamma}(t)$，则增广性能指标 J_a 为

$$
\begin{aligned}
J_a &= \theta[x(t_f),t_f] + v^{T}M[x(t_f),t_f] + \\
&\quad \int_{t_0}^{t_f} F(x,u,t) + \lambda^{T}[f(x,u,t) - \dot{x}] + \gamma^{T}g(x,t)\mathrm{d}t \\
&= \theta[x(t_f),t_f] + v^{T}M[x(t_f),t_f] + \\
&\quad \int_{t_0}^{t_f^*} F(x,u,t) + \lambda^{T}[f(x,u,t) - \dot{x}] + \gamma^{T}g(x,t)\mathrm{d}t + \\
&\quad \int_{t_f^*}^{t_f^*+\delta t_f} F(x,u,t) + \lambda^{T}[f(x,u,t) - \dot{x}] + \gamma^{T}g(x,t)\mathrm{d}t
\end{aligned} \tag{2-91}
$$

定义增广哈密顿函数（或称拉格朗日函数）为

$$
H(x,u,\lambda,\gamma,t) = F(x,u,t) + \lambda^{T}f(x,u,t) + \gamma^{T}g(x,t) \tag{2-92}
$$

则增广哈密顿（或拉格朗日）纯量函数 Φ 有：

$$
\Phi = F(x,u,t) + \lambda^{T}[f(x,u,t) - \dot{x}] + \gamma^{T}g(x,t) = H - \lambda^{T}\dot{x} \tag{2-93}
$$

接下来将增广性能指标 J_a 中第一个积分项进行分部积分，对第二个积分项进行欧拉积分公式近似：

$$
\begin{aligned}
J_a &= \theta[x(t_f),t_f] + v^{T}M[x(t_f),t_f] + \\
&\quad \int_{t_0}^{t_f^*} H(x,u,\lambda,\gamma,z,t) - \lambda^{T}\dot{x}\mathrm{d}t + \int_{t_f^*}^{t_f^*+\delta t_f} H(x,u,\lambda,\gamma,z,t) - \lambda^{T}\dot{x}\mathrm{d}t \\
&= \theta[x(t_f),t_f] + v^{T}M[x(t_f),t_f] - \lambda^{T}x\big|_{t_0}^{t_f^*} + \\
&\quad \int_{t_0}^{t_f^*} H(x,u,\lambda,\gamma,z,t) + \dot{\lambda}^{T}x\mathrm{d}t + [H(x,u,\lambda,\gamma,z,t) - \lambda^{T}\dot{x}]_{t_f^*}\delta t_f
\end{aligned} \tag{2-94}
$$

由于 $\delta x(t_f) \approx x(t_f^*) + \dot{x}(t_f^*)\delta t_f$，则有 $-\lambda^{T}(t_f^*)\dot{x}(t_f^*)\delta t_f = -\lambda^{T}(t_f^*)\delta x(t_f) + \lambda^{T}(t_f^*)x(t_f^*)$。

同时，$-\lambda^{T}x\big|_{t_0}^{t_f^*} = -\lambda^{T}(t_f^*)x(t_f^*) + \lambda^{T}(t_0)x(t_0)$，且 $\delta t_f = t_f - t_f^*$，$\delta x(t_f) = x(t_f) - x(t_f^*)$，则有：

$$
\begin{aligned}
J_a &= \theta[x(t_f),t_f] + v^{T}M[x(t_f),t_f] - \\
&\quad \lambda^{T}(t_f^*)x(t_f^*) + \lambda^{T}(t_0)x(t_0) + \int_{t_0}^{t_f^*} H(x,u,\lambda,\gamma,z,t) + \dot{\lambda}^{T}x\mathrm{d}t + \\
&\quad H(t_f^*)\delta t_f - \lambda^{T}(t_f^*)\delta x(t_f) + \lambda^{T}(t_f^*)x(t_f^*) \\
&= \theta[x(t_f),t_f] + v^{T}M[x(t_f),t_f] + \\
&\quad \lambda^{T}(t_0)x(t_0) + \int_{t_0}^{t_f^*} H(x,u,\lambda,\gamma,z,t) + \dot{\lambda}^{T}x\mathrm{d}t +
\end{aligned}
$$

$$H(t_{\mathrm{f}}^{*})(t_{\mathrm{f}}-t_{\mathrm{f}}^{*})-\lambda^{\mathrm{T}}(t_{\mathrm{f}}^{*})[x(t_{\mathrm{f}})-x(t_{\mathrm{f}}^{*})] \tag{2-95}$$

对增广哈密顿函数求变分，因 $\delta x,\delta u,\delta t_{\mathrm{f}},\delta x(t_{\mathrm{f}})$ 为任意量，因此有：

$$\begin{aligned}\delta J_{a}=&\left[\frac{\partial\theta}{\partial t_{\mathrm{f}}}+\frac{\partial M^{\mathrm{T}}}{\partial t_{\mathrm{f}}}v+H(t_{\mathrm{f}}^{*})\right]\delta t_{\mathrm{f}}+\\&\left[\frac{\partial\theta}{\partial x(t_{\mathrm{f}})}+\frac{\partial M^{\mathrm{T}}}{\partial x(t_{\mathrm{f}})}v-\lambda(t_{\mathrm{f}}^{*})\right]\delta x(t_{\mathrm{f}})+\\&\int_{t_0}^{t_{\mathrm{f}}^{*}}\left[\left(\frac{\mathrm{d}H}{\mathrm{d}x}+\dot{\lambda}\right)\delta x+\frac{\mathrm{d}H}{\mathrm{d}u}\delta u\right]\mathrm{d}t\end{aligned} \tag{2-96}$$

则根据一阶必要条件 $\delta J_{a}=0$ 可得：

$$\dot{\lambda}=-\frac{\partial H}{\partial x}=-\frac{\partial F}{\partial x}-\frac{\partial f^{\mathrm{T}}}{\partial x}\lambda-\frac{\partial g^{\mathrm{T}}}{\partial x}\gamma \tag{2-97}$$

$$\frac{\partial H}{\partial u}=0=\frac{\partial F}{\partial u}+\frac{\partial f^{\mathrm{T}}}{\partial u}\lambda \tag{2-98}$$

$$H(t_{\mathrm{f}}^{*})=-\frac{\partial\theta}{\partial t_{\mathrm{f}}}-\frac{\partial M^{\mathrm{T}}}{\partial t_{\mathrm{f}}}v \tag{2-99}$$

$$\lambda(t_{\mathrm{f}}^{*})=\frac{\partial\theta}{\partial x(t_{\mathrm{f}})}+\frac{\partial M^{\mathrm{T}}}{\partial x(t_{\mathrm{f}})}v \tag{2-100}$$

式（2-97）为伴随方程或协态方程，式（2-98）为最优控制方程，二者并称为欧拉条件；而式（2-99）和式（2-100）并称为横截条件。

进一步考虑过程约束，还需要满足如下互补松弛条件：

$$\gamma(t)\geqslant 0,\ \gamma^{\mathrm{T}}g(x,t)=0,\ g(x,t)\leqslant 0 \tag{2-101}$$

满足以上全部条件的状态量 $x(t)$ 即为最优控制解。此外，当涉及对控制量 $u(t)$ 的约束时，即过程约束为 $g(x(t),u(t),t)\leqslant 0$，此时式（2-98）不能保证所得解最优，需要根据极小值原理求解最优解，即扩展哈密顿函数在满足过程约束的同时在 $u(t)=u^{*}(t)$ 处有极小值：

$$H(x^{*},u^{*},\lambda^{*},\gamma^{*},t)=\min H(x^{*},u,\lambda^{*},\gamma^{*},t) \tag{2-102}$$

2.3 伪谱法概述

伪谱法是一类特殊的配点法，它通过 Lagrange 插值多项式近似状态量和控制量，从而在一系列离散节点上将连续最优控制问题离散化，然后采用非线性规划方法进行求解。其中，离散节点由正交多项式的根和两个端点构成，而离散积分则采用 Gauss 积分法则。典型的正交多项式有 Jacobi 多项式、Legendre 多项式和 Chebyshev 多项式。常见的 Gauss 积分法则有 Gauss 积分、Gauss – Radau 积分和 Gauss – Lobatto 积分，它们的积分节点分别不包含两个端点、包含一个端点和包含两个端点。将正交多项式和积分法则组合，就可以构造出不同的伪谱法，其中 Legendre – Gauss（LG）、Legendre – Guass – Radau（LGR）、Legendre – Guass – Lobatto（LGL）伪谱法和 Chebyshev – Guass – Lobatto（CGL）伪谱法最常见。

伪谱法可以通过离线计算微分矩阵来确定变量在离散节点处的微分，根据求解结果估计协态变量，通过稀疏性分析减小计算量；也存在微分矩阵容易病态、对不连续或非光滑问题适应性差等缺点。

2.3.1 Legendre 伪谱法

Legendre 伪谱法包括 LG 伪谱法、LGR 伪谱法和 LGL 伪谱法三类，主要区别在于配点是否包含两个端点及采用的离散积分法则。

1. Lagrange 插值和变量近似

给定任一函数 $f(\tau)$ 在 $N+2$ 个节点 $-1=\tau_0<\cdots<\tau_{N+1}=1$ 处的函数值 $f(\tau_0),\cdots,f(\tau_{N+1})$，则函数 $f(\tau)$ 的 $N+1$ 阶 Lagrange 插值多项式 $f_{N+1}(\tau)$ 为

$$f_{N+1}(\tau) = \sum_{i=0}^{N+1} f(\tau_i)L_i(\tau) \tag{2-103}$$

Lagrange 插值基函数 $L_i(\tau)$ 满足：

$$L_i(\tau) = \prod_{j=0,\, j\neq i}^{N+1} \frac{\tau-\tau_j}{\tau_i-\tau_j},\ L_i(\tau_k) = \begin{cases} 1, & k=i \\ 0, & k\neq i \end{cases} \tag{2-104}$$

同时 $f_{N+1}(\tau)$ 满足插值条件 $f_{N+1}(\tau_k)=f(\tau_k)$，$k=0,1,\cdots,N+1$。

2. 配点和积分权重

LG 伪谱法中，N 个配点 $\tau_k\in(-1,1)$，$k=1,2,\cdots,N$ 为 N 阶 Legendre 多项式 $P_N(\tau)$ 的根：

$$P_N(\tau) = \frac{1}{2^N N!}\frac{\mathrm{d}^N}{\mathrm{d}\tau^N}[(\tau^2-1)^N]=0 \tag{2-105}$$

式中，端点 $\tau_0=-1$ 和 $\tau_{N+1}=1$ 不属于配点。由于采用 Gauss 积分法则，配点处

的积分权重 w_k 为

$$w_k = \frac{2}{(1-\tau_k^2)\dot{P}_N^2(\tau_k)} \tag{2-106}$$

式中，$\dot{P}_N(\tau_k)$ 表示 $P_N(\tau)$ 在节点 τ_k 处的一阶导数。而函数 $f(\tau)$ 在区间 [-1, 1] 上的积分可近似为

$$\int_{-1}^{1} f(\tau)\,\mathrm{d}\tau = \sum_{k=1}^{N} f(\tau_k)\,w_k \tag{2-107}$$

LGR 伪谱法有标准和翻转配点两类。$N+1$ 个标准配点 $\tau_k \in [-1,1)$，$k=0,1,\cdots,N$ 为式（2-108）的根：

$$P_{N+1}(\tau) + P_N(\tau) = 0 \tag{2-108}$$

式中，端点 $\tau_0 = -1$ 属于配点，$\tau_{N+1} = 1$ 不属于配点。而 $N+1$ 个翻转配点 $\tau_k \in (-1,1]$，$k=0,1,\cdots,N$ 为式（2-109）的根：

$$P_{N+1}(\tau) - P_N(\tau) = 0 \tag{2-109}$$

式中，端点 $\tau_0 = -1$ 不属于配点，$\tau_{N+1} = 1$ 属于配点。由于采用 Gauss-Radau 积分法则，配点处的积分权重 w_k 为

$$w_k = \frac{1}{(N+1)^2}\frac{1-\tau_k}{\dot{P}_N^2(\tau_k)} \tag{2-110}$$

此时函数 $f(\tau)$ 在区间 [-1, 1] 上的积分可近似为

$$\int_{-1}^{1} f(\tau)\,\mathrm{d}\tau = \sum_{k=0}^{N} f(\tau_k)\,w_k \tag{2-111}$$

LGL 伪谱法中，$N+2$ 个配点 $\tau_k \in [-1,1]$，$k=0,1,\cdots,N+1$ 为式（2-112）的根：

$$(1-\tau^2)\dot{P}_{N+1}(\tau) = 0 \tag{2-112}$$

式中，端点 $\tau_0 = -1$ 和 $\tau_{N+1} = 1$ 均属于配点。由于采用 Gauss-Lobatto 积分法则，配点处的积分权重 w_k 为

$$w_k = \frac{2}{(N+1)(N+2)}\frac{1}{P_{N+1}^2(\tau_k)} \tag{2-113}$$

此时函数 $f(\tau)$ 在区间 [-1, 1] 上的积分可近似为

$$\int_{-1}^{1} f(\tau)\,\mathrm{d}\tau = \sum_{k=0}^{N+1} f(\tau_k)\,w_k \tag{2-114}$$

三类伪谱法配点的坐标如图 2.7 所示。

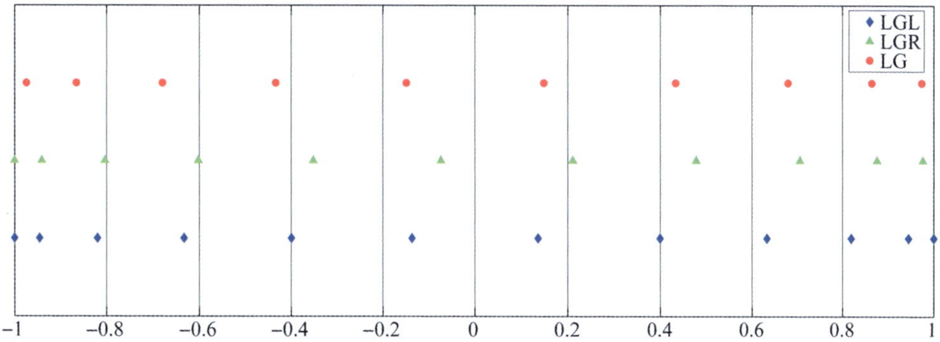

图 2.7　三类伪谱法配点的坐标

3. 微分矩阵

对式（2－103）求导可得：

$$\dot{f}_{N+1}(\tau) = \sum_{i=0}^{N+1} f(\tau_i)\dot{L}_i(\tau) \tag{2-115}$$

式中，$\dot{L}_i(\tau_k)$ 为 Lagrange 插值多项式在节点 τ_k 处的导数。进一步定义 $D_{ki} \triangleq \dot{L}_i(\tau_k)$ 为矩阵 $\boldsymbol{D}$ 第 k 行第 i 列的元素，则 LG、LGR 和 LGL 伪谱法的一阶微分矩阵 $\boldsymbol{D}$ 分别为

$$\text{LG}: \boldsymbol{D} \in \mathbb{R}^{N\times(N+1)},\ D_{ki} \triangleq \dot{L}_i(\tau_k) = \sum_{l=0,l\neq i}^{N} \frac{\prod_{j=0,\,j\neq i,\,j\neq l}^{N} \tau_k - \tau_j}{\prod_{j=0,\,j\neq i}^{N} \tau_i - \tau_j} \tag{2-116}$$

$$\text{LGR}: \boldsymbol{D} \in \mathbb{R}^{(N+1)\times(N+2)},\ D_{ki} \triangleq \dot{L}_i(\tau_k) = \sum_{l=0,l\neq i}^{N+1} \frac{\prod_{j=0,\,j\neq i,\,j\neq l}^{N+1} \tau_k - \tau_j}{\prod_{j=0,\,j\neq i}^{N+1} \tau_i - \tau_j} \tag{2-117}$$

$$\text{LGL}: \boldsymbol{D} \in \mathbb{R}^{(N+2)\times(N+2)},\ D_{ki} \triangleq \dot{L}_i(\tau_k) = \sum_{l=0,l\neq i}^{N+1} \frac{\prod_{j=0,\,j\neq i,\,j\neq l}^{N+1} \tau_k - \tau_j}{\prod_{j=0,\,j\neq i}^{N+1} \tau_i - \tau_j} \tag{2-118}$$

式中，LG 伪谱微分矩阵中包括了节点 τ_0 和配点处的元素，而 LGR 和 LGL 伪谱微分矩阵中只包含了相应配点处的元素。

2.3.2 Chebyshev 伪谱法

与 Legendre 伪谱法类似，Chebyshev 伪谱法也有 Chebyshev – Gauss（CG）、Chebyshev – Gauss – Radau（CGR）和 Chebyshev – Gauss – Labatto（CGL）三种格式，其中 CGL 格式最为常见。

CGL 配点有四类，通常采用第二类配点构造 CGL 伪谱法，即 N 阶 Chebyshev 多项式 $P_N(\tau)=\cos(N\cos^{-1}\tau)$ 的零点 $\tau_0<\tau_1<\cdots<\tau_N$：

$$\tau_k=\cos(\pi k/N),\ k=0,1,\cdots,N \tag{2-119}$$

式中，$\tau_0=-1$，$\tau_N=1$。

同样地，任一函数 $f(\tau)$ 在 $N+1$ 个第二类 CGL 节点处的函数值 $f(\tau_0),\cdots,f(\tau_N)$，则函数 $f(\tau)$ 的 N 阶 Lagrange 插值多项式 $f_N(\tau)$ 为

$$f_N(\tau)=\sum_{i=0}^{N}f(\tau_i)L_i(\tau),\ f_N(\tau_i)=f(\tau_i) \tag{2-120}$$

其中，$L_i(\tau)$ 为 Lagrange 插值基函数。

CGL 伪谱法的一阶微分矩阵 $\boldsymbol{D}$ 中的元素 D_{ki} 满足：

$$\text{CGL}: \boldsymbol{D}\in\mathbb{R}^{(N+1)\times(N+1)},\ D_{ki}\triangleq\dot{L}_i(\tau_k)=\sum_{l=0,l\neq i}^{N}\frac{\prod_{j=0,\,j\neq i,\,j\neq l}^{N}\tau_k-\tau_j}{\prod_{j=0,\,j\neq i}^{N}\tau_i-\tau_j} \tag{2-121}$$

即 $\boldsymbol{D}$ 和 LGR 伪谱微分矩阵一样，为满秩矩阵。

2.4 凸优化理论概述

凸优化是一类特殊的最优化问题，它要求目标函数和约束条件均为定义域为凸集的凸函数，因此问题具有凸性。那么当凸优化问题存在解时，可以通过原始对偶内点法在多项式时间内找到最优解。由于本章主要是使用凸优化方法来开发轨迹规划和制导算法，而不是研究凸优化理论，因此这里仅给出一些关键理论，完整的凸优化理论详见文献[212]。

仿射集：集合 S 内经过任意两点之间的直线仍在集合 S 内，则称集合 S 为仿

射集，即对于 $\forall x_1$，$x_2 \in S$ 及 $\forall \theta \in \mathbb{R}$ 满足：

$$\theta x_1 + (1-\theta)x_2 \in S \tag{2-122}$$

凸集：集合 S 内任意两点之间的线段仍在集合 S 内，则称集合 S 为凸集，即对于 $\forall x_1$，$x_2 \in S$ 及 $\forall \theta \in [0,1]$ 满足：

$$\theta x_1 + (1-\theta)x_2 \in S \tag{2-123}$$

由此可知，仿射集必然是凸集。

凸函数：如果函数 f：$\mathbb{R}^n \to \mathbb{R}$ 的定义域 $dom f \in \mathbb{R}^n$ 为凸集 S，且对于 $\forall x_1$，$x_2 \in S$ 及 $\forall \theta \in [0,1]$ 满足：

$$f(\theta x_1 + (1-\theta)x_2) \leqslant \theta f(x_1) + (1-\theta)f(x_2) \tag{2-124}$$

则函数 $f(x)$ 为凸函数。常见凸函数如表 2.2 所示。

表 2.2　常见凸函数

函数	表达式	备注
二次函数	$f(x)=0.5xP^{\mathrm{T}}x+q^{\mathrm{T}}x+r_0;P\in S^n,q\in\mathbb{R}^n,r\in\mathbb{R}$	$f:\mathbb{R}^n\to\mathbb{R}$,$dom f\in\mathbb{R}^n$
仿射函数	$f(x)=Ax+bx$	无
指数函数	$f(x)=e^{ax}$	无
幂函数	$f(x)=x^a$；$x\in R_{++}$	$a\geqslant 1$ 或 $a\leqslant 0$
负熵函数	$f(x)=x\log x$	$x\in\mathbb{R}_{++}$
范数函数	$\Vert x\Vert_1,\Vert x\Vert_2,\Vert x\Vert_F,\Vert x\Vert_\infty,\cdots\cdots$	除零范数外
极大值函数	$f(x)=\max(x_1,\cdots,x_n)$	无
log - sum - up	$f(x)=\log(\mathrm{e}^{x_1}+\cdots+\mathrm{e}^{x_n}),x\in\mathbb{R}^n$	极大值函数的解析逼近

凸集、非凸集和凸函数示意图如图 2.8 所示。

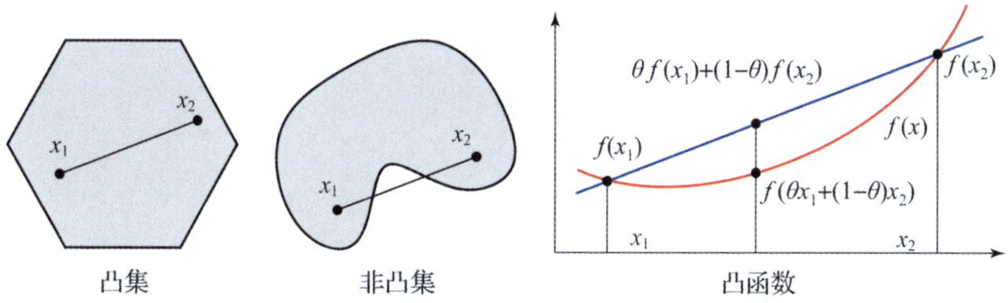

图 2.8　凸集、非凸集和凸函数示意图

凸优化问题的一般形式为

$$
\begin{aligned}
&\underset{x}{\text{minimize}}\, f_0(x) \\
&\text{subject to}\; f_i(x) \leqslant 0,\; i=1,\cdots,m \\
&Ax=b
\end{aligned}
\tag{2-125}
$$

其中，$x\in\mathbb{R}^n$，且 f_i：$\mathbb{R}^n\to\mathbb{R}$，$i=0,\cdots,m$ 为凸函数，等式约束为仿射约束。

根据目标函数和约束条件的类型，凸优化（Convex Optimization，CO）问题的一个大类是锥规划（Cone Programming，CP），主要有最小二乘（Least Squares，LS）、线性规划（Linear Programming，LP）、二次规划（Quadratic Programming，QP）、二阶锥规划（Second - Order Cone Programming，SOCP）、半正定规划（Semidefinite Programming，SDP）和几何规划（Geometric Programming，GP）等，各类规划的从属关系如图 2.9 所示。此外，二次约束二次规划（Quadratically Constrained Quadratic Programming，QCQP）满足一定条件时也属于凸优化问题。

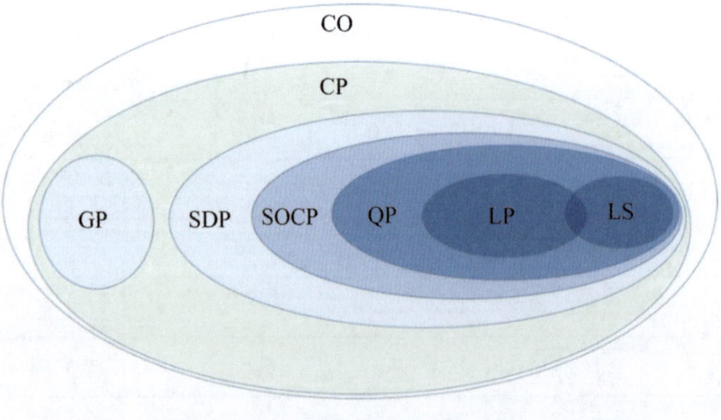

图 2.9 各类规划的从属关系

目前，飞行器轨迹规划与制导问题通常被松弛为 SOCP 和 QCQP 问题进行求解，因此本章主要对这两类规划进行简要说明。

2.4.1 二阶锥规划

二阶锥规划（或二次锥规划）是指约束条件为二阶锥约束的最优化问题，n 维空间中标准二阶锥 $\boldsymbol{C}_n$ 的定义为

$$C_n=\left\{\begin{bmatrix}x\\t\end{bmatrix}\in\mathbb{R}^n \mid x\in\mathbb{R}^{n-1},t\in\mathbb{R},\|x\|\leqslant t\right\} \tag{2-126}$$

进一步，二阶锥约束的定义为

$$\|Ax+b\|\leqslant c^{\mathrm{T}}x+d\Leftrightarrow\begin{bmatrix}Ax\\c^{\mathrm{T}}\end{bmatrix}+\begin{bmatrix}b\\d\end{bmatrix}\in C_n \tag{2-127}$$

式中，$x\in\mathbb{R}^n$，$A\in\mathbb{R}^{(n-1)\times n}$，$b\in\mathbb{R}^{n-1}$，$c\in\mathbb{R}^n$，$d\in\mathbb{R}$。由式（2-127）可知，二阶锥约束本质上是对 x 进行仿射变换，由于仿射变换不改变凹凸性，因此二阶锥约束为凸锥。

二阶锥规划问题的一般形式为

$$\begin{aligned}&\underset{x}{\text{minimize}}\ f^{\mathrm{T}}x\\&\text{subject to}\ \ \|A_ix+b_i\|\leqslant c_i^{T}x+d_i,\ i=1,\cdots,m\\&Fx=g\end{aligned} \tag{2-128}$$

式中，$x\in\mathbb{R}^n$，$A_i\in\mathbb{R}^{n_i\times n}$，$b_i\in\mathbb{R}^{n_i}$，$c_i\in\mathbb{R}^{n_i}$，$d_i\in\mathbb{R}$，$F\in\mathbb{R}^{p\times n}$，$g\in\mathbb{R}^p$。由此可知，二阶锥规划问题的目标函数为线性函数，不等式约束为二阶锥约束，等式约束为仿射约束。

2.4.2 二次约束二次规划

类似地，二次约束二次规划是指具有二次约束条件和二次目标函数的最优化问题，其一般形式可定义为

$$\begin{aligned}&\underset{x}{\text{minimize}}\ \ \frac{1}{2}xP_0^{\mathrm{T}}x+q_0^{\mathrm{T}}x+r_0\\&\text{subject to}\ \frac{1}{2}xP_i^{\mathrm{T}}x+q_i^{\mathrm{T}}x+r_i\leqslant 0,\ i=1,\cdots,m\\&Ax=b\end{aligned} \tag{2-129}$$

式中，$P_i\in S^n$，$i=0,\cdots,m$，$A\in\mathbb{R}^{p\times n}$。

一般情况下，QCQP 为非凸优化问题，但在特定情况下 QCQP 为凸优化问题：

（1）满足 $P_i\geqslant 0$，$i=0,\cdots,m$，那么 QCQP 为凸优化问题；

（2）满足 $P_i>0$，$i=1,\cdots,m$，那么 QCQP 为 m 个椭球交集上的二次最小化问题；

(3) 满足 $P_i=0$，$i=1,\cdots,m$，那么 QCQP 退化为 QP；

(4) 满足 $P_i=0$，$i=0,\cdots,m$，那么 QCQP 退化为 LP。

2.5 不确定性理论概述

在实际的火星大气进入问题的数学模型背后存在很多不确定性，这些不确定性包含模型内部的参数、输入的初始状态变量和外部环境的复杂多变等多个方面。那么，如何描述这些不确定性以便进行不确定性量化和鲁棒优化的研究就是本节的主要目的。为此，本节对论文研究中涉及的不确定性进行界定，并对用于不确定性建模和量化的数学工具进行梳理。

2.5.1 不确定性的定义与分类

首先对论文研究工作涉及的不确定性的基本概念及其在火星进入不确定性量化问题中的指代关系进行系统的界定。对这些基本概念的详细讨论和分析可参见文献[213-215]。

经典的不确定性的概念是依据不确定性形成的本质给出的，定义如下。

定义 2.1 不确定性（Uncertainty）：物理系统及其工作环境的固有可变性，以及人对物理系统及其工作环境的认知不完整性[213,215]。

不确定性的一般定义将不确定性归为随机不确定性和认知不确定性两大类，同时表示不确定性通常包含随机不确定性和认知不确定性两方面的内容。

- 随机不确定性：描述物理系统及其工作环境的客观固有属性，也称为客观不确定性[213,215]。

- 认知不确定性：由于人对物理系统及其工作环境存在主观上的认识不足、信息缺乏或对有效信息的获取和处理不准确等因素导致的不确定性，也称为主观不确定性[213,215]。

注 2.1 对于同一不确定性因素，划分其归属于随机不确定性或认知不确定性并不是绝对的，而是与所研究的对象、所关切的问题、所考虑的条件、所掌握的信息和设计经验有关[213,215]。因此，对不确定性因素建模的类型划分、对合适建模工具的选择，都不能一概而论。

对于火星进入而言，如图 2.10 所示，影响轨迹规划和制导设计的主要不确定性因素包括初始状态不确定性、火星大气密度不确定性、进入器的气动参数不确定性等[152,157,216]。

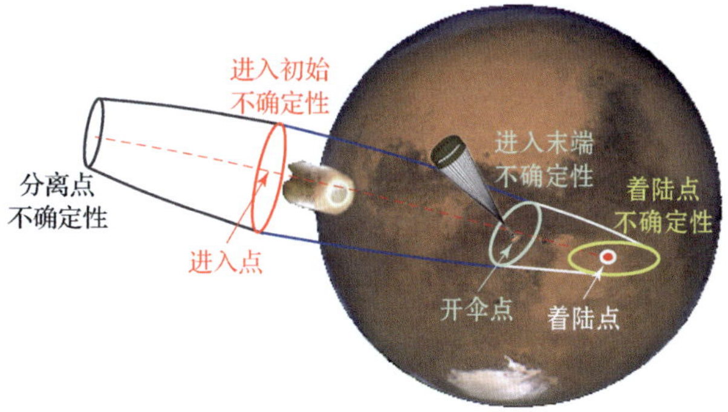

图 2.10 火星 EDL 不确定性传播示意图

• 初始状态不确定性：进入初始状态是进入器到达火星大气边界进入点处的飞行状态，通常是根据进入器与轨道器分离时的分离点状态参数进行惯性递推得到的；受分离点的测定轨误差、轨道控制精度、分离后的轨道摄动、轨道动力学演化误差和导航测量噪声等因素的影响，导致火星进入初始状态具有不确定性。

• 火星大气密度不确定性：受任务当时火星当地的气候和天气的影响（温度、湿度、大气环流等），使火星大气在不同经纬度位置和不同海拔高度处的密度大小具有不确定性。

• 气动参数不确定性：由于进入器加工制造误差、长期太空飞行导致的进入器材料的挥发和形变、气动热烧蚀等引起的进入器气动外形和质量的不确定性，使进入器在进入火星大气过程中的升力系数 C_L、阻力系数 C_D、参考面积 S_{ref}、质量 m 等参数存在不确定性。

注 2.2 为减少不确定性参数的个数（缩减不确定性量化计算中不确定性向量的维数），这里用升阻比$\left(k=\dfrac{C_L}{C_D}\right)$和弹道系数$\left(B_c=\dfrac{m}{C_D S_{\mathrm{ref}}}\right)$来代表气动参数不确定性。

注 2.3 由上述定义可知，火星进入的初始状态不确定性、火星大气密度不确定性、气动参数不确定性主要是由系统的固有可变性导致的，也含有人为的认知不确定性。数值计算过程中的模型简化、舍入误差、截断误差、离散化误差等属于认知不确定性。

火星进入过程的不确定性演化可以归纳为根据系统内部不确定性和初始不确定性（外部输入），求取后续飞行状态的不确定性（系统输出响应）。从系统输入输出关系的角度，物理系统及其工作环境的不确定性被分为系统内部固有可变性和系统与外部之间输入输出不确定性。因而，在定义 2.1 的基础上，本章研究的“不确定性”定义如下。

定义 2.2 不确定性（Uncertainty）：系统本身固有的可变性和系统输入输出的不确定性。

- 系统内部不确定性：系统本身的可变性和由于信息缺乏、简化假设、认识偏差等引起的模型不确定性，包含模型结构不确定性和模型参数不确定性。其中，模型结构不确定性是由于人为简化或认识偏差引起的在数学模型结构上与真实物理过程之间的差异；模型参数不确定性是由于系统固有可变性和有效信息缺乏导致给定模型结构中的参数不准确或具有随机性。
- 系统输入不确定性：系统输入变量的不确定性，如初始参数、系统激励、外部扰动等的不确定性。
- 系统输出不确定性：由系统本身固有不确定性和系统输入不确定性通过系统演化得出的系统输出变量或系统响应的不确定性。

注 2.4 对于火星大气进入问题，其不确定性定义之间的关系如图 2.11 所示。由于真实火星进入动力学系统存在固有可变性，加之缺乏足够的信息导致建模过程需要引入适当的简化和假设，因而所建立的火星进入动力学模型具有固有可变性和参数不确定性。通过数值计算过程会引入一定的舍入误差和离散化处理误差。这些共同构成了具有不确定性的火星进入动力学仿真，从而可以根据输入的火星进入初始状态不确定性，演化得出后续飞行状态的不确定性，直至开伞点不确定性。

注 2.5 对于火星进入过程而言，动力学参数不确定性（大气密度不确定性、升阻比和弹道系数不确定性）是系统固有不确定性，进入段初始状态不确定

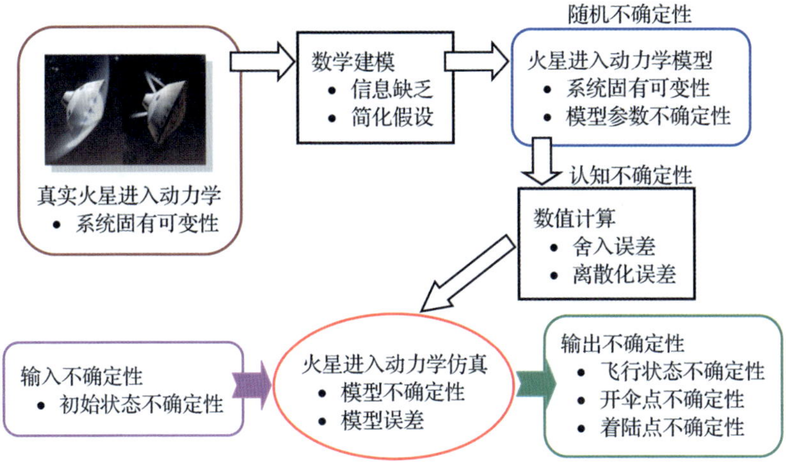

图 2.11　火星进入不确定性的图解

性就是系统输入不确定性。不确定性量化需要综合考虑系统本身固有的和外部输入的不确定性，方可对系统输出的不确定性进行量化和演化分析，进而在此基础上对系统性能的不确定性分布特征进行评估，并纳入后续的系统优化设计过程中。

定义 2.3　为便于论文后续阐述，还需明确误差、偏差与不确定度三个基本术语[213,215]。

- 误差（Error）：估计值与真实值之差。
- 偏差（Deviation）：估计值与多次估计值的平均值之差。
- 不确定度：由于误差、偏差及不确定性的存在，导致对被估变量值不能确定的程度。

注 2.6　误差用于定量地衡量估计结果的准确程度，偏差用于定量地衡量估计值的集散程度。由于一般情况下真实值是未知的，因而处理实际问题时通常把多次估计值的平均值当作真实值，于是偏差即为误差。在数值仿真计算中，变量值的不确定性一般包含了由真实值加随机误差或随机偏差构成的随机不确定性，以及计算过程的舍入误差和离散化误差代表的认知不确定性。而且相关研究文献中常采用术语不确定度来代表各种不确定性因素引起的误差或偏差[213,217]。因此，在本章的数值计算中，误差、偏差、不确定度将作为等效的概念使用。

2.5.2 不确定性建模的数学基础

由2.5.1节中对火星进入不确定性的成因、含义和分类界定可知，火星进入不确定性参变量在数学上通常表现为在其标称值附近存在一定的随机偏差，因此可以借助概率论与随机过程方面的数学工具对不确定性进行描述。这就需要做好两方面的工作：一方面是选择合适的随机变量和概率分布函数；另一方面是对选定的随机变量及其概率分布进行准确的演化。本节给出本章中不确定性建模涉及的基本数学概念，其详细讨论与分析请参见文献[218]，本章不再赘述。

1. 概率空间与概率密度函数[218]

定义2.4 概率空间与概率密度函数是描述随机变量取值范围和取值可能性分布的参数。

样本空间：特定随机事件的所有可能结果构成的集合，其中每个结果称为样本点。

随机变量：定义在样本空间上的单值实函数，是随机现象的数量表示，记为$X(e)$，e代表样本空间中的元素。n维随机变量也称n维随机向量，由定义在样本空间上的n个随机元素构成一个n维向量，即$[X_1, X_2, \cdots, X_n]$。

随机过程：用以描述随时间t演变的随机现象的一族随机变量，记为$\{X(t), t\in T\}$，T为一个无限实数集。

概率空间：不确定性变量全部可能取值的集合，可由$(\Omega, X_\Omega, \mathrm{Pr})$来表示；$\Omega$为样本空间，$X_\Omega$为定义在$\Omega$上的$\sigma$代数且满足

$$\Omega \in X_\Omega \tag{2-130}$$

$$\forall A \in X_\Omega;\ A^c \in X_\Omega,\ c \in \mathbb{R} \tag{2-131}$$

$$\forall \{A_n\} \subset X_\Omega, n \in \mathbb{N};\ \cup_n A_n \in X_\Omega,\ \cap_n A_n \in X_\Omega \tag{2-132}$$

Pr是定义在X_Ω上的概率且满足

$$\forall A \in X_\Omega;\ 0 \leqslant \mathrm{Pr}\{A\} \leqslant 1 \tag{2-133}$$

$$\mathrm{Pr}\{\Omega\} = 1 \tag{2-134}$$

$$\forall i \neq j,\ \text{if } A_i \cap A_j = \varnothing,\ \mathrm{Pr}\left\{\bigcup_{i=1}^{\infty} A_i\right\} = \sum_{i=1}^{\infty} \mathrm{Pr}\{A_i\} \tag{2-135}$$

概率密度函数（Probability Density Function，PDF）：设n维随机变量$\boldsymbol{x} \in \mathbb{R}^n$，

则 x 在样本空间 Ξ 内的概率可表示为

$$\Pr(x \in \Xi) = \int_{\Xi} p(\xi,t)\,\mathrm{d}\xi = \int_{\Xi} p(\xi,t)\,\mathrm{d}\xi_1\mathrm{d}\xi_2\cdots\mathrm{d}\xi_n \tag{2-136}$$

则 $p(\xi,t)$ 为概率密度函数，且概率密度函数 $p(x,t)$ 具有以下性质：

$$p(x,t) \geqslant 0 \tag{2-137}$$

$$\int_{-\infty}^{+\infty} p(\xi,t)\,\mathrm{d}\xi = 1 \tag{2-138}$$

$$\Pr(x = c) = 0，\text{常数 } c \in \mathbb{R}^n \tag{2-139}$$

对于二维随机变量 (X,Y)，其概率密度 $p(x,y)$ 也称为 X 和 Y 的联合概率密度。相应地，概率密度 $p(x,y)$ 具有以下性质

$$p(x,y) \geqslant 0 \tag{2-140}$$

$$\int_{-\infty}^{+\infty}\int_{-\infty}^{+\infty} p(x,y)\,\mathrm{d}x\mathrm{d}y = 1 \tag{2-141}$$

$$\Pr(x = \mathrm{c}_1, y = \mathrm{c}_2) = 0，\text{常数 } c_1，c_2 \in \mathbb{R}^n \tag{2-142}$$

因而，求取连续型随机变量在某区间的概率时，不必区分该区间是开区间还是闭区间。

2. 随机变量的数字特征[218]

定义 2.5 随机变量的数字特征：用以刻画随机变量特征的参数，包括数学期望、方差、标准差、协方差、相关系数和矩。

数学期望（Mean）：也称期望或均值，是指每次试验的可能结果与对应概率加权之和，记为 $E(X)$。它反映随机变量的平均取值大小。根据大数定律，随试验次数趋于无穷，随机变量的数值的算数平均值总会收敛于其期望，即

$$E(X) = \int_{-\infty}^{+\infty} x\Pr(x)\,\mathrm{d}x \tag{2-143}$$

其中，x 为 X 可能的结果；$\Pr(x)$ 为对应于 x 的概率。

方差（Variance）：随机变量与其期望（均值）之差的平方和的平均数，记为 $D(X)$ 或 $\mathrm{Var}(X)$，即

$$D(X) = \int_{-\infty}^{+\infty} [x - E(X)]^2 \Pr(x)\,\mathrm{d}x \quad \text{或} \quad D(X) = E(X^2) - [E(X)]^2 \tag{2-144}$$

方差用于度量随机变量相对于其均值的离散程度，方差越小意味着随机变量越集

中于其均值附近，方差越大则表示随机变量的取值越分散。方差的算数平方根称为标准差或均方差，记为 $\sigma(X)$，即

$$\sigma(X)=\sqrt{D(X)} \tag{2-145}$$

协方差（Covariance）：对于二维随机变量 (X,Y)，随机变量 X 与 Y 的协方差记为

$$\mathrm{Cov}(X,Y)=E\{[X-E(X)][Y-E(Y)]\} \tag{2-146}$$

如果随机变量 X 与 Y 是相互独立的，则它们的协方差为 $\mathrm{Cov}(X,Y)=0$。如果随机变量 X 与 Y 不相互独立（存在一定的相关性），则 $\mathrm{Cov}(X,Y)\neq 0$。进一步地，随机变量 X 与 Y 的相关系数为

$$\rho_{XY}=\frac{\mathrm{Cov}(X,Y)}{\sqrt{D(X)}\sqrt{D(Y)}} \tag{2-147}$$

统计矩：概率密度函数的样本点分布形状的量化表征。$E(X^k)$ 称为 X 的 k 阶原点矩，$E\{[X-E(X)]^k\}$ 称为 X 的 k 阶中心矩，其中 k 为正整数。$\dfrac{E\{[X-E(X)]^3\}}{\sigma^3(X)}$ 称为偏态系数，用以表征样本数据的不对称程度。$\dfrac{E\{[X-E(X)]^4\}}{\sigma^4(X)-3}$ 称为峰态系数，用以表征样本点在均值处的峰值高低。

3. 随机变量的概率分布[218]

定义 2.6 随机变量的概率分布：用以完整描述随机变量的统计学规律，这里给出本章研究工作用到的高斯分布和均匀分布。

高斯分布：因其能够反映自然界中大多数偏差分布的正常状态，又称正态分布，即随机变量 X 具有如下概率密度

$$p(x)=\frac{1}{\sqrt{2\pi\sigma}}\exp\left[-\frac{(x-\mu)^2}{2\sigma^2}\right],\ x\in\mathbb{R} \tag{2-148}$$

其中：μ 为均值，σ 为标准差，且 μ 和 σ 均为非负常数。X 服从高斯分布记为 $X\sim N(\mu,\sigma^2)$。特别地，当 $\mu=0$ 和 $\sigma=1$ 时，称 X 服从标准正态分布，记 $X\sim N(0,1)$。对于一维分布，高斯分布 3σ 误差椭圆包含的概率值为 0.997 3；对于三维分布，高斯分布 3σ 误差椭球包含的概率值是 0.991 9。

均匀分布：随机变量 X 在区间 (a,b) 上服从均匀分布，记为 $X\sim U(a,b)$，即 X 具有如下概率密度

$$p(x)=\begin{cases}\dfrac{1}{b-a}, & a<x<b\\ 0, & 其他\end{cases} \tag{2-149}$$

4. 随机微分方程

对含有不确定性的火星进入动力学系统，其状态量 $x(t)$ 的轨迹可用随机微分方程（Stochastic Differential Equation，SDE）表示。一般地，设 $x(t)$ 为 n 维随机变量，$\boldsymbol{B}(t)$ 为 m 维均值为 0、扩散矩阵为 $\boldsymbol{Q}(t)$ 的布朗运动或维纳运动，则随机微分方程可以表达为[219]

$$\mathrm{d}x(t)=\boldsymbol{f}[x(t),t]\mathrm{d}t+\boldsymbol{G}[\boldsymbol{x}(t),t]\mathrm{d}\boldsymbol{B}(t) \tag{2-150}$$

其中，$\boldsymbol{f}[\boldsymbol{x}(t),t]$ 为确定性函数项，可由标称动力学给出；$\boldsymbol{G}[x(t),t]$ 是 $n\times m$ 维函数矩阵，$\boldsymbol{Q}(t)\mathrm{d}t=E[\mathrm{d}\boldsymbol{B}(t)\mathrm{d}\boldsymbol{B}^{\mathrm{T}}(t)]$。

随机微分方程中的随机变量的概率密度函数随时间的演化可表述为 Fokker - Planck 方程[220]：

$$\frac{\partial p(\boldsymbol{x},t)}{\partial t}=-\sum_{i=1}^{n}\frac{\partial[p(\boldsymbol{x},t)f_i(\boldsymbol{x},t)]}{\partial x_i}+\frac{1}{2}\sum_{i=1}^{n}\sum_{j=1}^{n}\frac{\partial^2\{p(\boldsymbol{x},t)\,[\boldsymbol{G}(\boldsymbol{x},t)\boldsymbol{Q}(t)\boldsymbol{G}^{\mathrm{T}}(\boldsymbol{x},t)]^{ij}\}}{\partial x_i\partial x_j} \tag{2-151}$$

如果不考虑系统过程噪声（动力学参数不确定性），即有 $\boldsymbol{B}(t)=0$，则 Fokker - Planck 方程可简化为随机刘维方程（Stochastic Liouville Equation，SLE）[219]：

$$\frac{\partial p(\boldsymbol{x},t)}{\partial t}=-\sum_{i=1}^{n}\frac{\partial[p(\boldsymbol{x},t)f_i(\boldsymbol{x},t)]}{\partial x_i} \tag{2-152}$$

偏微分方程（2 - 151）和（2 - 152）用于描述概率密度在给定随机动力学系统中随时间的演化。给定随机变量 x 初始的概率密度 $p(x_0,t_0)$ 后，通过求解（2 - 151）和（2 - 152）可得随后任意时刻的概率密度，进而获知随机变量在任意时刻的分布规律。

2.5.3　不确定性量化的基本方法

不同于误差和偏差演化分析只关注误差或偏差的均值和方差（或标准差），不确定性量化是要更进一步地揭示不确定性随系统动力学的概率分布演化规律。不确定性量化主要研究如何根据系统输入、外部环境和系统本身的不确定性获取系统输出不确定性的分布特征。在本章中，对火星进入飞行状态进行不确定性量化计算是要获取动力学系统响应（即后续飞行状态）的均值、方差、概率分布特征等。而在后续所涉及的对飞行轨迹和制导的鲁棒优化设计中，不确定性量化的主要任务是估算不确定性条件下系统性能指标和约束可靠度分布的低阶矩（均值和方差）。本章中不确定性量化方面的工作涉及蒙特卡洛方法[221,222]、随机展开法[223-225]、高斯和法[226]、泰勒展开法[227,228]等基本方法。

2.6 鲁棒优化理论概述

众所周知，火星 EDL 是整个火星探测任务中风险极高的一个阶段。为确保任务的成功，降低实际飞行轨迹受不确定性因素影响而出现过大偏差甚至违反设计约束的风险概率，需要在总体设计中充分考虑不确定性因素的影响，才能保证良好的实际飞行性能。而鲁棒优化正好是处理含有不确定性的优化问题的有效手段。本节对论文研究中涉及的鲁棒优化基本理论进行梳理和分析。

2.6.1 鲁棒优化的基本概念

1. 确定性优化与不确定性优化

为便于阐述鲁棒优化的基本理论，这里先简单提及传统的经典优化策略。经典的优化设计策略属于确定性优化（Deterministic Optimization，DO），即不考虑不确定性的传播影响，只需计算每个搜索点处的目标函数值和约束响应值，因而仅能获取特定工况下（标称情形下）的最优解，其数学描述为

$$\begin{cases} \text{find} \quad u \\ \min \quad J \\ \text{s. t.} \quad \dot{\boldsymbol{x}} = \boldsymbol{f}(\boldsymbol{x}, u, t) \\ \qquad\quad \boldsymbol{g}(\boldsymbol{x}, u, t) \leqslant \boldsymbol{0} \end{cases} \tag{2-153}$$

式中，u 为设计变量；J 为性能指标；$\boldsymbol{f}(\boldsymbol{x}, u, t)$ 为系统模型；$\boldsymbol{g}(\boldsymbol{x}, u, t)$ 为约束条件；$\boldsymbol{x}$ 为系统状态变量；t 为时间变量。

不确定性优化是在不确定性条件下根据鲁棒性和可靠性设计要求对设计空间进行寻优的一套优化设计方法论[217]。不确定性优化需要在每个搜索点处执行不

确定性量化评估，以获取不确定性条件下搜索点处的目标函数值和约束响应值的分布特征，并据此进行鲁棒性和可靠性评估，进而对设计空间进行寻优，最终获得鲁棒的可靠的最优解，如图2.12所示。而鲁棒优化（Robust Optimization，RO）就是不确定性优化理论中的一类常用优化设计策略。

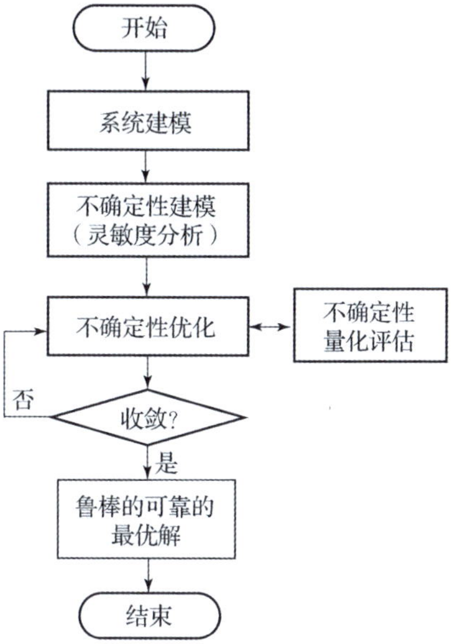

图2.12　不确定性优化的典型流程[217]

2. 基于性能指标鲁棒性的优化

基于性能指标鲁棒性的优化是寻求系统性能指标的鲁棒性，即在寻优过程中兼顾降低目标函数响应值对不确定性的敏感度[229]。在随机不确定性条件下，通常以性能指标响应值的标准差作为鲁棒性评价指标。

如图2.13所示，经典的确定性优化是寻求性能指标 $J(x)$ 的最小化（或最大化），从而在可行域中得到经典最优解 x_1。但当出现不确定性变化 Δx 时，性能指标将出现严重的恶化（ΔJ_1）甚至出现不可接受的违反约束的情形。而基于性能指标鲁棒性的优化结果 x_2 在同样出现不确定性变化 Δx 时，其性能指标仍在最优值附近且变化很小（ΔJ_2）。该优化策略的数学描述为[229]

$$\begin{cases}\text{find} \quad u \\ \min \quad \mu(\boldsymbol{J}) + \nu \cdot \sigma(\boldsymbol{J}) \\ \text{s.t.} \quad \dot{\boldsymbol{x}} = \boldsymbol{f}(\boldsymbol{x}, c, u, t) \\ \qquad \boldsymbol{g}(\boldsymbol{x}, c, u, t) \leqslant \boldsymbol{0}\end{cases} \tag{2-154}$$

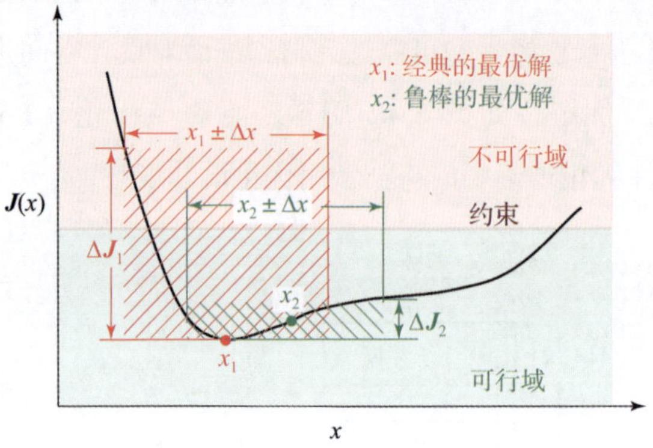

图 2.13 基于性能指标鲁棒性的优化图解[217,229]

式中，u 为设计变量；$\boldsymbol{J}$ 为性能指标；$\boldsymbol{f}(\boldsymbol{x},c,u,t)$ 为系统模型；$\boldsymbol{g}(\boldsymbol{x},c,u,t)$ 为约束条件；$\boldsymbol{x}$ 为系统状态变量；c 为不确定性变量；t 为时间变量；$\mu(\cdot)$ 和 $\sigma(\cdot)$ 分别为括号中项的均值和标准差；ν 为鲁棒性等级（通常取 1，2，…，6）。

3. 基于约束条件可靠性的优化

基于约束条件可靠性的优化（Reliability Based Optimization，RBO）是寻求约束条件成立的可靠度，即在不确定性条件下仍能以预定的可靠度满足各约束条件[230]。在随机不确定性条件下，通常以约束条件成立的概率作为可靠度评价指标。

如图 2.14 所示，经典的确定性优化是寻求性能指标 $J(x)$ 的最小化（或最大化），从而在可行域中得到经典最优解 $\boldsymbol{x}_1^*$。该最优解 $\boldsymbol{x}_1^*$ 常出现在可行域的边界，在不确定性条件下，实际最优解将可能溢出可行域边界而违反约束。而基于约束条件可靠性的优化结果 $\boldsymbol{x}_2^*$，在同样的不确定性条件下仍能以预定的可靠度保证满足约束条件，并寻求性能指标的均值最小（或最大）。该优化策略的数学描述为[230]

$$\begin{cases} \text{find} \quad u \\ \min \quad \mu(\boldsymbol{J}) \\ \text{s.t.} \quad \dot{\boldsymbol{x}} = \boldsymbol{f}(\boldsymbol{x},c,u,t) \\ \qquad \Pr\{\boldsymbol{g}(\boldsymbol{x},c,u,t) \leqslant \boldsymbol{0}\} \geqslant \boldsymbol{P} \end{cases} \tag{2-155}$$

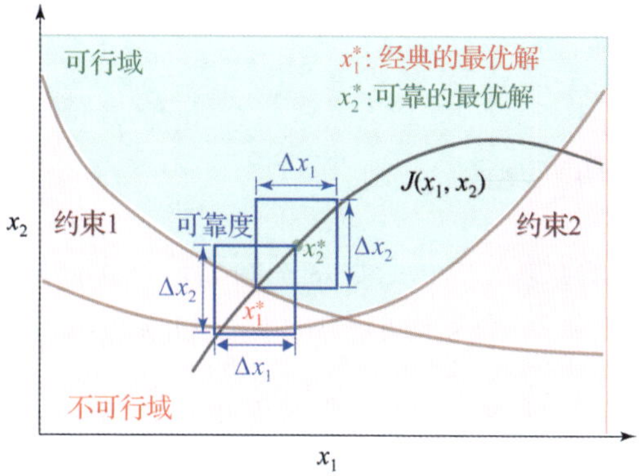

图 2.14　基于约束条件可靠性的优化图解[217,228,230]

式中，u 为设计变量；$\boldsymbol{J}$ 为性能指标；$\boldsymbol{f}(\boldsymbol{x},c,u,t)$ 为系统模型；$\boldsymbol{g}(\boldsymbol{x},c,u,t)$ 为约束条件；$\boldsymbol{x}$ 为系统状态变量；c 为不确定性参数；t 为时间变量；$\mu(\cdot)$ 为括号中项的均值；$\Pr(\cdot)$ 为括号中式子成立的概率；$\boldsymbol{P}$ 是约束条件成立的预定可靠度，即约束条件 $\boldsymbol{g}(\boldsymbol{x},c,u,t)\leqslant 0$ 失效的概率小于 $1-\boldsymbol{P}$。由于在实际任务中百分之百按照标称设计来飞行的概率很小，因而往往有 $1-\boldsymbol{P}>\boldsymbol{0}$。

4. 基于可靠性的鲁棒优化

如果在性能指标鲁棒性的基础上进一步考虑约束满足的可靠度，即在不确定性条件下，最优解的性能指标波动小且相应的约束条件均满足预定的可靠度，这种优化策略称为基于可靠性的鲁棒优化。本章的研究将基于这种鲁棒优化策略。结合式（2－154）和式（2－155），该鲁棒优化的数学描述为[215,217]

$$\begin{cases}\text{find} \quad u\\ \min \quad \mu(\boldsymbol{J})+\nu\cdot\sigma(\boldsymbol{J})\\ \text{s. t.} \quad \dot{\boldsymbol{x}}=\boldsymbol{f}(\boldsymbol{x},c,u,t)\\ \qquad \Pr\{\boldsymbol{g}(\boldsymbol{x},c,u,t)\leqslant\boldsymbol{0}\}\geqslant\boldsymbol{P}\end{cases} \tag{2-156}$$

如果把约束条件可靠性也用其均值和标准差来表示，则有如下形式

$$\begin{cases}\text{find} \quad u\\ \min \quad \mu(\boldsymbol{J})+\nu\cdot\sigma(\boldsymbol{J})\\ \text{s. t.} \quad \dot{\boldsymbol{x}}=\boldsymbol{f}(\boldsymbol{x},c,u,t)\\ \qquad \mu(\boldsymbol{g}(\boldsymbol{x},c,u,t))+\nu\cdot\sigma(\boldsymbol{g}(\boldsymbol{x},c,u,t))\leqslant\boldsymbol{0}\end{cases} \tag{2-157}$$

因此，鲁棒优化需要求解一个包含不确定性量化评估的多目标优化问题，既要按

照既定的目标函数进行寻优，又要降低目标函数对不确定性的敏感度，还要保证满足约束条件成立的可靠度。

2.6.2 鲁棒优化的基本方法

由于鲁棒优化通常涉及求解一个包含不确定性量化评估的多目标优化问题，因此，无法直接采用传统的针对确定性优化的多目标优化算法来求解。而不确定性量化、可靠性和鲁棒性评估的计算量通常较大，因而如何通过合理构建优化过程来降低计算复杂度、提高效率，就是鲁棒优化算法发展的关键。这里介绍本章研究涉及的两种典型鲁棒优化方法的基本思路。

1. 序贯优化与可靠性评估方法

序贯优化与可靠性评估（Sequential Optimization and Reliability Assessment，SORA）方法[231]的主要思想是将可靠性优化问题分解为可靠性评估和等价的确定性优化两个子问题，在每次循环中先根据上一次不确定性量化结果把可靠性约束转化为等价的确定性约束，从而将不确定性优化转化为等效的确定性优化问题进行序贯求解直至收敛，其主要流程如图 2.15 所示。因此，如何将可靠性约束转化为等价的确定性约束是该方法求解的关键。

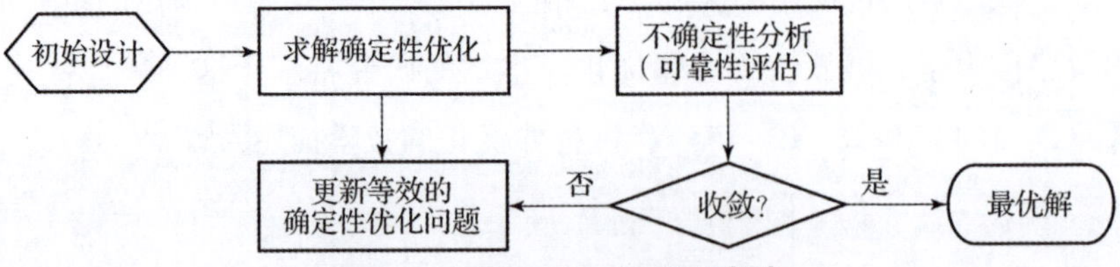

图 2.15 SORA 方法流程图[231]

SORA 方法的主要步骤：通过求解标称的确定性优化问题得到初始设计来驱动整个算法流程。首先，根据上一步的最优解的可靠性评估，获取满足预定可靠度要求的逆最大可能点。然后，在原可行域内将原约束平移到这个满足预定可靠性要求的逆最大可能点。最后，以平移后的约束作为等效的确定性约束对确定性优化问题进行更新，进而求解确定性优化问题。如此迭代直至收敛。对该方法的详细分析和讨论可参见文献［231］。

以 SORA 为基础发展出的序贯优化与混合不确定性分析方法和序贯概率目标

级联方法[215]用以解决设计变量、目标函数、系统模型、约束条件中都含有不确定性的鲁棒优化问题。其核心思想都是根据不确定性分析结果，将原不确定性优化问题转化为等价的确定性优化问题来求解，具体包括将不确定性目标函数和约束条件转化为等价的确定性目标函数和约束条件。其流程依然采用如图 2.15 所示的形式，把可靠性评估替换成了不确定性分析。因此，可以直接采用现有的优化算法（如多目标粒子群优化、非支配排序遗传算法、混合优化算法等）来求解等效确定性优化问题，并继承不确定性量化程序和算法进行不确定性分析、约束可靠性评估或性能指标鲁棒性（敏感度）评估。

2. 鲁棒协同优化方法

鲁棒协同优化（Robust Collaborative Optimization，RCO）方法[232]是在确定性的协同优化（Collaborative Optimization，CO）方法基础上考虑不确定性的影响，二者都属于多学科优化的范畴。如图 2.16 所示，协同优化是以系统级优化和子系统级优化构成的具有双层结构的优化流程。通过将复杂优化问题分解为几个简单的子系统级和系统级优化问题，便于采用现有简单高效的优化算法快速获得全局最优解[233]。该方法结构简单，易于实施，也常被用于处理复杂的多目标优化问题。

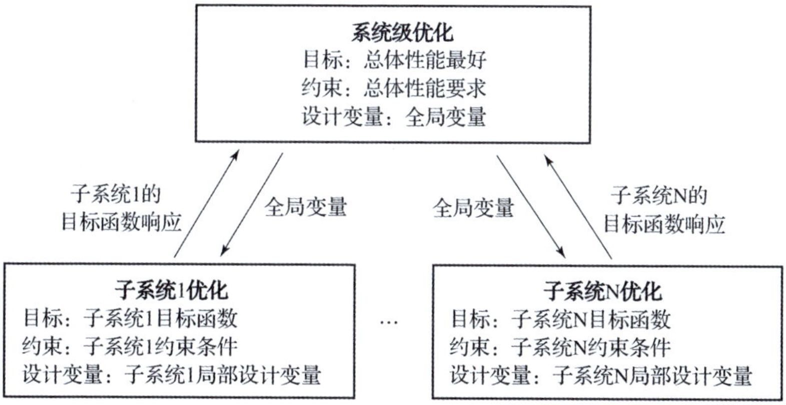

图 2.16　协同优化方法流程图[232]

鲁棒协同优化方法的基本流程如下。首先，对耦合系统进行分解，并引入辅助设计变量作为表示耦合状态变量的附加设计变量（中间变量），以不考虑不确定性的标称情形的优化结果作为系统级和子系统优化变量的初值。然后，在系统级优化中，对公共/全局设计变量和辅助设计变量进行寻优，使带有相容性约束的目标函数均值最小化。利用不确定性分析方法对不确定性的影响进行评估，得到辅助变量的变化特征并将其传递给子系统。接着，对各子系统中的局部设计变量进行优化，使子系统输出与系统级下传的辅助变量值之间的差异最小。根据辅助变量的变化特征与局部设计变量不确定性和模型不确定性一起分析子系统的输出不确定性特征，并满足子系统所包含的局部约束条件。最后，通过系统级与子系统优化反复迭代（协调），协同优化可以收敛到全局最优解。为提高计算效率，鲁棒协同优化过程中常采用泰勒展开法进行不确定性分析。

2.7 小结

本章主要对火星进入轨迹优化和制导问题的基本概念和理论进行了阐述，具体包括：①建立了描述火星进入飞行状态的坐标系、基本动力学方程及相关数学模型；②系统地概述了最优控制理论、凸优化理论、不确定性量化理论、鲁棒优化理论，为后续提出具体的轨迹优化和制导算法提供了理论基础。

第二部分

确定性优化方法

第 3 章
火星进入轨迹的改进 Gauss 伪谱优化方法

针对火星进入轨迹规划问题具有非凸和强非线性的特点，采用传统的单一的优化算法难以高效地获得全局最优解，为此提出了一种利用粒子群优化（Particle Swarm Optimization，PSO）和高斯伪谱法（Gauss Pseudospectral Method，GPM）的混合优化策略来生成火星大气进入的最优轨迹。作为具有出色的全局搜索能力的智能优化算法，PSO 对初值猜测不敏感，并且对于一些大规模复杂的非线性问题具有良好的全局优化性能，但其越接近最终的全局最优解时，收敛速度会越慢[234]。当给出合适的初始猜测时，GPM 能够快速准确地处理优化问题，其局部寻优性能好于其全局优化性能[235]。因此，将全局优化和局部优化相结合，可实现火星进入轨迹快速规划，从而减轻不确定性对进入制导的影响。

3.1 火星进入轨迹优化问题描述

3.1.1 火星进入动力学方程

如 2.1 节所述，以 $\boldsymbol{x}=[r,\theta,\lambda,v,\gamma,\psi]^{\mathrm{T}}$ 为状态变量，在火星惯性坐标系下建立的三自由度火星进入动力学方程为

$$
\begin{cases}
\dot{r} = v\sin\gamma \\
\dot{\theta} = \dfrac{v\cos\gamma\sin\psi}{r\cos\lambda} \\
\dot{\lambda} = \dfrac{v}{r}\cos\gamma\cos\psi \\
\dot{v} = -D - g_{\mathrm{M}}\sin\gamma + \omega_{\mathrm{M}}^2 r\cos\lambda(\sin\gamma\cos\lambda - \cos\gamma\sin\lambda\cos\psi) \\
\dot{\gamma} = \dfrac{L\cos u}{v} + \left(\dfrac{v}{r} - \dfrac{g}{v}\right)\cos\gamma + 2\omega_{\mathrm{M}}\cos\lambda\sin\psi + \\
\quad \dfrac{\omega_{\mathrm{M}}^2 r}{v}\cos\lambda(\cos\gamma\cos\lambda + \sin\gamma\sin\lambda\cos\psi) \\
\dot{\psi} = \dfrac{L\sin u}{v\cos\gamma} + \dfrac{v}{r}\sin\psi\cos\gamma\tan\lambda - \\
\quad 2\omega_{\mathrm{M}}(\tan\gamma\cos\psi\cos\lambda - \sin\lambda) + \dfrac{\omega_{\mathrm{M}}^2 r}{v\cos\gamma}\cos\lambda\sin\lambda\sin\psi
\end{cases}
\tag{3-1}
$$

3.1.2 约束条件

受进入器结构和防热设计的限制，法向过载 n_a、动压 q、气动加热率 $\dot{Q}$ 和总气动热量 Q 需要满足以下约束条件：

$$n_a = \sqrt{L^2 + D^2} \leqslant n_{\max} \tag{3-2}$$

$$q = \frac{1}{2}\rho v^2 \leqslant q_{\max} \tag{3-3}$$

$$\dot{Q} = c_q\sqrt{\frac{\rho}{r_n}}v^3 \leqslant \dot{Q}_{\max} \tag{3-4}$$

$$Q = \int_{t_0}^{t_f}\dot{Q}\mathrm{d}t \leqslant Q_{\max} \tag{3-5}$$

其中，$n_{\max}, q_{\max}, \dot{Q}_{\max}, Q_{\max}$ 是相应的可容忍的最大值；r_n 是进入器的鼻尖半径；c_q 是热流系数；t_f 是末端时刻。

根据降落伞开伞的典型安全要求，进入轨迹的终端约束可以定义为

$$r(t_f) - R_{\mathrm{M}} \geqslant h_{f\min} \tag{3-6}$$

$$v(t_f) \leqslant v_{f\max} \tag{3-7}$$

式中，$h_{f\min}$ 是可容忍的最小开伞高度，$v_{f\max}$ 是可容忍的最大开伞速度。为了满足

控制系统的要求，倾侧角 u 及其机动速率 $\dot{u}$ 受到约束：

$$|u| \leqslant u_{\max}, \quad |\dot{u}| \leqslant \dot{u}_{\max} \tag{3-8}$$

式中，$u_{\max}$ 和 $\dot{u}_{\max}$ 是相应的可容忍的最大幅度。

3.1.3 目标函数

未来火星精确着陆任务所需的能力包括着陆精度达到数百米的更大航天器。进入阶段一旦结束，最终的着陆精度很难再进一步提高。在满足降落伞展开条件的前提下，较大载荷的进入飞行器应尽快降低速度。因此，进入制导系统的主要功能是将飞行器从火星大气边界精确引导到预定的超音速降落伞展开地点。此外，火星大气层进入动力学通常存在较大的不确定性，这不可避免地给进入制导带来一些误差。因此，本章将终端位置误差和入口相位速度误差纳入目标函数。

$$\begin{aligned} J = & c_{\mathrm{h}} |h(t_{\mathrm{f}}) - h_{\mathrm{f}}| + c_{\lambda} |\lambda(t_{\mathrm{f}}) - \lambda_{\mathrm{f}}| \\ & + c_{\theta} |\theta(t_{\mathrm{f}}) - \theta_{\mathrm{f}}| + c_{v} |v(t_{\mathrm{f}}) - v_{\mathrm{f}}| \end{aligned} \tag{3-9}$$

式中，$h(t_{\mathrm{f}}), \lambda(t_{\mathrm{f}}), \theta(t_{\mathrm{f}}), v(t_{\mathrm{f}})$ 分别代表末端高度、精度、纬度与速度；h_{f}，λ_{f}，θ_{f}，v_{f} 分别代表期望的终端值；c_h，c_λ，c_θ，c_v 分别为相关的权重系数，可以通过脱敏最优控制方法获得。

3.1.4 优化问题描述

综上所述，优化问题描述如下：

$$\begin{cases} \text{find} & u(t) \\ \min & J \\ \text{s. t.} & \dot{\boldsymbol{x}} = \boldsymbol{f}(\boldsymbol{x}, u, t) \\ & \boldsymbol{g}(\boldsymbol{x}, u, t) \leqslant 0 \\ & \boldsymbol{x}(t_0) = \bar{\boldsymbol{x}}_0 \end{cases} \tag{3-10}$$

其中，$\boldsymbol{f}(\boldsymbol{x}, u, t)$ 代表动力学方程（3-1），$\boldsymbol{g}(\boldsymbol{x}, u, t)$ 代表不等式约束（式（3-2）至式（3-8）），$\bar{\boldsymbol{x}}_0$ 为标称初始状态。

3.2 粒子群算法

粒子群算法是 Kennedy 和 Eberhart 提出的一种群智能优化方法，他们试图模拟成群的鸟类在觅食时的不可预测运动[237]。该算法是一种无梯度的概率搜索算法。在该算法中，粒子在第一次迭代中的初始状态是在整个设计空间中随机生成的。然后，通过一系列的迭代计算将粒子驱动到最优解。这些计算是利用当前群信息进行的，该信息包括截至当前的由每个粒子发现的适应度函数的最佳值（即粒子知识）和与之对应的截至当前的群中的最佳位置（即群知识）。在每次迭代中，第 i 个粒子在群中的新位置和速度向量分别为

$$\boldsymbol{x}_i^{k+1} = \boldsymbol{x}_i^k + \boldsymbol{v}_i^{k+1} \tag{3-11}$$

$$\boldsymbol{v}_i^{k+1} = \omega \boldsymbol{v}_i^k + c_1 r_1 (\boldsymbol{p}_i - \boldsymbol{x}_i^k) + c_2 r_2 (\boldsymbol{p}_g^k - \boldsymbol{x}_i^k) \tag{3-12}$$

式中，r_1 和 r_2 是 0 到 1 之间的相互独立的随机数；$\boldsymbol{p}_i$ 是截至当前由第 i 个粒子发现的最佳位置；$\boldsymbol{p}_g^k$ 是第 k 次迭代时群中的最佳位置；c_1 和 c_2 是两个信任参数，c_1 是自我认知系数，c_2 是社会系数；ω 是惯性因子，它通过较大的值促进更多的全局行为，通过较小的值促进更多的局部行为[237]。为了提高上述混合优化策略的全局搜索能力，PSO 算法需要比单个粒子更信任群集，因此这里使用了参数值 $c_1 = 1.5$ 和 $c_2 = 2.5$。为了更快地收敛到全局最优解，PSO 算法需要动态调整 ω 的值。因此，当在连续三个迭代内没有更多的性能改进时，ω 的值按照式（3－12）所示略有降低，这里取初始值 $\omega = 1.4$。

$$\omega_{\text{new}} = f_w \omega_{\text{old}} \tag{3-13}$$

式中，f_w 的值基于文献[234，238]中提到的经验值经过多次试验最终选为0.95。由于当 f_w 值设置为大于0.9时，该算法的性能不会下降，因此为了快速收敛和维持良好的性能，f_w 的值被设置为从0.975逐渐减小。为了保证该算法具有足够的全局搜索能力，选择 ω 值的下限为0.35。为了避免设计变量超出设计空间的情况，一旦式（3－10）中的新位置向量超出期望边界，位置向量就被重置到边界上的最近点。在迭代计算中，当对应于 ε_q 的性能指标没有进一步改善时，即表明该算法收敛。

PSO 的初始群是根据式（3－13）和式（3－14）生成的，由该方法生成的粒子随机地分散在整个设计空间中。r_3 和 r_4 都是 0 到 1 之间的相互独立的随机

数。$\boldsymbol{x}_{\min}$ 和 $\boldsymbol{x}_{\max}$ 分别是设计变量的下限和上限。

$$\boldsymbol{x}_i^0 = \boldsymbol{x}_{\min} + r_3(\boldsymbol{x}_{\max} - \boldsymbol{x}_{\min}) \tag{3-14}$$

$$\boldsymbol{v}_i^0 = \boldsymbol{x}_{\min} + r_4(\boldsymbol{x}_{\max} - \boldsymbol{x}_{\min}) \tag{3-15}$$

3.3　Gauss 伪谱法

作为一种直接法和优秀的伪谱优化算法，Gauss 伪谱法在求解精度和收敛速度上略优于 Legendre 伪谱法和 Radau 伪谱法[239]。在该算法中，轨迹优化问题的时间跨度、状态变量和控制变量在满足一定约束条件的一系列 Legendre – Gauss (LG) 点处被离散化[235]。然后，进行全局多项式插值近似。最终，将原火星进入轨迹优化问题转化为非线性规划问题来求解。整个过程如下所述[235,240]。

首先，将时间变量 $t \in [t_0, t_f]$ 映射到另一个跨度 $\tau \in [-1, 1]$，并将其离散为一组 LG 点。

$$\tau = \frac{2t}{t_f - t_0} - \frac{t_f + t_0}{t_f - t_0} \tag{3-16}$$

状态变量通过 $N+1$ 个 Lagrange 插值多项式 $L_i(\tau)$ 来近似，$i = 0, 1, \cdots, N$，即

$$\boldsymbol{x}(\tau) \approx \boldsymbol{X}(\tau) = \sum_{i=0}^{N} \boldsymbol{X}(\tau_i)\boldsymbol{L}_i(\tau),\ \boldsymbol{L}_i(\tau) = \frac{\prod_{j=0,\, j\neq i}^{N}(\tau - \tau_j)}{(\tau_i - \tau_j)} \tag{3-17}$$

式中，$\tau_k(k = 1, \cdots, N)$ 是 LG 点且 $\tau_0 = -1$。LG 点是 Legendre 多项式 $P_k(\tau)$ 的根。

$$P_k(\tau) = \frac{1}{2^k k!}\frac{\mathrm{d}^k\ (\tau^2 - 1)^k}{\mathrm{d}\tau^k} \tag{3-18}$$

具有不同给定数目的 LG 点的归一化位置分布如图 3.1 所示。

类似地，控制变量通过 N 个 Lagrange 插值多项式来近似。

$$\boldsymbol{u}(\tau) \approx \boldsymbol{U}(\tau) = \sum_{i=1}^{N} \boldsymbol{U}(\tau_i)\boldsymbol{L}_i^*(\tau),\ \boldsymbol{L}_i^*(\tau) = \frac{\prod_{j=1, j\neq i}^{N}(\tau - \tau_j)}{(\tau_i - \tau_j)} \tag{3-19}$$

动力学约束可以通过对式 (3 – 16) 中的状态表达式进行微分来获得，即

$$\dot{\boldsymbol{x}}(\tau) \approx \dot{\boldsymbol{X}}(\tau) = \sum_{i=0}^{N} \boldsymbol{X}(\tau_i)\ \dot{\boldsymbol{L}}_i(\tau) \tag{3-20}$$

在 GPM 算法中，系统应满足在每个 LG 点的动力学约束。LG 点处的每个 Lagrange 多项式的微分可以用微分近似矩阵 $\boldsymbol{D} \in \mathbb{R}^{N\times N+1}$ 来表示，其元素通过以下

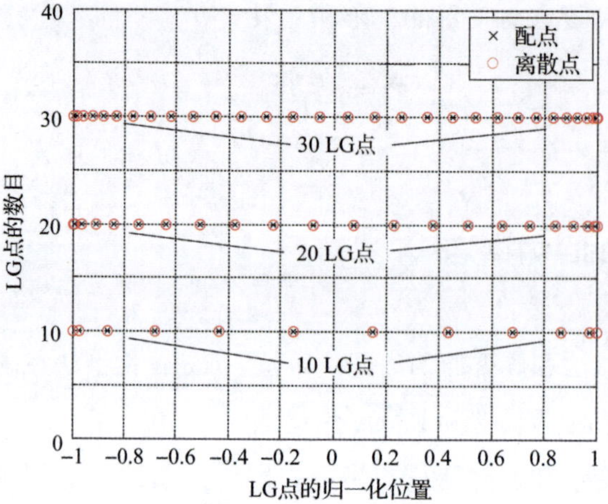

图 3.1 LG 点的数目及归一化位置分布

公式计算：

$$D_{ki}=\dot{L}_i(\tau_k)=\begin{cases}\dfrac{(1+\tau_k)\dot{P}_k(\tau_k)+P_k(\tau_k)}{(\tau_k-\tau_i)[(1+\tau_i)\dot{P}_k(\tau_i)+P_k(\tau_i)]}, & i\neq k\\ \dfrac{(1+\tau_i)\ddot{P}_k(\tau_i)+2\dot{P}_k(\tau_i)}{2[(1+\tau_i)\dot{P}_k(\tau_i)+P_k(\tau_i)]}, & i=k\end{cases}\tag{3-21}$$

式中，$i=0,1,\cdots,N$，$k=1,2,\cdots,N$。

利用上述微分近似矩阵，将动力学约束转换为如下代数约束：

$$\sum_{i=0}^{N}\boldsymbol{D}_{ki}\boldsymbol{X}(\tau_i)-\frac{t_f-t_0}{2}f(\boldsymbol{X}(\tau_k),\boldsymbol{X}(\tau_k),\tau_k;t_0,t_f)=0\tag{3-22}$$

根据高斯积分表达式，得到末端状态为

$$\boldsymbol{X}_f=\boldsymbol{X}_0+\frac{t_f-t_0}{2}\sum_{k=1}^{N}w_k f(\boldsymbol{X}(\tau_k),\boldsymbol{U}(\tau_k),\tau_k;t_0,t_f)\tag{3-23}$$

式中，$\boldsymbol{X}_0=\boldsymbol{X}(-1)$，$w_k$ 是 Gauss 权重并可通过下式计算。

$$w_k=\int_{-1}^{1}\boldsymbol{L}_i(\tau)\mathrm{d}\tau=\frac{2}{(1-\tau_i^2)(\dot{P}_k(\tau_i))^2}\tag{3-24}$$

类似地，目标函数也可近似为

$$J=\phi(\boldsymbol{X}_0,t_0,\boldsymbol{X}_f,t_f)+\frac{t_f-t_0}{2}\sum_{k=1}^{N}w_k f(\boldsymbol{X}(\tau_k),\boldsymbol{X}(\tau_k),\tau_k;t_0,t_f)\tag{3-25}$$

边界约束可定义为如下形式

$$\boldsymbol{\Phi}(\boldsymbol{X}_0, t_0, \boldsymbol{X}_f, t_f) = \boldsymbol{0} \tag{3-26}$$

路径约束定义为如下形式

$$\boldsymbol{C}(\boldsymbol{X}(\tau_k), \boldsymbol{U}(\tau_k), \tau_k; t_0, t_f) \leqslant \boldsymbol{0} \tag{3-27}$$

至此，完成了非线性规划（Non – Linear Programming，NLP）问题的完整改写。式（3 – 24）定义了目标函数，式（3 – 22）和式（3 – 25）是等式约束，式（3 – 26）是不等式约束。通常，这种参数优化问题可由序列二次规划（Sequential Quadratic Programming，SQP）算法求解[240]。

3.4　混合优化策略

为了给火星进入轨迹规划提供一种较为准确高效的计算方法，以便处理确定性优化和不确定性优化过程中的等效确定性优化问题，本节发展了具有如图 3.2 所述流程的优化方法。首先，采用粒子群算法进行全局粗略优化，为后续的局部精确优化提供接近全局最优的初值猜测。然后，进行局部精确寻优，利用 GPM 将轨迹优化问题转化为非线性规划问题，利用成熟的非线性优化算法可以很容易地求解该问题，从而大幅提高优化效率和鲁棒性，高效地生成从当前位置到满足路径约束和期望末端状态的最优火星大气进入轨迹。

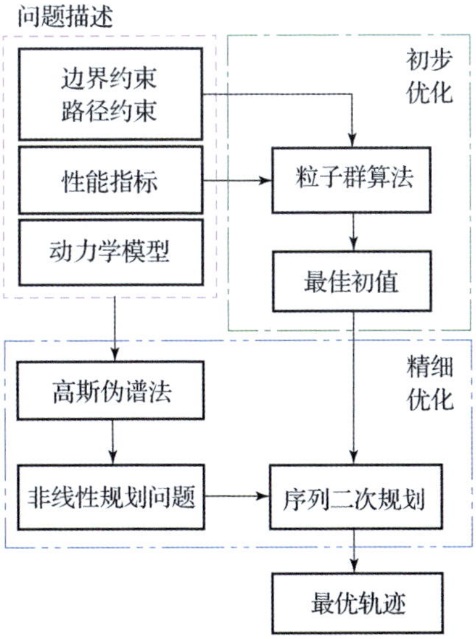

图 3.2　火星大气进入轨迹的混合优化算法流程

3.5 仿真分析

为了验证提出的火星大气进入轨迹混合优化策略的有效性，采用 MATLAB/Simulink 环境进行计算机仿真分析；利用开源软件 GPOPS 和 NLP 求解器 SNOPT[241] 求解上述定义的火星进入轨迹优化问题；通过将伪谱法求解过程与上述的粒子群算法连接起来，对高斯伪谱优化软件（GPOPS）进行了改进。SNOPT 是一种基于 SQP 方法的解决大规模线性和非线性优化问题的有效软件。火星大气进入动力学方程中使用的进入飞行器参数继承自 MSL 任务。

与文献［175，242］中给出的类似，仿真中考虑了进入火星的动力学不确定性。在以下模仿真案例中，火星大气密度、飞行器的弹道系数和升阻比计算公式为

$$\rho' = \rho \cdot (1 + \Delta\rho) \tag{3-28}$$

$$\beta' = \beta \cdot (1 + \Delta\beta) \tag{3-29}$$

$$\left(\frac{L}{D}\right)' = \left(\frac{L}{D}\right) \cdot \left(1 + \Delta\left(\frac{L}{D}\right)\right) \tag{3-30}$$

式中，$\Delta\rho$，$\Delta\beta$，$\Delta(L/D)$分别为火星大气密度、飞行器弹道系数、升阻比的不确定偏差百分比。

本章以 MSL 进入飞行器的结构和物理参数为例进行了仿真分析。火星进入器物理参数和火星环境参数如表 3.1 所示。飞行器在入口界面的初始状态由深空网络（DSN）提供，表 3.2 给出了我们在仿真中使用的初始状态和期望的末端状态。

约束与仿真结果对比如表 3.3 示。火星大气进入优化结果如图 3.3 所示。

表 3.1 火星进入器物理参数和火星环境参数

参数	符号	取值	单位
进入器质量	m	2 920	kg
进入器参考面积	S_{ref}	15.9	m^2
阻力系数	C_D	1.45	—
升阻比	$\frac{L}{D}$	0.24	—

续表

参数	符号	取值	单位
进入器鼻尖半径	r_n	0.66	m
气动热流系数	c_q	$1.902\,7\times10^{-4}$	$\sqrt{kg}/m$
火星引力常数	G_M	$4.282\,829\times10^{13}$	m^3/s^2
火星参考半径	R_M	3 386.6	km
火星自转角速度	ω	$7.088\,2\times10^{-5}$	rad/s
表面参考大气密度	ρ_0	0.015 8	kg/m^3
高度系数	h_s	9 354.5	m
火星表面重力加速度	g_M	3.713 2	m/s^2

表 3.2　标称的初始状态和期望的末端状态

参数	符号	取值	单位
初始高度	h_0	125	km
初始速度	v_0	6	km/s
初始经度	θ_0	0	(°)
初始纬度	λ_0	0	(°)
期望的末端高度	h_f	7.5	km
期望的末端速度	v_f	400	(°)
期望的末端经度	θ_f	11	(°)
期望的末端纬度	λ_f	0	km/s

表 3.3　约束与仿真结果对比

参数	容许值	最优值
h_f/m	±500	213
$v_f/(m\cdot s^{-1})$	±50	31.8
θ_f/(°)	±0.01	-2.86×10^{-6}
λ_f/(°)	±0.01	0
n_{max}/g	16	10.78

续表

参数	容许值	最优值
q_{max}/psf	18	12.26
$\dot{Q}_{max}$/(Btu/ft^2.s)	90	58.89

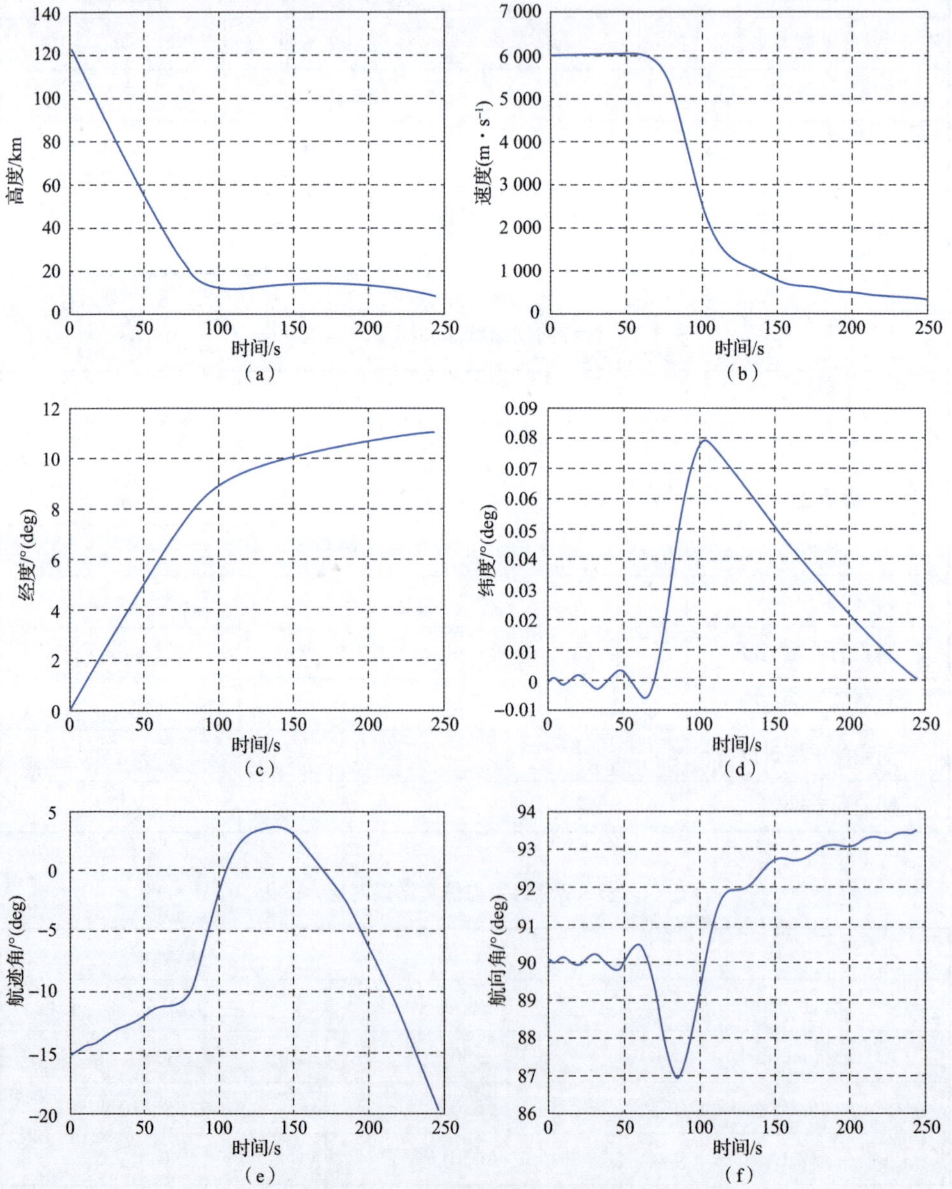

图 3.3 火星大气进入优化结果

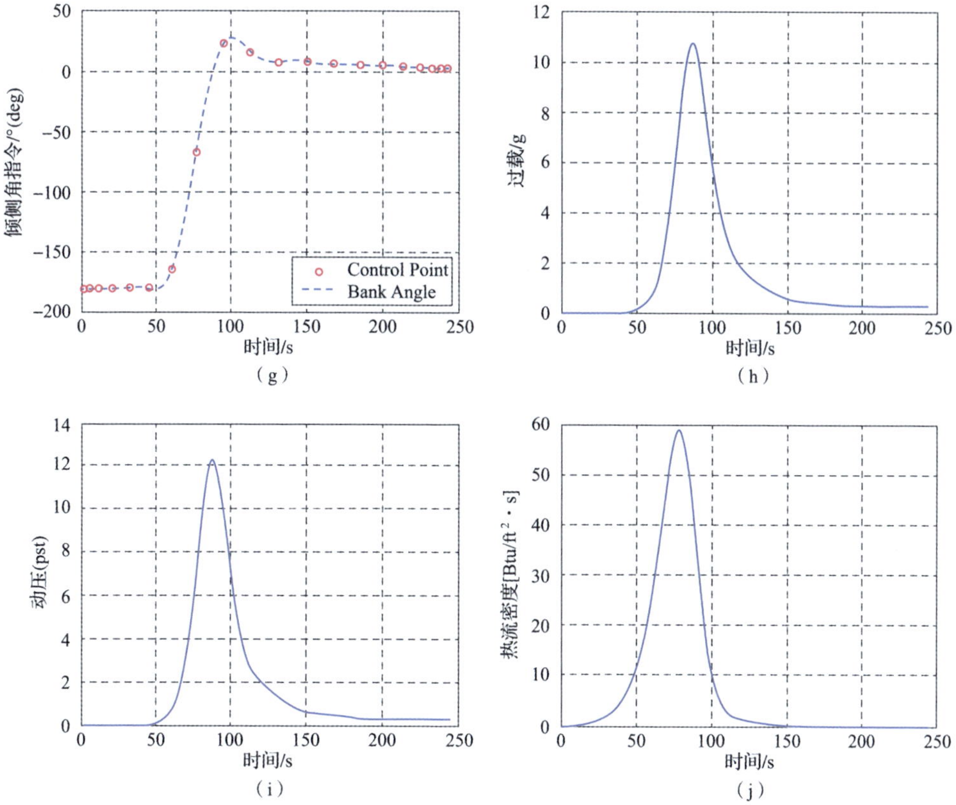

图 3.3 火星大气进入优化结果（续）

如图 3.3 所示，成功实现了进入阶段所需的终端条件，满足了所有约束条件。由于整个过程只进行一次反转，所以倾侧角是易于控制的。并且，与文献［97,175］中的结果相比，所提出算法获得的控制量更加节省能量。由于火星大气密度、飞行器弹道系数、升阻比都存在不确定性，将直接影响飞行速度、航迹角、航向角，并间接影响火星中心到飞行器质心的距离、经度、纬度。根据式（3-1）所示的火星大气进入动力学模型的数学关系，故在上面提到的所有这些剖面中都可能发现一些波动。但图 3.3 中只有纬度剖面和航向角剖面在有轻微波动，明显受益于脱敏最优控制方法的应用。

在我们的仿真中，最优结果经过 15 次迭代获得，只需 1.75 s。PSO 运行 10 次迭代进行粗优化，GPM 运行 5 次迭代进行精确优化。图 3.4 清楚地描述了随着迭代次数的收敛过程性能函数。在第 10 次迭代时，粒子群性能指标的收敛速度明显下降，说明粒子群在可行域内已经接近全局最优点。GPM 从第 11 次迭代开始进行局部精确优化，得到全局最优解。因此，我们可以得出结论，本章提出的混合优化策略具有更快的收敛速度，相比文献［97，234，238］，其运行时间明显缩短。该混合优化策略成功地避免了传统粒子群算法在接近可行域内全局最优点时，期望解在较长迭代周期内收敛极慢的缺陷，发挥了 GPM 在输入适当的初始猜测值时可快速获得精确最优解的优势。

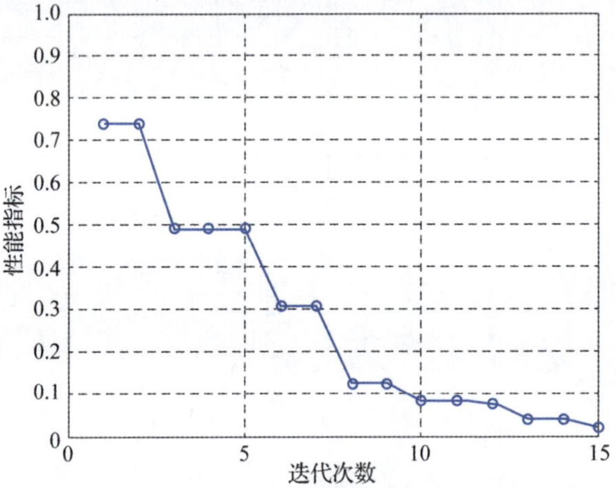

图 3.4　目标函数收敛过程

3.6　小结

本章提出了一种基于粒子群算法和广义粒子群算法的火星进入轨迹混合优化策略。在粗优化过程中，采用具有全局搜索能力的粒子群算法为后续的精确优化提供初始猜测。而精确轨迹优化时，采用 GPM 方法将原始最优控制问题转化为非线性规划问题，然后根据粗优化所提供的初始猜值通过 SQP 方法求解。仿真结果清楚地表明，所有的终端约束都能够满足，包括典型的过程约束。本章所提出的混合优化方法可以求解火星最优进入轨迹优化问题。

第 4 章 火星进入轨迹的改进序列凸优化方法

在现有的火星进入问题中，普遍以时间或能量为自变量建立三自由度动力学模型[243-245]。但以时间为自变量时，如果固定末端时间，可能导致轨迹优化算法求出的不是全局最优解；而不固定末端时间，那么需要求解末端时间自由问题，较为困难。而以能量为自变量时，不仅忽略中心天体的自转角速度，导致模型精度损失，也需要给定末端高度和速度，不适用于火星进入任务的宽松开伞条件，否则也属于末端能量自由问题。此外，稀薄的火星高空大气也导致能量耗散有限，动力学模型容易出现数值奇异。

由此可知，以时间和能量为自变量的动力学模型均不能很好地适应火星进入轨迹优化问题。为解决上述问题，本章提出以航程角为自变量进行动力学建模和问题离散，从而将自由末端时间或能量问题改写为固定末端航程角问题，且不需要给定末端速度和地心距离，从而降低了轨迹优化问题的求解难度。本章还引入了高精度的 LGL 伪谱法来改进序列凸优化方法，从而提高离散动力学的数值积分精度，在保证数值解精度的同时有效减少计算量。

4.1 基于航程角的火星进入动力学模型

注意到 2.1.4 中定义的航程 R 具有导数表达式简洁、单调递增且变化明显的特点，因此可以将航程作为自变量建立火星进入无量纲动力学模型：

$$\frac{\mathrm{d}r}{\mathrm{d}R} = \tan\gamma \tag{4-1}$$

$$\frac{\mathrm{d}\theta}{\mathrm{d}R}=\frac{\sin\psi}{r\cos\phi} \tag{4-2}$$

$$\frac{\mathrm{d}\phi}{\mathrm{d}R}=\frac{\cos\psi}{r} \tag{4-3}$$

$$\frac{\mathrm{d}V}{\mathrm{d}R}=-\frac{D}{V\cos\gamma}-\frac{\tan\gamma}{r^2V} \tag{4-4}$$

$$\frac{\mathrm{d}\gamma}{\mathrm{d}R}=\frac{L\cos\sigma}{V^2\cos\gamma}-\frac{1}{r^2V^2}+\frac{1}{r} \tag{4-5}$$

$$\frac{\mathrm{d}\psi}{\mathrm{d}R}=\frac{L\sin\sigma}{V^2\cos^2\gamma}+\frac{\sin\psi\tan\phi}{r} \tag{4-6}$$

但由于末端航程 R_{f} 受飞行轨迹影响，因此也属于自由变量。参考 2.1.4 节可知，与航程 R 相关的另一个变量航程角 s 同样具有上述优点，且只和火星进入的初始和当前经纬度有关。因此当火星进入的初始和末端经纬度给定时，末端航程角 s_{f} 为确定量，从而可以避免求解末端航程自由问题，即：

$$\cos s_{\mathrm{f}}=\sin\phi_0\sin\phi_{\mathrm{f}}+\cos\phi_{\mathrm{f}}\cos\phi_0\cos(\theta_{\mathrm{f}}-\theta_0) \tag{4-7}$$

以航程角为自变量的火星进入无量纲模型为

$$\frac{\mathrm{d}r}{\mathrm{d}s}=r\tan\gamma \tag{4-8}$$

$$\frac{\mathrm{d}\theta}{\mathrm{d}s}=\frac{\sin\psi}{\cos\phi} \tag{4-9}$$

$$\frac{\mathrm{d}\phi}{\mathrm{d}s}=\cos\psi \tag{4-10}$$

$$\frac{\mathrm{d}V}{\mathrm{d}s}=-\frac{rD}{V\cos\gamma}-\frac{\tan\gamma}{rV} \tag{4-11}$$

$$\frac{\mathrm{d}\gamma}{\mathrm{d}s}=\frac{rL\cos\sigma}{V^2\cos\gamma}-\frac{1}{rV^2}+1 \tag{4-12}$$

$$\frac{\mathrm{d}\psi}{\mathrm{d}s}=\frac{rL\sin\sigma}{V^2\cos^2\gamma}+\sin\psi\tan\phi \tag{4-13}$$

4.2 改进序列凸优化方法

对于末端时间/能量/航程自由的火星大气进入轨迹优化问题，将末端自由变量作为一个待优化变量进行寻优，是一类可行的方法[246-248]。本节采用式（4-1）~(4-6）所示的动力学模型，引入膨胀因子，将航程归一化到区间［0，1］，从而将末端航程作为待优化变量，然后结合虚拟控制和自适应信赖域技术对序列凸优化方法进行改进，最终求解火星进入最优轨迹。

4.2.1 问题描述

在以航程为自变量的火星进入问题中，考虑以下目标函数：

$$J_1 = -r(R_f),\ J_2 = V(R_f),\ J_3 = \int_0^{R_f} \frac{1}{V\cos\gamma}\mathrm{d}R \tag{4-14}$$

三个目标函数分别对应最大化末端高度、最小化末端速度以及最小化末端时间的任务场景。

首先将航程 $R \in [0, R_f]$ 归一化为 $R_1 = \dfrac{R}{R_f}$，$R_1 \in [0,1]$，则根据链式求导法则可将状态量的导数改写为

$$x' \triangleq \frac{\mathrm{d}x}{\mathrm{d}R_1} = \frac{\mathrm{d}x}{\mathrm{d}R}\frac{\mathrm{d}R}{\mathrm{d}R_1} = \frac{\mathrm{d}x}{\mathrm{d}R}R_f = R_f\boldsymbol{F}(x) \tag{4-15}$$

式中，$\boldsymbol{x} = [r,\theta,\phi,V,\gamma,\psi]^{\mathrm{T}} \in \mathbb{R}^6$，且 $\boldsymbol{F}(x)$ 为式（4-1）~式(4-6）右侧的项。那么三个任务场景对应的末端边界约束和目标函数可表示为

$$J_1 = -r(1),\ J_2 = V(1),\ J_3 = R_f\int_0^{1} \frac{1}{V\cos\gamma}\mathrm{d}R_1 \tag{4-16}$$

$$\boldsymbol{E}_i[r(1),\theta(1),\phi(1),V(1),\gamma(1),\psi(1)]^{\mathrm{T}} = \boldsymbol{E}_i[r_f,\theta_f,\phi_f,V_f,\gamma_f,\psi_f]^{\mathrm{T}}, i=1,2,3 \tag{4-17}$$

式中，$\boldsymbol{E}_1 = \mathrm{diag}([0,1,1,0,0,0])$，$\boldsymbol{E}_2 = \boldsymbol{E}_3 = \mathrm{diag}([1,1,1,0,0,0])$。以上矩阵表明三个任务场景均要求满足末端经纬度约束。至此，火星进入轨迹优化问题可表述为

P4-1:minimize (4-16)

subject to (4-15),(4-17),(2-58),(2-60)

4.2.2 问题凸化

在对以 σ 为控制量的非线性动力学进行线性化之后，由于状态量和控制量之间存在耦合，控制量将出现高频抖振。为了解决这一问题，参考文献［245］引

入新的控制变量 u，并令倾侧角 σ 作为新的状态量。新的控制量 u 与新增状态量 σ 之间的关系为

$$u = R_{\mathrm{f}}^{-1}\frac{\mathrm{d}\sigma}{\mathrm{d}R_1} \tag{4-18}$$

因此，倾侧角和倾侧角速率的约束条件可以放松为

$$|\sigma| \leqslant \sigma_{\max} \tag{4-19}$$

$$|\dot{\sigma}| = \left|\frac{\mathrm{d}\sigma}{\mathrm{d}t}\right| = \left|\frac{\mathrm{d}\sigma}{\mathrm{d}R_1}\frac{\mathrm{d}R_1}{\mathrm{d}R}\frac{\mathrm{d}R}{\mathrm{d}\tau}\frac{\mathrm{d}\tau}{\mathrm{d}t}\right| = \left|uR_{\mathrm{f}}\frac{1}{R_{\mathrm{f}}}V\cos\gamma\frac{1}{t_s}\right| = \left|\frac{uV\cos\gamma}{t_s}\right| \leqslant |u|\frac{V_{\max}}{t_s} \leqslant \dot{\sigma}_{\max} \tag{4-20}$$

注意，式（4-20）中可以将非线性不等式约束松弛为线性不等式约束的前提是 $V\cos\gamma \leqslant V_{\max}$ 恒成立。考虑到某一任务中的最大飞行速度是可以提前预估的，因此本章给定常数 $V_{\max} = \frac{6\ 000}{V_s}$ 表示飞行器的最大无量纲速度，即最大速度为 6 000 m/s。由于式（4-20）给出的线性不等式约束为凸约束，因此可以保证倾侧角速率不超过幅值，但也应当指出，这一松弛过程由于放大了 $V\cos\gamma$ 的取值，容易导致控制量 u 的幅值比实际可行的最大值要小。

此外，凸优化问题要求目标函数必须是凸函数，而式（4-16）所示的时间最优目标函数是非凸的。通常，具有非线性积分项的目标函数可以用一阶泰勒展开来凸化，然而这种松弛方法会引入线性化误差。为此，本章直接将时间变量作为一个新的状态向量，其导数为

$$\frac{\mathrm{d}\tau}{\mathrm{d}R_1} = R_{\mathrm{f}}\frac{1}{V\cos\gamma} \tag{4-21}$$

状态量则增广为

$$\boldsymbol{x} = [r,\theta,\phi,V,\gamma,\psi,\sigma,\tau]^{\mathrm{T}} \in \mathbb{R}^8 \tag{4-22}$$

此时时间最优目标函数改写为 $J_3 = \tau(1)$，为凸函数。同时，动力学方程中状态量和控制量也实现解耦，将动力学方程重新表述为

$$\boldsymbol{x}' = R_{\mathrm{f}}[\boldsymbol{f}(x) + \boldsymbol{B}u] \tag{4-23}$$

式中，$\boldsymbol{B} = [0,0,0,0,0,0,1,0]^{\mathrm{T}}$，而 $\boldsymbol{f}(\boldsymbol{x}) \in \mathbb{R}^8$ 为式（4-1）~式(4-6）右侧不包含控制量 u 的项。

为了在凸优化框架中求解火星进入轨迹优化问题，还需要采用一阶泰勒展开

将非凸动力学和路径约束在参考轨迹(x^k, u^k, R_f^k)处近似为线性形式，其中(x^k, u^k, R_f^k)表示序列凸优化过程中第 k 次迭代得到的解。

$$\begin{aligned}\boldsymbol{x}' &= R_f[\boldsymbol{f}(\boldsymbol{x}) + \boldsymbol{B}u] \\ &\approx R_f^k \frac{\partial \boldsymbol{f}(\boldsymbol{x})}{\partial x}\bigg|_{\boldsymbol{x}^k, u^k} (\boldsymbol{x} - \boldsymbol{x}^k) + R_f^k \boldsymbol{B}(u - u^k) + \\ &\quad [\boldsymbol{f}(\boldsymbol{x}^k) + \boldsymbol{B}u^k](R_f - R_f^k) + R_f^k[\boldsymbol{f}(\boldsymbol{x}^k) + \boldsymbol{B}u^k] \\ &= \boldsymbol{A}^k \boldsymbol{x} + \boldsymbol{B}^k u + c^k R_f + \boldsymbol{d}^k \end{aligned} \tag{4-24}$$

$$\boldsymbol{A}^k = s_f^k \frac{\partial \boldsymbol{f}}{\partial \boldsymbol{x}}\bigg|_{x^k, u^k},\ \boldsymbol{B}^k = s_f^k \boldsymbol{B},\ \boldsymbol{c}^k = \boldsymbol{f}(\boldsymbol{x}^k) + \boldsymbol{B}u^k,\ \boldsymbol{d}^k = -R_f^k \frac{\partial \boldsymbol{f}}{\partial x}\bigg|_{x^k, u^k} x^k - R_f^k \boldsymbol{B} u^k \tag{4-25}$$

式中

$$\frac{\partial \boldsymbol{f}}{\partial \boldsymbol{x}} = [a_1^T \quad a_2^T \quad a_3^T \quad a_4^T \quad a_5^T \quad a_6^T \quad a_7^T \quad a_8^T]^T$$

$$a_1 = (0 \quad 0 \quad 0 \quad 0 \quad \cos^{-2}\gamma \quad 0 \quad 0 \quad 0)$$

$$a_2 = \left(-\frac{\sin\psi}{r^2 \cos\phi} \quad 0 \quad \frac{\sin\psi \tan\phi}{r\cos\phi} \quad 0 \quad 0 \quad \frac{\cos\psi}{r\cos\phi} \quad 0 \quad 0 \right)$$

$$a_3 = \left(-\frac{\cos\psi}{r^2} \quad 0 \quad 0 \quad 0 \quad 0 \quad -\frac{\sin\psi}{r} \quad 0 \quad 0 \right)$$

$$a_4 = (a_{41} \quad 0 \quad 0 \quad a_{44} \quad a_{45} \quad 0 \quad 0 \quad 0)$$

$$a_{41} = -\frac{D_r}{V\cos\gamma} + \frac{2}{r^3}\frac{\tan\gamma}{V},\ a_{44} = -\frac{D_V}{V\cos\gamma} + \frac{D}{V^2\cos\gamma} + \frac{1}{r^2}\frac{\tan\gamma}{V^2}$$

$$a_{45} = -\frac{D}{V\cos\gamma}\tan\gamma - \frac{1}{r^2}\frac{1}{V\cos^2\gamma}$$

$$a_5 = (a_{51} \quad 0 \quad 0 \quad a_{54} \quad a_{55} \quad 0 \quad a_{57} \quad 0)$$

$$a_{51} = \frac{L_r \cos\sigma}{V^2\cos\gamma} + \frac{2}{r^3}\frac{1}{V^2} - \frac{1}{r^2},\ a_{54} = \frac{1}{r^2}\frac{2}{V^3},\ a_{55} = \frac{L\cos\sigma}{V^2\cos\gamma}\tan\gamma,\ a_{57} = -\frac{L\sin\sigma}{V^2\cos\gamma}$$

$$a_6 = (a_{61} \quad 0 \quad a_{63} \quad 0 \quad a_{65} \quad a_{66} \quad a_{67} \quad 0)$$

$$a_{61} = \frac{L_r \sin\sigma}{V^2\cos^2\gamma} - \frac{\sin\psi\tan\phi}{r^2},\ a_{63} = \frac{\sin\psi}{r\cos^2\phi},\ a_{65} = 2\tan\gamma\frac{L\sin\sigma}{V^2\cos^2\gamma}$$

$$a_{66} = \frac{\cos\psi\tan\phi}{r},\ a_{67} = \frac{L\cos\sigma}{V^2\cos^2\gamma}$$

$$a_7 = (0\ \ 0\ \ 0\ \ 0\ \ 0\ \ 0\ \ 0\ \ 0\ \ 0),\ a_8 = \begin{pmatrix} 0 & 0 & 0 & -\dfrac{1}{V^2\cos\gamma} & \dfrac{\tan\gamma}{V\cos\gamma} & 0 & 0 & 0 \end{pmatrix}$$

$$D_r = -\frac{R_0}{h_s}D,\ D_V = \frac{R_0\rho_0 e^{-R_0(r-1)/h_s} VS_r C_D}{m},\ L_r = -\frac{R_0}{h_s}L,\ L_V = \frac{R_0\rho_0 e^{-R_0(r-1)/h_s} VS_r C_L}{m}$$

同理，三项路径约束可松弛为一阶线性形式：

$$f_i \approx f_i(r^k, V^k) + f_i'(r^k, V^k) \cdot [r - r^k, V - V^k]^{\mathrm{T}} \leqslant f_{i,\max}, i = 1,2,3 \qquad (4-26)$$

式中，$f_1 \triangleq \dot{Q}$，$f_2 \triangleq q$，$f_3 \triangleq n$，$f_{1,\max} \triangleq \dot{Q}_{\max}$，$f_{2,\max} \triangleq q_{\max}$，$f_{3,\max} \triangleq n_{\max}$，且有：

$$f'_1(r^k, V^k) = \left[\frac{\partial f_1}{\partial r}, \frac{\partial f_1}{\partial V}\right]\bigg|_{r^k, V^k}$$

$$= [-0.5R_0 k_Q (VV_s)^{3.15}\sqrt{\rho/R_n}/h_s, 3.15k_Q V_s^{3.15} V^{2.15}\sqrt{\rho/R_n}]\,|_{r^k, V^k}$$

$$f'_2(r^k, V^k) = \left[\frac{\partial f_2}{\partial r}, \frac{\partial f_2}{\partial V}\right]\bigg|_{r^k, V^k}$$

$$= [-0.5R_0\rho(VV_s)^2/h_s, V_s^2\rho V]\,|_{r^k, V^k}$$

$$f'_3(r^k, V^k) = \left[\frac{\partial f_3}{\partial r}, \frac{\partial f_3}{\partial V}\right]\bigg|_{r^k, V^k}$$

$$= [-0.5R_0^2 S_r(\sqrt{C_L^2 + C_D^2})\rho V^2/mh_s, R_0 S_r(\sqrt{C_L^2 + C_D^2})\rho V/m]\,|_{r^k, V^k}$$

至此，全部的等式和不等式约束及目标函数都是凸函数，可以采用凸优化方法对火星进入轨迹优化问题求解。

由于采用一阶泰勒展开实现非线性约束的线性化，将不可避免地引入线性化误差。当线性化误差过大时，线性化系统将大范围偏离原非线性系统，导致即使原问题有解的情况下对应的凸优化问题无解，出现“人为不可解”问题。为此，本章在线性化的动力学约束中引入虚拟控制量，用于补偿线性化误差，从而避免“人为不可解”问题。

此外，在参考轨迹处实施线性化时，必须保证算法在参考轨迹的邻域内寻优，否则无法保证凸优化问题和原问题等价，即“无效松弛”问题。为此，本章引入了自适应信赖域方法，通过向状态量施加自适应信赖域约束，即通过凸优化算法自适应确定每次优化过程中状态量的搜索步长，从而限制状态量的寻优范围，确保凸优化问题的有效性。

增加虚拟控制和自适应信赖域后动力学约束改写为

$$\boldsymbol{x}' = R_{\mathrm{f}}[\boldsymbol{f}(\boldsymbol{x}) + \boldsymbol{B}u] \approx \boldsymbol{A}^k\boldsymbol{x} + \boldsymbol{B}^k u + \boldsymbol{c}^k R_{\mathrm{f}} + \boldsymbol{d}^k + \boldsymbol{v} \tag{4-27}$$

$$\| \boldsymbol{x} - \boldsymbol{x}^k \|_2 \leqslant \delta_x, \quad |R_{\mathrm{f}} - R_{\mathrm{f}}^k| \leqslant \delta_R \tag{4-28}$$

式中，式（4－28）中的二范数不等式约束为凸锥约束，可以通过 SOCP 进行求解，而虚拟控制 $\boldsymbol{v} \in \mathbb{R}^8$ 和松弛边界 δ_x，$\delta_s \in \mathbb{R}_+$ 则将作为 SOCP 问题的待优化变量。那么，需要在目标函数中引入虚拟控制、信赖域和末端航程相应的惩罚项：

$$J = w_i J_i + w_v \| \boldsymbol{v} \|_1 + w_x \delta_x + w_R \delta_R, \; i = 1,2,3 \tag{4-29}$$

其中，w_i，w_v，w_x，$w_s \in \mathbb{R}_+$ 为用户自定义的权重系数，类似的附加惩罚项也可以是二范数的 L2 惩罚方式。在这三个附加惩罚项中，含有 v 的附加项采用了 L1 惩罚方式，即将 v 的 1 范数作为惩罚项[248-250]。这是因为只有过大的线性误差才会导致“人为不可解”问题，因此只需要在具有较大线性误差的节点处施加虚拟控制即可。而 L1 惩罚方式具有稀疏性，可以保证算法收敛时只在必要的节点处施加了虚拟控制，其余节点处的虚拟控制为 0，从而减少运算量。当然，也可以使用 L2 惩罚方式，但这一方式会导致具有较大线性误差的节点处的虚拟控制偏小，而其他本可以不需要虚拟控制的节点处必须施加较小的虚拟控制，这将导致每个节点处都含有非零虚拟控制，进而降低计算效率。此外，信赖域和末端航程的两个惩罚项则分别保证了状态量的“有界松弛”和末端航程的收敛。但应当指出，引入虚拟控制和自适应信赖域技术可以提高 SCP 的鲁棒性，但这些优势以牺牲目标函数的最优性为代价，这一问题将在下文结合数值仿真结果进行讨论。

4.2.3　问题离散

经过线性化后，火星进入轨迹优化问题仍然是连续最优控制问题。为了获得数值解，需将该问题的目标函数和约束条件在区间 $[0,1]$ 内的 $N+1$ 个节点处进行离散。离散点集记为 $\{R_0, R_1, \cdots, R_N\}$，离散间隔为 $\Delta R = \dfrac{1}{N}$，由此 $R_{n+1} = R_n + \Delta R$，$n = 0,1,\cdots,N-1$。相应地，第 k 次迭代的离散状态量与控制量记为 $\boldsymbol{x}_n^k \triangleq \boldsymbol{x}^k(R_n)$ 和 $u_n^k \triangleq u^k(R_n)$。然后采用梯形积分法则对动力学在参考轨迹 $\{x_0^k, x_1^k, \cdots, x_N^k, u_0^k, u_1^k, \cdots, u_N^k, R_f^k\}$ 处进行数值积分可得：

$$\boldsymbol{x}_{n+1} = \boldsymbol{x}_n + \frac{\Delta S}{2}(\boldsymbol{A}_n^k \boldsymbol{x}_n + \boldsymbol{B}_n^k u_n + \boldsymbol{c}_n^k s_{\mathrm{f}} + \boldsymbol{d}_n^k + \boldsymbol{v}_n + \boldsymbol{A}_{n+1}^k \boldsymbol{x}_{n+1} + \boldsymbol{B}_{n+1}^k u_{n+1} + \boldsymbol{c}_{n+1}^k s_{\mathrm{f}} + \boldsymbol{d}_{n+1}^k + \boldsymbol{v}_{n+1}) \tag{4-30}$$

式中

$$\boldsymbol{A}_n^k = s_{\mathrm{f}}^k \left.\frac{\partial \boldsymbol{f}}{\partial \boldsymbol{x}}\right|_{x_n^k, u_n^k}, \ \boldsymbol{B}_n^k = \boldsymbol{B}_{n+1}^k = s_{\mathrm{f}}^k \boldsymbol{B}$$

$$\boldsymbol{c}_n^k = \boldsymbol{f}(\boldsymbol{x}_n^k) + \boldsymbol{B}u_n^k, \ d_n^k = -R_{\mathrm{f}}^k \left.\frac{\partial \boldsymbol{f}}{\partial x}\right|_{x_n^k, u_n^k} x_n^k - R_{\mathrm{f}}^k \boldsymbol{B}u_n^k$$

式（4-30）可以进一步重写为

$$\boldsymbol{H}_n \boldsymbol{x}_n + \boldsymbol{H}_{n+1}\boldsymbol{x}_{n+1} + \frac{\Delta R}{2}\boldsymbol{B}^k(u_n + u_{n+1}) + \frac{\Delta R}{2}(\boldsymbol{v}_n + \boldsymbol{v}_{n+1}) + \boldsymbol{G}_{n+1}R_{\mathrm{f}} = -\frac{\Delta R}{2}(\boldsymbol{d}_n^k + \boldsymbol{d}_{n+1}^k) \tag{4-31}$$

式中

$$\boldsymbol{H}_n = \left(\boldsymbol{I} + \frac{\Delta S}{2}\boldsymbol{A}_n^k\right), \ \boldsymbol{H}_{n+1} = -\left(\boldsymbol{I} - \frac{\Delta S}{2}\boldsymbol{A}_{n+1}^k\right), \ \boldsymbol{G}_{n+1} = \frac{\Delta S}{2}(c_n^k + c_{n+1}^k)$$

为了便于表示，可以将所有的决策变量 $\boldsymbol{x}_n$，u_n，R_f 和 $\boldsymbol{v}_n$ 合并为一个矢量：

$$\boldsymbol{y} = [\boldsymbol{x}_0; \cdots; \boldsymbol{x}_N; u_0; \cdots; u_N; \boldsymbol{v}_0; \cdots; \boldsymbol{v}_N; R_f] \in \mathbb{R}^{17(N+1)+1} \tag{4-32}$$

则动力学约束（4-31）可重写为关于 $\boldsymbol{y}$ 的线性等式约束：

$$[\boldsymbol{M}_1 \quad \boldsymbol{M}_2 \quad \boldsymbol{M}_3 \quad \boldsymbol{M}_4]\boldsymbol{y} = \boldsymbol{P} \tag{4-33}$$

$$\boldsymbol{M}_1 = \begin{bmatrix} \boldsymbol{I} & 0 & 0 & \cdots & 0 & 0 \\ \boldsymbol{H}_0 & \boldsymbol{H}_1 & 0 & \cdots & 0 & 0 \\ \vdots & \vdots & \vdots & \ddots & \vdots & \vdots \\ 0 & 0 & 0 & \cdots & \boldsymbol{H}_{N-1} & \boldsymbol{H}_N \end{bmatrix}, \ \boldsymbol{M}_2 = \boldsymbol{B}^k \boldsymbol{M}_3 \tag{4-34}$$

$$\boldsymbol{M}_3 = \frac{\Delta R}{2}\begin{bmatrix} 0 & 0 & 0 & \cdots & 0 & 0 \\ \boldsymbol{I} & \boldsymbol{I} & 0 & \cdots & 0 & 0 \\ \vdots & \vdots & \vdots & \ddots & \vdots & \vdots \\ 0 & 0 & 0 & \cdots & \boldsymbol{I} & \boldsymbol{I} \end{bmatrix}, \boldsymbol{M}_4 = \begin{bmatrix} 0 \\ \boldsymbol{G}_1 \\ \vdots \\ \boldsymbol{G}_N \end{bmatrix}, \ \boldsymbol{P} = -\frac{\Delta R}{2}\begin{bmatrix} -\dfrac{2}{\Delta R}\boldsymbol{x}_0 \\ \boldsymbol{d}_0^k + \boldsymbol{d}_1^k \\ \vdots \\ \boldsymbol{d}_{N-1}^k + \boldsymbol{d}_N^k \end{bmatrix} \tag{4-35}$$

至此，所有的约束条件和目标函数可重新表示为

$$f_{i,j} \leqslant f_{i,\max}, \ |\sigma_j| \leqslant \sigma_{\max}, \ |u_j| \leqslant \dot{\sigma}_{\max} t_s / V_{\max} \tag{4-36}$$

$$\boldsymbol{x}(0) = \boldsymbol{x}_0, \ \boldsymbol{E}_i \boldsymbol{x}_N = \boldsymbol{E}_i \boldsymbol{x}(1) \tag{4-37}$$

$$\| \boldsymbol{x}_j - \boldsymbol{x}_j^k \|_2 \leqslant \delta_{x,j}, \ |R_{\mathrm{f}} - R_{\mathrm{f}}^k| \leqslant \delta_R \tag{4-38}$$

$$J = w_i J_i + w_v \| \bar{\boldsymbol{v}} \|_1 + w_x \| \bar{\boldsymbol{\delta}}_x \|_2 + w_R \delta_R \tag{4-39}$$

式中，$i=1,2,3$；$j=0,1,\cdots,N$；$\bar{\boldsymbol{\delta}}_x = [\delta_{x,0};\cdots;\delta_{x,N}]$；$\bar{\boldsymbol{v}} = [\boldsymbol{v}_0;\cdots;\boldsymbol{v}_N]$；信赖域约束为 SOCP 约束。在凸优化问题中，待优化的变量为 $\boldsymbol{y}$，$\bar{\boldsymbol{\delta}}_x$ 及 δ_R。

4.2.4　算法流程

根据上述描述，改进序列凸优化方法（r－SCP）的算法流程如表 4.1 所示。

表 4.1　改进序列凸优化的算法流程

步骤	执行内容
步骤 1	令 $k=0$，给定初始状态量$[r_0,\theta_0,\phi_0,V_0,\gamma_0,\psi_0,\sigma_0,\tau_0]$。给定常值控制 u_0 和猜测末端航程 R_f^0，然后积分原非线性动力学方程（4－1）~（4－6），获得初始猜测轨迹$\{\boldsymbol{x}_0^0,\boldsymbol{x}_1^0,\cdots,\boldsymbol{x}_N^0,u_0^0,u_1^0,\cdots,u_N^0,R_f^0\}$
步骤 2	当 $k\geqslant 1$ 时，以上次迭代结果$\{\boldsymbol{x}_0^{k-1},\boldsymbol{x}_1^{k-1},\cdots,\boldsymbol{x}_N^{k-1},u_0^{k-1},u_1^{k-1},\cdots,u_N^{k-1},R_f^{k-1}\}$作为初始猜测解求解下列最优控制问题以获得最优决策变量 $\boldsymbol{y}^k$（或最优轨迹$\{\boldsymbol{x}_0^k,\boldsymbol{x}_1^k,\cdots,\boldsymbol{x}_N^k,u_0^k,u_1^k,\cdots,u_N^k,R_f^k\}$）以及虚拟控制$[\boldsymbol{v}_0^k;\boldsymbol{v}_1^k;\cdots;\boldsymbol{v}_N^k]$。 P1：Find $\boldsymbol{y}$，$\bar{\delta}_x$，δ_s，minimize（4－39） subject to（4－33），（4－36）~（4－38）
步骤 3	如满足$\| \bar{\boldsymbol{\delta}}_x \|_2 \leqslant \delta_{tot}$与$\| \bar{\boldsymbol{v}} \|_1 \leqslant v_{tot}$成立，则转到步骤 4，否则令 $k=k+1$ 并转到步骤 2。其中 δ_{tot}，$v_{tot} \in \mathbb{R}_+$为用户自定义的收敛标志
步骤 4	问题的数值最优解为$\{\boldsymbol{x}_0^k,\boldsymbol{x}_1^k,\cdots,\boldsymbol{x}_N^k,u_0^k,u_1^k,\cdots,u_N^k,R_f^k\}$，算法结束

4.2.5　仿真分析

为了验证改进序列凸优化方法的性能，本节在 MATLAB 环境下比较了三种轨迹规划算法的性能。其中，r－SCP 算法与 SCP 算法均采用 YALMIP[251]工具箱进行问题建模，并采用 MOSEK[252]求解器进行优化计算。上述两种方法获得的解将和伪谱法工具箱 GPOPS 基于默认非线性规划求解器 IPOPT 得到的解进行对比。

仿真的初始仿真条件参考表 4.2，各物理量的容许范围分别为 $0\leqslant h\leqslant 120$ km，$-180°\leqslant\theta\leqslant 180°$，$-180°\leqslant\phi\leqslant 180°$，$0\leqslant V\leqslant 6\ 000$ m/s，$-80°\leqslant\gamma\leqslant 80°$，$-180°\leqslant\psi\leqslant 180°$，$-80°\leqslant\sigma\leqslant 80°$，$700\leqslant s\leqslant 1\ 100$ km，$-10°/\text{s}\leqslant\dot{\sigma}\leqslant 10°/\text{s}$。参考半径 $R_0=3\ 397.2$ km，重力加速度 $g_0=3.711\ 4\ \text{m/s}^2$，大气模型参数 $\rho_0=0.015\ 8\ \text{kg/m}^3$，$h_s=9\ 354.5$ m。进入飞行器采用的是 MSL 型，相关参数：$C_D=1.45$，$C_L=0.36$，$m=2$，804 kg，$S_r=15.9\ \text{m}^2$，$k_Q=1.902\ 7\times 10^{-4}\ \text{kg}^{0.5}\text{s}^{0.15}/\text{m}^{1.15}$，$R_n=6.476$ m，$\dot{Q}_{\max}=70\ \text{W/cm}^2$，$q_{\max}=8.5$ kPa，$a_{\max}=18\ g_0$。

表 4.2 无量纲能量动力学模型数值积分参数

参数	初始值	末端值
h/km	125	10
θ/(°)	-90	-70
ϕ/(°)	-45	-41
V/(m·s^{-1})	5 500	自由
γ/(°)	-13.5	自由
ψ/(°)	85	自由
σ/(°)	-50	-50
s/km	0	自由
$\dot{\sigma}$/(°/s)	0	0

仿真中 $w_{1,2,3}$，w_v，w_x，w_R 分别设置为 20，20，20，5×10^5，0.1，0.1，给定的收敛标志 δ_{tot} 和 v_{tot} 设置为 10^{-4} 和 10^{-5}，从而确保收敛解对应的虚拟控制足够小。r-SCP 的初始猜测轨迹通过数值积分得到，积分过程中初始倾侧角为 0，常值控制输入 $u\triangleq\dfrac{\mathrm{d}\sigma}{\mathrm{d}s}=-3$，航程初始猜测为 900 km，设置 201 个均匀离散点。GPOPS 的初始仿真条件同样参考表 4.2，但未给定 σ_0，而是将其作为自由变量进行决策，$\dot{\sigma}$ 则作为控制输入。此外，GPOPS 的网格收敛误差为 10^{-3}。

由于参考文献中只研究了固定末端时间问题，因此在最小化末端速度和最大化末端高度的问题中，SCP 的飞行时间均固定为 355 s。SCP 的初始猜测轨迹同样是以常值控制对原非线性动力学进行数值积分得到的，且有常值控制 $u \triangleq \frac{d\sigma}{d\tau} = -2.6$，以及初始倾侧角 $\sigma_0 = 0$。这样做是由于 r－SCP 和 SCP 的中动力学模型的自变量不同，分别选择 －3 和 $u \triangleq \frac{d\sigma}{d\tau} = -2.6$ 作为常值控制可以在两种方法中得到相近的初始猜测轨迹。SCP 的信赖域和停止标准选择为

$$\delta = [1\,000/R_0, 10\pi/180, 10\pi/180, 100/V_s, 10\pi/180, 10\pi/180, 10\pi/180] \tag{4-40}$$

$$\varepsilon = [100/R_0, 0.05\pi/180, 0.05\pi/180, 10/V_s, 0.05\pi/180, 0.05\pi/180, 1\pi/180] \tag{4-41}$$

式中，参数 δ 与 ε 分别为非线性动力学线性化的信赖域半径和给定的容许收敛范围，这两个参数的详细定义和用法可参考文献［129］。SCP 方法中同样采用 201 个均匀节点对问题进行离散。

值得注意的是，虽然具有固定信赖域的 SCP 算法可以高效求解地球再入问题，但并不能保证火星进入问题的解收敛到满意的精度，这一差异是不同问题的动力学差别导致的。此外，如果不引入虚拟控制，使用 SCP 方法求解火星进入轨迹优化问题时可能会在前几次迭代中就遇到不可解的情况。为了提高算法收敛性和降低“人为不可解”的发生概率，仿真中也在 SCP 中引入虚拟控制技术，以补偿动力学线性化带来的误差，此时 SCP 方法对应的目标函数中原目标函数和虚拟控制对应的惩罚权重分别为 1 和 10^6。

1. 最小化末端速度进入

图 4.1 给出了 r－SCP 和 SCP 求解最小末端速度问题得到的航程－高度剖面和目标函数值（即末端速度）的收敛曲线。在图 4.1 前两幅子图中，红色实线为算法收敛的最优解，蓝色虚线表示以 r－SCP 或 SCP 生成的最优控制对原非线性动力学进行 Runge－Kutta 数值积分得到的积分解，黑色实线为初始猜测轨迹，其余实线为迭代优化过程中产生的解。可以看出，r－SCP 获得的积分解与最优解一致，两条轨迹的末端高度仅相差约 50 m。而根据图 4.1 后两幅子图的目标函数值剖面可知，r－SCP 仅用 7 次迭代便收敛到最优解，而 SCP 需要 34 次迭代。

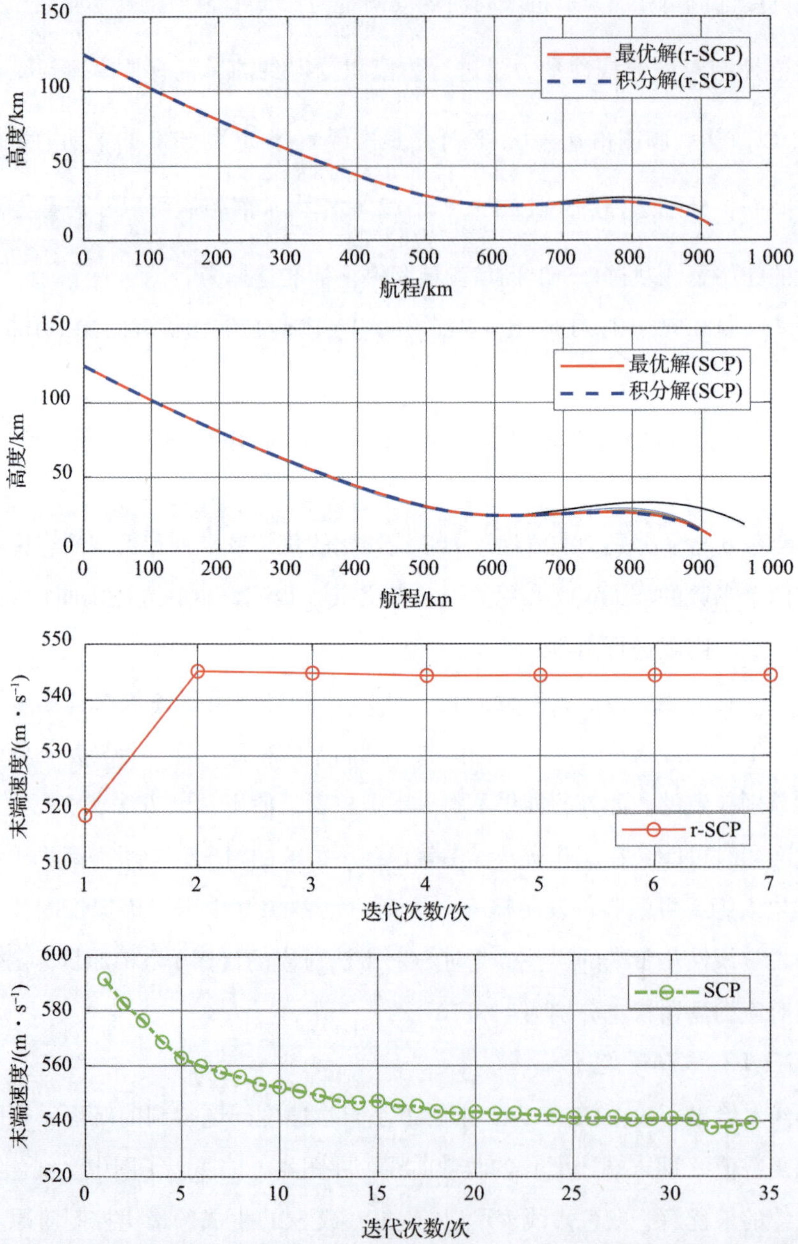

图 4.1 最小末端速度进入中 r – SCP 和 SCP 的航程 – 高度剖面和目标函数值剖面

图 4.2 和图 4.3 则显示了 r – SCP、SCP 和 GPOPS 得到的最优轨迹的各个状态剖面。可以看出，三种方法中各个状态剖面几乎一致，这说明三类方法生成的解均收敛到理论最优解附近。

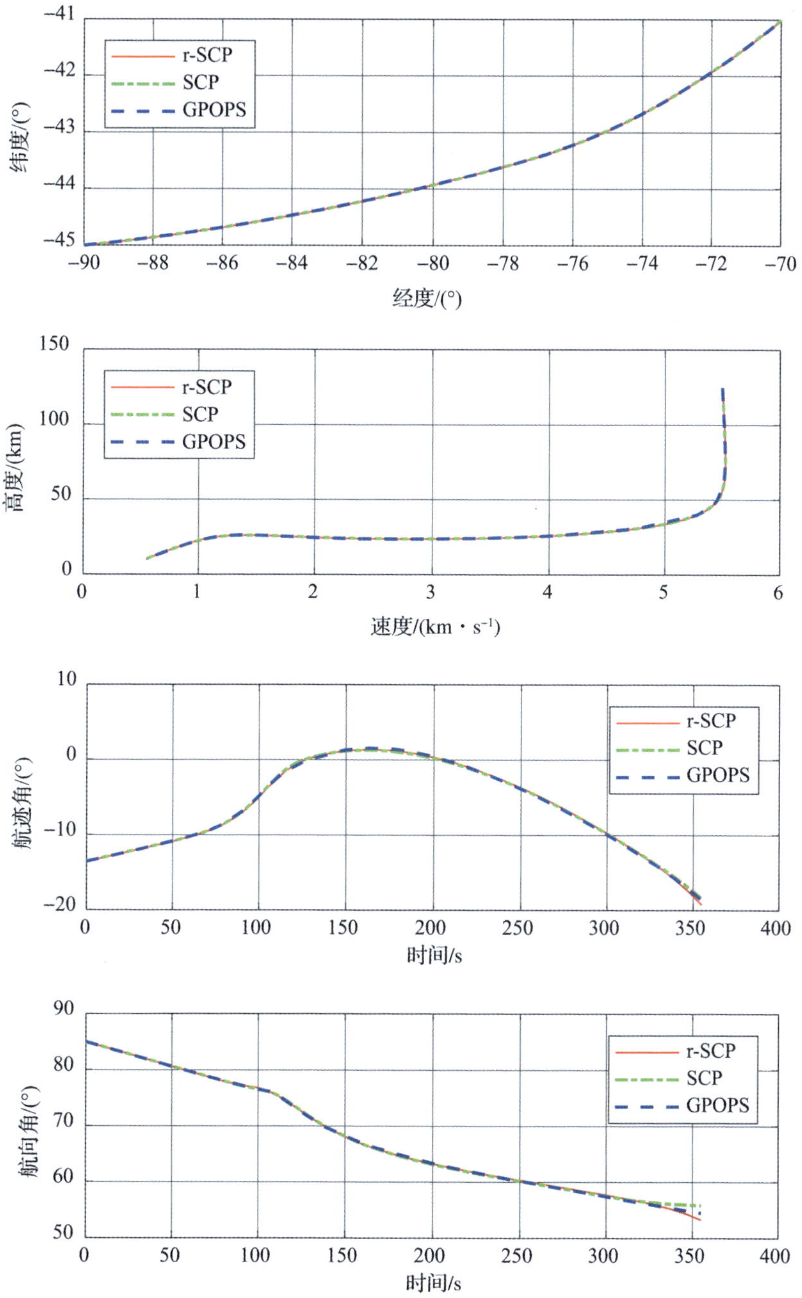

图 4.2　最小末端速度进入中经纬度、速度 − 高度剖面和航迹角、航向角剖面

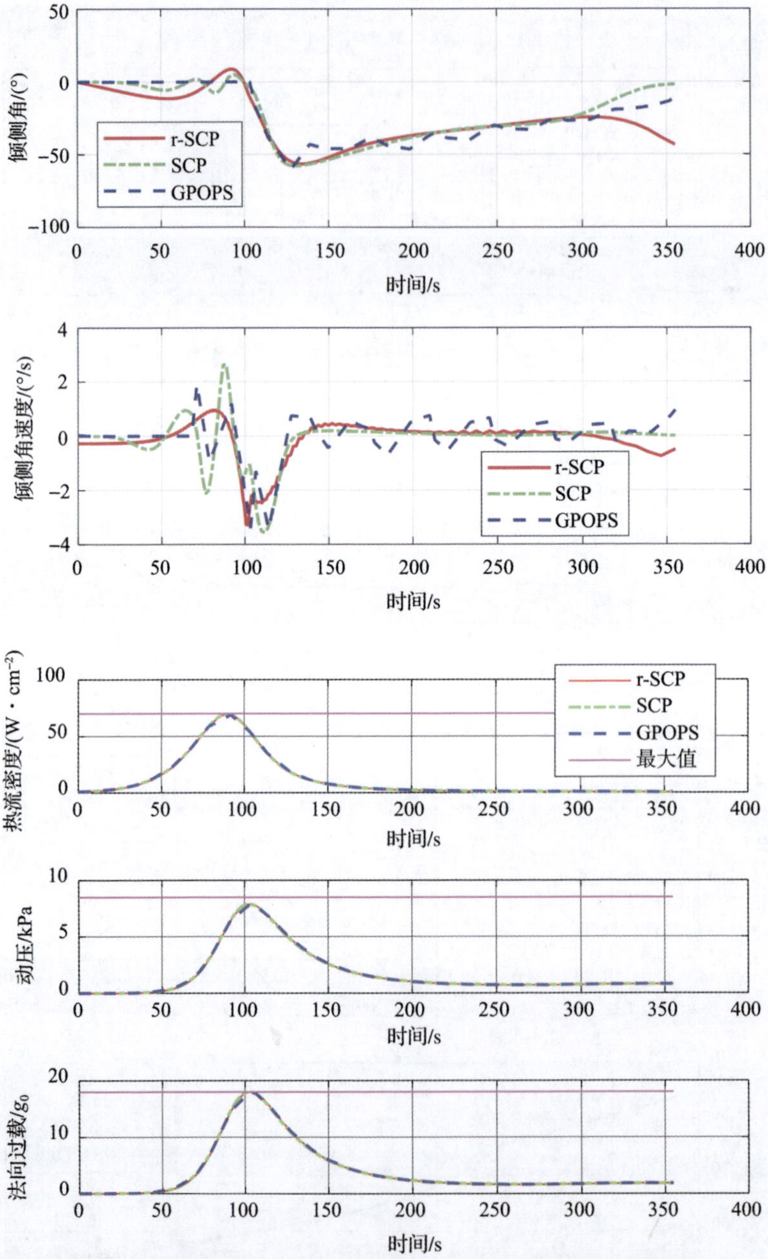

图 4.3 最小末端速度进入中倾侧角/角速度剖面和路径约束剖面

然而，如图 4.3 前两幅子图所示，虽然三种方法获得的最优倾侧角和倾侧速度剖面的基本趋势一致，但仍然存在一定差异。GPOPS 生成的倾侧角和倾侧角速度剖面产生了明显的振荡，而其他两种方法的结果更光滑。值得注意的是，r -

SCP 生成的倾侧角速度幅值比其他两类方法要小。产生这一现象的原因可能在于，松弛倾侧角速度约束时，采用更大的 V_{max} 代替 $V\cos\gamma$ 时，容易导致倾侧角速度小于容许的最大值。另一个明显的现象是，r－SCP 和 SCP 得到的倾侧角剖面趋势基本一致，但在最后一段时间内出现分歧，即 SCP 对应的倾侧角趋于零，而 r－SCP 对应倾侧角则继续减小。这一差异主要是 r－SCP 和 SCP 中动力学模型自变量以及目标函数的差异导致的。由于三种方法都将倾侧角速度作为控制量，因此倾侧角并没有发生抖振。此外，如图 4.3 后两幅子图所示，所有路径约束均小于对应的最大值。

为了定量说明算法的性能差异，表 4.3 总结了三种方法的末端状态、路径约束峰值和 CPU 时间消耗等指标。在最优性方面，r－SCP、SCP 和 GPOPS 的末端速度分别为 543.82 m/s、539.39 m/ s 和 544.49 m/s，即 r－SCP 和 GPOPS 获得的末端速度非常接近，而 SCP 对应的末端速度最小。与 SCP 相比，r－SCP 的最优性略微降低。如表 4.4 所示，在 r－SCP 方法中，原目标函数值 w_iJ_i 约占新目标函数值 J 的 94%，而虚拟控制 $w_v\|\bar{v}\|_1$ 约占 6%。然而，在 SCP 中，原目标函数 w_iJ_i 占了近 100%，虚拟控制 $w_v\|\bar{v}\|_1$ 仅占 0.68%，这说明 r－SCP 采用的虚拟控制惩罚项确实导致收敛解的最优性发生一定程度的下降，从而导致 r－SCP 得到的末端速度略小于其他方法。同时也有研究表明，尽管采用 L1 惩罚项的方法一定会收敛到，但不一定收敛到最优解。换句话说，本节方法得到的解可行，但不一定最优。

表 4.3　最小末端速度进入中三种轨迹优化算法定量对比

物理量/单位	r－SCP	SCP	GPOPS	物理量/单位	r－SCP	SCP	GPOPS
h_f/km	9.999	10.00	10	t_f/s	355	355	355
θ_f/(°)	－70	－70	－70	σ_f/(°)	－43.49	－1.962	－10.71
ϕ_f/(°)	－41	－41	－41	$\lvert\dot{\sigma}\rvert_{max}$/(°/s)	2.966	3.580	3.437
V_f/(m·s^{-1})	543.82	539.39	544.49	$\dot{Q}_{max}$/(W·cm^{-2})	69.34	69.35	68.44
γ_f/(°)	－19.22	－18.38	－18.57	q_{max}/kPa	7.886	7.882	7.885
ψ_f/(°)	53.36	55.90	54.53	n_{max}/g_0	17.99	17.99	18.00
R_f/km	913.18	913.21	913.26	CPU 耗时/s	4.556	16.58	11.45

表 4.4 最小末端速度进入中最优目标函数各项数值对比

方法	$w_i J_i$	$w_v \lVert \bar{v} \rVert_1$	$w_x \lVert \bar{\delta}_x \rVert_2$	$w_s \delta_s$	J
r－SCP	3.083 0	0.197 5	$6.178\,7 \times 10^{-5}$	0	3.280 6
SCP	1.003 6	$6.895\,9 \times 10^{-5}$	/	/	1.003 6

尽管 r－SCP 的最优性有所降低，但其仅需 4.556 s 即可获得最优解，而 SCP 和 GPOPS 分别需要 16.58 s 和 11.45 s。这是由于 r－SCP 引入了自适应信赖域策略，通过优化算法自适应地确定每次迭代的搜索步长，从而减少了优化算法的迭代次数。同时，引入虚拟控制也提高了 SCP 方法的收敛性，否则即使经过多次迭代，SCP 方法也无法收敛到式（4－41）所示的精度。表 4.5 给出了不引入虚拟控制时 SCP 前十次迭代的状态量，可以看出只有经度、纬度和速度能满足收敛标准，相比之下，采用了虚拟控制技术 SCP 方法可以保证收敛，而 r－SCP 仅经过几次迭代就收敛到最优解附近。

表 4.5 不引入虚拟控制时 SCP 前十次迭代的状态量

迭代次数	$\lvert \Delta r \rvert$/m	$\lvert \Delta\theta \rvert$/(°)	$\lvert \Delta\phi \rvert$/(°)	$\lvert \Delta V \rvert$/(m/s)	$\lvert \Delta\gamma \rvert$/(°)	$\lvert \Delta\psi \rvert$/(°)	$\lvert \Delta\sigma \rvert$/(°)
1	6 862.43	0.978 7	0.161 5	251.739 3	4.835 8	5.242 6	21.892 7
2	1 501.39	0.092 5	0.059 4	91.961 2	1.420 9	0.796 4	21.909 9
3	308.74	0.013 2	0.013 1	11.717 1	0.469 8	0.349 5	18.890 4
4	471.76	0.032 0	0.044 1	14.557 6	0.590 1	1.140 20	21.686 5
5	319.97	0.011 8	0.012 0	10.651 9	0.269 3	0.636	17.710 1
6	155.95	0.007 8	0.006 2	8.166 4	0.177 6	0.424	14.266 6
7	124.56	0.005 8	0.003 8	4.260 8	0.166 2	0.269 3	14.971 4
8	140.13	0.007 9	0.004 6	6.391 1	0.114 6	0.303 7	21.468 7
9	115.61	0.006 3	0.003 2	3.905 7	0.097 4	0.275	16.025 6
10	115.76	0.006 7	0.001 9	6.036 1	0.212	0.681 8	22.316 7
ε	100	0.05	0.05	10	0.05	0.05	1

2. 最大末端高度和最小末端时间进入

同样地，采取上述三种方法求解最大末端高度和最小末端时间进入对应的最优轨迹，仿真结果如图 4.4～图 4.9 所示。需要说明的是，由于文献的 SCP 方法目前只适用于固定末端时间问题，因此最小末端时间进入任务仅对比了 r－SCP 和 GPOPS 方法。与最小速度进入场景的结果类似，三种方法在同一任务场景下生成的最优轨迹基本一致。不过图 4.6 和图 4.9 所示的倾侧角/角速度剖面依然有差异，且 r－SCP 生成的倾侧角速度剖面更光滑。

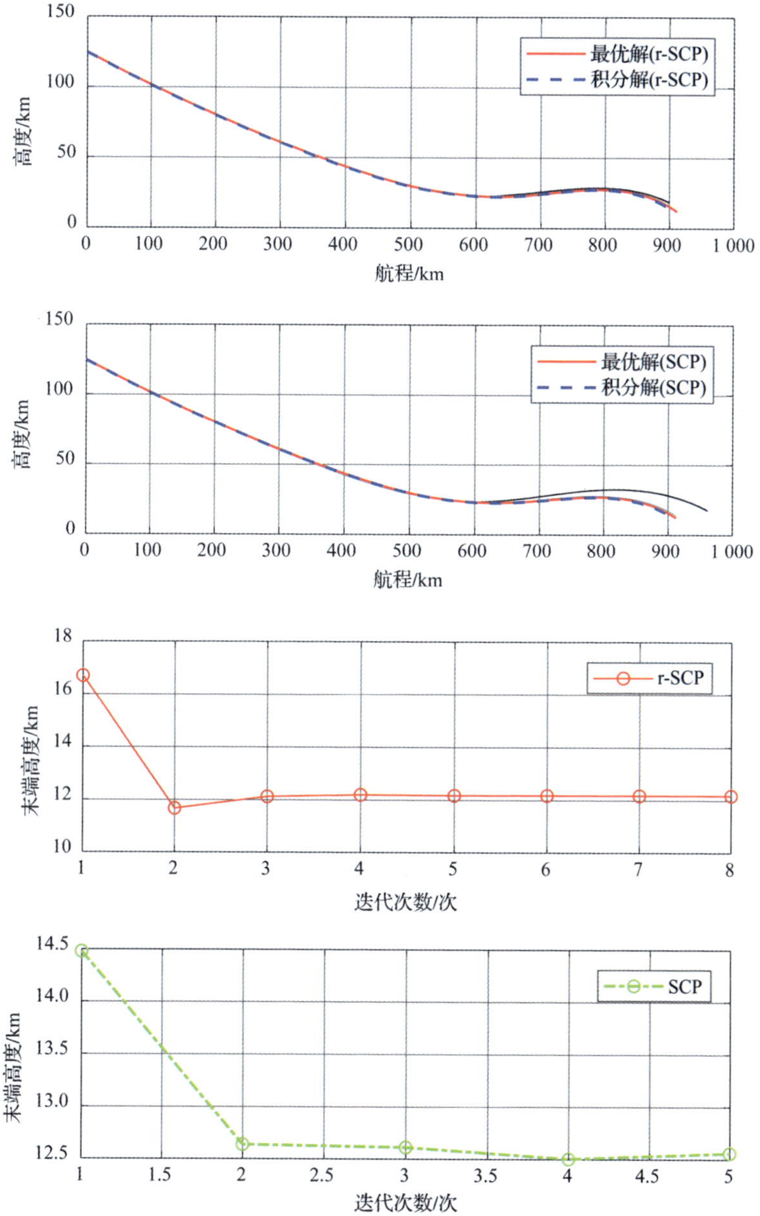

图 4.4　最大末端高度进入中 r－SCP 和 SCP 的航程－高度剖面和目标函数值收敛曲线

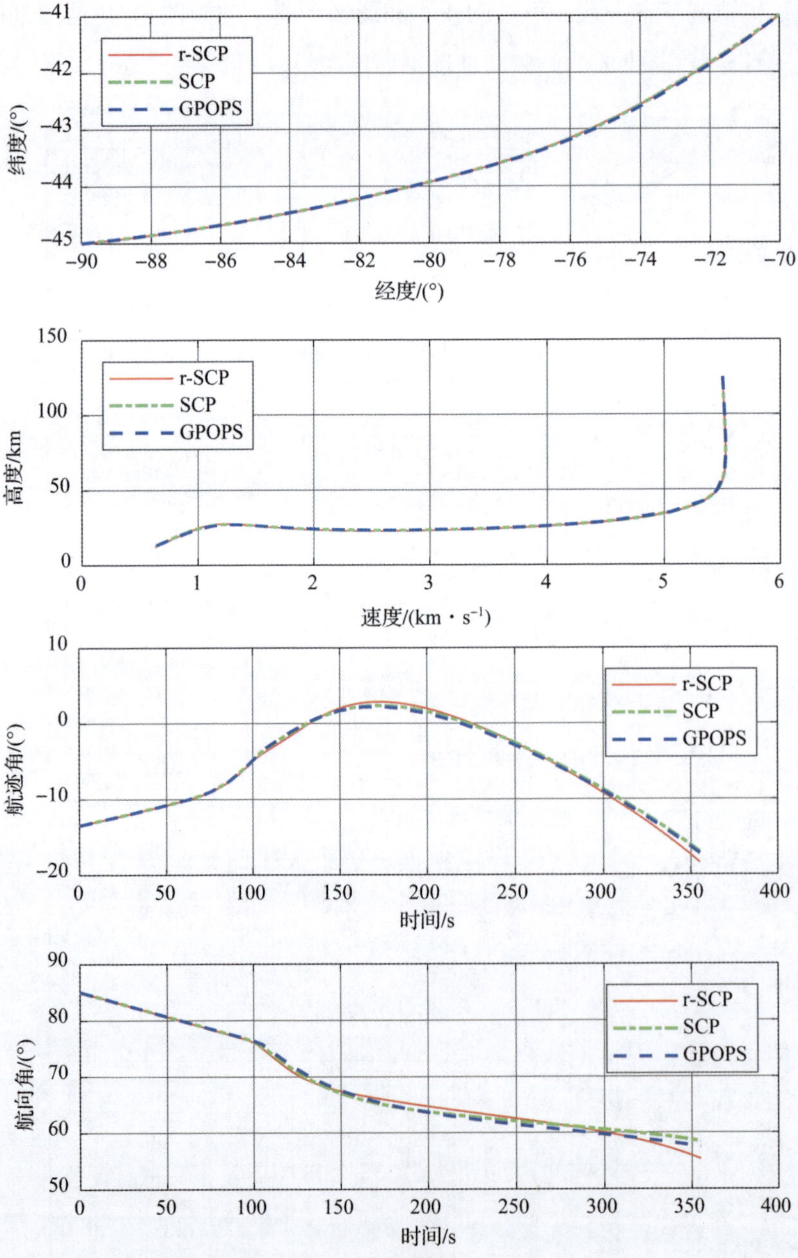

图 4.5　最大末端高度进入中经纬度、速度 - 高度剖面和航迹角、航向角剖面

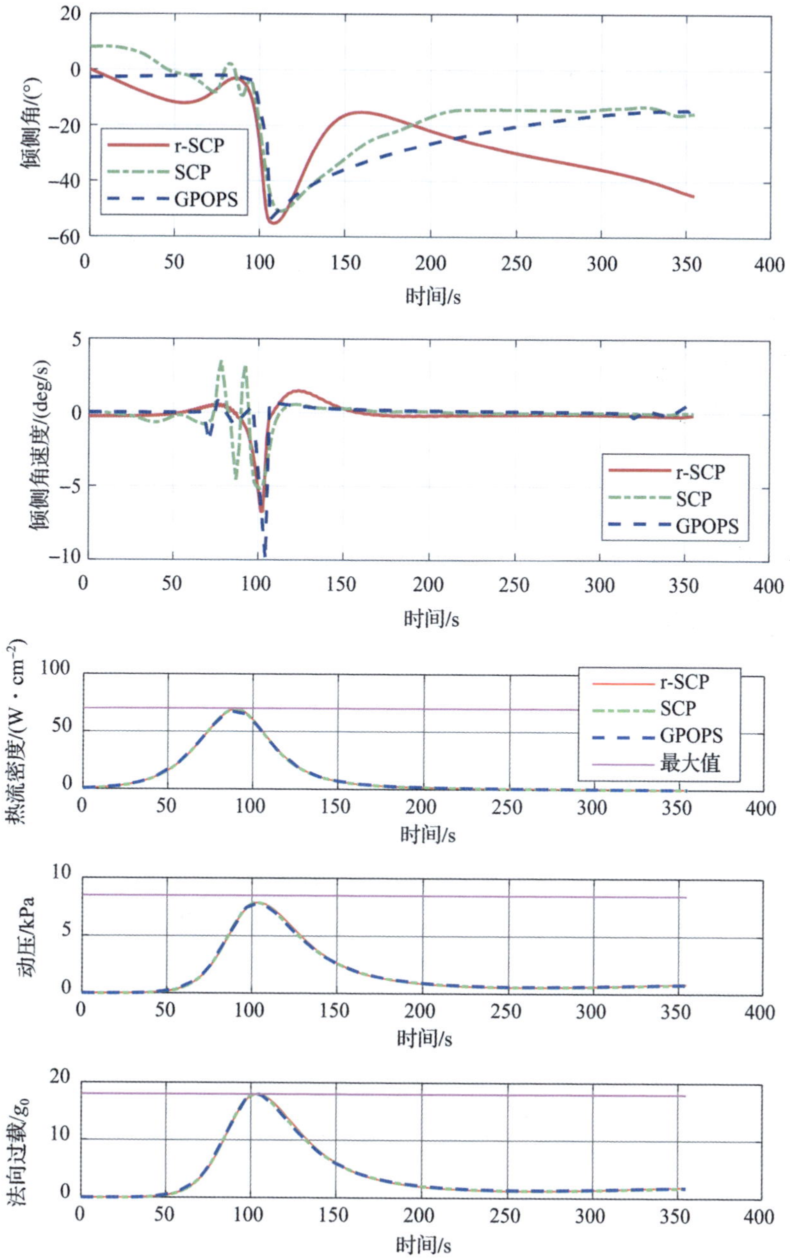

图 4.6　最大末端高度进入中倾侧角/角速度剖面和路径约束剖面

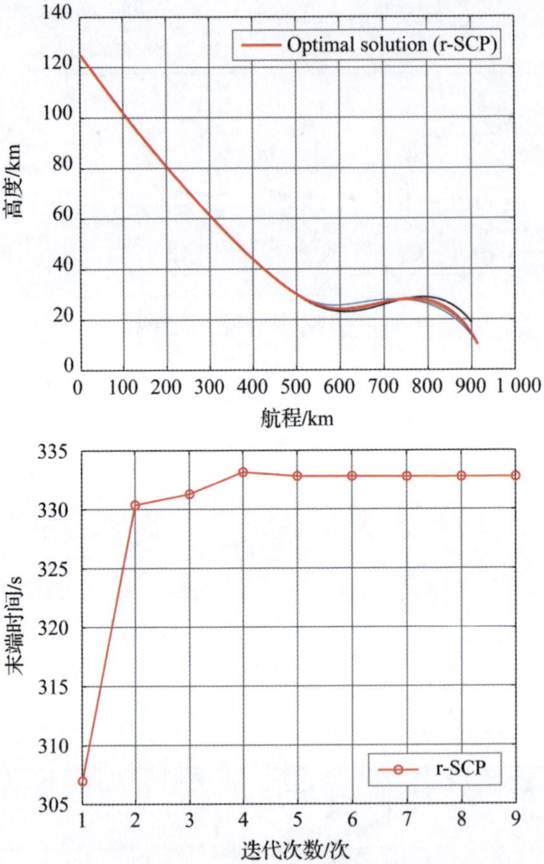

图 4.7 最小末端时间进入中 r – SCP 的航程 – 高度剖面（上）和目标函数值（下）收敛曲线

表4.6 和表4.7 分别总结了最大末端高度和最小末端时间进入两种任务场景下的算法性能指标。根据表4.6 可知，GPOPS 计算耗时最长，为 5.620 s，同时末端高度只有 12.03 km，而 r – SCP 和 SCP 的末端高度分别为 12.19 km 和 12.56 km。尽管 r – SCP 的末端高度优于 GPOPS，但还是小于 SCP 中的值。如上一节所述，最优目标函数值减小是目标函数中的附加惩罚项导致的。而在最小时间进入场景中，r – SCP 迭代 9 次后收敛，计算耗时比 GPOPS 短 11 s。如表 4.7 所示，GPOPS 和 r – SCP 所得末端时间分别为 331.08 s 和 332.75 s。上述结果表明，在最小时间进入场景中，r – SCP 的最优目标函数值接近 GPOPS，但计算效率更高。

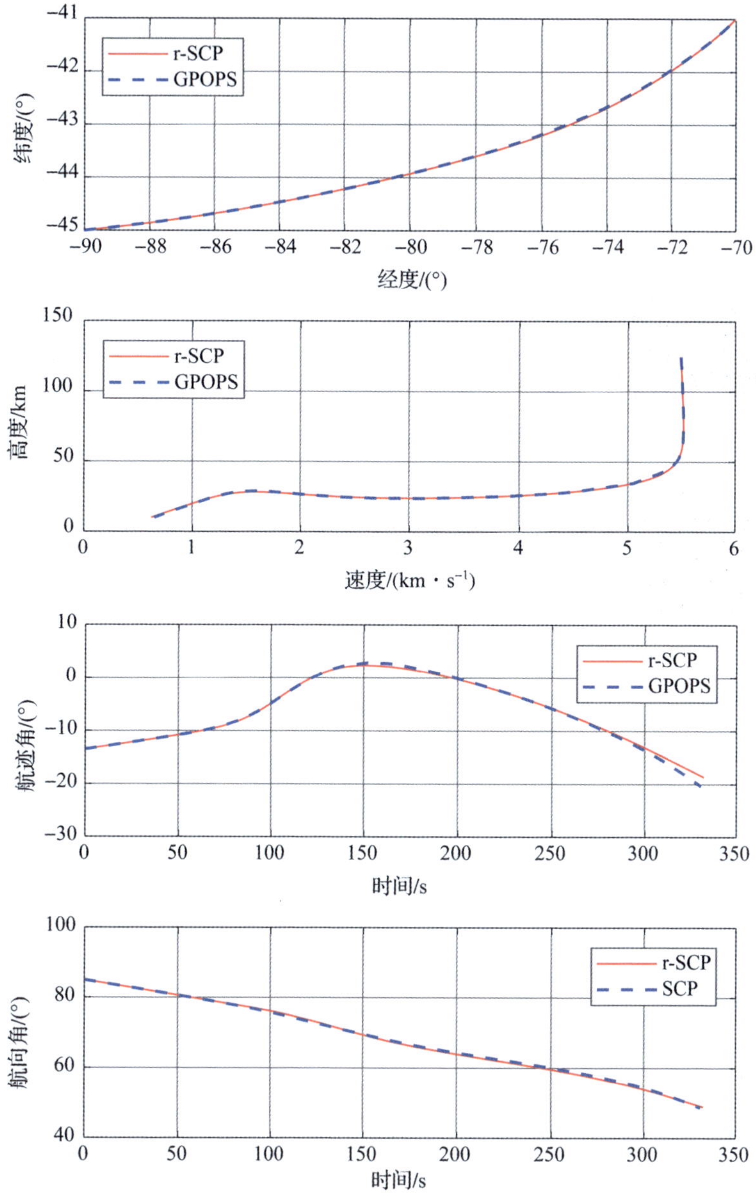

图 4.8　最小末端时间进入中经纬度、速度 – 高度剖面和航迹角、航向角剖面

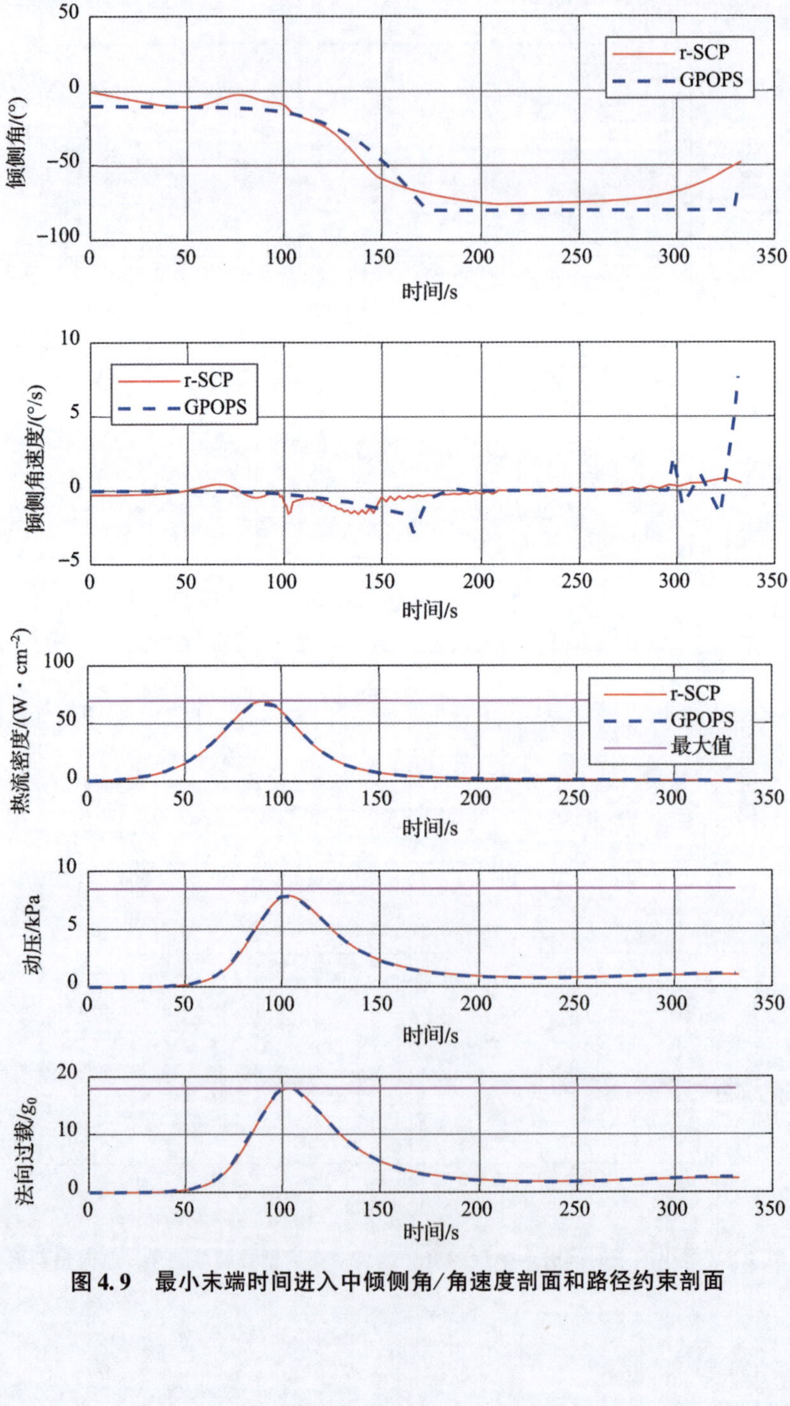

图 4.9 最小末端时间进入中倾侧角/角速度剖面和路径约束剖面

表 4.6 最大末端高度进入中三种轨迹优化算法定量对比

物理量/单位	r - SCP	SCP	GPOPS	物理量/单位	r - SCP	SCP	GPOPS
h_f/km	12.19	12.56	12.03	t_f/s	355	355	355
θ_f/(°)	-70	-70	-70	σ_f/(°)	-45.10	-15.53	-11.42
ϕ_f/(°)	-41	-41	-41	$\lvert\dot{\sigma}\rvert_{max}$/(°/s)	6.729	4.379	10.00
V_f/(m·s^{-1})	626.36	619.54	605.14	$\dot{Q}_{max}$/(W·cm^{-2})	69.26	69.31	67.83
γ_f/(°)	-18.44	-17.05	-17.26	q_{max}/kPa	7.886	7.883	7.885
ψ_f/(°)	55.30	58.41	57.46	n_{max}/g_0	17.99	17.99	18.00
R_f/km	912.44	912.54	912.73	CPU 时间/s	5.321	4.886	5.620

表 4.7 最小末端时间进入中两种轨迹优化算法定量对比

物理量/单位	r - SCP	GPOPS	物理量/单位	r - SCP	GPOPS
h_f/km	9.999	10	t_f/s	332.75	331.08
θ_f/(°)	-70	-70	σ_f/(°)	-47.66	-69.08
ϕ_f/(°)	-41	-41	$\lvert\dot{\sigma}\rvert_{max}$/(°/s)	1.561	7.722
V_f/(m·s^{-1})	626.35	651.60	$\dot{Q}_{max}$/(W·cm^{-2})	69.34	67.76
γ_f/(°)	-18.65	-20.37	q_{max}/kPa	7.886	7.845
ψ_f/(°)	48.88	48.65	n_{max}/g_0	17.99	17.91
R_f/km	913.66	913.49	CPU 时间/s	5.779	16.89

4.3 LGL 伪谱序列凸优化方法

尽管 4.2 节以航程为自变量建立动力学模型，并提出了改进序列凸优化方法求解火星大气进入轨迹优化问题，但仍然需要对末端航程进行优化，且由于采用均匀离散节点，导致待优化变量数目多、计算量大。为避免求解末端时间/能量/航程自由问题，本节以航程角为自变量建立动力学模型，提出 LGL 伪谱序列凸优化方法求解火星进入优化问题[253]。

本节所提出的 Legendre 伪谱凸优化（LPCP）方法结合伪谱法和凸优化方法，将状态量和控制量在 LGL 点处离散，并通过 Lagrange 插值多项式逼近状态量和控制量，从而将状态微分方程和目标函数中的积分运算转化为代数运算，再结合线性化方法，将最优控制问题转化为凸优化问题，最后通过求解凸优化问题得到原始最优控制问题的近似解。有关 Legendre 伪谱法和凸优化方法的内容详见文献［108］和［212］。

4.3.1 问题描述

定义火星进入末端高度最大问题前，为了避免倾侧角高频振荡和能够求解末端时间最小问题，本节与 4.2.1 节一样，将倾侧角 σ 和无量纲时间 τ 扩充为状态量，并定义 $u=\dfrac{\mathrm{d}\sigma}{\mathrm{d}\tau}$ 为控制量，则以航程角为自变量的火星进入动力学模型（4-8）~（4-13）可改写为

$$\frac{\mathrm{d}x}{\mathrm{d}s}=\boldsymbol{F}(x)+\boldsymbol{B}(x)u \tag{4-42}$$

式中 $\boldsymbol{x}=[r,\theta,\phi,V,\gamma,\psi,\sigma,\tau]^{\mathrm{T}}$，$\boldsymbol{F}(x)=[F_1,F_2,\cdots,F_8]^{\mathrm{T}}$，$\boldsymbol{B}(x)=[b_1,b_2,\cdots,b_8]^{\mathrm{T}}$。各元素表达式有：

$$F_1=r\tan\gamma,\ F_2=\frac{\sin\psi}{\cos\phi},\ F_3=\cos\psi,\ F_4=-\frac{rD}{V\cos\gamma}-\frac{\tan\gamma}{rV} \tag{4-43}$$

$$F_5=\frac{rL\cos\sigma}{V^2\cos\gamma}-\frac{1}{rV^2}+1,\ F_6=\frac{rL\sin\sigma}{V^2\cos^2\gamma}+\sin\psi\tan\phi \tag{4-44}$$

$$F_7=0,\ F_8=\frac{r}{V\cos\gamma},\ b_{1,2,3,4,5,6,8}=0,\ b_7=\frac{r}{V\cos\gamma} \tag{4-45}$$

与问题 P4-1 类似，火星进入最大末端高度问题的最优控制问题形式为：

$$\text{P4-2: minimize } J=-r(s_f)$$

$$\text{subject to (4-42),(2-61),(2-62),(2-63),(2-64),(2-65)}$$

4.3.2 问题凸化

火星进入末端高度最大化问题的非凸性来源于动力学方程（4-42）和过程约束（2-61）~（2-63）。与 4.2.2 节类似，可以采用一阶泰勒展开方法将这两

项约束线性化。首先将动力学方程（4－42）在参考轨迹$\{x^*, u^*\}$处线性化可得：

$$\frac{\mathrm{d}\boldsymbol{x}}{\mathrm{d}s}=\boldsymbol{F}(\boldsymbol{x})+\boldsymbol{B}(\boldsymbol{x})u\approx\boldsymbol{A}(\boldsymbol{x}^*)\boldsymbol{x}+\boldsymbol{B}(\boldsymbol{x}^*)u+\boldsymbol{C}(\boldsymbol{x}^*) \tag{4-46}$$

$$\boldsymbol{A}(\boldsymbol{x}^*)=\left.\frac{\partial\boldsymbol{F}}{\partial\boldsymbol{x}}\right|_{x=x^*},\ \boldsymbol{C}(\boldsymbol{x}^*)=\boldsymbol{F}(\boldsymbol{x}^*)-\boldsymbol{A}(\boldsymbol{x}^*)\boldsymbol{x}^* \tag{4-47}$$

式中

$$a_{11}=\tan\gamma,\ a_{15}=\frac{r}{\cos^2\gamma},\ a_{23}=\frac{\sin\psi\tan\phi}{\cos\phi},\ a_{26}=\frac{\cos\psi}{\cos\phi},\ a_{36}=-\sin\psi$$

$$a_{41}=-\frac{D+rD_r}{V\cos\gamma}+\frac{\tan\gamma}{r^2V},\ a_{44}=-\frac{rD_V}{V\cos\gamma}+\frac{rD}{V^2\cos\gamma}+\frac{\tan\gamma}{rV^2},\ a_{45}=-\frac{rD\tan\gamma}{V\cos\gamma}-\frac{1}{rV\cos^2\gamma}$$

$$a_{51}=\frac{L\cos\sigma+rL_r\cos\sigma}{V^2\cos\gamma}+\frac{1}{r^2V^2},\ a_{54}=0+\frac{2}{rV^3}=\frac{2}{rV^3},\ a_{55}=\frac{rL\cos\sigma}{V^2\cos\gamma}\tan\gamma,\ a_{57}=-\frac{rL\sin\sigma}{V^2\cos\gamma}$$

$$a_{61}=\frac{L\sin\sigma+rL_r\sin\sigma}{V^2\cos^2\gamma},\ a_{63}=\frac{\sin\psi}{\cos^2\phi},\ a_{65}=2\tan\gamma\frac{rL\sin\sigma}{V^2\cos^2\gamma},\ a_{66}=\cos\psi\tan\phi,\ a_{67}=\frac{rL\cos\sigma}{V^2\cos^2\gamma}$$

$$a_{81}=\frac{1}{V\cos\gamma},\ a_{84}=-\frac{r}{V^2\cos\gamma},\ a_{85}=\frac{r\tan\gamma}{V\cos\gamma}$$

且其余元素则为 0。此外，无量纲升力和阻力加速度相对无量纲高度和速度的偏导数，以及路径约束的一阶线性化表达式都和 4.2.2 节保持一致。

4.3.3　问题离散

为应用序列凸优化方法求解火星进入最大末端高度问题，需要进一步将问题在 LGL 配点处进行离散。以 $N+1$ 个 LGL 配点 $-1=\xi_0<\xi_1<\cdots<\xi_N=1$ 为插值节点构造 N 阶 Lagrange 插值多项式 $\boldsymbol{X}(\xi)$和 $U(\xi)$逼近 $\boldsymbol{x}(\xi)$和 $u(\xi)$，即状态量 $\boldsymbol{x}$ 和控制量 u 在配点处的值满足 $\boldsymbol{X}(\xi_i)=\boldsymbol{x}(\xi_i)$，$U(\xi_i)=u(\xi_i)$，$i=0,1,\cdots,N$，且有：

$$\boldsymbol{x}(\xi)\approx\boldsymbol{X}(\xi)=\sum_{i=0}^{N}L_i(\xi)\boldsymbol{X}(\xi_i),\ u(\xi)\approx U(\xi)=\sum_{i=0}^{N}L_i(\xi)U(\xi_i) \tag{4-48}$$

式中 Lagrange 插值基函数 $L_i(\xi)$满足

$$L_i(\xi)=\prod_{j=0,j\neq i}^{N}\frac{\xi-\xi_j}{\xi_i-\xi_j},\ L_i(\xi_k)=\begin{cases}1, & k=i\\0, & k\neq i\end{cases} \tag{4-49}$$

则 LGL 伪谱微分矩阵 $\boldsymbol{D}\in\mathbb{R}^{(N+1)\times(N+1)}$的元素为

$$D_{ki} \triangleq \dot{L}_i(\xi_k) = \sum_{l=0,l\neq i}^{N} \frac{\sum_{j=0,j\neq i,j\neq l}^{N} \xi_k - \xi_j}{\sum_{j=0,j\neq i}^{N} \xi_i - \xi_j} \tag{4-50}$$

由此，将问题P4-2的定义域变换到区间［-1，1］内以后，可以把动力学方程转化为 $N+1$ 组在 LGL 配点处的等式约束：

$$\sum_{i=0}^{N} D_{ki}\boldsymbol{X}_i = \frac{s_{\mathrm{f}}}{2}[\boldsymbol{A}(\boldsymbol{X}_k^*)\boldsymbol{X}_k + \boldsymbol{B}(\boldsymbol{X}_k^*)U_k + \boldsymbol{C}(\boldsymbol{X}_k^*)] \tag{4-51}$$

式中 $\boldsymbol{X}_k \triangleq \boldsymbol{X}(\xi_k) = \boldsymbol{x}(\xi_k)$，$U_k \triangleq U(\xi_k) = u(\xi_k)$，$\boldsymbol{X}_k^* \triangleq \boldsymbol{X}^*(\xi_k) = \boldsymbol{x}^*(\xi_k)$。

同时，为了避免线性化误差导致“人为不可解”问题，本节同样引入虚拟控制 $\bar{\boldsymbol{v}} = [\boldsymbol{v}_0, \boldsymbol{v}_1, \cdots, \boldsymbol{v}_N]$ 对线性化误差进行补偿：

$$\sum_{i=0}^{N} D_{ki}\boldsymbol{X}_i = \frac{s_{\mathrm{f}}}{2}[\boldsymbol{A}(\boldsymbol{X}_k^*)\boldsymbol{X}_k + \boldsymbol{B}(\boldsymbol{X}_k^*)U_k + \boldsymbol{C}(\boldsymbol{X}_k^*) + \boldsymbol{v}_k] \tag{4-52}$$

此时，为了保证算法收敛时虚拟控制尽可能小，需要在目标函数中施加惩罚项：

$$J = -r(\xi_N) + w\,\|\bar{\boldsymbol{v}}\|_1 \tag{4-53}$$

式中 w 为给定的虚拟控制惩罚权重，且惩罚函数选择 1 范数是为了让虚拟控制中具有尽可能多的 0 元素，也可以选择 2 范数作为惩罚函数，即保证全部元素尽可能地趋近 0。注意到式（4-53）所示的目标函数中并不含有积分项，因此并不需要进行额外处理。若含有积分项，可以使用 Gauss-Lobatto 求积公式进行近似。

同样，LGL 伪谱序列凸优化方法需要对变量施加信赖域约束，在一定范围内寻优，可避免求解过程中线性化问题大范围偏离原始非线性问题。由于采用了高精度的 LGL 离散格式，本节施加固定信赖域约束即可。令 $\bar{\boldsymbol{X}} = [\boldsymbol{X}_0, \boldsymbol{X}_1, \cdots, \boldsymbol{X}_N]$，$\bar{U} = [U_0, U_1, \cdots, U_N]$，则有：

$$\|\boldsymbol{X}_k - \boldsymbol{X}_k^*\|_2 \leqslant \Delta,\ k = 0, 1, \cdots, N \tag{4-54}$$

其中 Δ 为给定的信赖域半径。

最后，当前后两次迭代的解差别不大时表明算法收敛，同时满足虚拟控制足够小，以保证收敛解足够接近原非线性动力学，则可以定义收敛标准如下：

$$\max_{k=0,1,\cdots,N} \|\boldsymbol{X}_k - \boldsymbol{X}_k^*\|_2 \leqslant \delta,\ \|\bar{\boldsymbol{v}}\|_1 \leqslant \varepsilon \tag{4-55}$$

其中 δ 和 ε 为给定的收敛标准。其余路径约束和状态量、控制量相关的约束不涉及微分或积分项，因此离散化后约束表达式不变，只需将连续变量改为相应的离散变量即可，具体形式参考式（4-36）。但需要说明，在 LGL 伪谱序列凸优化方法中由于直接选择 $u=\dfrac{d\sigma}{d\tau}$ 作为控制量，因此倾侧角速度约束仍为凸约束，而不需要进行 4.2.2 节类似的不等式放缩。

至此，离散形式的 Legendre 伪谱凸优化问题 P4-3 可定义为

$$\text{P4-3: Find } \bar{X}, \bar{U}, \bar{v} \text{ minimize (4-53)}$$
$$\text{subject to (4-52),(4-54),(4-36)}$$

4.3.4　算法流程

综上所述，LGL 伪谱序列凸优化方法可概述如下：令第 n 次求解问题 P4-3 得到的轨迹为 $\{\bar{X}^n, \bar{U}^n\}$ 及 $\bar{\boldsymbol{v}}$，若把该轨迹作为下一次求解问题 P4-3 的参考轨迹并求解，不断重复上述过程，直到满足收敛条件（4-55）后算法结束。LGL 伪谱序列凸优化的算法流程如表 4.8 所示。

表 4.8　LGL 伪谱序列凸优化的算法流程

步骤	执行内容
步骤 1	令迭代次数 $n=0$，以常值倾侧角 $\bar{\boldsymbol{U}}^0$ 对式（4-45）进行数值积分，得到初始猜测轨迹 $\bar{\boldsymbol{X}}^0$
步骤 2	在第 $n\geq1$ 次迭代中，利用上一次的轨迹 $\{\bar{\boldsymbol{X}}^{n-1}, \bar{\boldsymbol{U}}^{n-1}\}$ 初始化问题 P4-3，并采用内点法获得问题 P4-3 的最优解 $\{\bar{\boldsymbol{X}}, \bar{\boldsymbol{U}}\}$ 及 $\bar{\boldsymbol{v}}$
步骤 3	若优化结果满足式（4-45），则转到步骤 4，否则令 $n=n+1$，$\bar{\boldsymbol{X}}^n=\bar{\boldsymbol{X}}$，$\bar{\boldsymbol{U}}^n=\bar{\boldsymbol{U}}$，转到步骤 2
步骤 4	最优轨迹为 $\{\bar{\boldsymbol{X}}, \bar{\boldsymbol{U}}\}$，迭代结束

4.3.5 仿真分析

本节仿真对比了 LGL 伪谱序列凸优化方法（LPCP）、自适应伪谱法（GPOPS）和序列凸优化（SCP，同样施加虚拟控制）方法求解火星进入最大末端高度问题的性能。仿真中 $R_0 = 3\ 386.6$ km，$g_0 = 3.734\ 246$ m/s^2，$\rho_0 = 0.015\ 8$ kg/m^3，$H = 9\ 354.5$ m，$m = 2\ 920$ kg，$S_r = 15.9$ m^2，$k_Q = 7.476\ 82 \times 10^{-5}$，$C_L = 0.348$，$C_D = 1.45$，$\dot{Q}_{\max} = 80$ W/cm^2，$q_{\max} = 10$ kPa，$a_{\max} = 18$，其余仿真参数设置参考表 4.9。

表 4.9 仿真参数设置

物理量	初始值	末端值	取值范围
高度 h/km	125	自由	[0, 150]
经度 θ/(°)	−65	−45	[−180, 180]
纬度 ϕ/(°)	−50	−44	[−90, 90]
速度 V/(m · s^{-1})	5 500	550	[0, 6 000]
航迹角 γ/(°)	−13.2	自由	[−80, 80]
航向角 ψ /(°)	74	自由	[−180, 180]
倾侧角 σ/(°)	自由	自由	[−80, 80]
倾侧角速度 $\dot{\sigma}$/(°/s)	自由	自由	[−10, 10]

此外，LPCP 设置 56 个离散节点，SCP 设置 201 个离散节点，二者的初始猜测轨迹均为 −35°常值倾侧角积分所得轨迹，惩罚权重 $w = 1 \times 10^5$，信赖域半径$\Delta = 0.5$，收敛标志 $\delta = 0.05$，$\varepsilon = 1 \times 10^{-3}$，且 LPCP 和 SCP 均采用 Yalmip 工具箱和 Mosek 求解器进行仿真。自适应伪谱法采用 GPOPS 工具箱求解，设置求解器为 IPOPT，网格收敛精度为 1×10^{-3}。仿真结果如图 4.10 ~ 图 4.13 所示。

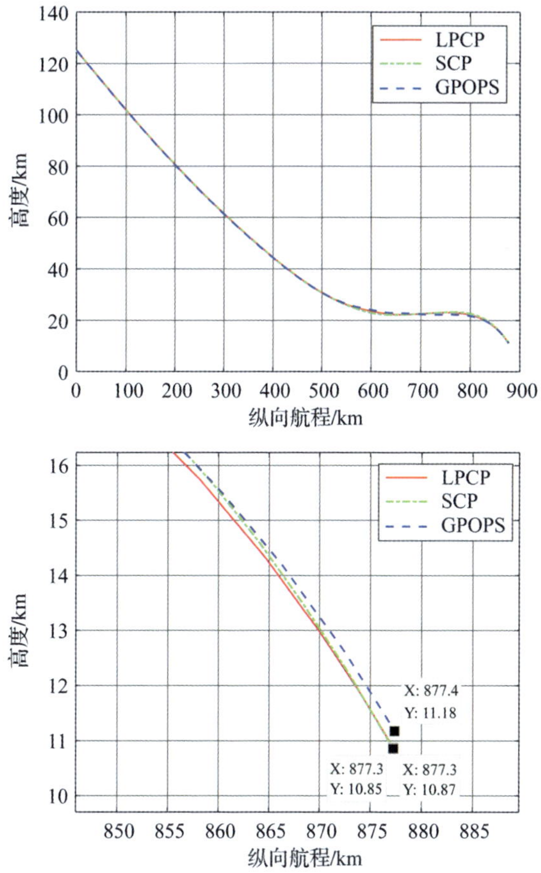

图 4.10　航程 – 高度剖面（上）及其末端航程和高度（下）

从上述仿真结果可知，三种方法均优化出满足各项约束条件的轨迹。其中：LPCP 和 SCP 产生的最优轨迹非常接近，且各状态量剖面几乎一致，仅在倾侧角剖面和控制量（倾侧角速度）剖面有微小的差距。此外，SCP 和 LPCP 分别迭代 8 次和 10 次后满足收敛标准，且对应的 $\|\bar{v}\|_1$ 分别为 3.028×10^{-4} 和 2.817×10^{-6}，均小于收敛标准 $\varepsilon=1\times10^{-3}$。但由于 SCP 的离散节点数更多，且为均匀分布，因而各离散点处所需的虚拟控制较小；而 LPCP 中离散节点数较少，且节点分布两端密集、中间稀疏，导致中间部分离散节点处需要施加较大的虚拟控制。

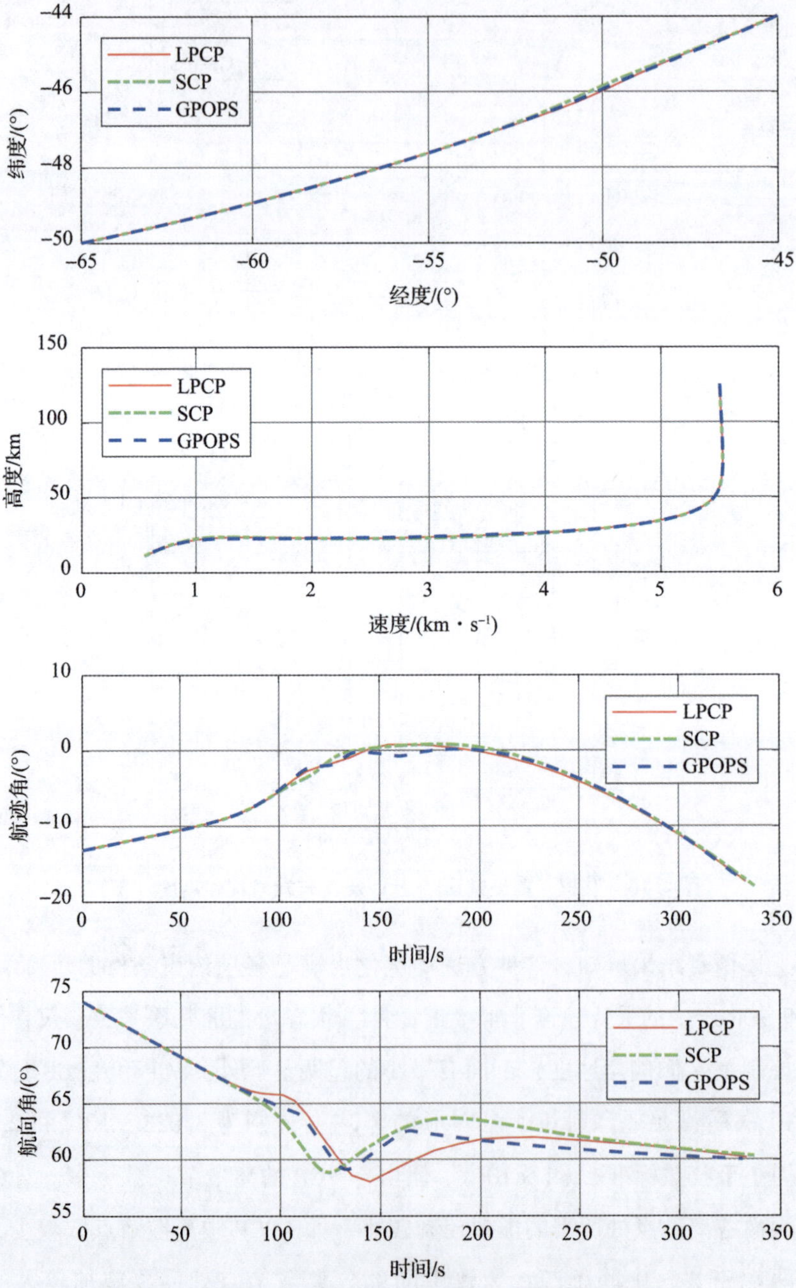

图 4.11 经纬度、速度 – 高度剖面和航迹角、航向角剖面

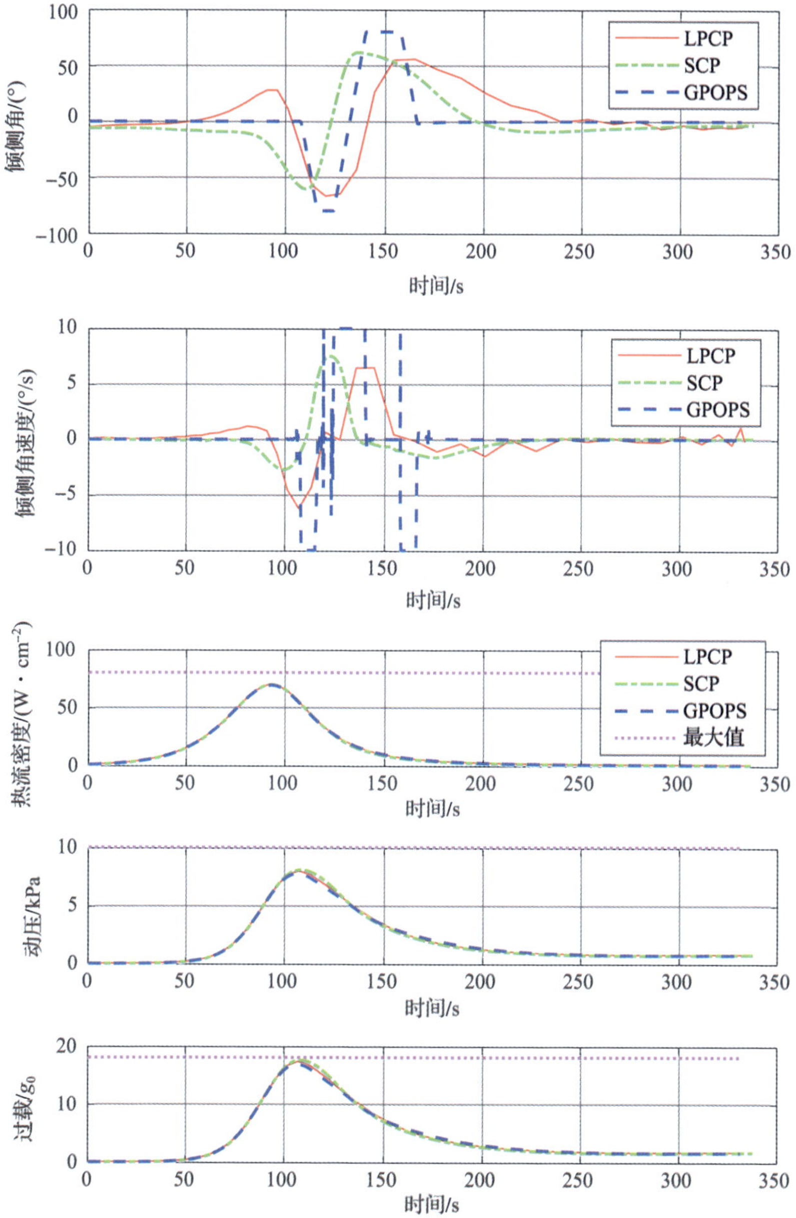

图 4.12　倾侧角及其角速度剖面和路径约束剖面

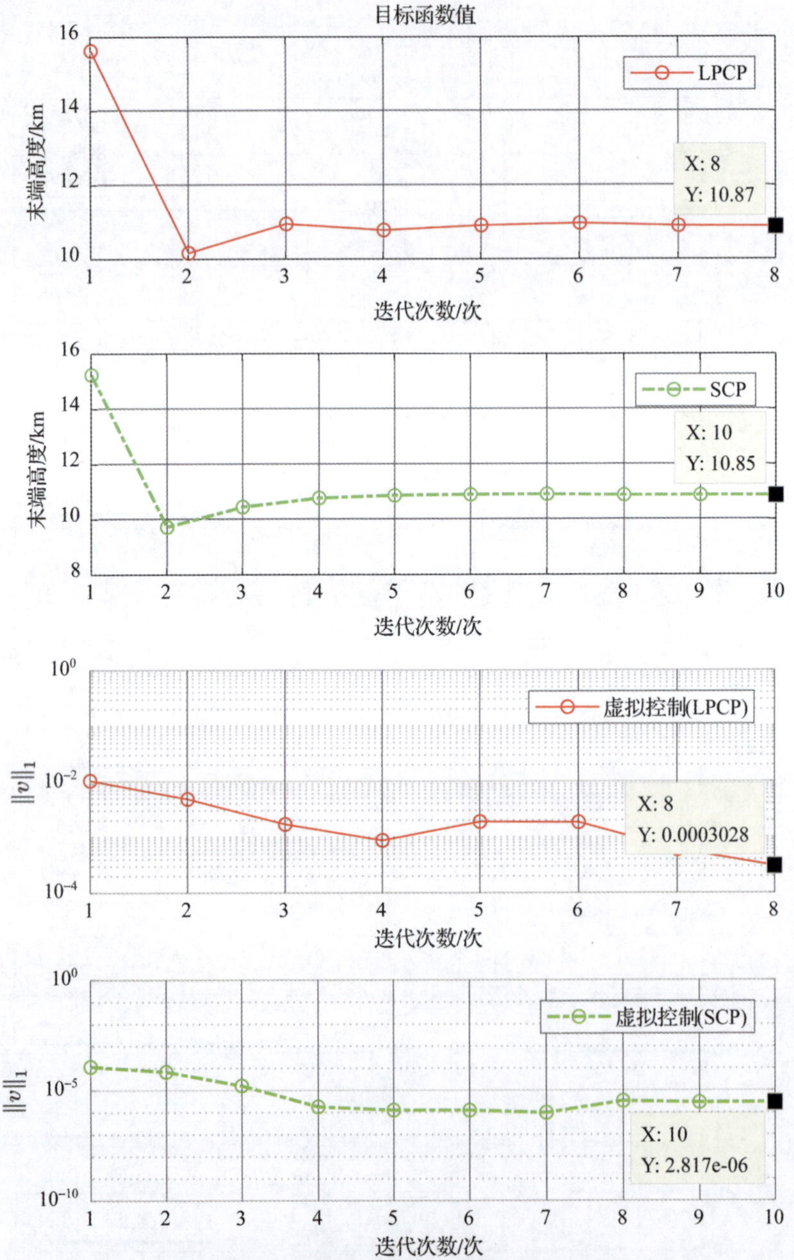

图 4.13　目标函数值剖面和虚拟控制剖面

同时，GPOPS 产生的最优轨迹虽然和 LPCP、SCP 的最优轨迹一致，但倾侧角、航迹角和航向角剖面和其余两种方法有一定区别，同时倾侧角速度剖面的振荡也较大。从算法上来说，GPOPS 将最优控制问题转化为非线性规划问题，而

LPCP 和 SCP 则是通过序列凸优化逼近原始最优控制问题，且离散格式也不相同，因此两类方法近似解存在一定差异。

为了进一步说明本章 LPCP 算法的优势，表 4.10 中给出了三种方法的结果对比。从表 4.10 中可知，LPCP 的计算耗时最少，为 6.195 s，而 SCP 和 GPOPS 分别耗时 10.92 s 和 48.66 s。对比 LPCP 和 SCP，两种方法的差别仅有离散格式不同，且 LPCP 的离散节点数（56 个）远少于 SCP 的离散节点数（201 个），这表明 LGL 离散格式相比于均匀离散格式能够加速算法收敛，同时 LPCP 的目标函数值（10.868 km）和 SCP 的目标函数值（10.853 km）非常接近。对比 LPCP 和 GPOPS，二者分别采用 LGL 和 LGR 伪谱离散格式，尽管 GPOPS 的目标函数值（11.17 km）优于 LPCP（10.868 km），但差距不大，约 300 m，而 LPCP 的计算耗时远远小于 GPOPS，这表明凸优化方法比非线性规划方法的计算效率更高，但在寻优能力上略微下降。

表 4.10　三种算法定量对比

物理量/单位	LPCP	SCP	GPOPS	物理量/单位	LPCP	SCP	GPOPS
h_f/km	10.868	10.853	11.17	t_f/s	333.07	337.46	331.13
θ_f/(°)	-45	-45	-45	σ_f/(°)	-3.803	-3.273	-0.017
ϕ_f/°	-44	-44	-44	$\lvert\dot{\sigma}\rvert_{max}$/(°/s)	6.446	7.512	10
V_f/(m·s^{-1})	550	550	550	$\dot{Q}_{max}$/(W·cm^{-1})	68.90	69.48	69.17
γ_f/(°)	-17.48	-18.08	-17.21	q_{max}/kPa	7.970	8.074	7.762
ψ_f/(°)	60.13	60.27	59.98	a_{max}/g_0	17.33	17.56	16.88
R_f/km	877.26	877.26	877.38	CPU 耗时/s	6.195	10.92	48.66

4.4　小结

本章提出采用航程或航程角作为自变量进行火星进入动力学建模，从而将末端时间或能量自由问题转化末端航程角固定问题，在减小优化问题求解难度的同时，提高了动力学模型的精度和对凸优化方法的适应性。

本章基于上述改进的动力学模型，提出了 r – SCP 和 LPCP 方法。r – SCP 方法引入了新的状态量和控制量，将最小时间目标函数凸化，同时进行不等式松弛，从而把有关状态量和控制量的非凸约束改写为凸约束。而 LPCP 方法则采用 LGL 伪谱法进行动力学离散，在降低数值离散误差的同时提高了算法收敛效率。最后，将所提方法结合虚拟控制和自适应信赖域技术，在序列凸优化框架内求解了火星进入轨迹优化问题。

数值仿真结果表明，所提出的 r – SCP 和 LPCP 方法在计算效率优于传统的 SCP 算法，但最优目标函数值略有下降。而 r – SCP 和 LPCP 的最优目标函数值与 GPOPS 对应的值相当但求解速度更快、计算量更小。

第 5 章 火星进入轨迹的伪谱模型预测凸优化方法

目前，用于航空航天轨迹优化的凸优化方法主要有无损凸规划、凹凸规划（或凸差规划）、序列凸优化、多项式优化等。但上述方法几乎全都对状态量的微分方程进行线性化，并将状态量和控制量作为待优化变量同时离散，因此不可避免地需要处理大量变量，导致优化规模和计算复杂度增加。

为了减小变量优化规模，模型预测静态规划（MPSP）类方法通过对状态量误差的微分方程进行线性化，提出将状态增量近似为控制修正的线性函数，即建立状态增量和控制修正之间的灵敏度关系，从而减少优化变量的数量、提高计算效率。现有的 MPSP 类方法主要包括 MPSP 方法[254,255]、拟谱 MPSP 方法（QS－MPSP）[256]、约束拟谱 MPSP 方法（C－QS－MPSP）[257]、通用拟谱 MPSP 方法（G－QS－MPSP）[258]、线性伪谱模型预测控制方法（LPMPC）[259,260]、模型预测凸规划方法（MPCP）[261]等。本节提出了伪谱模型预测凸规划方法（PMPCP），该方法首先引入了 LG 和 LGR 伪谱方法对 MPCP 方法进行了改进，给出了伪谱灵敏度关系，然后将优化解作为原始非线性动力学的输入，通过数值积分的方式更新下一次迭代的参考轨迹，从而提高了 PMPCP 方法的收敛效率和最优性[262]。最后，针对伪谱法求解 bang－bang 问题时控制量容易振荡的缺点，结合 Kosloff－Tal－Eaer 共形映射和重心 Lagragne 插值[263－265]提出映射 Chebyshev 伪谱模型预测凸优化方法求解。

5.1 模型预测凸优化方法

模型预测凸规划方法是模型预测静态规划方法的改进，该方法在原算法的基础上将静态优化问题描述为凸优化问题求解，并针对末端时间自由问题进行了改进。接下来介绍 MPCP 的基本原理。

对于一个定义在时域$[t_0,t_f]$上的一般非线性系统：

$$\dot{\boldsymbol{x}}(t)=\boldsymbol{f}(\boldsymbol{x}(t),\boldsymbol{u}(t)) \tag{5-1}$$

式中，状态量$\boldsymbol{x}\in\mathbb{R}^{n_s}$，控制量$\boldsymbol{u}\in\mathbb{R}^{n_c}$，$n_s$和$n_c$表示状态量和控制量维数；那么该系统在参考轨迹$\boldsymbol{x}^*(t)$和参考解$\boldsymbol{u}^*(t)$附近的线性误差系统可以表示为

$$\delta\dot{\boldsymbol{x}}(t)=\boldsymbol{A}^*\delta\boldsymbol{x}(t)+\boldsymbol{B}^*\delta\boldsymbol{u}(t) \tag{5-2}$$

$$\boldsymbol{A}^*=\left.\frac{\partial\boldsymbol{f}}{\partial\boldsymbol{x}}\right|_{x^*(t),u^*(t)},\ \boldsymbol{B}^*=\left.\frac{\partial\boldsymbol{f}}{\partial\boldsymbol{u}}\right|_{x^*(t),u^*(t)} \tag{5-3}$$

$$\delta\boldsymbol{x}(t)=\boldsymbol{x}(t)-\boldsymbol{x}^*(t),\ \delta\boldsymbol{u}(t)=\boldsymbol{u}(t)-\boldsymbol{u}^*(t) \tag{5-4}$$

式中，$\delta\boldsymbol{x}(t)$和$\delta\boldsymbol{u}(t)$分别表示状态增量和控制修正。

将线性误差系统（5-2）在N个时间节点$t_k=t_0+(k-1)\Delta t$，$\Delta t=(t_\mathrm{f}-t_0)/(N-1)$，$k=1,2,\cdots,N$处进行离散，并采用欧拉积分法则进行积分可得：

$$\delta\boldsymbol{x}_{k+1}=(\boldsymbol{I}+\boldsymbol{A}_k^*\Delta t)\delta\boldsymbol{x}_k+\boldsymbol{B}_k^*\delta\boldsymbol{u}_k\Delta t \tag{5-5}$$

其中，$\boldsymbol{A}_k^*\triangleq\boldsymbol{A}^*(t_k)$，$\boldsymbol{B}_k^*\triangleq\boldsymbol{B}^*(t_k)$，$\delta\boldsymbol{x}_k\triangleq\delta\boldsymbol{x}(t_k)$，$\delta\boldsymbol{u}_k\triangleq\delta\boldsymbol{u}(t_k)$，$\boldsymbol{x}_k\triangleq\boldsymbol{x}(t_k)$，$\boldsymbol{u}_k\triangleq\boldsymbol{u}(t_k)$，$\boldsymbol{x}_k^*\triangleq\boldsymbol{x}^*(t_k)$，$\boldsymbol{u}_k^*\triangleq\boldsymbol{u}^*(t_k)$。

那么根据式（5-5），在$i=k,k-1,\cdots,1$时采用递归方式将δx_{k+1}展开可得：

$$\begin{aligned}\delta\boldsymbol{x}_{k+1}&=(\boldsymbol{I}+\boldsymbol{A}_k^*\Delta t)\delta\boldsymbol{x}_k+\boldsymbol{B}_k^*\delta\boldsymbol{u}_k\Delta t\\&=(\boldsymbol{I}+\boldsymbol{A}_k^*\Delta t)(\boldsymbol{I}+\boldsymbol{A}_{k-1}^*\Delta t)\delta\boldsymbol{x}_{k-1}+(\boldsymbol{I}+\boldsymbol{A}_k^*\Delta t)\boldsymbol{B}_{k-1}^*\delta\boldsymbol{u}_{k-1}\Delta t+\boldsymbol{B}_k^*\delta\boldsymbol{u}_k\Delta t\\&=\boldsymbol{A}_k\delta\boldsymbol{x}_1+\boldsymbol{B}_{k,1}\delta\boldsymbol{u}_1+\boldsymbol{B}_{k,2}\delta\boldsymbol{u}_2+\cdots+\boldsymbol{B}_{k,k}\delta\boldsymbol{u}_k\end{aligned} \tag{5-6}$$

$$\boldsymbol{A}_k=(\boldsymbol{I}+\boldsymbol{A}_k^*\Delta t)(\boldsymbol{I}+\boldsymbol{A}_{k-1}^*\Delta t)\cdots(\boldsymbol{I}+\boldsymbol{A}_1^*\Delta t) \tag{5-7}$$

$$\boldsymbol{B}_{k,i}=\frac{\boldsymbol{A}_k}{\boldsymbol{A}_i}\boldsymbol{B}_i^*\Delta t,\ i=k,k-1,\cdots,1 \tag{5-8}$$

式中，矩阵$\boldsymbol{A}_k$，$\boldsymbol{B}_{k,i}$均为与参考轨迹相关的常数矩阵，即$\delta\boldsymbol{x}_{k+1}$可以用初始状态增量$\delta\boldsymbol{x}_1$和控制修正$\delta\boldsymbol{u}_1,\cdots,\delta\boldsymbol{u}_k$线性表出。

通常，$\delta\boldsymbol{x}_1$可以由导航系统得出，在 MPSP 和 MPCP 方法中则假定$\delta\boldsymbol{x}_1=0$，那么式（5-6）可以进一步改写为

$$\delta\boldsymbol{x}_{k+1}=\boldsymbol{B}_{k,1}\delta\boldsymbol{u}_1+\boldsymbol{B}_{k,2}\delta\boldsymbol{u}_2+\cdots+\boldsymbol{B}_{k,k}\delta\boldsymbol{u}_k \tag{5-9}$$

此时，状态增量$\delta\boldsymbol{x}_{k+1}$之和控制修正$\delta\boldsymbol{u}_1,\cdots,\delta\boldsymbol{u}_k$线性相关。式（5-9）反映了$t_1$

到 t_k 时刻控制修正对 t_{k+1} 时刻状态增量的影响程度，因此式（5-9）被称为灵敏度关系。此外，式（5-9）实际上是原非线性系统（5-1）在参考轨迹 $\boldsymbol{x}^*(t)$ 和参考解 $\boldsymbol{u}^*(t)$ 处的线性近似和离散近似，因此当线性化和离散化误差足够小时，可认为线性误差系统（5-9）近似等于原非线性系统（5-1）。

此时在模型预测控制框架下定义二次型目标函数，则相应的最优控制问题可表示为

$$\text{P5-1}: \underset{\delta u_1,\cdots,\delta u_{N-1}}{\text{minimize}} \sum_{k=1}^{N} \delta\boldsymbol{x}_k^{\mathrm{T}}\boldsymbol{Q}\delta\boldsymbol{x}_k + \sum_{k=1}^{N-1} \delta\boldsymbol{u}_k^{\mathrm{T}}\boldsymbol{R}\delta\boldsymbol{u}_k + \sum_{k=1}^{N-2} (\boldsymbol{u}_{k+1}^{\mathrm{T}} - \boldsymbol{u}_k^{\mathrm{T}})\boldsymbol{R}_d(\boldsymbol{u}_{k+1} - \boldsymbol{u}_k) \tag{5-10}$$

$$\text{subject to } \delta\boldsymbol{x}_1 = 0,\ (5-9),\ \boldsymbol{g}(\boldsymbol{x}_k,\ \boldsymbol{u}_k) \leqslant 0,\ \boldsymbol{h}(\boldsymbol{x}_k, \boldsymbol{u}_k) = 0 \tag{5-11}$$

式中，$\boldsymbol{x}_k = \boldsymbol{x}_k^* + \delta\boldsymbol{x}_k$，$\boldsymbol{u}_k = \boldsymbol{u}_k^* + \delta\boldsymbol{u}_k$。在式（5-11）中，前两个等式表示初始边界条件和近似的动力学等式约束。

需要注意的是，式（5-11）中没有考虑末端边界条件，因为 MPCP 将其松弛后定义为收敛标准。非线性函数 $\boldsymbol{g}(\boldsymbol{x}_k, \boldsymbol{u}_k) \leqslant 0$ 和 $\boldsymbol{h}(\boldsymbol{x}_k, \boldsymbol{u}_k)$ 分别表示状态量和控制量的不等式和等式路径约束。如果将这两类约束进行凸化，则可以采用凸优化方法求解问题 P5-1，否则一般可以采用序列二次规划方法求解。此外，目标函数（5-10）的第一项和第二项分别表示最小化状态增量和控制修正，而第三项则用于平滑控制修正。

根据 2.4.2 节可知，当给定的三个权重矩阵 $\boldsymbol{Q}$、$\boldsymbol{R}$ 和 $\boldsymbol{R}_d$ 为半正定矩阵时，二次型目标函数（5-10）为凸函数。根据灵敏度关系（5-9）可知，式（5-10）可以被改写成只关于控制修正的线性函数，显然此时目标函数也是凸的。注意到末端控制修正对最优解无影响，因此式（5-10）中没有考虑末端时刻的控制修正。

MPCP 的算法流程如表 5.1 所示。

表 5.1　MPCP 的算法流程

步骤	执行内容
步骤 1	算法初始化：将初始猜测解 $\boldsymbol{u}_k^*$，$k=1,2,\cdots,N-1$ 作为原非线性系统（5-1）的输入进行数值积分，得到参考轨迹 $\boldsymbol{x}_k^*$，$k=1,2,\cdots,N$

续表

步骤	执行内容
步骤 2	根据式（5-7）和（5-8）计算常值矩阵 $\boldsymbol{A}_k$ 和 $\boldsymbol{B}_{k,i}$，然后采用原始-对偶内点法求解问题 P5-1 得到控制修正 $\delta\boldsymbol{u}_k$ 和状态增量 $\delta\boldsymbol{x}_k$，并令 $\boldsymbol{x}_k:=\boldsymbol{x}_k^*+\delta\boldsymbol{x}_k$
步骤 3	若 $\boldsymbol{x}_k$ 以给定精度满足末端边界条件，即 $\|\boldsymbol{x}_N-\boldsymbol{x}_F^d\|\leqslant p$ 且 $\sup\|\delta\boldsymbol{x}_k\|_\infty\leqslant\varepsilon$，$k=1,2,\cdots,N$（其中 $\boldsymbol{x}_F^d$ 为期望的末端状态，且 p，$\varepsilon>0$ 为用户给定值），那么转到步骤 5；否则转到步骤 4
步骤 4	令 $\boldsymbol{u}_k:=\boldsymbol{u}_k^*+\delta\boldsymbol{u}_k$，将 $\boldsymbol{u}_k$ 作为原非线性系统（5-1）的输入进行数值积分，得到 $\boldsymbol{x}_k$，然后令 $\boldsymbol{u}_k^*:=\boldsymbol{u}_k$，$\boldsymbol{x}_k^*:=\boldsymbol{x}_k$，然后转到步骤 2
步骤 5	令 $\boldsymbol{u}_k:=\boldsymbol{u}_k^*+\delta\boldsymbol{u}_k$，然后令 $\boldsymbol{x}_k^*:=\boldsymbol{x}_k$　$\boldsymbol{u}_k^*:=\boldsymbol{u}_k$，并将其作为数值最优解输出，算法结束

5.2 Legendre 伪谱模型预测凸优化方法

虽然 MPCP 方法可以求解约束最优控制问题，但它至少有两点不足。首先，MPCP 沿用了 MPSP 方法的欧拉积分法则和均匀离散节点来构造状态增量和控制修正的灵敏度关系。然而，这种方式为了保证离散积分精度，需要设置大量节点，导致计算成本上升。例如，采用 MPCP 求解 28 s 的导弹飞行轨迹，需要设置 163 个节点离散节点。其次，MPCP 使用现有其他方法生成的最优控制剖面初始化算法，但这意味着需要先用现有其他方法求解轨迹优化问题，这无疑增加了工作量。为了弥补上述不足，本节发展了伪谱模型预测凸优化方法，从系统离散方法和参考轨迹更新两方面对 MPCP 方法进行改进。

5.2.1 伪谱灵敏度关系

1. LG 伪谱灵敏度关系

将线性误差系统（5-2）在 N 个 LG 配点 $-1<\tau_1<\cdots<\tau_N<1$ 和端点 $\tau_0=-1$，

$\tau_{N+1}=1$ 处离散，可将状态增量 $\delta\boldsymbol{x}$ 和控制修正 $\delta\boldsymbol{u}$ 分别在节点 $\tau_0,\cdots,\tau_N$ 和 $\tau_1,\cdots,\tau_N$ 处用 N 阶、$N-1$ 阶插值多项式 $\delta\boldsymbol{X}$ 和 $\delta\boldsymbol{U}$ 表示：

$$\delta\boldsymbol{x}(\tau)\approx\delta\boldsymbol{X}(\tau)=\sum_{i=0}^{N}\delta\boldsymbol{X}(\tau_i)L_i(\tau),\ L_i(\tau)=\prod_{j=0,j\neq i}^{N}\frac{\tau-\tau_j}{\tau_i-\tau_j} \tag{5-12}$$

$$\delta\boldsymbol{u}(\tau)\approx\delta\boldsymbol{U}(\tau)=\sum_{i=1}^{N}\delta\boldsymbol{U}(\tau_i)\tilde{L}_i(\tau),\ \tilde{L}_i(\tau)=\prod_{j=1,j\neq i}^{N}\frac{\tau-\tau_j}{\tau_i-\tau_j} \tag{5-13}$$

则 LG 微分矩阵 $\boldsymbol{D}\in\mathbb{R}^{N\times N+1}$ 的元素为

$$D_{ki}\triangleq\dot{L}_i(\tau_k)=\sum_{l=0,l\neq i}^{N}\frac{\prod_{j=0,j\neq i,j\neq l}^{N}\tau_k-\tau_j}{\prod_{j=0,j\neq i}^{N}\tau_i-\tau_j} \tag{5-14}$$

那么线性误差系统（5－2）经过时域变换后，可将其转化为一系列代数等式约束：

$$\tau=\frac{2t}{t_f-t_0}-\frac{t_f+t_0}{t_f-t_0} \tag{5-15}$$

$$\sum_{i=0}^{N}\delta\boldsymbol{X}(\tau_i)D_{ki}=\frac{t_f-t_0}{2}[\boldsymbol{A}_k^*\delta\boldsymbol{X}(\tau_k)+\boldsymbol{B}_k^*\delta\boldsymbol{U}(\tau_k)],\ k=1,\cdots,N \tag{5-16}$$

令 $\delta\boldsymbol{X}_i\triangleq\delta\boldsymbol{X}(\tau_i)$，$\delta\boldsymbol{U}_i\triangleq\delta\boldsymbol{U}(\tau_i)$，$\delta\bar{\boldsymbol{X}}=[\delta\boldsymbol{X}_1;\cdots;\delta\boldsymbol{X}_N]\in\mathbb{R}^{Nn_s}$，$\delta\bar{\boldsymbol{U}}=[\delta\boldsymbol{U}_1;\cdots;\delta\boldsymbol{U}_N]\in\mathbb{R}^{Nn_c}$，则可将式（5－16）改写为一个线性矩阵等式：

$$\boldsymbol{D}_0\delta\boldsymbol{X}_0+\boldsymbol{D}_{1:N}\delta\bar{\boldsymbol{X}}=(\bar{\boldsymbol{A}}^*\delta\bar{\boldsymbol{X}}+\bar{\boldsymbol{B}}^*\delta\bar{\boldsymbol{U}}) \tag{5-17}$$

其中，$\boldsymbol{D}_i=[D_{1i}\boldsymbol{I};D_{2i}\boldsymbol{I};\cdots;D_{Ni}\boldsymbol{I}]\in\mathbb{R}^{Nn_s\times n_s}$，$\boldsymbol{D}_{1:N}=[\boldsymbol{D}_1,\boldsymbol{D}_2,\cdots,\boldsymbol{D}_N]\in\mathbb{R}^{Nn_s\times Nn_s}$，$\boldsymbol{I}\in\mathbb{R}^{n_s\times n_s}$ 为单位矩阵，同时有：

$$\bar{\boldsymbol{A}}^*=\frac{t_f-t_0}{2}diag([\boldsymbol{A}_1^*,\cdots,\boldsymbol{A}_N^*])\in\mathbb{R}^{Nn_s\times Nn_s} \tag{5-18}$$

$$\bar{\boldsymbol{B}}^*=\frac{t_f-t_0}{2}diag([\boldsymbol{B}_1^*,\cdots,\boldsymbol{B}_N^*])\in\mathbb{R}^{Nn_s\times Nn_c} \tag{5-19}$$

则根据式（5－17），状态增量矢量 $\delta\bar{\boldsymbol{X}}$ 可表示为

$$\delta\bar{\boldsymbol{X}}=(\boldsymbol{D}_{1:N}-\bar{\boldsymbol{A}}^*)^{-1}(\bar{\boldsymbol{B}}^*\delta\bar{\boldsymbol{U}}-\boldsymbol{D}_0\delta\boldsymbol{X}_0) \tag{5-20}$$

此时，除末端点 τ_{N+1} 处的状态增量 $\delta\boldsymbol{X}_{N+1}$ 外，其余状态增量均可以用初始状态增量 $\delta\boldsymbol{X}_0$ 和控制修正 $\delta\bar{\boldsymbol{U}}$ 线性表出，但根据 Gauss 积分有：

$$\delta \boldsymbol{X}_{N+1} = \delta \boldsymbol{x}_{N+1} = \delta \boldsymbol{x}_0 + \int_{t_0}^{t_f} \delta \dot{\boldsymbol{x}} \mathrm{d}t = \delta \boldsymbol{x}_0 + \int_{t_0}^{t_f} \boldsymbol{A}^* \delta \boldsymbol{x} + \boldsymbol{B}^* \delta \boldsymbol{u} \mathrm{d}\tau$$

$$\approx \delta \boldsymbol{X}_0 + \frac{t_f - t_0}{2} \sum_{k=1}^{N} w_k (\boldsymbol{A}_k^* \delta \boldsymbol{X}_k + \boldsymbol{B}_k^* \delta \boldsymbol{U}_k) = \delta \boldsymbol{X}_0 + \boldsymbol{W} \bar{\boldsymbol{A}}^* \delta \bar{\boldsymbol{X}} + \boldsymbol{W} \bar{\boldsymbol{B}}^* \delta \bar{\boldsymbol{U}} \tag{5-21}$$

$$\boldsymbol{W} = [w_1 \boldsymbol{I}, \cdots, w_N \boldsymbol{I}] \in \mathbb{R}^{n_s \times N n_s},\ w_k = \frac{2}{(1-\tau_k^2) \dot{P}_N^2(\tau_k)} \tag{5-22}$$

式中，$k=1,2,\cdots,N$；w_k 为 Gauss 积分权重。

进一步将式（5-20）代入式（5-21）可得：

$$\delta \boldsymbol{X}_{N+1} = \delta \boldsymbol{X}_0 + \boldsymbol{W} \bar{\boldsymbol{A}}^* (\boldsymbol{D}_{1:N} - \bar{\boldsymbol{A}}^*)^{-1} (\bar{\boldsymbol{B}}^* \delta \bar{\boldsymbol{U}} - \boldsymbol{D}_0 \delta \boldsymbol{X}_0) + \boldsymbol{W} \bar{\boldsymbol{B}}^* \delta \bar{\boldsymbol{U}}$$

$$= [\boldsymbol{I} - \boldsymbol{W} \bar{\boldsymbol{A}}^* (\boldsymbol{D}_{1:N} - \bar{\boldsymbol{A}}^*)^{-1} \boldsymbol{D}_0] \delta \boldsymbol{X}_0 + \boldsymbol{W} [\bar{\boldsymbol{B}}^* + \bar{\boldsymbol{A}}^* (\boldsymbol{D}_{1:N} - \bar{\boldsymbol{A}}^*)^{-1} \bar{\boldsymbol{B}}^*] \delta \bar{\boldsymbol{U}} \tag{5-23}$$

式（5-23）表示末端状态增量 $\delta \boldsymbol{X}_{N+1}$ 随初始状态增量 $\delta \boldsymbol{X}_0$ 和控制修正 $\delta \bar{\boldsymbol{U}}$ 的线性关系，即 LG 伪谱灵敏度关系。

相应地，LG 伪谱模型预测凸规划方法（LG-PMPCP）对应的最优控制问题可定义为

$$\text{P5-2: } \underset{\delta \bar{\boldsymbol{U}}}{\text{minimize}} \sum_{k=1}^{N} (\delta \boldsymbol{X}_k^T \boldsymbol{Q} \delta \boldsymbol{X}_k + \delta \boldsymbol{U}_k^T \boldsymbol{R} \delta \boldsymbol{U}_k) + \sum_{k=1}^{N-1} (\boldsymbol{U}_{k+1}^T - \boldsymbol{U}_k^T) \boldsymbol{R}_d (\boldsymbol{U}_{k+1} - \boldsymbol{U}_k) \tag{5-24}$$

$$\text{subject to } (5-20), (5-23),\ \delta \boldsymbol{X}_0 = \boldsymbol{x}_I^d - \boldsymbol{X}_0^*,\ \delta \boldsymbol{X}_{N+1} = \boldsymbol{x}_F^d - \boldsymbol{X}_{N+1}^*$$

$$\boldsymbol{g}(\boldsymbol{X}_k, \boldsymbol{U}_k) \leqslant 0,\ \boldsymbol{h}(\boldsymbol{X}_k, \boldsymbol{U}_k) = 0 \tag{5-25}$$

式中，$\boldsymbol{x}_I^d$ 和 $\boldsymbol{x}_F^d$ 表示期望的初始和末端状态，$\boldsymbol{X}_0^*$ 和 $\boldsymbol{X}_{N+1}^*$ 表示参考轨迹的初始和末端状态。

和 MPCP 一样，LG-PMPCP 的待优化变量只有 $\delta \bar{\boldsymbol{U}}$，有利于减小优化问题规模；同时由于采用了 LG 伪谱配点和 Gauss 积分法则，LG-PMPCP 的系统离散误差更小。尽管式（5-24）所示的目标函数中同时包含了状态增量和控制修正，但由于状态增量可以由控制修正线性表出，因此该目标函数实际上是关于控制修正 $\delta \bar{\boldsymbol{U}}$ 的线性函数，为凸函数。至此，问题 P5-2 中的非凸项只有约束 $\boldsymbol{g}(\boldsymbol{X}_k, \boldsymbol{U}_k)$

和 $\boldsymbol{h}(\boldsymbol{X}_k,\boldsymbol{U}_k)$，但可采用一阶泰勒展开将其凸化。此外，注意到控制修正 $\delta\bar{\boldsymbol{U}}$ 并没有包含 $\delta\boldsymbol{U}_0$ 和 $\delta\boldsymbol{U}_{N+1}$，但这两项可以通过 Lagrange 插值进行估计。

2. LGR 伪谱灵敏度关系

与 LG－PMPCP 方法类似，LGR－PMPCP 方法将线性误差系统（5－2）在 N 个标准 LGR 配点 $-1=\tau_1<\cdots<\tau_N<1$ 和端点 $\tau_{N+1}=1$ 处离散，那么可将状态增量 δx 和控制修正 δu 分别在节点 τ_1，…，τ_{N+1} 和 τ_1，…，τ_N 处用 N 阶、$N-1$ 阶插值多项式 $\delta\boldsymbol{X}$ 和 $\delta\boldsymbol{U}$ 表示：

$$\delta\boldsymbol{x}(\tau)\approx\delta\boldsymbol{X}(\tau)=\sum_{i=1}^{N+1}\delta\boldsymbol{X}(\tau_i)L_i(\tau),\ L_i(\tau)=\prod_{j=1,j\neq i}^{N+1}\frac{\tau-\tau_j}{\tau_i-\tau_j}\tag{5-26}$$

$$\delta\boldsymbol{u}(\tau)\approx\delta\boldsymbol{U}(\tau)=\sum_{i=1}^{N}\delta\boldsymbol{U}(\tau_i)\tilde{L}_i(\tau),\ \tilde{L}_i(\tau)=\prod_{j=1,j\neq i}^{N}\frac{\tau-\tau_j}{\tau_i-\tau_j}\tag{5-27}$$

则 LG 微分矩阵 $\boldsymbol{D}\in\mathbb{R}^{N\times N+1}$ 的元素为

$$D_{ki}\triangleq\dot{L}_i(\tau_k)=\sum_{l=1,l\neq i}^{N+1}\frac{\prod_{j=1,j\neq i,j\neq l}^{N}\tau_k-\tau_j}{\prod_{j=1,j\neq i}^{N}\tau_i-\tau_j}\tag{5-28}$$

那么线性误差系统（5－2）经过时域变换后，可将其转化为一系列代数等式约束：

$$\tau=\frac{2t}{t_f-t_0}-\frac{t_f+t_0}{t_f-t_0}\tag{5-29}$$

$$\sum_{i=1}^{N+1}\delta\boldsymbol{X}(\tau_i)D_{ki}=\frac{t_f-t_0}{2}[\boldsymbol{A}_k^*\delta\boldsymbol{X}(\tau_k)+\boldsymbol{B}_k^*\delta\boldsymbol{U}(\tau_k)],\ k=1,\cdots,N\tag{5-30}$$

令 $\delta\boldsymbol{X}_i\triangleq\delta\boldsymbol{X}(\tau_i)$，$\delta\boldsymbol{U}_i\triangleq\delta\boldsymbol{U}(\tau_i)$，$\delta\bar{\boldsymbol{X}}=[\delta\boldsymbol{X}_1;\cdots;\delta\boldsymbol{X}_N]\in\mathbb{R}^{Nn_s}$，$\delta\bar{\boldsymbol{U}}=[\delta\boldsymbol{U}_1;\cdots;\delta\boldsymbol{U}_N]\in\mathbb{R}^{Nn_c}$，则可将式（5－30）改写为一个线性矩阵等式：

$$\boldsymbol{D}_{1:N}\delta\bar{\boldsymbol{X}}+\boldsymbol{D}_{N+1}\delta\boldsymbol{X}_{N+1}=\bar{\boldsymbol{A}}^*\delta\bar{\boldsymbol{X}}+\bar{\boldsymbol{B}}^*\delta\bar{\boldsymbol{U}}\tag{5-31}$$

式中，$\boldsymbol{D}_i=[D_{1i}\boldsymbol{I};D_{2i}\boldsymbol{I};\cdots;D_{Ni}\boldsymbol{I}]\in\mathbb{R}^{Nn_s\times n_s}$，$\boldsymbol{D}_{1:N}=[\boldsymbol{D}_1,\boldsymbol{D}_2,\cdots,\boldsymbol{D}_N]\in\mathbb{R}^{Nn_s\times Nn_s}$，$\boldsymbol{I}\in\mathbb{R}^{n_s\times n_s}$ 为单位矩阵。同时有：

$$\bar{\boldsymbol{A}}^*=\frac{t_f-t_0}{2}diag([\boldsymbol{A}_1^*,\boldsymbol{A}_2^*,\cdots,\boldsymbol{A}_N^*])\in\mathbb{R}^{Nn_s\times Nn_s}\tag{5-32}$$

$$\bar{\boldsymbol{B}}^*=\frac{t_f-t_0}{2}diag([\boldsymbol{B}_1^*,\boldsymbol{B}_2^*,\cdots,\boldsymbol{B}_N^*])\in\mathbb{R}^{Nn_s\times Nn_c}\tag{5-33}$$

则根据式（5－31），末端点 τ_{N+1} 处的状态增量 δX_{N+1} 可表示为

$$\delta X_{N+1} = D_{N+1}^{-1}[(\bar{A}^* - D_{1:N})\delta \bar{X} + \bar{B}^* \delta \bar{U}] \tag{5-34}$$

式（5－34）表示末端状态增量 δX_{N+1} 随状态增量适量 $\delta \bar{X}$ 和控制修正 $\delta \bar{U}$ 的线性关系，即 LGR 伪谱灵敏度关系。

LGR 伪谱模型预测凸规划方法（LGR－PMPCP）对应的最优控制问题可定义为

$$\text{P5-3:} \underset{\delta \bar{X}, \delta \bar{U}}{\text{minimize}} \sum_{k=1}^{N+1} \delta X_k^{\mathrm{T}} Q \delta X_k + \sum_{k=1}^{N} \delta U_k^{\mathrm{T}} R \delta U_k + \sum_{k=1}^{N-1} (U_{k+1}^{\mathrm{T}} - U_k^{\mathrm{T}}) R_d (U_{k+1} - U_k) \tag{5-35}$$

$$\text{subject to (5-34)},\ \delta X_1 = x_I^d - X_1^*,\ \delta X_{N+1} = x_F^d - X_{N+1}^*$$

$$g(X_k, U_k) \leqslant 0,\ h(X_k, U_k) = 0 \tag{5-36}$$

式中，x_I^d 和 x_F^d 表示期望的初始和末端状态，X_1^* 和 X_{N+1}^* 表示参考轨迹的初始和末端状态。

式（5－35）所示的目标函数中也同时包含了状态增量和控制修正，但和 MPCP 一样，只要给定的三个权重矩阵 Q、R 和 R_d 为半正定矩阵，目标函数即为凸函数。此外，问题 P5－3 中的非凸项 $g(X_k, U_k)$ 和 $h(X_k, U_k)$ 同样可以采用一阶泰勒展开将其松弛为凸约束。

根据式（5－31）或式（5－34）可知，由于 $\delta \bar{X}$ 无法表示为 $\delta \bar{U}$ 的线性函数，因此 LGR－PMPCP 中待优化变量为 $\delta \bar{X}$ 和 $\delta \bar{U}$，但 LGR 伪谱配点和 Gauss－Radau 积分法仍可以有效地降低系统离散误差。需要注意的是，并不是所有的伪谱格式都能得到 MPSP 和 MPCP 的灵敏度关系。换句话说，只有全部的状态增量可以用控制修正线性表出的伪谱方法才能建立灵敏度关系，即 LGL、CGL 和 LG 伪谱方法。

5.2.2 参考轨迹更新

对于采用迭代方式求解的算法，算法初始化所需的初始猜测轨迹和后续迭代过程中的参考轨迹直接影响收敛效果和效率。在 MPCP 中，初始猜测轨迹是通过使用比例导引制导律或开源算法 Falcon. m 生成的。然而，这种初始化策略需要

首先用现有方法求解轨迹优化问题。但基于序列凸优化的算法普遍对初始猜测解不敏感，因此可以使用常值控制作为输入，对原非线性系统进行数值积分来得到初始猜测轨迹，并将其用于初始化 MPCP 和 PMPCP。由于引入了 LG 或 LGR 伪谱方法，降低了系统离散误差和数值积分误差，线性化后的误差系统和原非线性系统的连续性接近，因而甚至可以用期望初始状态和期望末端状态之间的线性插值轨迹来初始化 PMPCP，但这样可能额外增加迭代次数，因此本节仍以原非线性系统在常值控制输入情况下数值积分得到的轨迹来初始化 PMPCP。

而对于迭代过程中的参考轨迹，由于 PMCP 和 PMPCP 使用不同的离散策略，因此参考轨迹的更新方式也存在差异。在 SCP 和 PSCP 中，通常使用当前迭代得到的状态序列和控制序列作为下一次迭代的参考轨迹，但这种更新策略会在多次迭代中不断累积系统的线性化误差，并可能导致算法失败。而 MPCP 使用当前迭代得到的控制序列和欧拉积分法则向前积分原非线性系统来更新下一次迭代的参考轨迹。但在 PMPCP 中，由于伪谱配点中间稀疏、两端密集的特性，如果用当前迭代得到的控制序列和欧拉或梯形积分法则对原非线性系统进行数值积分的方式来更新参考轨迹，容易导致较大的积分误差。为提高参考轨迹的质量，本节引入了新的参考轨迹更新策略。

(1) 当前迭代得到非均匀伪谱配点处的控制序列后，首先采用 Lagrange 插值对控制序列进行插值，然后给定当前时间区间内的一系列均匀分布节点，并估计这一系列节点上的控制序列。

(2) 根据均匀节点上的控制序列，采用定步长 Runge - Kutta 积分法则向前积分原非线性系统，获得均匀分布的状态序列。

(3) 根据均匀分布的状态序列，采用 Lagrange 插值估计下一次迭代时间区间内的 LG 或 LGR 配点处的状态序列，即下一次迭代的参考轨迹。

采用上述更新策略有两方面优点：一方面，PMPCP 中使用的 Runge - Kutta 法则比 MPCP 中使用的欧拉积分法则具有更高的数值精度；另一方面，由于 MPCP 中的灵敏度关系是基于欧拉规则建立的，且使用该灵敏度关系来优化得到控制输入，这可能导致 MPCP 得到的最优解大范围偏离原系统的非线性特征。但在 PMPCP 中，由于采用伪谱方法进行系统离散，且采用 Lagrange 插值和数值积分相结合的方式更新参考轨迹，因而使最优解尽可能地贴近原系统的非线性特征，最终提高了算法的收敛效率和数值解的最优性。

5.2.3 算法流程

至此，LG 和 LGR 伪谱模型预测凸优化方法的算法流程分别如表 5.2 和表 5.3 所示。

表 5.2 LG－PMPCP 的算法流程

步骤	执行内容
步骤 1	算法初始化：给定初始 $\boldsymbol{X}_0$，将初始猜测解 $\boldsymbol{U}_k^*$，$k=0,1,\cdots,N$ 作为原非线性系统（5－1）的输入进行数值积分，得到参考轨迹 $\boldsymbol{X}_k^*$，$k=0,1,\cdots,N+1$
步骤 2	根据式（5－18）和（5－19）计算常值矩阵 $\bar{\boldsymbol{A}}^*$ 和 $\bar{\boldsymbol{B}}^*$，然后采用原始－对偶内点法求解问题 P5－2 得到控制修正 $\delta\boldsymbol{U}_k$ 和状态增量 $\delta\boldsymbol{X}_k$，并令 $\boldsymbol{X}_k:=\boldsymbol{X}_k^*+\delta\boldsymbol{X}_k$
步骤 3	若 $\sup\lVert\delta\boldsymbol{X}_k\rVert_\infty\leqslant\varepsilon$，$k=1,2,\cdots,N$（其中 $\varepsilon>0$ 为用户给定值），那么转到步骤 5；否则转到步骤 4
步骤 4	令 $\boldsymbol{U}_k:=\boldsymbol{U}_k^*+\delta\boldsymbol{U}_k$，将 $\boldsymbol{U}_k$ 作为原非线性系统（5－1）的输入，按照 5.2.2 节给出的参考轨迹更新策略更新 $\boldsymbol{X}_k$，令 $\boldsymbol{U}_k^*:=\boldsymbol{U}_k$，$\boldsymbol{X}_k^*:=\boldsymbol{X}_k$，然后转到步骤 2
步骤 5	令 $\boldsymbol{U}_k:=\boldsymbol{U}_k^*+\delta\boldsymbol{U}_k$，然后令 $\boldsymbol{X}_k^*:=\boldsymbol{X}_k$，$\boldsymbol{U}_k^*:=\boldsymbol{U}_k$，并将其作为数值最优解输出，算法结束

表 5.3 LGR－PMPCP 的算法流程

步骤	执行内容
步骤 1	算法初始化：给定初始 $\boldsymbol{X}_0$，将初始猜测解 $\boldsymbol{U}_k^*$，$k=1,2,\cdots,N$ 作为原非线性系统（5－1）的输入进行数值积分，得到参考轨迹 $\boldsymbol{X}_k^*$，$k=1,2,\cdots,N+1$
步骤 2	根据式（5－32）和（5－33）计算常值矩阵 $\bar{\boldsymbol{A}}^*$ 和 $\bar{\boldsymbol{B}}^*$，然后采用原始－对偶内点法求解问题 P5－3 得到控制修正 $\delta\boldsymbol{U}_k$ 和状态增量 $\delta\boldsymbol{X}_k$，并令 $\boldsymbol{X}_k:=\boldsymbol{X}_k^*+\delta\boldsymbol{X}_k$

续表

步骤	执行内容
步骤 3	若 $\sup \lVert \delta \boldsymbol{X}_k \rVert_{\infty} \leqslant \varepsilon$，$k=1,2,\cdots,N+1$（其中 $\varepsilon>0$ 为用户给定值），那么转到步骤 5；否则转到步骤 4
步骤 4	令 $\boldsymbol{U}_k:=\boldsymbol{U}_k^*+\delta\boldsymbol{U}_k$，将 $\boldsymbol{U}_k$ 作为原非线性系统（5-1）的输入，按照 5.2.2 节给出的参考轨迹更新策略更新 $\boldsymbol{X}_k$，令 $\boldsymbol{U}_k^*:=\boldsymbol{U}_k$，$\boldsymbol{X}_k^*:=\boldsymbol{X}_k$，然后转到步骤 2
步骤 5	令 $\boldsymbol{U}_k:=\boldsymbol{U}_k^*+\delta\boldsymbol{U}_k$，然后令 $\boldsymbol{X}_k^*:=\boldsymbol{X}_k$，$\boldsymbol{U}_k^*:=\boldsymbol{U}_k$，并将其作为数值最优解输出，算法结束

目前 MPSP 的改进方法已有较多种类，为了说明 PMPCP 与现有方法的异同，表 5.4 总结了各类方法的特点。

表 5.4　各类方法的特点对比

方法	类型	积分法则	求解方法	离散方法	路径约束	控制约束
MPSP	离散	欧拉积分	静态规划	幂级数	未考虑，部分考虑	全部考虑
QS-MPSP	离散	欧拉积分	静态规划	幂级数	不涉及，部分考虑	全部考虑
C-QS-MPSP	连续	欧拉积分	静态规划	幂级数	全部考虑	全部考虑
G-QS-MPSP	连续	Gauss-Lobatto 积分	静态规划	LGL 伪谱法	未考虑	全部考虑
(M)-LPMPC	离散	Gauss 积分	静态规划	LG 伪谱法	未考虑	全部考虑
MPCP	离散	欧拉积分	凸优化	幂级数，三角函数	全部考虑	全部考虑

续表

方法	类型	积分法则	求解方法	离散方法	路径约束	控制约束
LG - PMPCP	离散	Gauss 积分	凸优化	LG 伪谱法	全部考虑	全部考虑
LGR - PMPCP	离散	Gauss - Legendre 积分	凸优化	LGR 伪谱法	全部考虑	全部考虑

从表 5.4 可知，PMPCP 的优势有两点：第一，伪谱法以少量节点和高精度积分法则保证了算法的计算效率和数值解的精度；第二，凸优化方法属于直接法，可以轻松地求解路径约束问题。而对于其他的 MPSP 改进方法来说，主要存在路径约束和控制约束考虑不完全的缺点，但部分方法也具有可在连续时域内求解最优控制问题的优势。

5.2.4 仿真分析

为了验证所提出的 LG - PMPCP 和 LGR - PMPCP 方法在计算效率和数值精度方面的优势，本节将 PMPCP 用于求解火星进入轨迹优化问题，该问题对应的无量纲动力学模型为

$$\begin{cases}\dot{r} = V\sin\gamma \\ \dot{\theta} = \dfrac{V\cos\gamma\sin\psi}{r\cos\phi} \\ \dot{\phi} = \dfrac{V\cos\gamma\cos\psi}{r} \\ \dot{V} = -D - \dfrac{\sin\gamma}{r^2} \\ \dot{\gamma} = \dfrac{L\cos\sigma}{V} + \left(\dfrac{V}{r} - \dfrac{1}{r^2 V}\right)\cos\gamma \\ \dot{\psi} = \dfrac{L\sin\sigma}{V\cos\gamma} + \dfrac{V\cos\gamma\sin\psi\tan\phi}{r} \\ \dot{\sigma} = u\end{cases} \tag{5-37}$$

定义状态量 $\boldsymbol{x} = [r,\theta,\phi,V,\gamma,\psi,\sigma]^{\mathrm{T}}$，则式（5－37）可改写为一般动力系统的形式：

$$\dot{\boldsymbol{x}} = \boldsymbol{f}(x,u,t) \tag{5-38}$$

此时式（5－3）中矩阵 $\boldsymbol{B} = \dfrac{\partial f}{\partial u} = [0,0,0,0,0,0,1]^{\mathrm{T}}$，而 $\boldsymbol{A} = \dfrac{\partial \boldsymbol{f}}{\partial \boldsymbol{x}}$，则有：

$$\boldsymbol{A} = \frac{\partial \boldsymbol{f}}{\partial \boldsymbol{x}} = \begin{bmatrix} 0 & 0 & 0 & a_{14} & a_{15} & 0 & 0 \\ a_{21} & 0 & a_{23} & a_{24} & a_{25} & a_{26} & 0 \\ a_{31} & 0 & 0 & a_{34} & a_{35} & a_{36} & 0 \\ a_{41} & 0 & 0 & a_{44} & a_{45} & 0 & 0 \\ a_{51} & 0 & 0 & a_{54} & a_{55} & 0 & 0 \\ a_{61} & 0 & a_{63} & a_{64} & a_{65} & a_{66} & 0 \\ 0 & 0 & 0 & 0 & 0 & 0 & 0 \end{bmatrix}$$

$$a_{14} = \sin\gamma, a_{15} = V\cos\gamma, a_{21} = -\frac{V\cos\gamma\sin\psi}{r^2\cos\phi}, a_{23} = \frac{V\cos\gamma\sin\psi\sin\phi}{r\cos^2\phi}, a_{24} = \frac{\cos\gamma\sin\psi}{r\cos\phi}$$

$$a_{25} = -\frac{V\sin\gamma\sin\psi}{r\cos\phi}, a_{26} = \frac{V\cos\gamma\cos\psi}{r\cos\phi}, a_{31} = -\frac{V\cos\gamma\cos\psi}{r^2}, a_{34} = \frac{\cos\gamma\cos\psi}{r}$$

$$a_{35} = -\frac{V\sin\gamma\cos\psi}{r}, a_{36} = -\frac{V\cos\gamma\sin\psi}{r}, a_{41} = -D_r + \frac{2\sin\gamma}{r^3}, a_{44} = -D_V, a_{45} = -\frac{\cos\gamma}{r^2}$$

$$a_{51} = \frac{L_r\cos\sigma}{V} + \frac{2\cos\gamma}{r^3V} - \frac{V\cos\gamma}{r^2}, a_{54} = \frac{L_V\cos\sigma}{V} - \frac{L\cos\sigma}{V^2} + \frac{\cos\gamma}{r^2V^2} + \frac{\cos\gamma}{r}, a_{55} = \frac{\sin\gamma}{r^2V} - \frac{V\sin\gamma}{r}$$

$$a_{61} = \frac{L_r\sin\sigma}{V\cos\gamma} - \frac{V\cos\gamma\sin\psi\tan\phi}{r^2}, a_{63} = \frac{V\cos\gamma\sin\psi}{r\cos^2\phi}, a_{64} = \frac{L_V\sin\sigma}{V\cos\gamma} - \frac{L\sin\sigma}{V^2\cos\gamma} + \frac{\cos\gamma\sin\psi\tan\phi}{r}$$

$$a_{65} = \frac{L\sin\sigma\sin\gamma}{V\cos^2\gamma} - \frac{V\sin\gamma\sin\psi\tan\phi}{r}, a_{66} = \frac{V\cos\gamma\cos\psi\tan\phi}{r}$$

$$D_r = -\frac{R_0}{h_s}D, D_V = \frac{R_0\rho_0 e^{-R_0(r-1)/h_s}VS_rC_D}{m}, L_r = -\frac{R_0}{h_s}L, L_V = \frac{R_0\rho_0 e^{-R_0(r-1)/h_s}VS_rC_L}{m}$$

本节仿真中同样采用 YALMIP 工具箱进行凸优化问题描述，并采用求解器 MOSEK 求解凸优化问题。由于 PMPCP 方法采用了误差动力学模型，只能对状态增量和控制修正进行优化，无法直接优化状态量或控制量，因此无法求解火星进入末端高度最大化问题或者末端速度最小化问题。因此，本节仿真考虑控制修正能量最优问题，且末端时间固定为 360 s。

仿真中参数设置：$R_0 = 3\ 397.2$ km，$g_0 = 3.711$ m/s^2，$\rho_0 = 0.015\ 8$ kg/m^3，$H = 9\ 354.5$ m，$m = 2\ 804$ kg，$S_r = 15.9$ m^2，$k_Q = 1.902\ 7 \times 10^{-4}$，$R_n = 6.476$，$C_L = 0.36$，$C_D = 1.45$，$\dot{Q}_{\max} = 70$ W/cm^2，$q_{\max} = 8.5$ kPa，$a_{\max} = 18.5$，其余状态量的初始值和容许变化范围则参考表 4.9。

本节将 PMPCP 方法得到的结果与模型预测凸优化方法（MPCP）、序列凸优化方法（SCP）的结果进行对比。考虑到火星进入问题具有强非线性，因此参考 4.2 节在 PMPCP、SCP 和 MPCP 方法中增加了虚拟控制对线性化误差进行补偿，从而提高算法收敛性能，目标函数中相应地增加了对虚拟控制的 L1 惩罚项。SCP 方法的流程和收敛条件则参考 4.2 节。此外，由于 SCP 方法直接对状态量和控制量进行优化，因此目标函数直接定义为控制量（即倾侧角速度）的能量最优：

$$\text{For MPCP and PMPCP: } \underset{\delta \bar{\boldsymbol{U}},\, \bar{\boldsymbol{v}}}{\text{minimize}}\ w_v \|\bar{\boldsymbol{v}}\|_1 + \sum_{k=1}^{N} \delta \boldsymbol{U}_k^T \delta \boldsymbol{U}_k \tag{5-39}$$

$$\text{For SCP: } \underset{\delta \bar{\boldsymbol{X}}, \delta \bar{\boldsymbol{U}},\, \bar{\boldsymbol{v}}}{\text{minimize}}\ w_v \|\bar{\boldsymbol{v}}\|_1 + \sum_{k=1}^{N} \boldsymbol{U}_k^T \boldsymbol{U}_k \tag{5-40}$$

式中，MPCP 和 PMPCP 中 w_v 为 10^6，SCP 中 w_v 为 10^8。

所有方法采用通过数值积分原始系统（5-37）得到的初始猜测轨迹，积分过程重倾侧角和倾侧角速度保持为 $-30°$ 和 0。此外，所有方法的收敛条件 ε 由式（4-41）定义。尽管收敛条件中并未考虑虚拟控制，但这一做法并不影响收敛解的精度。仿真中，MPCP 和 SCP 均使用 181 个节点，PMPCP 则设置 60 个配点，即 LG-PMPCP 方法中共有 62 个插值点，LGR-PMPCP 方法中共有 61 个插值点。同时，为了说明参考轨迹更新方式对收敛解性能的提升，本节设置了两组仿真，第一组仿真全部采用 MPCP 和 SCP 中直接更新参考轨迹的策略，而第二组仿真则全部采用 PMPCP 中数值积分更新参考轨迹的策略。

1. 直接更新参考轨迹

所有方法均采用直接更新参考轨迹时，仿真结果如图 5.1～图 5.3 所示。

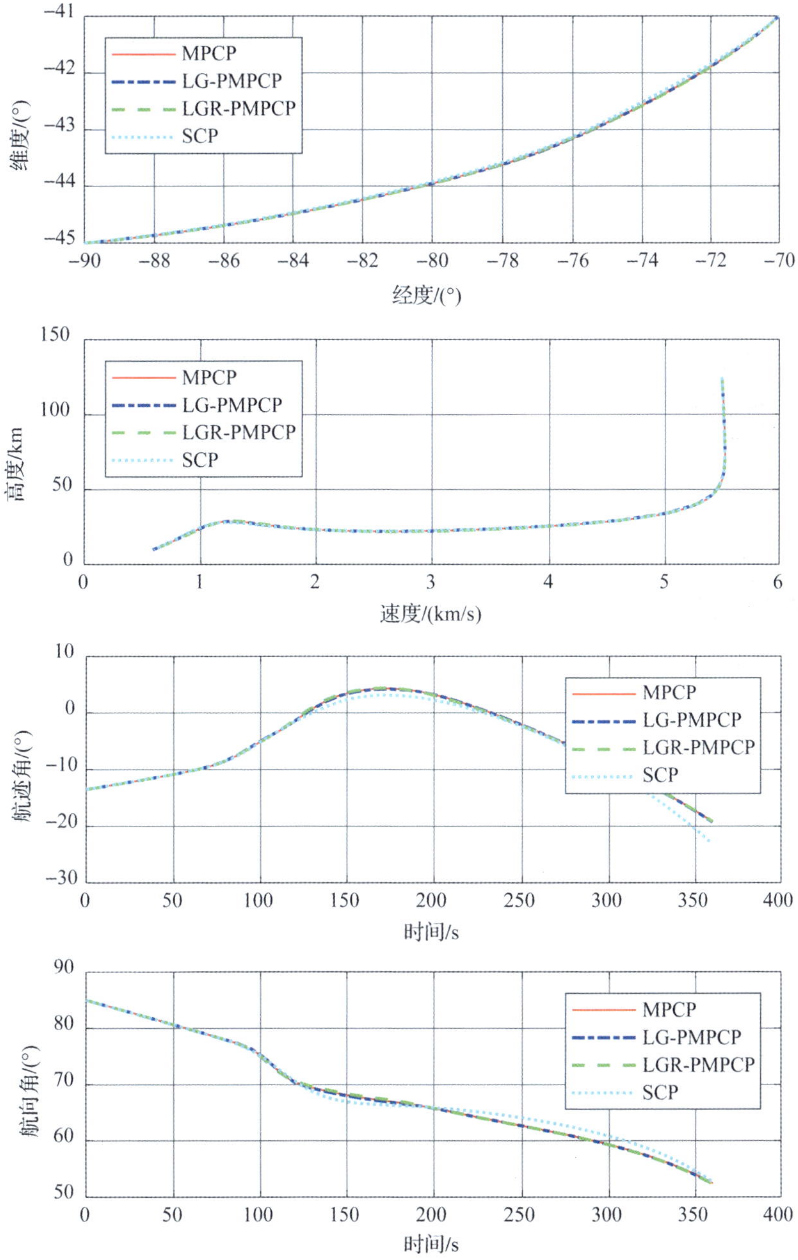

图 5.1　控制能量最优进入中经纬度、速度-高度剖面和航迹角、航向角剖面

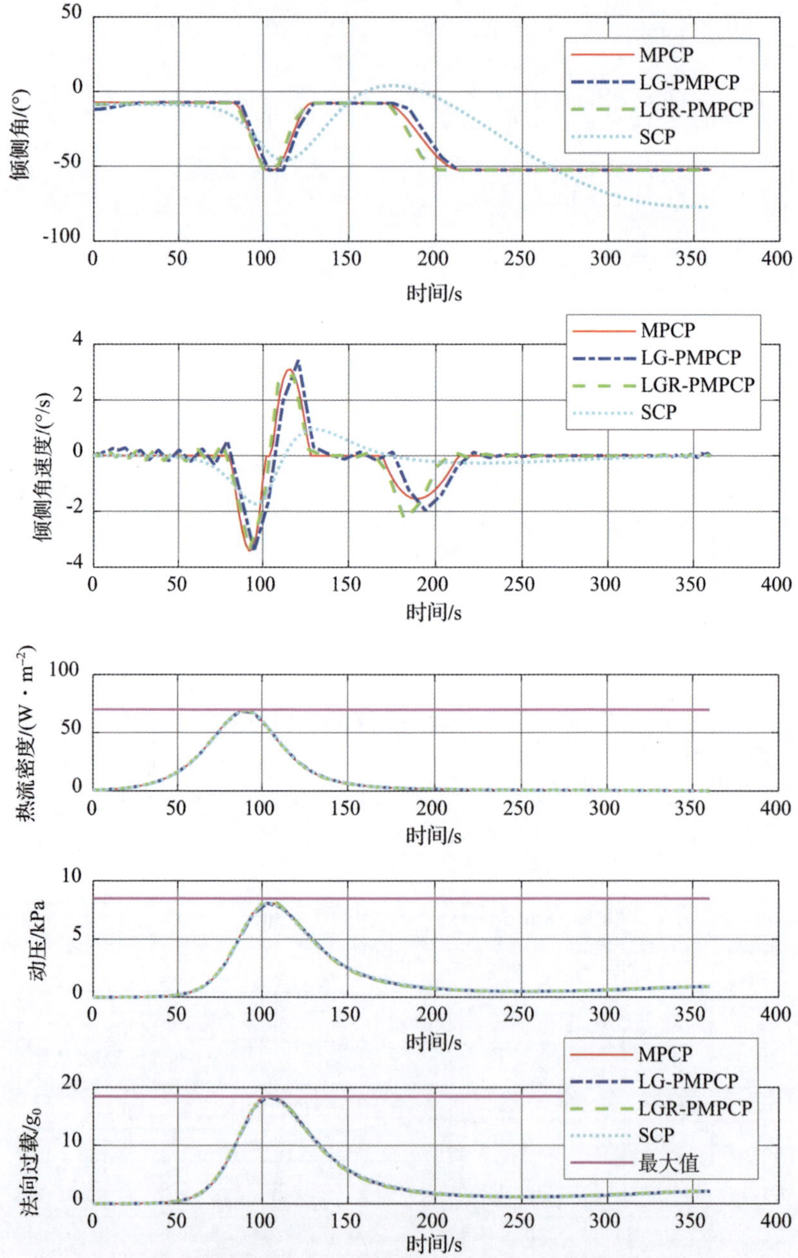

图 5.2　控制能量最优进入中倾侧角、角速度剖面和路径约束剖面

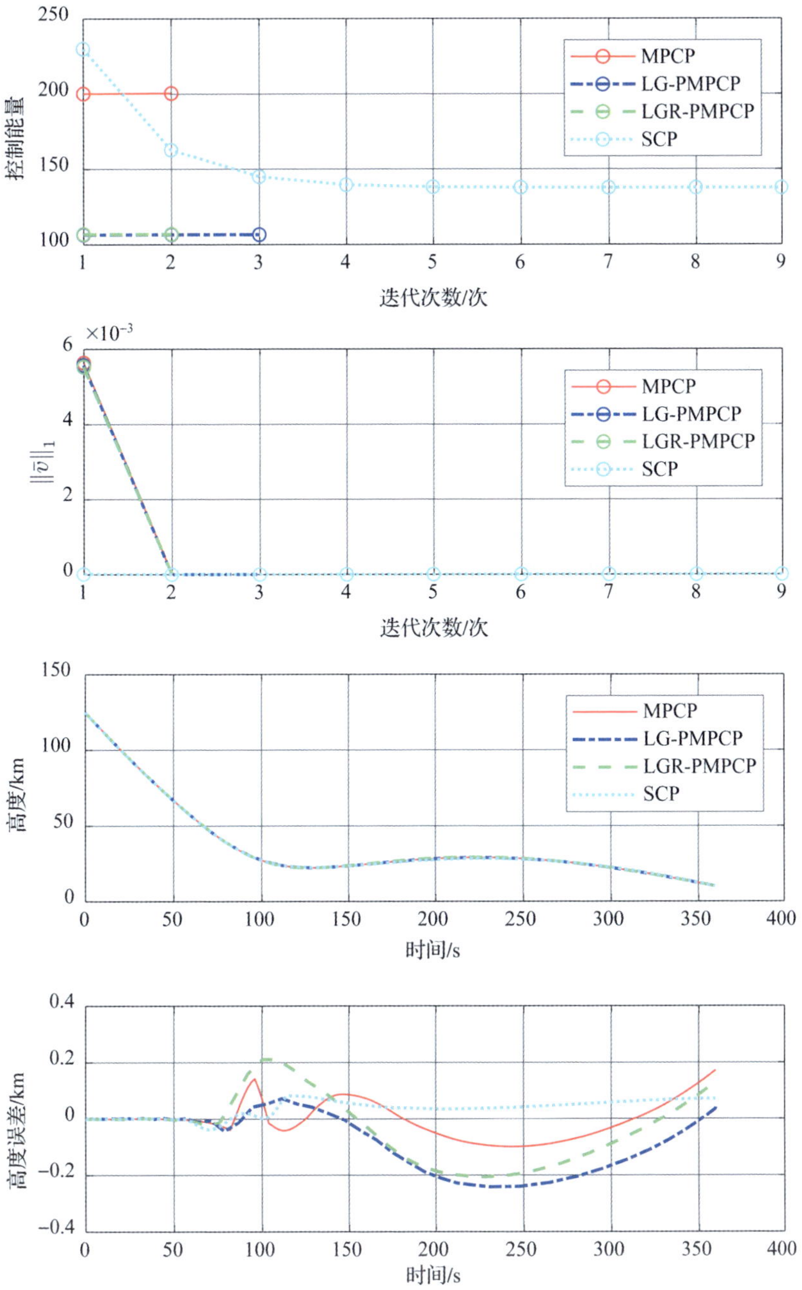

图 5.3　控制能量最优进入中控制能量、虚拟控制剖面和高度、高度误差剖面

从图 5.1 可知，三种算法得到的最优飞行轨迹几乎一致，包括高度、速度、航迹角和航向角在内的剖面几乎重合。从图 5.2 来看，MPCP 和 PMPCP 方法获得最优倾侧角和倾侧角速度剖面非常接近，且呈现出类似 bang – bang 控制的剖面。而 SCP 方法由于式（5 – 39）和式（5 – 40）中定义的目标函数和其余两类方法有所差别，其控制剖面这两类方法的结果具有一致的趋势但不相同。此外，PMPCP 方法的倾侧角速度呈现锯齿形，而 MPCP 和 SCP 方法对应的曲线则较为光滑。出现这一现象是因为伪谱法在非均匀配点应用 Lagrange 插值来逼近函数，对具有明显起伏的光滑函数具有较高的逼近精度，但逼近较为平稳的光滑函数（如常值函数）时容易出现振荡现象。而从图 5.2 前两幅子图可知，倾侧角呈现出的类似 bang – bang 控制特征恰好需要在两个常值之间切换，因此 PMPCP 的倾侧角速度剖面出现了振荡现象。此外，图 5.3 左图给出了控制能量剖面，其中 PMPCP 和 MPCP 采用 $\sum_{k=1}^{N}(\delta\boldsymbol{U}_k+\delta\boldsymbol{U}_k)^{\mathrm{T}}(\delta\boldsymbol{U}_k+\delta\boldsymbol{U}_k)$ 计算对应的控制能量，结果表明 MPCP 和 SCP 所需的控制能量总量较大，但这其实是因为这两类方法采用了大量的均匀离散节点，导致目标函数总量较大。对于路径约束，三种方法都能满足。

另一个需要详细说明的问题是优化算法的可靠性。由于以上三种方法都是基于凸优化的方法，因此优化出来的最优控制剖面实际上是原始问题的近似解。为了验证近似解是否和理论最优解足够接近，典型的方法是将优化出来的最优控制剖面作为控制输入，对原始非线性系统进行积分，然后将积分轨迹和优化出来的轨迹做差，如果二者相近，则说明优化出来的最优控制剖面接近理论最优解。为此，图 5.3 后两幅子图给出了三种方法优化出来的最优轨迹和采用最优积分轨迹在高度通道上的差值，可以看出，MPCP 和 PMPC 方法在最大高度误差 $\Delta|h|_{\max}$ 方面的差距不大，无法体现伪谱离散格式的优势，但 SCP 的高度误差最小，不过 SCP 需要经过多次优化才能得到满足收敛条件的结果，计算时间是其他方法的 2 倍以上。

为了更直观地展示以上三种算法的性能，表 5.5 给出了对应的关键参数对比。从收敛速度上来看，三种算法收敛所需的迭代次数差别不大，但得益于伪谱配点的应用降低了优化问题的规模，使 PMPCP 方法的计算时间更短。此外，三种方法收敛时刻的虚拟控制量都非常小，这也表明凸优化问题的线性化动力学和原始的非线性动力学足够接近。

表5.5 直接更新参考轨迹时各类方法的关键参数对比

物理量/单位	MPCP	LG - PMPCP	LGR - PMPCP	SCP
h_f/km	10	10	10	10
θ_f/(°)	-70	-70	-70	-70
ϕ_f/(°)	-41	-41	-41	-41
V_f/(m·s^{-1})	588.343 8	587.224 7	590.832 4	596.797 5
γ_f/(°)	-19.236 8	-19.280 1	-19.165 6	-23.155 5
ψ_f/(°)	52.426 4	52.387 8	52.342 5	52.714 2
σ_f/(°)	-52.210 9	-51.885 5	-52.265 6	-77.003 1
$\lvert\dot{\sigma}\rvert_{max}$/(°/s)	3.411 4	3.437 4	3.387 3	1.372 8
$\dot{Q}_{max}$/(W·cm^{-2})	69.777 0	68.501 9	69.434 5	69.534 3
q_{max}/kPa	8.097 4	8.097 4	8.097 4	8.097 4
a_{max}/g_0	18.485 6	18.485 6	18.485 6	18.485 6
CPU 耗时/s	3.274 1	3.112 8	2.556 1	8.415 9
迭代次数	2	3	2	9
$\Delta\lvert h\rvert_{max}$/km	0.172 2	0.241 5	0.210 9	0.082 5
收敛时刻 $\lVert \boldsymbol{v} \rVert_1$	2.4×10^{-12}	5.8×10^{-14}	3.8×10^{-14}	2.9×10^{-12}

2. *数值积分更新参考轨迹*

采用直接更新参考轨迹的方式时，仿真只表明伪谱法对计算效率的提升，但在收敛解性能方面没有改进。但实际上，如果采用数值积分的方式参考轨迹更新，伪谱法在收敛解性能方面的改进效果明显，仿真结果图5.4～图5.6所示。

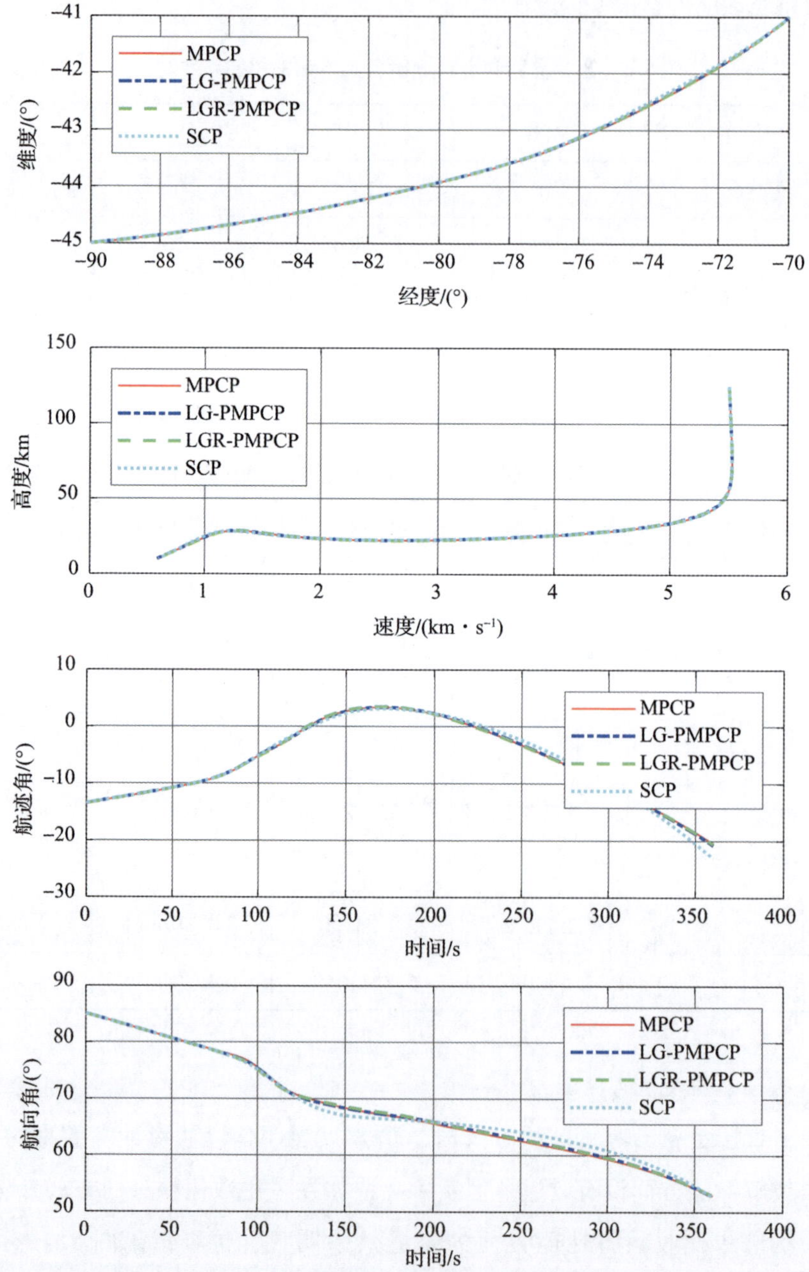

图 5.4 数值积分更新参考轨迹时经纬度、速度 - 高度剖面和航迹角、航向角剖面

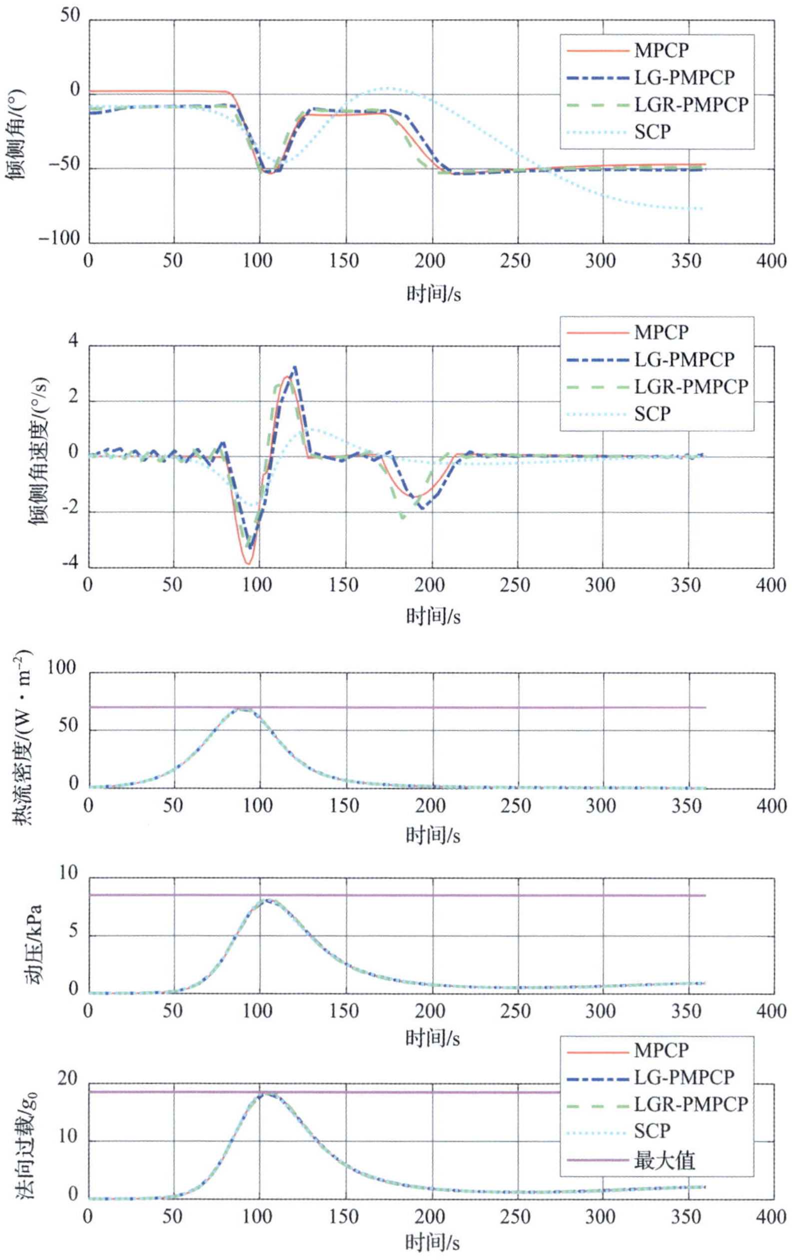

图 5.5　数值积分更新参考轨迹时倾侧角、角速度剖面和路径约束剖面

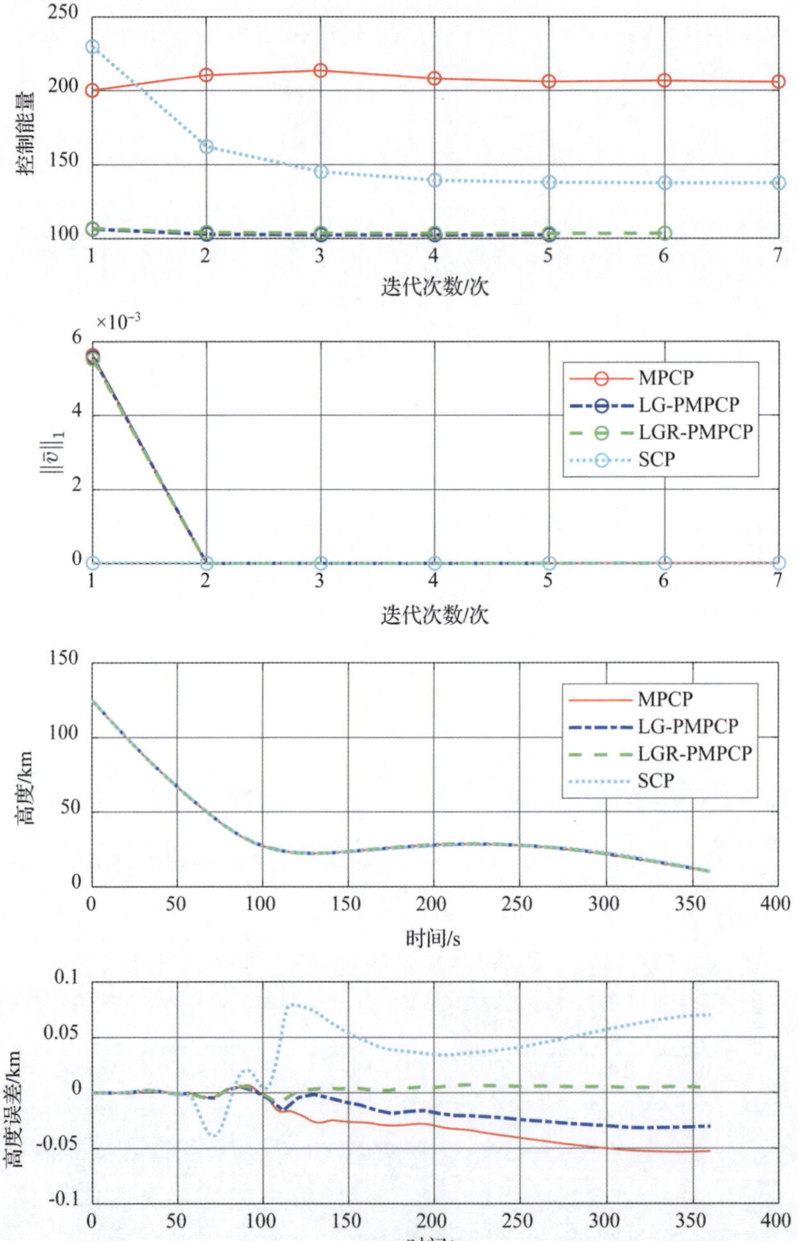

图 5.6 数值积分更新参考轨迹时控制能量、虚拟控制剖面和高度、高度误差剖面

与直接更新参考轨迹的方式相比，采用数值积分方式更新参考轨迹同样能获得良好的轨迹优化效果，包括状态量、控制量和路径约束等物理量均满足约束条件，且三种方法获得的结果与直接更新参考轨迹时的结果高度一致。三种方法的关键参数如表5.6所示。

表5.6 数值积分更新参考轨迹时各类方法的关键参数对比

物理量/单位	MPCP	LG - PMPCP	LGR - PMPCP	SCP
h_f/km	10	10	10	10
θ_f/(°)	-70	-70	-70	-70
ϕ_f/(°)	-41	-41	-41	-41
V_f/(m·s^{-1})	581.456 3	584.178 1	584.597 0	596.811 5
γ_f/(°)	-20.513 1	-20.822 3	-20.604 0	-23.122 0
ψ_f/(°)	52.813 9	52.783 3	52.880 6	52.694 2
σ_f/(°)	-46.966 6	-50.555 03	-48.779 8	-76.591 1
$\lvert\dot{\sigma}\rvert_{max}$/(°/s)	3.884 8	3.337 4	3.326 5	1.369 5
$\dot{Q}_{max}$/(W·cm^{-2})	69.462 5	68.492 7	69.046 1	69.532 4
q_{max}/kPa	8.084 9	8.044 5	7.997 2	8.097 4
a_{max}/g_0	18.457 2	18.364 9	18.256 9	18.485 6
CPU耗时,s	4.505 1	4.002 6	4.238 0	7.680 5
迭代次数	7	5	6	7
$\Delta\lvert h\rvert_{max}$/km	0.053 27	0.031 62	0.009 845	0.079 54
收敛时刻$\Vert \boldsymbol{v} \Vert_1$	1.2×10^{-12}	3.3×10^{-11}	3.8×10^{-12}	2.5×10^{-12}

对于SCP方法来说，使用参考轨迹更新没有明显改变收敛解的性能，最大高度误差仅从0.083 09 km降低到0.079 54 km，迭代次数也只从9次降低到7次，计算时长7.680 5 s，总体来说不同的参考轨迹更新方式对SCP方法的收敛解影响不大。但对于MPCP和PMPCP方法来说，采用数值积分方式更新参考轨迹对收敛解的提高非常明显，MPCP的最大高度误差降低到0.053 27 km，而LG - PMPCP和LGR - PMPCP的最大高度误差则分别降低到0.031 62 km和0.009 845 km，远远小于采用直接更新参考轨迹的方式。不过，采用数值积分方式更新参考轨迹增加了MPCP和PMPCP方法的迭代次数，计算量稍微增加，但PMPCP方法的计算量仍然小于MPCP方法和SCP方法。

5.3 映射 Chebyshev 模型预测凸优化方法

如前文所述，Legendre 伪谱模型预测凸优化方法从伪谱离散格式和参考轨迹更新两方面改进了现有的模型预测凸优化方法，从而提高了收敛的效率和解的性能。但由于伪谱法采用了非均匀的伪谱配点进行 Lagrange 插值，逼近常值函数时容易出现振荡现象。为了解决这一问题，本节提出映射 Chebyshev 伪谱模型预测凸优化（MCGL－PMPCP）方法，通过引入共形映射和重心有理 Lagrange 插值来控制 CGL 伪谱配点的均匀程度，同时提高 Lagrange 插值稳定性，可以在保证收敛解精度的同时改善控制量振荡问题。

5.3.1 Chebyshev 伪谱法

Chebyshev 伪谱法有 Chebyshev－Gauss（CG）、Chebyshev－Gauss－Radau（CGR）和 Chebyshev－Gauss－Labatto（CGL）三种格式，其中 CGL 格式最为常见。

CGL 配点有四类，通常采用第二类配点构造 CGL 伪谱法，即 N 阶 Chebyshev 多项式 $P_N(\tau)=\cos(N\cos^{-1}\tau)$ 的零点 $\tau_0<\tau_1<\cdots<\tau_N$：

$$\tau_k=\cos\left(\frac{\pi k}{N}\right),\ k=0,1,\cdots,N \tag{5-41}$$

式中，$\tau_0=-1$，$\tau_N=1$。

同样地，任一函数 $f(\tau)$ 在 $N+1$ 个第二类 CGL 节点处的函数值 $f(\tau_0),\cdots,f(\tau_N)$，则函数 $f(\tau)$ 的 N 阶 Lagrange 插值多项式 $f_N(\tau)$ 为

$$f_N(\tau)=\sum_{i=0}^{N}f(\tau_i)L_i(\tau),\ f_N(\tau_i)=f(\tau_i) \tag{5-42}$$

式中，$L_i(\tau)$ 为 Lagrange 插值基函数。

CGL 伪谱法的一阶微分矩阵 $\boldsymbol{D}$ 中的元素 D_{ki} 满足

$$\text{CGL}:\boldsymbol{D}\in\mathbb{R}^{(N+1)\times(N+1)},\ D_{ki}\triangleq\dot{L}_i(\tau_k)=\sum_{l=0,l\neq i}^{N}\frac{\prod_{j=0,j\neq i,j\neq l}^{N}\tau_k-\tau_j}{\prod_{j=0,j\neq i}^{N}\tau_i-\tau_j} \tag{5-43}$$

即 $\boldsymbol{D}$ 和 LGR 伪谱微分矩阵一样，为满秩矩阵。

5.3.2　重心 Lagrange 插值

给定插值节点 $-1=\tau_0<\cdots<\tau_N=1$ 和对应的函数值 $f(\tau_0),\cdots,f(\tau_{N+1})$，则函数 $f(\tau)$ 可以用 N 阶 Lagrange 插值多项式 $f_N(\tau)$ 来逼近：

$$f_N(\tau)=\sum_{i=0}^{N}f(\tau_i)L_i(\tau) \tag{5-44}$$

其中，Lagrange 插值基函数 $L_i(\tau)$ 满足

$$L_i(\tau)=\prod_{j=0,j\neq i}^{N}\frac{\tau-\tau_j}{\tau_i-\tau_j},\ L_i(\tau_k)=\begin{cases}1, & k=i\\ 0, & k\neq i\end{cases} \tag{5-45}$$

同时 $f_N(\tau)$ 满足插值条件 $f_N(\tau_k)=f(\tau_k)$，$k=0,1,\cdots,N$。

如果令 $l(\tau)=(\tau-\tau_0)(\tau-\tau_1)\cdots(\tau-\tau_N)$，并且定义重心权重 w_j 为

$$w_i=\frac{1}{\prod_{i\neq j}(\tau_i-\tau_j)},\ i=1,2,\cdots,N \tag{5-46}$$

那么有 $w_i=\dfrac{1}{l'(\tau_i)}$，因此 Lagrange 插值基函数 $L_i(\tau)$ 可以改写为

$$L_i(\tau)=\prod_{j=0,j\neq i}^{N}\frac{\tau-\tau_j}{\tau_i-\tau_j}=l(\tau)\frac{w_i}{\tau-\tau_i} \tag{5-47}$$

此时式（5-44）可以进一步改写为

$$f_N(\tau)=\sum_{i=0}^{N}f(\tau_i)L_i(\tau)=l(\tau)\sum_{i=0}^{N}f(\tau_i)\frac{w_i}{\tau-\tau_i} \tag{5-48}$$

式（5-48）被称为改进的 Lagrange 插值公式。

若将式（5-48）插值常值函数 1，即函数值 $f(\tau_0),\cdots,f(\tau_{N+1})\equiv1$，则有：

$$1=\sum_{i=0}^{N}f(\tau_i)L_i(\tau)=l(\tau)\sum_{i=0}^{N}\frac{w_i}{\tau-\tau_i} \tag{5-49}$$

将式（5-48）两边分别除以式（5-49）的两边可得：

$$f_N(\tau)=\frac{\sum_{i=0}^{N}f(\tau_i)\dfrac{w_i}{\tau-\tau_i}}{\sum_{i=0}^{N}\dfrac{w_i}{\tau-\tau_i}} \tag{5-50}$$

式（5-50）即重心 Lagrange 插值，该插值方式对于伪谱离散节点具有相当高的数值稳定性。

5.3.3 算法原理

尽管标准 Chebyshev 伪谱法具有较高的数值精度，但其伪谱微分矩阵在节点较多时容易陷入病态，导致插值函数在两端发散，从而降低优化得到的数值解精度。本节引入共形映射，将非均匀的 CGL 节点变换为较均匀的节点，通过扩大待逼近函数的解析区域来改善 CGL 微分矩阵的病态特性。

与标准 CGL 伪谱法类似，映射 CGL 伪谱法同样需要给定插值节点和插值权重，差别在于插值节点的选择。映射 CGL 伪谱法通过 Kosloff – Tal – Eaer 共形映射将第二类 CGL 配点进行坐标变换后得到插值节点：

$$\lambda_k = \frac{\arcsin(\alpha\tau_k)}{\arcsin(\alpha)},\ \tau_k = \cos(\pi k/N),\ k=0,1,\cdots,N \tag{5-51}$$

式中，$0 \leqslant \alpha < 1$ 表示共形映射参数，表征映射 CGL 配点的均匀程度。图 5.7 所示为不同 α 对应的映射 CGL 配点，可以看出当 α 的数值越接近 1 时，映射 CGL 配点的分布越均匀。

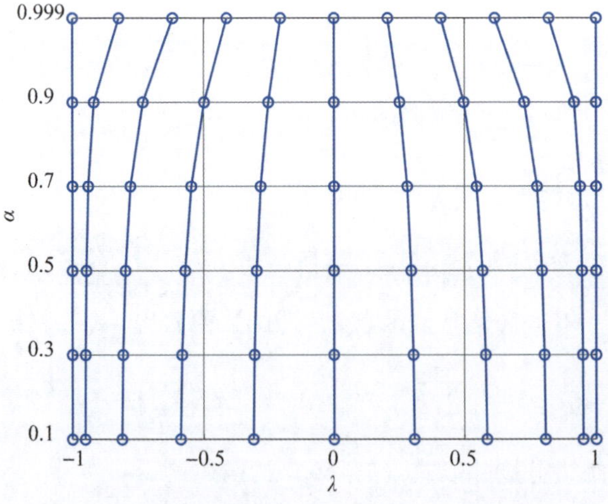

图 5.7 不同 α 对应的映射 CGL 配点（配点数为 11）

对于如何选择共形映射参数 α 才能保证 CGL 伪谱法的数值精度，Kosloff 和 Tal – Ezer 给出了如下选取方案：

$$\alpha = \frac{2}{(t+t^{-1})},\ t = \varepsilon^{-1/N} \tag{5-52}$$

其中，ε 为期望的数值计算精度，N 为配点数量。式（5－52）也可以表示为

$$\alpha = \operatorname{sech}(|\ln \varepsilon|/N) \tag{5-53}$$

进一步，映射 CGL 伪谱法采用重心 Lagrange 插值方法逼近状态增量和控制修正，可以避免出现龙格现象，且保证变量的近似精度：

$$\delta \boldsymbol{x}(\lambda) \approx \delta \boldsymbol{X}(\lambda) = \frac{\sum_{i=0}^{N} \delta \boldsymbol{x}(\lambda_i) \dfrac{w_i}{\lambda - \lambda_i}}{\sum_{i=0}^{N} \dfrac{w_i}{\lambda - \lambda_i}}, \quad \delta \boldsymbol{u}(\lambda) \approx \delta \boldsymbol{U}(\lambda) = \frac{\sum_{i=0}^{N} \delta \boldsymbol{u}(\lambda_i) \dfrac{w_i}{\lambda - \lambda_i}}{\sum_{i=0}^{N} \dfrac{w_i}{\lambda - \lambda_i}} \tag{5-54}$$

式中，映射 CGL 配点的重心权重 w_i 满足

$$w_0 = 0.5,\ w_N = (-0.5)^N,\ w_k = (-1)^k,\ k = 1,2,\cdots,N-1 \tag{5-55}$$

而状态增量和控制修正在映射 CGL 配点处的导数有：

$$\delta \dot{\boldsymbol{x}}(\lambda_k) \approx \delta \dot{\boldsymbol{X}}(\lambda_k) = \sum_{i=0}^{N} \delta \boldsymbol{x}(\lambda_i) D_{ki},\ \delta \dot{\boldsymbol{u}}(\lambda_k) \approx \delta \dot{\boldsymbol{U}}(\lambda_k) = \sum_{i=0}^{N} \delta \boldsymbol{u}(\lambda_i) D_{ki} \tag{5-56}$$

式中，D_{ki} 为映射 CGL 伪谱法的一阶微分矩阵的第 k 行、第 i 列的元素，满足

$$\begin{cases} D_{ki} = \dfrac{w_i/w_k}{\lambda_k - \lambda_i}, & k \neq i \\ D_{kk} = -\sum\limits_{j=0, j\neq k}^{N} D_{kj}, & k = i \end{cases} \tag{5-57}$$

相比式（5－43）定义的标准 CGL 伪谱法的一阶微分矩阵，式（5－57）定义的一阶微分矩阵可以降低微分矩阵的病态特征。图 5.8 给出 21 个 CGL 节点和 $\alpha = 0.99$ 时，标准 CGL 伪谱法和映射 CGL 伪谱法的一阶微分矩阵的元素取值对比。不难看出，采用共形映射和重心 Lagrange 插值技术的映射 CGL 伪谱法的一阶微分矩阵在对角线端点处的元素值更小，矩阵病态特征降低，从而避免待逼近函数值在区间两端的发散。

与 Legendre 伪谱模型预测凸优化方法类似，Chebyshev 伪谱模型预测凸优化方法同样可以定义与式（5－16）相近的伪谱灵敏度关系。首先将系统（5－2）在映射 CGL 节点处转化为一系列代数等式约束：

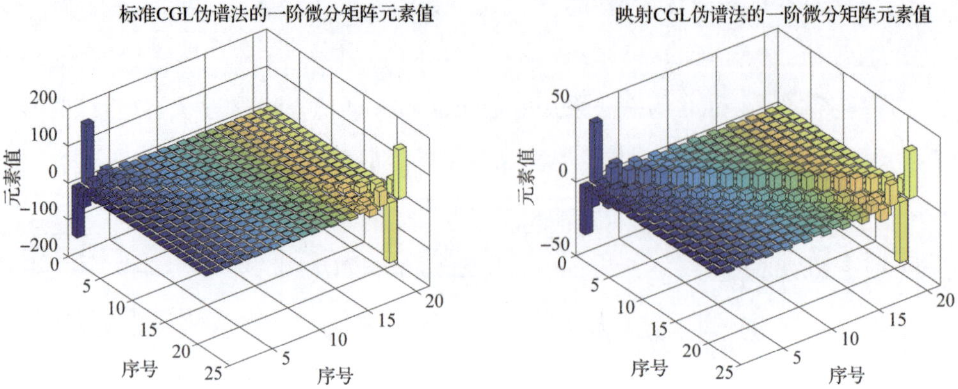

图 5.8 标准 CGL 和映射 CGL 伪谱法的一阶微分矩阵元素值

$$\sum_{i=0}^{N} \delta \boldsymbol{X}(\lambda_i) D_{ki} = \frac{t_f - t_0}{2}[\boldsymbol{A}_k^* \delta \boldsymbol{X}(\lambda_k) + \boldsymbol{B}_k^* \delta \boldsymbol{U}(\lambda_k)],\ k = 0,1,\cdots,N \tag{5-58}$$

同时令 $\delta \boldsymbol{X}_i \triangleq \delta \boldsymbol{X}(\lambda_i)$，$\delta \boldsymbol{U}_i \triangleq \delta \boldsymbol{U}(\lambda_i)$，$\delta \bar{\boldsymbol{X}} = [\delta \boldsymbol{X}_0;\cdots;\delta \boldsymbol{X}_N] \in \mathbb{R}^{(N+1)n_s}$，$\delta \bar{\boldsymbol{U}} = [\delta \boldsymbol{U}_0;\cdots;\delta \boldsymbol{U}_N] \in \mathbb{R}^{(N+1)n_c}$，则可将式（5-58）改写为一个线性矩阵等式：

$$\boldsymbol{D}_{0:N} \delta \bar{\boldsymbol{X}} = \bar{\boldsymbol{A}}^* \delta \bar{\boldsymbol{X}} + \bar{\boldsymbol{B}}^* \delta \bar{\boldsymbol{U}} \tag{5-59}$$

式中：$\boldsymbol{D}_i = [D_{0i}\boldsymbol{I};\cdots;D_{Ni}\boldsymbol{I}] \in \mathbb{R}^{(N+1)n_s \times n_s}$，$\boldsymbol{D}_{0:N} = [\boldsymbol{D}_0,\cdots,\boldsymbol{D}_N] \in \mathbb{R}^{(N+1)n_s \times (N+1)n_s}$，$\boldsymbol{I} \in \mathbb{R}^{n_s \times n_s}$为单位矩阵，同时有

$$\bar{\boldsymbol{A}}^* = \frac{t_f - t_0}{2} diag([\boldsymbol{A}_0^*,\cdots,\boldsymbol{A}_N^*]) \in \mathbb{R}^{(N+1)n_s \times (N+1)n_s} \tag{5-60}$$

$$\bar{\boldsymbol{B}}^* = \frac{t_f - t_0}{2} diag([\boldsymbol{B}_0^*,\cdots,\boldsymbol{B}_N^*]) \in \mathbb{R}^{(N+1)n_s \times (N+1)n_c} \tag{5-61}$$

式（5-59）可以进一步改写为

$$\delta \bar{\boldsymbol{X}} = (\boldsymbol{D}_{0:N} - \bar{\boldsymbol{A}}^*)^{-1} \bar{\boldsymbol{B}}^* \delta \bar{\boldsymbol{U}} \tag{5-62}$$

即映射 CGL 伪谱灵敏度关系。

同样地，映射 CGL 伪谱模型预测凸规划方法（MCGL-PMPCP）对应的最优控制问题可定义为

$$\text{P5-4: } \underset{\delta \bar{\boldsymbol{U}}}{\text{minimize}} \sum_{k=0}^{N} (\delta \boldsymbol{X}_k^{\mathrm{T}} \boldsymbol{Q} \delta \boldsymbol{X}_k + \delta \boldsymbol{U}_k^{\mathrm{T}} \boldsymbol{R} \delta \boldsymbol{U}_k) + \sum_{k=0}^{N-1} (\boldsymbol{U}_{k+1}^{\mathrm{T}} - \boldsymbol{U}_k^{\mathrm{T}}) \boldsymbol{R}_d (\boldsymbol{U}_{k+1} - \boldsymbol{U}_k) \tag{5-63}$$

$$\text{subject to (5-62)}, \ \delta \boldsymbol{X}_0 = \boldsymbol{x}_I^d - \boldsymbol{X}_0^*, \ \delta \boldsymbol{X}_{N+1} = \boldsymbol{x}_F^d - \boldsymbol{X}_{N+1}^*$$

$$\boldsymbol{g}(\boldsymbol{X}_k, \boldsymbol{U}_k) \leqslant 0, \ \boldsymbol{h}(\boldsymbol{X}_k, \boldsymbol{U}_k) = 0 \tag{5-64}$$

式中，$\boldsymbol{x}_I^d$ 和 $\boldsymbol{x}_F^d$ 表示期望的初始和末端状态，$\boldsymbol{X}_0^*$ 和 $\boldsymbol{X}_{N+1}^*$ 表示参考轨迹的初始和末端状态，$\boldsymbol{g}(\boldsymbol{X}_k, \boldsymbol{U}_k)$ 和 $\boldsymbol{h}(\boldsymbol{X}_k, \boldsymbol{U}_k)$ 分别表示不等式和等式约束，可以采用一阶 Taylor 展开方法将其凸化。

本节提出的 MCGL－PMPCP 的算法流程如表 5.7 所示。

表 5.7　MCGL－PMPCP 的算法流程

步骤	执行内容
步骤 1	算法初始化：给定初始 $\boldsymbol{X}_0$，将初始猜测解 $\boldsymbol{U}_k^*$，$k=0,1,\cdots,N$ 作为原非线性系统（5－1）的输入进行数值积分，得到参考轨迹 $\boldsymbol{X}_k^*$，$k=0,1,\cdots,N+1$
步骤 2	根据式（5－60）和（5－61）计算常值矩阵 $\bar{\boldsymbol{A}}^*$ 和 $\bar{\boldsymbol{B}}^*$，然后采用原始－对偶内点法求解问题 P5－4 得到控制修正 $\delta \boldsymbol{U}_k$ 和状态增量 $\delta \boldsymbol{X}_k$，并令 $\boldsymbol{X}_k := \boldsymbol{X}_k^* + \delta \boldsymbol{X}_k$
步骤 3	若 $\sup \Vert \delta \boldsymbol{X}_k \Vert_\infty \leqslant \varepsilon$，$k=0,1,\cdots,N$（其中 $\varepsilon>0$ 为用户给定值），那么转到步骤 5；否则转到步骤 4
步骤 4	令 $\boldsymbol{U}_k := \boldsymbol{U}_k^* + \delta \boldsymbol{U}_k$，将 $\boldsymbol{U}_k$ 作为原非线性系统（5－1）的输入，按照 5.2.2 节给出的参考轨迹更新策略更新 $\boldsymbol{X}_k$，令 $\boldsymbol{U}_k^* := \boldsymbol{U}_k$，$\boldsymbol{X}_k^* := \boldsymbol{X}_k$，然后转到步骤 2
步骤 5	令 $\boldsymbol{U}_k := \boldsymbol{U}_k^* + \delta \boldsymbol{U}_k$，然后令 $\boldsymbol{X}_k^* := \boldsymbol{X}_k$，$\boldsymbol{U}_k^* := \boldsymbol{U}_k$，并将其作为数值最优解输出，算法结束

5.3.4　仿真分析

为了验证所提出的 MCGL－PMPCP 方法在避免控制剖面振荡方面的性能，仍然参考 5.2.4 节仿真设置求解火星进入末端高度最大化问题。MCGL－PMPCP 方法同样施加虚拟控制，并在目标函数中增加虚拟控制量的惩罚项，惩罚权重 w_v

同样设置为 10^6，而共形映射参数 α 为 0.999。仿真中对比了 LG – PMPCP、LGR – PMPCP、CGL – PMPCP 和 MCGL – PMPCP 在使用数值积分参考轨迹更新策略时的仿真结果，如图 5.9 ~ 图 5.11 所示。

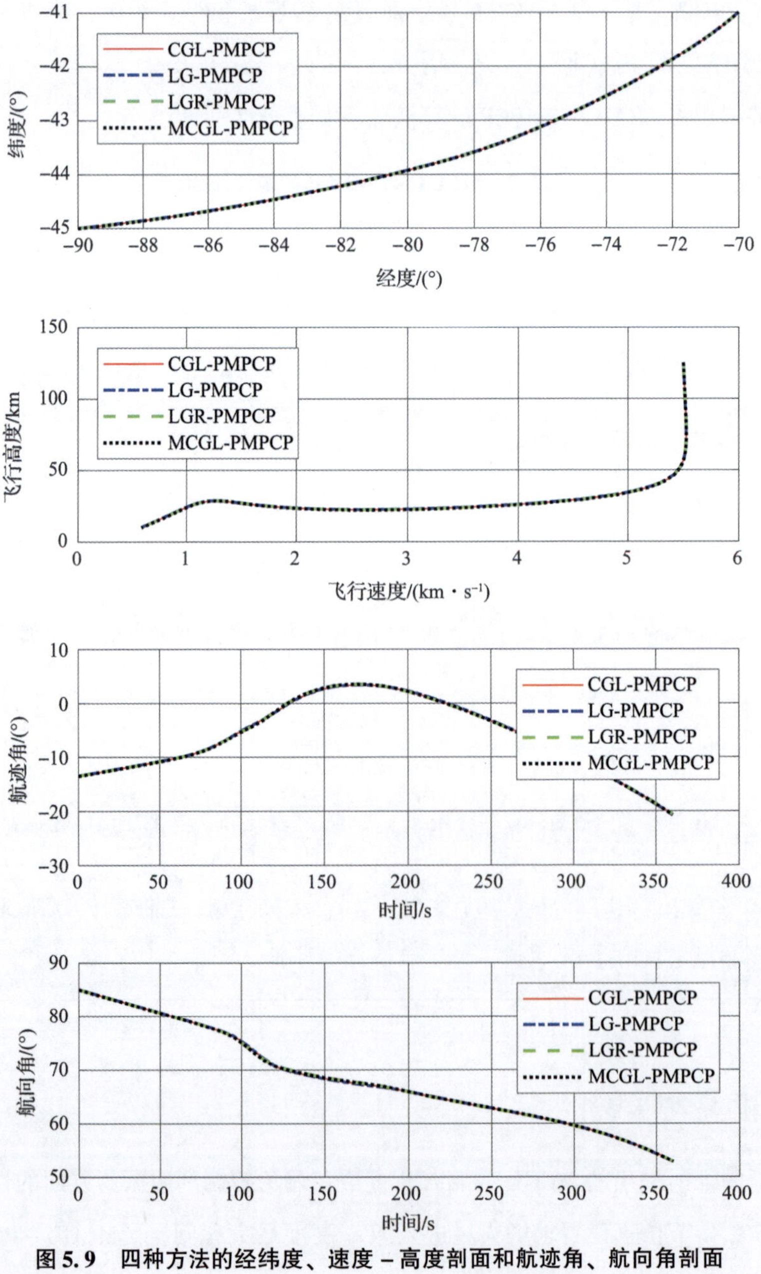

图 5.9　四种方法的经纬度、速度 – 高度剖面和航迹角、航向角剖面

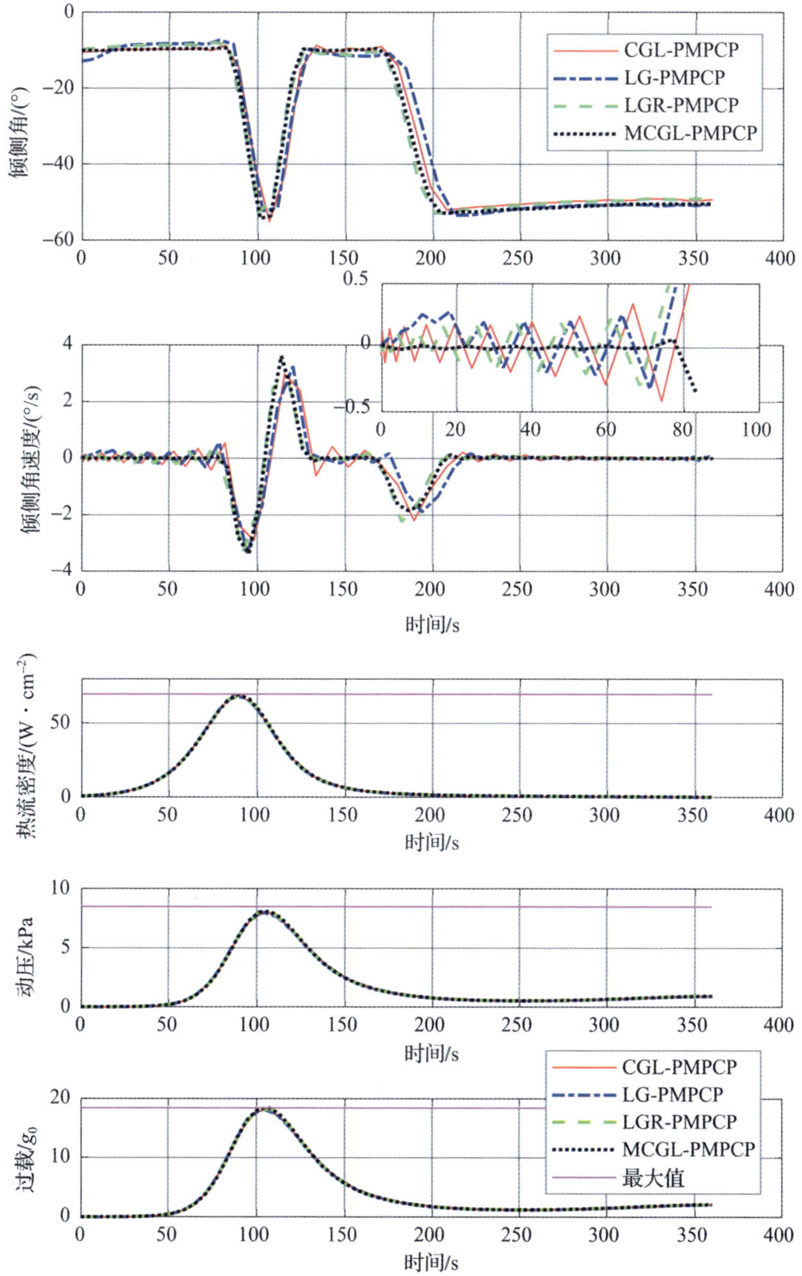

图 5.10　四种方法的倾侧角、角速度剖面和路径约束剖面

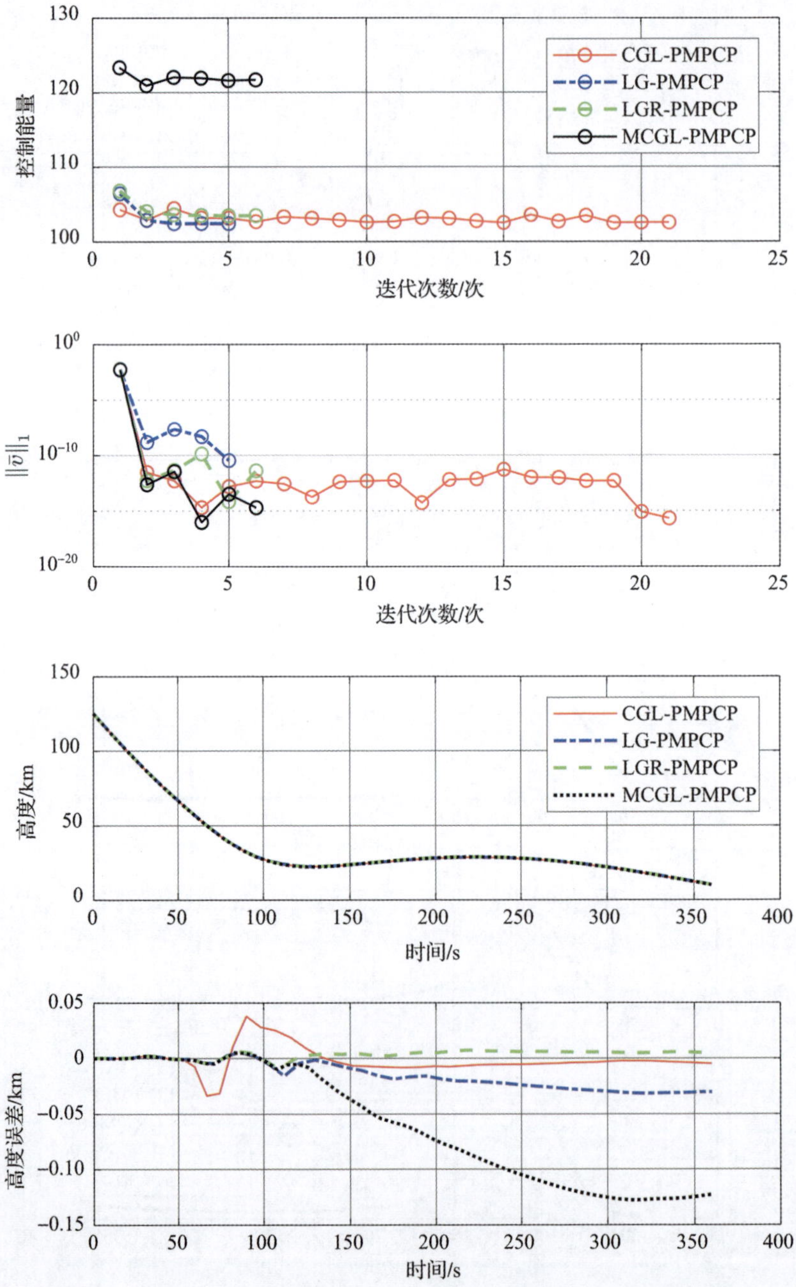

图 5.11 四种方法的控制能量、虚拟控制剖面和高度、高度误差剖面

从仿真结果中不难看出，不论是 CGL－PMPCP 还是 MCGL－PMPCP 方法，都与 LG－PMPCP 和 LGR－PMPCP 的仿真结果非常接近，表明四种方法都能收敛到最优解附近，主要区别在于各类方法的计算效率和控制量剖面的平滑程度。从图 5.10 前两幅子图可知，只有 MCGL－PMPCP 的倾侧角速度剖面较为平稳，而其余三种方法的倾侧角速度剖面均呈现出锯齿形。其原因在于 MCGL－PMPCP 方法采用了 Kosloff－Tal－Eaer 共形映射将均匀分布的第二类 CGL 配点改进为近似均匀的配点，然后采用重心 Lagrange 插值替代 Lagrange 插值方法，从而避免了非均匀节点可能导致数值解两端振荡的现象，也使算法对平稳函数的插值稳定性更好。这一改进反映到仿真结果中就是倾侧角速度剖面的初始（0～80 s）和中间（130～170 s）部分为平滑曲线，而不是锯齿形。至于 200 s 以后的倾侧角速度剖面，由于倾侧角实际上呈现向上的趋势，而不是常值，四种方法的倾侧角速度振荡程度较小。但从计算效率方面来看，图 5.11 表明 CGL－PMPCP 所需的迭代次数最长，达到 21 次，而 MCGL－PMPCP 仅需迭代 6 次即可收敛，表 5.8 中数据也说明 CGL－PMPCP 方法的计算时间超过 10 s，而 MCGL－PMPCP 和其余 Legendre 伪谱法模型预测凸优化方法的计算时间基本持平。不过，MCGL－PMPCP 方法由于采用共形映射提高伪谱配点均匀程度时会降低期望的计算精度 ε，进而导致算法收敛解的精度下降，这一点在图 5.11 后两幅子图中得到说明，MCGL－PMPCP 方法的高度误差最大，表 5.8 中给出其高度误差为 0.1277 km，为四种方法的最大值。综上所述，MCGL－PMPCP 方法可以有效抑制近似常数函数时控制量的振荡现象，但数值解的精度有一定下降。

表 5.8　数值积分更新参考轨迹时各类方法的关键参数对比

物理量/单位	CGL－PMPCP	LG－PMPCP	LGR－PMPCP	MCGL－PMPCP
h_f/km	10	10	10	10
θ_f/(°)	－70	－70	－70	－70
ϕ_f/(°)	－41	－41	－41	－41
V_f/(m·s^{-1})	582.651 9	584.178 1	584.597 0	586.417 6
γ_f/(°)	－20.733 0	－20.822 3	－20.604 0	－20.756 0
ψ_f/(°)	52.873 4	52.783 3	52.880 6	52.807 4

续表

物理量/单位	CGL－PMPCP	LG－PMPCP	LGR－PMPCP	MCGL－PMPCP
σ_f/(°)	－50.139 4	－50.555 03	－48.779 8	－50.669 7
$\lvert\dot{\sigma}\rvert_{max}$/(°/s)	2.981 0	3.337 4	3.326 5	3.615 2
$\dot{Q}_{max}$/(W·cm^{-2})	69.514 2	68.492 7	69.046 1	69.490 5
q_{max}/kPa	8.003 0	8.044 5	7.997 2	8.082 1
a_{max}/g_0	18.270 1	18.364 9	18.256 9	18.450 7
CPU 耗时/s	10.392 9	4.002 6	4.238 0	4.795 0
迭代次数	21	5	6	7
$\Delta\lvert h\rvert_{max}$/km	0.037 8	0.031 62	0.009 845	0.127 7
收敛时刻 $\lVert \boldsymbol{v} \rVert_1$	2.0×10^{-16}	3.3×10^{-11}	3.8×10^{-12}	1.9×10^{-15}

5.4 小结

本章为了提高 MPCP 方法的计算效率和计算精度，首先引入 Legendre 伪谱法来替代 MPCP 方法的均匀离散节点，通过采用非均匀的 LG 和 LGR 配点与高精度 Gauss 积分法则来降低灵敏度关系的离散误差，同时降低了优化问题的规模和计算量；然后对 MPCP 方法的参考轨迹更新策略进行了改进，从而有效提高了收敛解的精度。

此外，由于 Lagrange 插值方法在插值区间两端不稳定，插值平稳的常值函数时容易出现插值解振荡，这一问题表现在火星进入控制能量最大化问题中就是倾侧角速度振荡。为此，结合 Kosloff－Tal－Eaer 共形映射和重心 Lagrange 插值方法对 Chebyshev 伪谱模型预测凸优化方法进行了改进，将非均匀节点改进为近似均匀的配点，从而在保证计算效率和一定数值精度的同时有效改进了倾侧角速度振荡的问题。

第6章
火星进入轨迹的间接序列凸优化方法

迄今为止，所有的火星 EDL 任务，包括 NASA 的“火星科学实验室”和我国的“天问一号”，都将任务的着陆区域定为火星表面的低海拔区域。这样一来，火星进入器可以充分利用火星低空区域的稠密大气进行减速。然而，大多数具有重要科学意义的地区所在的海拔都比较高。当任务选择在高海拔区域着陆时，火星进入段必须在距离火星表面较高的区域结束，以便为接下来的下降和着陆操作留出足够的时间和空间。

火星进入末端高度最大化（TAM）问题本质上是约束最优控制问题。Jacob 等采用 Pontryagin 极小值原理（PMP）和罚函数方法将该问题转化为两点边值问题求解，然后结合粒子群优化方法确定协态变量初值[266]。进一步，Zheng 等人利用精确罚函数法，结合同伦方法对火星进入末端高度最大化问题求解，但该方法在进行协态变量初值猜测时需要构造辅助问题，过程较为复杂[267]。Long 等人证明了约束情况下，火星进入末端高度最大化问题的最优控制剖面为至少切换两次的 Bang - Bang 结构。近来，Mall 等人提出了归一三角化方法（UTM）来求解 Bang - Bang 控制或奇异弧问题[141,142]，但在求解约束火星进入末端高度最大化问题时，需要引入大量同伦问题进行数值延拓，不仅同伦参数的选择非常麻烦，总体计算量也较大。

总体来看，TAM 问题的最优控制剖面为 Bang - Bang 结构，且不存在奇异弧段，因此可以采用间接法进行求解，但通常情况下收敛性仍受协态变量初始值的影响，同时难以处理过程约束。为了提高间接法求解 TAM 问题的效率，本章提出了间接序列凸优化（ISCP）方法。ISCP 首先改进了 UTM，将其具有的两个最优控制选项放缩为连续且唯一的最优解，从而避免采用 PMP 对最优控制选项进行检验和选择。然后，采用改进 UTM 生成与原 TAM 问题相对应的两点边值问题。最后，采用 SCP 方法求解两点边值问题，获得最优解。

6.1 归一三角化方法

使用间接法求解约束最优控制问题具有两个明显劣势：第一，间接法的收敛半径小，对协态变量的初始值非常敏感，容易不收敛；第二，间接法在处理路径约束时往往需要已知最优控制剖面类型，但最优控制的信息一般难以预知。为了处理上述问题，UTM 将控制量参数化为三角函数，并在目标函数中引入控制剖面的误差控制项，从而可以用光滑函数近似 Bang - Bang 控制或奇异弧控制，因此 UTM 可以避免数值奇异问题和非唯一解问题。同时，UTM 在目标函数中增加了路径约束惩罚项，从而可以较为方便地处理路径约束。

控制量在动力学方程（也即 Hamiltonian 函数）中要么以仿射形式出现，要么为非线性控制形式。尽管这两种情况均能被 UTM 处理，但由于 TAM 仅涉及控制仿射的情况，本章只对这一情况进行研究。

6.1.1 问题描述

不同于前文章节使用三自由度动力学模型，由于 TAM 问题只和火星进入纵向运动有关，因此直接采用无量纲纵向动力学模型研究 TAM 问题：

$$\begin{cases}\dfrac{\mathrm{d}r}{\mathrm{d}\tau}=V\sin\gamma\\[2mm]\dfrac{\mathrm{d}V}{\mathrm{d}\tau}=-D-\dfrac{\sin\gamma}{r^2}\\[2mm]\dfrac{\mathrm{d}\gamma}{\mathrm{d}\tau}=\dfrac{L\cos\sigma}{V}+\dfrac{V\cos\gamma}{r}-\dfrac{\cos\gamma}{(r^2V)}\\[2mm]\dfrac{\mathrm{d}s}{\mathrm{d}\tau}=\dfrac{V\cos\gamma}{r}\end{cases}\tag{6-1}$$

此外，由于只考虑纵向运动，倾侧角的符号对纵向运动没有影响，倾侧角取正数即可。因此，本章中定义状态量 $\boldsymbol{x}=[r,V,\gamma,s]^{\mathrm{T}}$，控制量 $u=\cos\sigma$，倾侧角和控

制量的容许范围分别为

$$0<\sigma_{\min}\leqslant u\leqslant\sigma_{\max},\ \cos(\sigma_{\max})=u_{\min}\leqslant u\leqslant u_{\max}=\cos(\sigma_{\min}) \tag{6-2}$$

此时无量纲纵向动力学模型的矢量形式为 $\dot{\boldsymbol{x}}=\boldsymbol{f}(\boldsymbol{x})+\boldsymbol{g}(\boldsymbol{x})u$。

与前文章节一致，火星进入过程中的路径约束可表示为

$$\begin{cases} q=\dfrac{\rho\ (VV_s)^2}{2}\leqslant q_{\max} \\ \dot{Q}=k_Q\sqrt{\dfrac{\rho}{R_n}}(^VV_s)3\leqslant\dot{Q}_{\max} \\ n=\sqrt{L^2+D^2}\leqslant n_{\max} \end{cases} \tag{6-3}$$

式中，$q_{\max}$，$\dot{Q}_{\max}$，$n_{\max}$分别表示动压、热流密度和法向过载的容许最大值。

同时，初始和末端边界条件分别为

$$\boldsymbol{x}(\tau_0)=[r_0,V_0,\gamma_0,s_0]^{\mathrm{T}},\ V(\tau_f)=V_f \tag{6-4}$$

至此，火星末端高度最大化问题对应的最优控制问题形式为

$$\text{P6-1: Find } u,\ \text{minimize } J=-r(\tau_f) \tag{6-5}$$

$$\text{subject to (6-1)} \sim \text{(6-4)} \tag{6-6}$$

6.1.2　算法原理

在 UTM 方法中，原控制量 u 可表示为新控制量 $\bar{u}$ 的三角函数：

$$u=c_0+c_1\sin\bar{u} \tag{6-7}$$

式中，$c_0=(u_{\max}+u_{\min})/2$，$c_1=(u_{\max}-u_{\min})/2$，且 $\bar{u}$ 无约束。

同时，UTM 还将目标函数改写为

$$J=-r(\tau_{\mathrm{f}})+\int_0^{\tau_{\mathrm{f}}}\left[\varepsilon_c\cos\bar{u}+\varepsilon_q\sec\left(\frac{a_q\pi}{2}\right)+\varepsilon_{\dot{Q}}\sec\left(\frac{a_{\dot{Q}}\pi}{2}\right)+\varepsilon_n\sec\left(\frac{a_n\pi}{2}\right)\right]\mathrm{d}\tau \tag{6-8}$$

$$a_q=\frac{(2q-q_{\max}-q_{\min})}{q_{\max}},\ a_{\dot{Q}}=\frac{(2\dot{Q}-\dot{Q}_{\max}-\dot{Q}_{\min})}{\dot{Q}_{\max}},\ a_n=\frac{(2n-n_{\max}-n_{\min})}{n_{\max}} \tag{6-9}$$

式中，$q_{\min}=\dot{Q}_{\min}=n_{\min}=0$，且 ε_c，ε_q，$\varepsilon_{\dot{Q}}$，ε_n 均为用户自定义的正实数，当这些参数非常接近于 0 时，新目标函数（6-8）几乎和原目标函数等价。

在式（6-8）中，余弦项 $\varepsilon_c \cos \bar{u}$ 为误差控制项，表示 UTM 的近似最优控制量对原最优控制量的逼近程度。如图 6.1 所示，红色实线表示原最优控制量的归一化极值，而近似最优控制量则用蓝色虚线表示，黑色点线过红色实线垂直于蓝色虚线，表示近似最优控制量和原最优控制量之间的逼近程度。当原最优控制量为 Bang-Bang 结构时，UTM 方法在原最优控制量不连续点的邻域内引入余弦项 $\varepsilon_c \cos \bar{u}$ 来逼近原最优控制量，从而获得光滑的近似最优控制量，其中参数 ε_c 用于控制逼近程度。这样一来，由于采用光滑的近似最优控制量代替了不连续的 Bang-Bang 控制量，因而在求解过程中不会导致数值奇异问题。

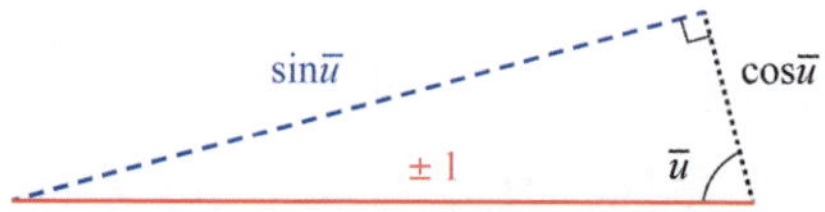

图 6.1 UTM 中近似最优控制量和原最优控制量的关系

此外，式（6-7）中的三个 sec 项定义为三个路径约束的惩罚项。如图 6.2 所示，为了确保 sec 项能够达到惩罚效果，必须保证 a_q，$a_{\dot{Q}}$ 和 a_n 处于区间 $[-1, 1]$ 内，从而保证正割函数的定义域处于区间 $\left[-\frac{\pi}{2}, \frac{\pi}{2}\right]$ 内。否则，一旦 sec 项的定义域超过有效范围，sec 项就无法达到惩罚路径约束的目的。

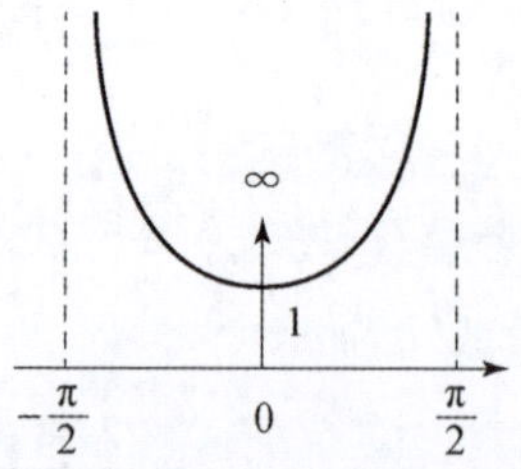

图 6.2 惩罚项中 sec 函数图像

由于采用罚函数方法将约束最优控制问题 P6-1 改写为无约束形式，则相应的 Hamiltonian 函数为

$$
\begin{aligned}
H &= \boldsymbol{\lambda}^{\mathrm{T}}[\boldsymbol{f}(\boldsymbol{x}) + \boldsymbol{g}(\boldsymbol{x})u] + \varepsilon_c \cos \bar{u} + \varepsilon_q \sec\left(\frac{a_q \pi}{2}\right) + \varepsilon_{\dot{Q}} \sec\left(\frac{a_{\dot{Q}} \pi}{2}\right) + \varepsilon_n \sec\left(\frac{a_n \pi}{2}\right) \\
&= \lambda_r V \sin\gamma + \lambda_V\left(-D - \frac{\sin\gamma}{r^2}\right) + \frac{\lambda_\gamma L(c_0 + c_1 \sin \bar{u})}{V} + \frac{\lambda_s V \cos\gamma}{r} +
\end{aligned}
$$

$$\varepsilon_c \cos \bar{u} + \varepsilon_q \sec\left(\frac{a_q \pi}{2}\right) + \varepsilon_{\dot{Q}} \sec\left(\frac{a_{\dot{Q}} \pi}{2}\right) + \varepsilon_n \sec\left(\frac{a_n \pi}{2}\right) \tag{6-10}$$

其中，$\boldsymbol{\lambda} = [\lambda_r, \lambda_V, \lambda_\gamma, \lambda_s]^{\mathrm{T}}$ 表示协态量。

根据一阶必要条件，协态方程和横截条件为

$$\dot{\boldsymbol{\lambda}} = -\frac{\partial H}{\partial \boldsymbol{x}} \tag{6-11}$$

$$\boldsymbol{\lambda}(\tau_{\mathrm{f}}) = \frac{\partial \phi(\boldsymbol{x}(\tau_{\mathrm{f}}), \tau_{\mathrm{f}})}{\partial \boldsymbol{x}(\tau_{\mathrm{f}})} + \boldsymbol{\mu}^T \frac{\partial \boldsymbol{\psi}(\boldsymbol{x}(\tau_{\mathrm{f}}), \tau_{\mathrm{f}})}{\partial \boldsymbol{x}(\tau_{\mathrm{f}})} \tag{6-12}$$

$$H(\tau_{\mathrm{f}}) = -\frac{\partial \phi(x(\tau_{\mathrm{f}}), \tau_{\mathrm{f}})}{\partial \tau_{\mathrm{f}}} - \boldsymbol{\mu}^T \frac{\partial \boldsymbol{\psi}(\boldsymbol{x}(\tau_{\mathrm{f}}), \tau_{\mathrm{f}})}{\partial \tau_{\mathrm{f}}} \tag{6-13}$$

式中，末端代价函数 $\phi(\boldsymbol{x}(\tau_{\mathrm{f}}), \tau_{\mathrm{f}}) = -r(\tau_{\mathrm{f}})$；末端等式约束 $\boldsymbol{\psi}(\boldsymbol{x}(\tau_{\mathrm{f}}), \tau_{\mathrm{f}}) = V(\tau_{\mathrm{f}}) - V_{\mathrm{f}}$；$\boldsymbol{\mu}$ 表示与末端等式约束条件相关的常矢量。由此，协态方程和哈密顿函数为

$$\begin{aligned}\dot{\lambda}_r = -\frac{\partial H}{\partial r} = & -\lambda_V\left(-D_r + \frac{2\sin\gamma}{r^3}\right) - \lambda_\gamma\left[\frac{L_r(c_0 + c_1 \sin \bar{u})}{V} - \frac{V\cos\gamma}{r^2} + \frac{2\cos\gamma}{r^3 V}\right] + \\ & \lambda_s \frac{V\cos\gamma}{r^2} - \varepsilon_q \frac{\pi}{2} a_q^r \sec\left(\frac{\pi}{2} a_q\right) \tan\left(\frac{\pi}{2} a_q\right) - \\ & \varepsilon_{\dot{Q}} \frac{\pi}{2} a_{\dot{Q}}^r \sec\left(\frac{\pi}{2} a_{\dot{Q}}\right) \tan\left(\frac{\pi}{2} a_{\dot{Q}}\right) - \varepsilon_n \frac{\pi}{2} a_n^r \sec\left(\frac{\pi}{2} a_n\right) \tan\left(\frac{\pi}{2} a_n\right)\end{aligned} \tag{6-14}$$

$$\begin{aligned}\dot{\lambda}_V = -\frac{\partial H}{\partial V} = & -\lambda_r \sin\gamma + \lambda_V D_V - \lambda_\gamma\left[\frac{L_V(c_0 + c_1 \sin \bar{u})}{V} - \frac{L(c_0 + c_1 \sin \bar{u})}{V^2} + \frac{\cos\gamma}{r} + \frac{\cos\gamma}{r^2 V^2}\right] - \\ & \lambda_s \frac{\cos\gamma}{r} - \varepsilon_q \frac{\pi}{2} a_q^V \sec\left(\frac{\pi}{2} a_q\right) \tan\left(\frac{\pi}{2} a_q\right) - \\ & \varepsilon_{\dot{Q}} \frac{\pi}{2} a_{\dot{Q}}^V \sec\left(\frac{\pi}{2} a_{\dot{Q}}\right) \tan\left(\frac{\pi}{2} a_{\dot{Q}}\right) - \varepsilon_n \frac{\pi}{2} a_n^V \sec\left(\frac{\pi}{2} a_n\right) \tan\left(\frac{\pi}{2} a_n\right)\end{aligned} \tag{6-15}$$

$$\dot{\lambda}_\gamma = -\frac{\partial H}{\partial \gamma} = -\lambda_r V\cos\gamma + \lambda_V \frac{\cos\gamma}{r^2} + \lambda_\gamma\left(\frac{V\sin\gamma}{r} - \frac{\sin\gamma}{r^2 V}\right) + \lambda_s \frac{V\sin\gamma}{r} \tag{6-16}$$

$$\dot{\lambda}_s = 0 \tag{6-17}$$

$$\lambda_r(\tau_{\mathrm{f}}) = -1,\ \lambda_\gamma(\tau_{\mathrm{f}}) = 0,\ \lambda_s(\tau_{\mathrm{f}}) = 0 \tag{6-18}$$

$$H(\tau_{\mathrm{f}}) = 0 \tag{6-19}$$

式中，a_i^j 表示变量 $a_i \in \{a_q, a_{\dot{Q}}, a_n\}$ 对状态量 $j \in \{r, V\}$ 的偏导数，而 $\lambda_V(\tau_{\mathrm{f}})$ 为自由变量。

进一步，UTM 根据一阶最优条件求解最优控制量则有：

$$\frac{\partial H}{\partial \bar{u}}=\frac{\lambda_{\gamma}Lc_{1}\cos\ \bar{u}}{V}-\varepsilon_{c}\sin\ \bar{u}\ =0 \tag{6-20}$$

$$\bar{u}^{*}=\begin{cases}\arctan\left(\dfrac{\lambda_{\gamma}Lc_{1}}{(V\varepsilon_{c})}\right)\\ \arctan\left(\dfrac{\lambda_{\gamma}Lc_{1}}{(V\varepsilon_{c})}\right)+\pi\end{cases} \tag{6-21}$$

需要说明的是，根据式（6－20）只能得到式（6－21）的第一项，第二项的来源将在下一节中介绍。由于 UTM 无法确定哪一项为最优解，因此需要根据 PMP 进行检验，选择 Hamiltonian 函数较小的一项为最优解。

综上所述，将（6－21）代入式（6－14）~式(6－17）后，式（6－1），式（6－14）~式(6－19）构成一个 TPBVP，求解这一 TPBVP 后再根据式（6－21)计算出原最优控制问题的最优控制量 $\bar{u}^{*}$。尽管采用 MATLAB 内置函数 bvp4c 就可以求解 TPBVP，但该问题对于初始协态量非常敏感，因此 UTM 采用数值延拓方式进行初始协态量猜测，通过依次减小参数 $q_{\max}$，$\dot{Q}_{\max}$，$n_{\max}$，ε_{c}，ε_{q}，$\varepsilon_{\dot{Q}}$ 和 ε_{n} 的值不断逼近最优控制量。

6.2 改进归一三角化方法

6.2.1 算法原理

尽管 UTM 采用间接法求解了火星进入最大末端高度问题，但该方法仍有三个缺点。第一，UTM 的最优控制量并不唯一，因此求解过程需要根据 PMP 反复验证最优解，但这一过程不可避免地增加了计算量。第二，由于参数 ε_{c}，ε_{q}，$\varepsilon_{\dot{Q}}$ 和 ε_{n} 必须在非常接近 0 的时候才能保证近似问题和原问题的等价性，而 TPBVP 对初始协态变量非常敏感，UTM 采用数值延拓方式降低协态初值敏感度的同时也不可避免地需要为每一个参数设置同伦问题。但如果参数的同伦步长太大，算法无法收敛；而同伦步长太小，同伦问题的数量将大幅增加，计算耗时增大。第三，由于 UTM 必须满足 a_q，$a_{\dot{Q}}$ 和 a_n 处于区间 [-1，1] 内才能保证惩罚函数有效，因此根据式（6-9）可知，路径约束 q，$\dot{Q}$ 和 n 必须小于对应的容许最大值。而 UTM 为了满足这一条件，也将 $q_{\max}$，$\dot{Q}_{\max}$，$n_{\max}$ 选为同伦参数，通过不断减小路径约束的容许最大值来保证 a_q，$a_{\dot{Q}}$ 和 a_n 的取值范围，但这一方式同样也面临收敛性和计算量之间的矛盾。

对于 UTM 的第一个缺点，实际上可以通过分析 Hamiltonian 函数和数值放缩手段来解决。换句话说，式（6-21）所示的两个最优控制量可以近似为一个最优控制量。为此，首先将式（6-10）的 Hamiltonian 函数改写为

$$H(x^*,u,\boldsymbol{\lambda}^*,\tau)=\sqrt{a^2+b^2}\cos(\bar{u}-\theta)+\lambda_r V\sin\gamma+\lambda_V\left(-D-\frac{\sin\gamma}{r^2}\right)+\\ \lambda_\gamma^* L^*\frac{c_0}{V^*}+\frac{\lambda_s V\cos\gamma}{r}+\varepsilon_q\sec a_q^*+\varepsilon_Q\sec a_Q^*+\varepsilon_n\sec a_n^* \tag{6-22}$$

式中，$a=\dfrac{\lambda_\gamma^* L^* c_1}{V^*}$，$b=\varepsilon_c$，$\cos\theta=\dfrac{b}{\sqrt{a^2+b^2}}$，$\sin\theta=\dfrac{a}{\sqrt{a^2+b^2}}$，$\theta=\arctan\left(\dfrac{a}{b}\right)$，且带有上标 * 的变量为最优解对应的变量。很明显，函数 $H(\boldsymbol{x}^*,u,\boldsymbol{\lambda}^*,\tau)$ 取最小值时应满足：

$$\bar{u}^*=2k\pi+\pi+\theta,\ k=0,\pm1,\pm2,\cdots \tag{6-23}$$

注意，当不考虑周期项时，式（6-23）给出的最优控制量就是式（6-18）中的第二项。这表明，式（6-18）中的第一项其实不是最优控制量，也解释了为什么 UTM 需要应用 PMP 来确定哪一项为最优控制量。

进一步，由于 $\varepsilon_c\to0^+$，则有 $\cos\theta>0$，且有：

$$\theta=\begin{cases}|\theta|\to\left(\dfrac{\pi}{2}\right)^-=\dfrac{\pi}{2}-\mu, & a>0\\ 0, & a=0,\ \mu\to0^+\\ -|\theta|\to\left(-\dfrac{\pi}{2}\right)^+=\mu-\dfrac{\pi}{2}, & a<0\end{cases} \tag{6-24}$$

接着将式（6-21）代入式（6-20）可得：

$$\bar{u}^*=\begin{cases}2k\pi+\pi+|\theta|, & a>0\\ 2k\pi+\pi, & a=0\\ 2k\pi+\pi-|\theta|, & a<0\end{cases} \tag{6-25}$$

式（6-25）说明了两点事实：第一，如 a 的符号在区间 $2k\pi+[\pi-|\theta|,\pi+|\theta|]$ 内发生改变，则说明最优控制量剖面发生了控制切换，且 Bang-Bang 剖面的切换时刻为 a 等于 0 的时刻；第二，由于 ε_c 为大于 0 的小量，且结合式（6-24）可以将式（6-25）所示的最优控制量可以进一步近似为

$$\bar{u}^*=\begin{cases}2k\pi+\pi+|\theta|=2k\pi+\pi+\dfrac{\pi}{2}-\mu\approx 2k\pi+\pi+\dfrac{\pi}{2}+\mu & \\ \qquad =2(k+1)\pi-\left(\dfrac{\pi}{2}-\mu\right)=2(k+1)\pi+\arctan\left(\dfrac{-a}{b}\right) & a>0\\ 2k\pi+\pi & a=0\\ 2k\pi+\pi-|\theta|=2k\pi+\dfrac{\pi}{2}+\mu\approx 2k\pi+\dfrac{\pi}{2}-\mu & \\ \qquad =2k\pi-\left(\mu-\dfrac{\pi}{2}\right)=2k\pi+\arctan\left(\dfrac{-a}{b}\right) & a<0\end{cases} \tag{6-26}$$

结合式（6-25）和式（6-26）可知，改进后的最优控制量实际上是将 $a>0$ 时刻的解 $2k\pi+\pi+|\theta|$ 移动到 $2(k+1)\pi+\arctan\left(\dfrac{-a}{b}\right)$，同时将 $a<0$ 时刻的解 $2k\pi+\pi-|\theta|$ 移动到 $2k\pi+\arctan\left(\dfrac{-a}{b}\right)$。

令 $k=-1$，0 且 $a\neq 0$ 时，则根据式（6-25）和（6-26）可以将近似前后的最优控制量表示在图 6.3 中。

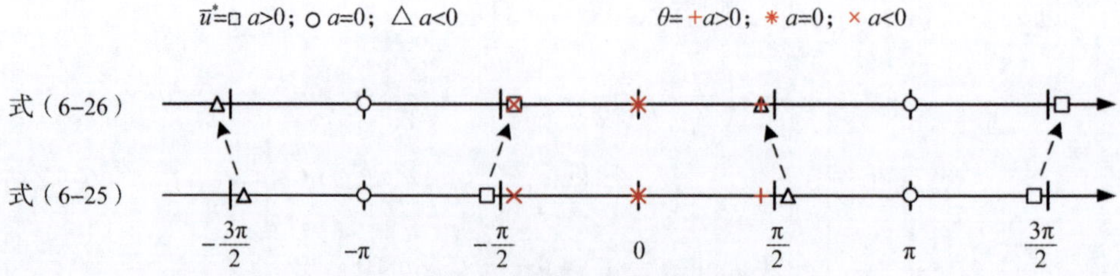

图 6.3 改进前后最优控制量的位置

根据图 6.3 可知，在式（6-25）对应的坐标轴上：区间 $[-3\pi/2,-\pi/2]$ 内的黑色三角形对应 $k=-1$，$a<0$ 时的最优控制量，黑色方框对应 $k=-1$，$a>0$ 时的最优控制量，黑色圆圈对应 $k=-1$，$a=0$ 时的最优控制量；区间［$\pi/2$，

$3\pi/2$] 内的黑色三角形对应 $k=0$，$a<0$ 时的最优控制量，黑色方框对应 $k=0$，$a>0$ 时的最优控制量，黑色圆圈对应 $k=-1$，$a=0$ 时的最优控制量。而在式 (6-26) 对应的坐标轴上：区间 [$-\pi/2$，$\pi/2$] 内的红色叉字对应 $k=-1$，$a>0$ 时的最优控制量；区间 [$-\pi/2$，$\pi/2$] 内的红色十字对应 $k=0$，$a<0$ 时的最优控制量；区间 [$-\pi/2$，$\pi/2$] 内的红色米字对应 $\bar{u}^*=0$。但注意到式 (6-26) 中 $a\neq0$ 时，最优控制量的表达式实际上是同一周期函数，因此区间 [$-\pi/2$，$\pi/2$] 内的红色叉字和十字实际上分别对应同一周期内 $a>0$ 和 $a<0$ 时对应的最优控制量。

综上所述，根据图 6.3 中的平移关系且忽略周期项后，$a\neq0$ 时的近似最优控制量可改写为

$$\bar{u}^* = \arctan\left(\frac{-a}{b}\right) \tag{6-27}$$

而当 $a=0$ 时，根据式 (6-24) 和 (6-25) 分别有 $\theta=\arctan\left(\frac{-a}{b}\right)=0$ 和 $\bar{u}^*=2k\pi+\pi$，那么可以将式 (6-7) 改写为

$$\begin{aligned} u &= c_0+c_1\sin\bar{u}^* = c_0+c_1\sin(2k\pi+\pi) = c_0+c_1\sin(0) \\ &= c_0+c_1\sin\theta = c_0+c_1\sin\left(\arctan\left(\frac{-a}{b}\right)\right) \end{aligned} \tag{6-28}$$

即 $a=0$ 时，可以用 $\bar{u}^*=\arctan\left(\frac{-a}{b}\right)$替换 $\bar{u}^*=2k\pi+\pi$。至此，近似最优控制量为式 (6-27) 所示的唯一且连续函数。此外，由于在最优控制量的推导过程中，并不涉及三个路径约束的惩罚项，因此式 (6-27) 同样为考虑路径约束的火星进入最大末端高度问题的最优解。

对比 UTM 和改进 UTM 方法的最优控制量表达式可知，改进后的近似最优控制量连续且唯一，因而不需要根据 PMP 对最优控制量进行检验，减小了 UTM 方法的计算步骤，提高了计算效率。同时，将连续最优控制量式 (6-14) 代入式 (6-17) 中构造 TPBVP 时，可以通过一阶泰勒展开方法线性化非线性状态和协态微分方程组，从而在凸优化框架中求解该 TPBVP。显然，原 UTM 方法的最优控制表达式 (6-21) 不具备将微分方程组线性化的可能。

6.2.2 仿真分析

为了验证改进 UTM 方法的性能，本节在 MATLAB 环境下开展数值仿真，仿真场景包括无约束和有约束火星进入最大末端高度问题，求解器选择 MATLAB 内嵌函数 bvp4c，并设置该函数的最大迭代次数 Nmax 为 5000，相对误差 RelTol 为 10^{-4}，其余参数保持默认值。仿真中以自适应伪谱法（GPOPS）求解得到的解作为基准，以对比改进 UTM 方法在数值解精度和计算效率方面的性能，GPOPS 采用默认求解器 IPOPT，网格收敛误差为 10^{-3}。仿真中火星和火星进入器的参数设置为 $R_0=3\ 397$ km，$g_0=3.712$ m/s^2，$\rho_0=0.015\ 8$ kg/m^3，$h_s=9\ 354.5$ m，$m=3\ 300$ kg，$S_r=15.9$ m^2，$C_L=0.348$，$C_D=1.45$，$R_n=0.6$ m，$\sigma_{\min}=30°$，$\sigma_{\max}=120°$，$k_Q=1.902\ 7\times10^{-4}$，$q_{\max}=10$ kPa，$\dot{Q}_{\max}=70$ W/cm^2，$n_{\max}=5g_E$，$g_E=9.8$ m/s^2，$r_0=3\ 522$ km，$V_0=6\ 000$ m/s，$\gamma_0=-11.5°$，$s_0=0$ km，$V_f=540$ m/s。

由于求解 TPBVP 时需要对初始协态变量进行猜测，但协态变量没有实际物理意义，直接猜测难度较大，因此可以采用数值延拓的方式，简化问题的解来初始化复杂问题，从而降低复杂问题的协态变量猜测难度，提高算法收敛性。对于火星进入最大末端高度问题，可以通过逐步改变参数 $q_{\max}$，$\dot{Q}_{\max}$，$n_{\max}$，ε_c，ε_q，$\varepsilon_{\dot{Q}}$ 和 ε_n 的值来定义一系列同伦子问题，从求解简单问题逐步过渡到求解复杂问题，参数取值由表 6.1 给出。需要说明的是，表 6.1 中参数设置参考了文献［141］给出的结果，并经过多次试验和修改后才得到收敛解，否则不能保证收敛。此外，初始同伦子问题中的末端时间为 200 s。

表 6.1 仿真场景的同伦参数值

物理量/单位	无约束	有约束
r_0/km	$[50:5:125]+R_0$	$[50:5:125]+R_0$
$\dot{Q}_{\max}$/(W·cm^{-2})	200	$[200:-1:70]$
$n_{\max}/g_E$	50	$[50:-1:5]$
$q_{\max}$/kPa	100	$[100:-10:10]$

续表

物理量	无约束	有约束
$\varepsilon_{\dot{Q}}$	0	$[10:-0.5:1]\times 10^{-i}$, $i=1,2,\cdots,7$
ε_n	0	$[10:-0.5:1]\times 10^{-i}$, $i=1,2,\cdots,7$
ε_q	0	$[10:-0.5:1]\times 10^{-i}$, $i=1,2,\cdots,7$
ε_c	$[10:-0.5:1]\times 10^{-i}$, $i=1,2,\cdots,7$	$[10:-0.2:1]\times 10^{-i}$, $i=1,2,\cdots,9$

1. 无约束路径问题

由表6.1可知，无约束问题的同伦参数有两个，分别是初始火心距离 r_0 和惩罚项权重 ε_c。在同伦过程中，按照表中顺序从上往下，每次只改变一个参数，其余参数和上一个同伦子问题中的值保持一致。当以初始火心距离 r_0 为同伦参数时，惩罚项权重 ε_c 保持初始值1不变，初始飞行高度 h_0 从50 km以步长5 km逐渐增大到125 km，随后初始火心距离 r_0 保持125 km，惩罚项权重 ε_c 的数值从1逐步减小到 10^{-7}，整个同伦过程共产生143个子问题。改进UTM方法和GPOPS获得的仿真结果如图6.4和图6.5所示，其中协态变量可以根据乘子映射来估计。

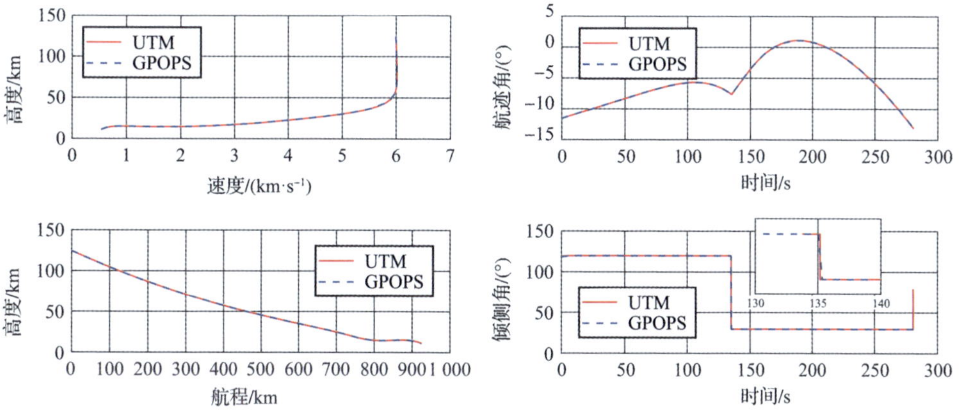

图 6.4　无路径约束问题中高度、航迹角（左）和倾侧角（右）剖面

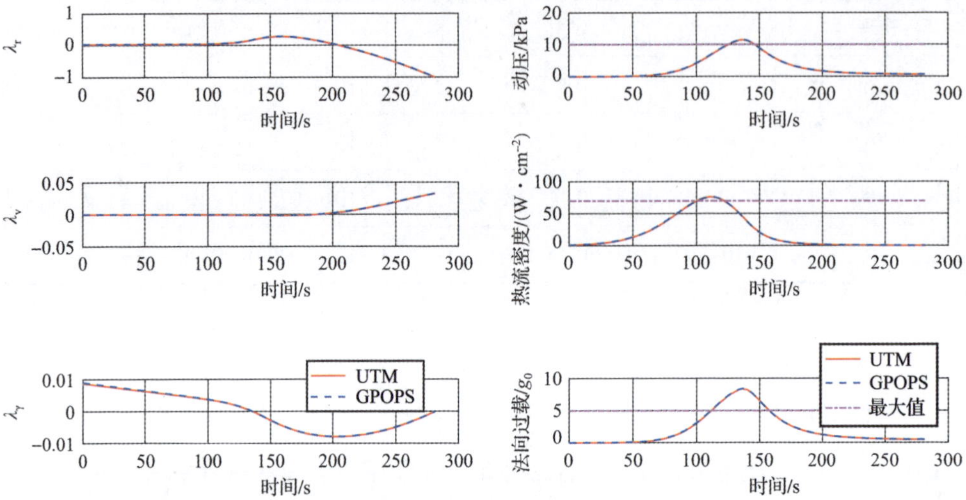

图 6.5　无路径约束问题中协态变量（左）和路径约束（右）剖面

从图 6.4 和图 6.5 可知，不论是各个状态量还是控制量的剖面，改进 UTM 方法获得的结果都和 GPOPS 的结果保持高度一致。其中，倾侧角剖面均在 135 s 发生切换，相应地，根据式（6－27）和 a 的定义可知，航迹角的协态变量 $\boldsymbol{\lambda}_\gamma$ 应当发生一次符号改变，而图 6.5 左图 $\boldsymbol{\lambda}_\gamma$ 的剖面清楚地捕捉到了这一现象。两类方法获得的最优目标函数均为 11.367 3 km，飞行时间也非常接近，分别为 281.4 s（GPOPS）和 281 s（UTM）。这表明 UTM 方法收敛到最优解。此外，图 6.4 右图展示的一个明显特征是，UTM 生成的末端倾侧角从最小值 30°切换到 79.45°。这是由于式（6－18）要求 $\lambda_\gamma(\tau_f)=0$，而同时 $a=\dfrac{\lambda_\gamma L c_1}{V}$，那么根据式（6－7）和式（6－27）可计算出对应的末端倾侧角为 79.45°。

2. 有路径约束问题

对于有约束问题，同样参考表 6.1 中的参数进行数值延拓求解，共需要求解 1 035 个子问题。类似地，采用改进 UTM 方法计算得到的有约束问题最优解如图 6.6～图 6.8 所示。

对比 UTM 和 GPOPS 获得的状态量和控制量剖面可知，除了图 6.6 左图所示的末端航程值差异较为明显外，其余变量都非常接近，末端高度分别为

10.497 4 km（UTM）和 10.489 5 km（GPOPS）。在图 6.6 右图所示的倾侧角剖面中，UTM 和 GPOPS 产生的剖面均产生 2 次倾侧角，相应地，λ_γ 的符号应当发生两次改变。为了更清晰地解释这一现象，图 6.8 展示了 λ_γ 的图像，不论是 UTM 还是 GPOPS 方法产生的 λ_γ 剖面，都从小于 0 的初始值开始增大到大于 0，然后再减小到小于 0，在 112 s 和 168 s 左右发生两次符号改变。此外，如图 6.7 右图所示，两种方法的最优解均满足动压、热流密度和法向过载约束。

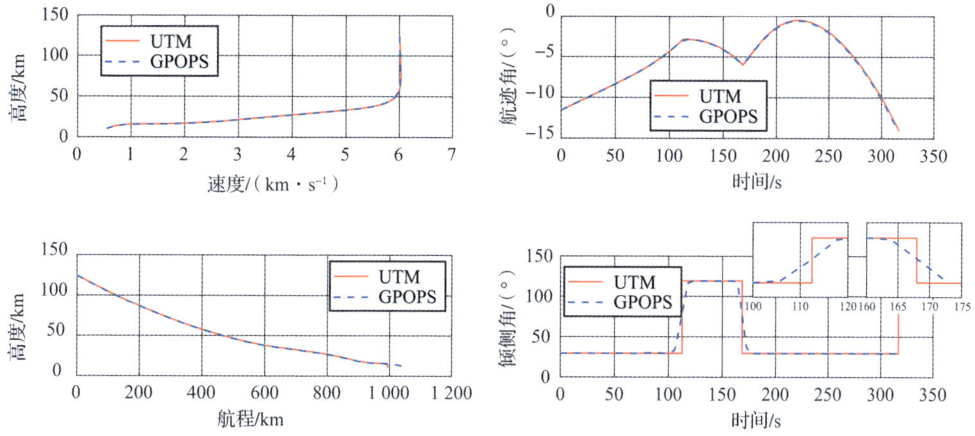

图 6.6　有路径约束问题中高度、航迹角（左）和倾侧角（右）剖面

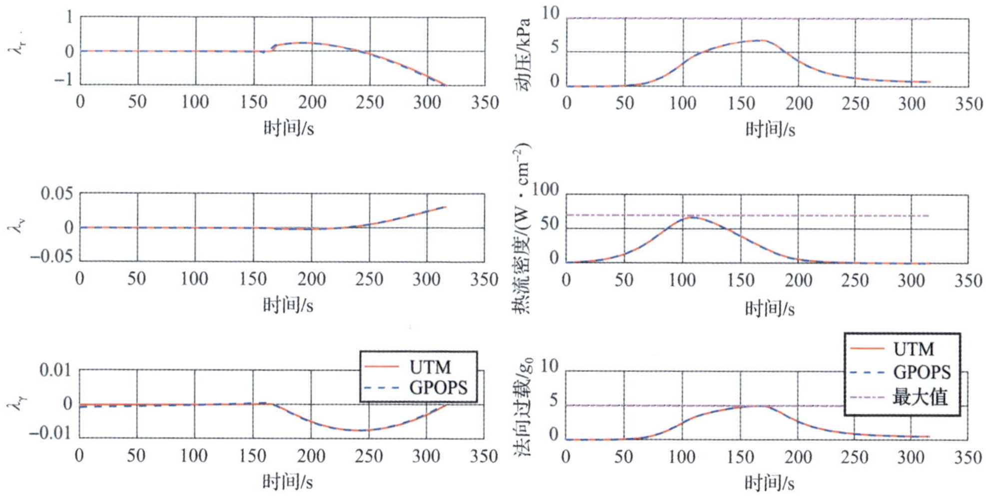

图 6.7　有路径约束问题中协态变量（左）和路径约束（右）剖面

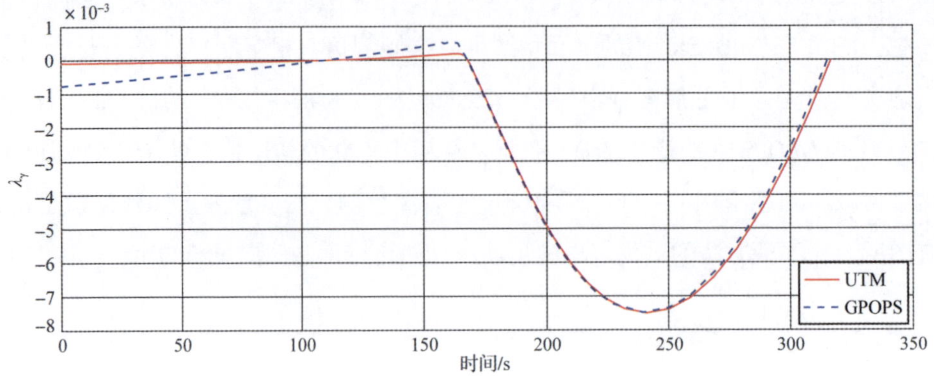

图 6.8 有路径约束问题中航迹角对应的协态变量剖面

6.3 间接序列凸优化方法

在 UTM 方法中，数值延拓过程需要引入一系列辅助 TPBVP，然后通过打靶法或者配点法求解这些辅助问题。采用这一策略求解最优控制问题，需要对同伦参数进行合理选择，同时需要求解大量辅助问题。但由于 TPBVP 对协态变量初始值较为敏感，导致同伦参数选择困难，且求解大量辅助子问题耗时较长。

对于这两个缺点，注意到采用 UTM 方法得到 TPBVP 后，其中的常微分方程组可以通过数值积分规则近似为一系列等式约束。这样一来，只要定义一个合适的目标函数，TPBVP 就可以改写为一个最优化问题。而恰恰序列凸优化方法可以在多项式时间内求解最优化问题。因此，本节首先根据改进 UTM 方法将问题 P6-1 改写为 TPBVP，然后采用 SCP 求解。6.2.1 节已经详细介绍了如何获得 TPBVP，本节说明如何将 TPBVP 转化为凸优化问题，主要步骤包括 TPBVP 的凸化和离散。

1. 问题凸化

首先将状态量 $\boldsymbol{x}=[r,V,\gamma,s]^{\mathrm{T}}$ 和协态变量 $\boldsymbol{\lambda}=[\lambda_r,\lambda_V,\lambda_\gamma,\lambda_s]^{\mathrm{T}}$ 整合为一个新的状态量 $\boldsymbol{y}=[r,V,\gamma,s,\lambda_r,\lambda_V,\lambda_\gamma,\lambda_s]^{\mathrm{T}}$，则它的一阶导数可表示为

$$\frac{\mathrm{d}\boldsymbol{y}}{\mathrm{d}\xi}=\tau_{\mathrm{f}}\boldsymbol{h}(\boldsymbol{y}) \tag{6-29}$$

式中，τ_{f} 表示无量纲末端时间，为待优化变量；函数 $\boldsymbol{h}(\boldsymbol{y})$ 则为 $\boldsymbol{y}$ 相对于归一化

无量纲时间 ξ 的一阶导数，其表达式参考式（6－1）和式（6－14）~(6－17)。但需要指出，由于 SCP 方法可以在求解两点边值问题时直接考虑路径约束，因此 $\boldsymbol{h}(\boldsymbol{y})$ 中并不需要考虑式（6－14）~(6－17）中的 sec 项，具体步骤将在后文介绍。

与 4.2.2 节类似，首先采用一阶泰勒展开将非线性式（6－29）近似为线性表达式：

$$
\begin{aligned}
\frac{\mathrm{d}\boldsymbol{y}}{\mathrm{d}\xi} &= \tau_{\mathrm{f}}\boldsymbol{h}(\boldsymbol{y}) \\
&= \boldsymbol{h}(\boldsymbol{y}^*)(\tau_{\mathrm{f}} - \tau_{\mathrm{f}}^*) + \tau_{\mathrm{f}}^*[\boldsymbol{h}(\boldsymbol{y}^*) + \boldsymbol{A}(\boldsymbol{y}^*)(\boldsymbol{y} - \boldsymbol{y}^*)] + \boldsymbol{v} \\
&= \boldsymbol{h}(\boldsymbol{y}^*)\tau_{\mathrm{f}} + \tau_{\mathrm{f}}^*\boldsymbol{A}(\boldsymbol{y}^*)\boldsymbol{y} - \tau_{\mathrm{f}}^*\boldsymbol{A}(\boldsymbol{y}^*)\boldsymbol{y}^* + \boldsymbol{v}
\end{aligned}
\tag{6-30}
$$

同理，式（6－19）所示的横截条件和式（6－3）所示的路径约束可线性近似为

$$
\tau_{\mathrm{f}}H(y) \approx H(\boldsymbol{y}^*)\tau_{\mathrm{f}} + \tau_{\mathrm{f}}^*\boldsymbol{B}(\boldsymbol{y}^*)\boldsymbol{y} - \tau_{\mathrm{f}}^*\boldsymbol{B}(\boldsymbol{y}^*)\boldsymbol{y}^* + \Delta = 0 \tag{6-31}
$$

$$
p_i \approx p_i(r^*, V^*) + p_i'(r^*, V^*)[r - r^*, V - V^*]^{\mathrm{T}} \leqslant p_{i,\max} \tag{6-32}
$$

式中，$\boldsymbol{y}^*$ 表示一阶泰勒展开的参考轨迹；$\boldsymbol{A}(\boldsymbol{y}^*) = \left.\dfrac{\partial \boldsymbol{h}}{\partial \boldsymbol{y}}\right|_{y=y^*}$ 和 $\boldsymbol{B}(\boldsymbol{y}^*) = \left.\dfrac{\partial H}{\partial \boldsymbol{y}}\right|_{y=y^*}$ 分别表示函数 $\boldsymbol{h}$ 和 H 相对 $\boldsymbol{y}$ 的 Jacobian 矩阵；并且 p_i' 表示变量 $p_i \in \{q, \dot{Q}, n\}$ 相对状态量 $\boldsymbol{y}$ 的一阶偏导数，即相对 r 和 V 的一阶偏导数，同时 $p_{i,\max} \in \{q_{\max}, \dot{Q}_{\max}, n_{\max}\}$。

需要说明的是，式（6－30）和式（6－32）中分别引入了虚拟控制 $\boldsymbol{v}$ 和虚拟缓冲 Δ 用来补偿线性化误差，避免“人为不可解”问题，由此可知虚拟控制和虚拟缓冲的作用相同，但分别用于补偿非线性动力学约束和等式横截条件的线性化误差。而且，不同于 UTM 中采用惩罚项来处理路径约束，使用 SCP 求解 TPBVP 时可以按照式（6－32）所示直接处理路径约束，因此在函数 $\boldsymbol{h}(\boldsymbol{y})$ 中不需要考虑式（6－14）~式(6－17）中的 sec 项。但这样处理也导致求解 TPBVP 得到的解实际上并不是约束问题 P6－1 的解，而是无约束问题的解，因为在采用改进 UTM 方法将约束问题 P6－1 改写为 TPBVP 时并没有考虑路径约束，这一问题也将在仿真分析中得到验证。

为了应用 SCP 方法求解 TPBVP，需要保证一阶泰勒展开的有效性，因此参考 4.2.2 节引入自适应信赖域，从而保证非线性系统在参考轨迹 $\boldsymbol{y}^*$ 和参考末端时间 τ_{f}^* 附近展开：

$$\| \boldsymbol{y} - \boldsymbol{y}^* \|_2 \leqslant \delta, \ \| \tau_f - \tau_f^* \|_2 \leqslant \Gamma / t_s \tag{6-33}$$

式中，δ 表示自适应信赖域半径，为待优化变量；Γ 表示有量纲时间，确保前后两次迭代的末端时间相差不大，为用户自定义量；t_s 为时间无量纲因子。

根据定义可知，虚拟控制和虚拟缓冲应当尽可能地小，才能保证动力学约束和横截条件的有效松弛，同时考虑尽可能小的自适应信赖域半径，那么可以定义优化问题的目标函数为虚拟控制、虚拟缓冲和自适应信赖域半径的混合函数，并且求解 TPBVP 所对应的凸优化问题 P6－2 为

$$\text{P6-2: Find } \boldsymbol{y}, \boldsymbol{v}, \delta, \text{ and } \Delta, \text{ minimize } J = w_v \| \boldsymbol{v} \|_2 + w_\delta \| \delta \|_2 + w_\Delta \| \Delta \|_2$$

$$\text{subject to } (6-4), (6-15), (6-27) \sim (6-30)$$

2. 问题离散

至此，求解问题 P6－1 转化为求解问题 P6－2，但上述问题仍为无限维连续最优控制问题，为了获得数值解，需要将其在一系列节点上进行离散化。取网格节点$\{\xi_1, \xi_2, \cdots, \xi_{N+1}\}$，$\xi_{i+1} = \xi_i + 1/N$，$\xi_1 = 0$ 且 $\xi_{N+1} = 1$，并采用梯形积分法则进行离散积分，则问题 P6－2 中的约束条件可改写为

$$\boldsymbol{y}(\xi_1) = [r_0, V_0, \gamma_0, s_0]^{\mathrm{T}}, \ \boldsymbol{y}(\xi_{N+1}) = [V_f, \lambda_{r,f}, \lambda_{\gamma,f}, \lambda_{s,f}]^{\mathrm{T}} \tag{6-34}$$

$$\begin{aligned} \boldsymbol{y}_{i+1} = \boldsymbol{y}_i + [& \boldsymbol{h}(\boldsymbol{y}_i^k)\tau_f + \tau_f^k \boldsymbol{A}(\boldsymbol{y}_i^k)\boldsymbol{y}_i - \tau_f^k \boldsymbol{A}(\boldsymbol{y}_i^k)\boldsymbol{y}_i^k + \boldsymbol{v}_i + \\ & \boldsymbol{h}(\boldsymbol{y}_{i+1}^k)\tau_f + \tau_f^k \boldsymbol{A}(\boldsymbol{y}_{i+1}^k)\boldsymbol{y}_{i+1} - \frac{\tau_f^k \boldsymbol{A}(\boldsymbol{y}_{i+1}^k)\boldsymbol{y}_{i+1}^k + \boldsymbol{v}_{i+1}]}{(2N)} \end{aligned} \tag{6-35}$$

$$H(\boldsymbol{y}_{N+1}^k)\tau_f + \tau_f^k \boldsymbol{B}(\boldsymbol{y}_{N+1}^k)y_{N+1} - \tau_f^k \boldsymbol{B}(\boldsymbol{y}_{N+1}^k)\boldsymbol{y}_{N+1}^k + \Delta = 0 \tag{6-36}$$

$$p_j(r_i^k, V_i^k) + p_j'(r_i^k, V_i^k)[r_i - r_i^k, V_i - V_i^k]^{\mathrm{T}} \leqslant p_{j,\max} \tag{6-37}$$

$$\| \boldsymbol{y}_i - \boldsymbol{y}_i^k \|_2 \leqslant \delta_i, \ \| \tau_f - \tau_f^* \|_2 \leqslant \frac{\Gamma}{t_s} \tag{6-38}$$

式中，$\lambda_{r,f} = -1$，$\lambda_{\gamma,f} = 0$，$\lambda_{s,f} = 0$，$i = 1, \cdots, N+1$，$j = 1, 2, 3$，k 表示迭代序号。此外，$\boldsymbol{y}(\xi_1)$ 和 $\boldsymbol{y}(\xi_{N+1})$ 中省略的状态量或协态变量为无约束量。

那么，目标函数和问题 P6－2 也相应地改写为

$$J = w_v \| \bar{\boldsymbol{v}} \|_2 + w_\delta \| \bar{\boldsymbol{\delta}} \|_2 + w_\Delta \| \Delta \|_2 \tag{6-39}$$

$$\text{P6-3: Find } \boldsymbol{y}_i, \bar{\boldsymbol{v}}, \bar{\boldsymbol{\delta}}, \text{ and } \Delta, \text{ minimize } (6-36)$$

$$\text{subject to } (6-31) \sim (6-35)$$

式中，$\bar{\boldsymbol{v}}=[\boldsymbol{v}_1,\cdots,\boldsymbol{v}_{N+1}]$，$\bar{\boldsymbol{\delta}}=[\delta_1,\cdots,\delta_{N+1}]$，$\boldsymbol{y}_i$ 和 Δ 是待优化的四个变量。本节 ISCP 方法的算法流程如表 6.2 所示，ISCP，SCP 和 UTM 之间的关系如图 6.9 所示。

表 6.2　间接序列凸优化的算法流程

步骤	执行内容
步骤 1	令迭代序号 $k=0$，按照给定的状态量 $\boldsymbol{x}_0$、协态变量 $\boldsymbol{\lambda}_0$ 和末端时间 τ_f^0 对系统（6－29）进行数值积分，获得初始猜测轨迹 $\{\boldsymbol{y}_1^0,\cdots,\boldsymbol{y}_{N+1}^0\}$
步骤 2	当 $k\geqslant 1$ 时，以上一次迭代得到的解 $\{\boldsymbol{y}_1^{k-1},\cdots,\boldsymbol{y}_{N+1}^{k-1}\}$ 初始化问题 P6－3，采用 SCP 方法求解得到当前迭代的解 $\{\boldsymbol{y}_1^k,\cdots,\boldsymbol{y}_{N+1}^k\}$ 和 $\bar{\boldsymbol{v}}$，$\bar{\boldsymbol{\delta}}$，$\Delta$
步骤 3	如果 $\sup\|\boldsymbol{v}_i\|_2\leqslant v_{\max}$ 且 $\sup\|\delta_i\|_2\leqslant\delta_{\max}$，那么跳转到步骤 4；$v_{\max}$ 和 $\delta_{\max}$ 为用户自定义的收敛标准，否则令 $k=k+1$，然后跳转到步骤 2
步骤 4	算法停止，问题 P6－3 的数值最优解为 $\{\boldsymbol{y}_1^k,\cdots,\boldsymbol{y}_{N+1}^k\}$，再根据式（6－27）计算问题 P6－1 的最优倾侧角剖面

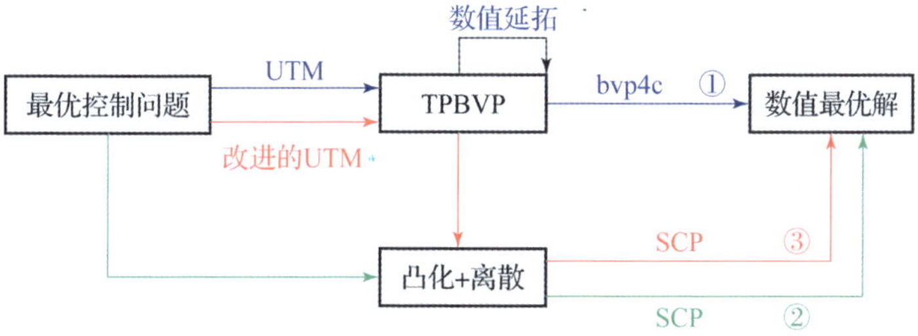

图 6.9　三种方法之间的关系

根据以上推导可知，末端时间自由问题的最优解应当满足如式（6－19）所示的横截条件，但 ISCP 采用一阶泰勒展开将横截条件线性化，不可避免地忽略了非零高阶项。虽然 ISCP 引入了虚拟拟缓冲来补偿非零高阶项，但目标函数中包含的虚拟缓冲惩罚项只能使虚拟缓冲尽可能小，并不能保证横截条件尽可能接近 0，因此通过 ISCP 求解得到数值最优解必然与理论最优解存在一定差距。换句话说，ISCP 方法得到的解的最优性受到横截条件的影响。那么当给定末端时间时，则不需要考虑横截条件这一等式约束，也不需要将末端时间作为待优化变量，因此优化求解难度将降低，且计算精度将有所提高。

6.4 仿真分析

6.4.1 末端时间自由问题

为了验证本节提出的 ISCP 方法的性能，按照 6.2.2 节给出的参数进行仿真，ISCP 方法中其余参数为 $\varepsilon_c = 1\times10^{-10}$，$w_v = 10$，$w_\delta = 1$，$w_\Delta = 30$，$v_{\max} = 1\times10^{-3}$，$\delta_{\max} = 1\times10^{-3}$，$\Gamma = 20$ s，$\boldsymbol{\lambda}_0 = [0,0,0,0]^{\mathrm{T}}$，$\tau_{\mathrm{f}}^0 = \dfrac{280}{t_s}$，然后将仿真结果同 UTM、SCP 和 GPOPS 的结果对比。但应当指出，本节 ISCP 方法是 UTM 方法的改进，本质上是采用凸优化方法求解 TPBVP 问题，还是属于间接法，而不是直接法。虽然研究已经表明 SCP 方法比 GPOPS 和间接法更具优势，但它难以获得协态变量的值。SCP 方法参考 4.2 节，引入虚拟控制和自适应信赖域，但以倾侧角为控制量，目标函数中末端高度、虚拟控制和信赖域对应的权重分别为 -10^4、10^5 和 -1，前后两次迭代中末端时间差值不超过 50 s，其余参数设置和 6.2.2 节保持一致。

1. 无路径约束问题

不考虑路径约束时，末端时间自由问题的仿真结果如图 6.10 和图 6.11 所示，包括 ISCP、SCP、UTM 和 GPOPS 生成的状态量、协态变量、控制量和路径约束剖面。四种方法中状态量和协态变量的剖面几乎相同，表明以上方法都以较高的精度收敛到最优解附近。如图 6.10 所示，ISCP、SCP、UTM 和 GPOPS 中的倾侧角剖面切换时间分别为 135.25 s、132.34 s、135.18 s 和 135.06 s。对于目标函数，SCP、UTM 和 GPOPS 的终端高度约为 11.367 3 km，而 ISCP 的终端高度为 11.285 5 km，仅低了约 82 m。但明显不同的是，如图 6.10 中右图所示，虽然其他三种方法生成的进入轨迹的飞行时间分别为 281.56 s、281.00 s 和 281.38 s，但在 ISCP 中进入终止时间为 270.50 s。这种差别是由于 ISCP 不满足横截条件等于 0 造成的，导致解的最优性有一定的下降。同时，虽然 ISCP 使用虚拟控制和虚拟缓冲可以抑制线性化误差，但对比 SCP 和 ISCP，由于 ISCP 将协态变量扩充为状态量，系统维数增加，将导致线性化误差增大。如式（6－39）所示，一旦虚拟缓冲在目标函数中所占比重过大，表明横截条件并不为 0，导致解的最优性下降。此外，图 6.10 中右图中的末端倾侧角也从 30°跳转到 79.45°，而图 6.11 所示的协态变量、动压、热流密度和法向过载的剖面均完全相同。

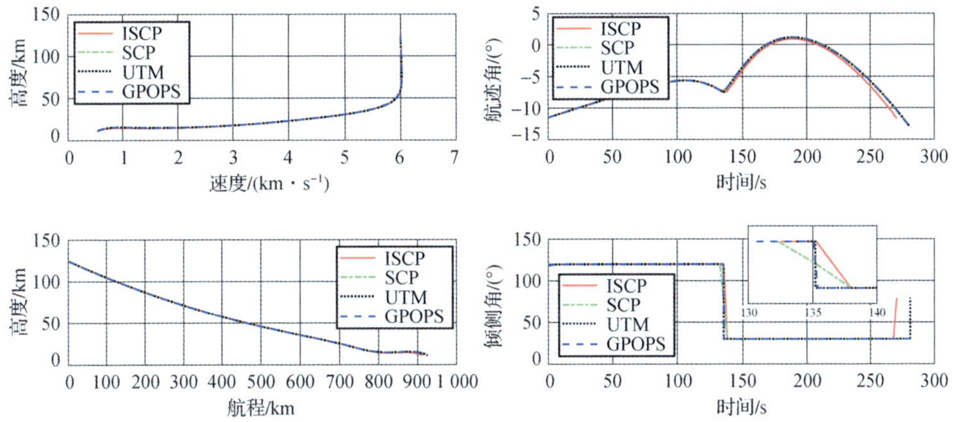

图 6.10　末端时间自由时无路径约束问题中高度、航迹角（左）和倾侧角（右）剖面

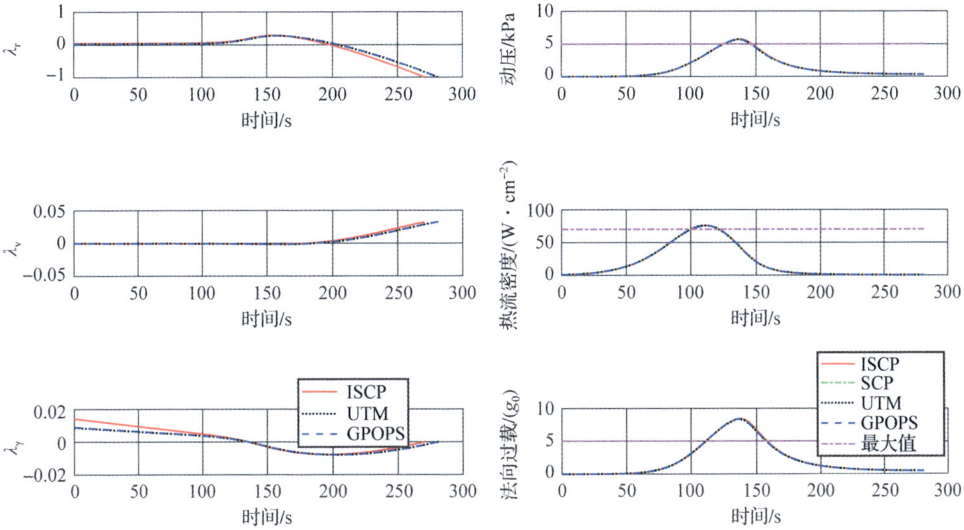

图 6.11　末端时间自由时无路径约束问题中协态变量（左）和路径约束（右）剖面

2. 有路径约束问题

同样地，在有路径约束问题中，由 ISCP、SCP、UTM 和 GPOPS 生成最优轨迹如图 6.12 和图 6.13 所示。与无路径约束问题不同，此时 ISCP 产生的解与 SCP、UTM、GPOPS 获得的解不一致，例如图 6.12 左图中的航程和右图中的航迹角。另一个最突出的区别是控制量剖面。除 ISCP 外，其他方法中倾侧角剖面都切换两次。在 UTM 中，倾侧角剖面切换时间为 112.36 s 和 167.91 s，在 SCP 中倾侧角剖面切换时间为 108.76 s 和 164.70 s，而 GPOPS 中倾侧角剖面的切换时间为 100.24 s 和 160.70 s。然而，在 ISCP 中，控制剖面只在 166.22 s 发生一次切换。相应地，如图 6.13 左图所示，航迹角的协态变量也只发生一次符号改变。产生这一现象主要有三个原因：第一个原因是目标函数（6 - 8）中引入了 cos 项，使问题 P6 - 1 的最优解和 P6 - 3 的数值解并不完全相同。第二个原因是 UTM 和 ISCP 处理路径约束的方式不同。由于 ISCP 不考虑 sec 项，而是在求解 TPBVP 时直接考虑路径约束，因此得到的 TPBVP 实际上接近无路径约束问题的最优解。图 6.13 右图的路径约束剖面清楚地展示了这一结果，ISCP 中的路径约束剖面明显不同于 UTM 等方法。第三个原因是 ISCP 需要引入虚拟控制和虚拟缓冲来补偿线性化误差，因此最优解也有一定的影响。受上述因素影响，ISCP、SCP、UTM 和 GPOPS 的终端高度值分别为 10.877 6 km、10.474 7 km、10.497 4 km 和 10.489 5 km。此外，火星进入问题的特点也可能影响最优控制剖面。文献［266］中指出，由于火星高空大气稀薄，通过倾侧角控制飞行轨迹将有多个最优解。相比

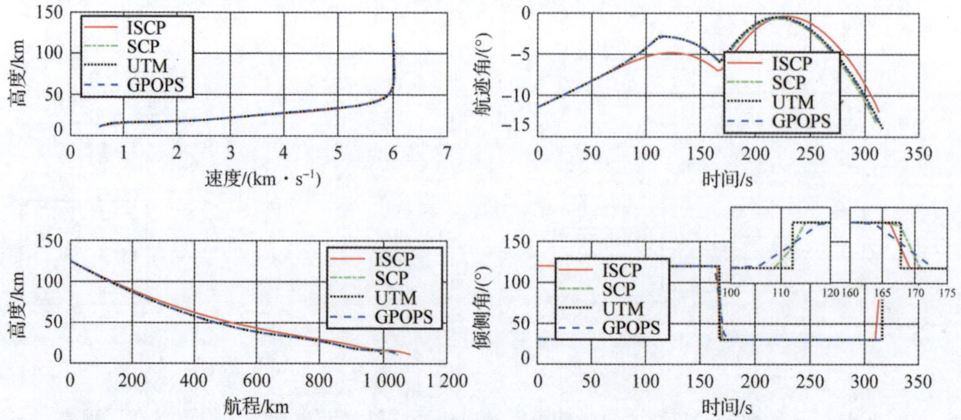

图 6.12 末端时间自由时有路径约束问题中高度、航迹角（左）和倾侧角（右）剖面

之下，火星低空（低于60 km）大气稠密，通过倾侧角控制飞行轨迹只有一个最优解。从图6.12右图可以看出，60 km以下的四个倾侧角剖面都很接近。同样地，ISCP和UTM方法的末端倾侧角也从30°跳转到79.45°。此外，ISCP、SCP、UTM和GPOPS的最优末端时间分别为313.62 s、310.75 s、316.67 s和315.20 s。

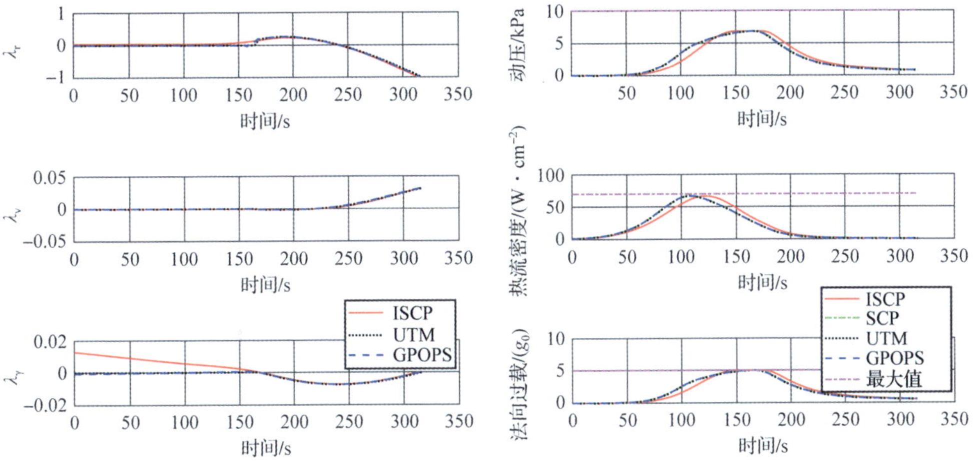

图6.13　末端时间自由时有路径约束问题中协态变量（左）和路径约束（右）剖面

3. 分析对比

上述仿真表明，本节所提出的ISCP可以求解火星进入末端高度最大化问题。上述仿真结果的性能参数对比如表6.3、表6.4和图6.14所示。如图6.14所示，虽然ISCP所需的迭代次数较多，但ISCP和SCP都收敛。如表6.3和表6.4所示，ISCP的CPU时间甚至比使用默认解算器IPOPT的GPOPS还要少。而与SCP相比时，在有路径约束的情况下，ISCP产生的终端高度比SCP高，但计算效率较低。而对比UTM，由于仿真中使用了本章复现的代码，导致求解143个和1 035个同伦子问题时分别耗时357.73 s和1 072.78 s。由于UTM1.0工具箱中缺少一部分火星进入问题的代码，因此本节在同一台计算机上测试了与火星进入问题相近的火星气动捕获问题。在该问题中耗时36.79 s求解110个同伦子问题得到最优解。由此可知，虽然使用文献开发的UTM1.0工具箱可以提高计算效率，但求解火星进入问题的计算耗时仍然非常长。

表 6.3 末端时间自由时无路径约束问题中各算法性能对比

参数/单位	ISCP	SCP	UTM	GPOPS
h_f/km	11.285 5	11.367 3	11.367 3	11.367 3
V_f/(m·s^{-1})	540	540	540	540
t_f/s	270.50	281.56	281.00	281.38
切换时间/s	135.25	132.34	135.18	135.06
最大动压/kPa	11.512 7	11.400 2	11.461 1	11.472 0
最大热流密度/(W·cm^{-2})	76.104 2	76.014 0	76.077 6	76.078 9
最大法向过载/g_E	8.440 4	8.357 9	8.396 8	8.410 6
$\Vert \boldsymbol{v}_i \Vert_2$ 最大值	4.3×10^{-13}	5.5×10^{-17}	—	—
$\Vert \delta_i \Vert_2$ 最大值	2.47×10^{-6}	3.24×10^{-4}	—	—
虚拟缓冲 Δ	−0.002 30	—	—	—
CPU 耗时/s	2.724 1	2.184 3	357.73	3.673 4

表 6.4 末端时间自由时有路径约束问题中各算法性能对比

参数/单位	ISCP	SCP	UTM	GPOPS
h_f/km	10.877 6	10.474 7	10.497 4	10.489 5
V_f/(m·s^{-1})	540	540	540	540
t_f/s	313.62	310.75	316.67	315.20
切换时间/s	166.22	108.76, 164.70	112.36, 167.91	100.24, 160.70
最大动压/kPa	68.199 7	6.819 9	6.820 4	6.819 9
最大热流密度/(W·cm^{-2})	66.692 0	66.998 3	67.048 6	66.836 2
最大法向过载/g_E	4.996 6	5.000 0	4.996 9	5.000 0
$\Vert \boldsymbol{v}_i \Vert_2$ 最大值	0.001 082	1.7×10^{-17}	—	—
$\Vert \delta_i \Vert_2$ 最大值	4.89×10^{-5}	1.68×10^{-5}	—	—
虚拟缓冲 Δ	−0.001 86	—	—	—
CPU 耗时/s	5.722	2.439 2	1 072.78	9.867 2

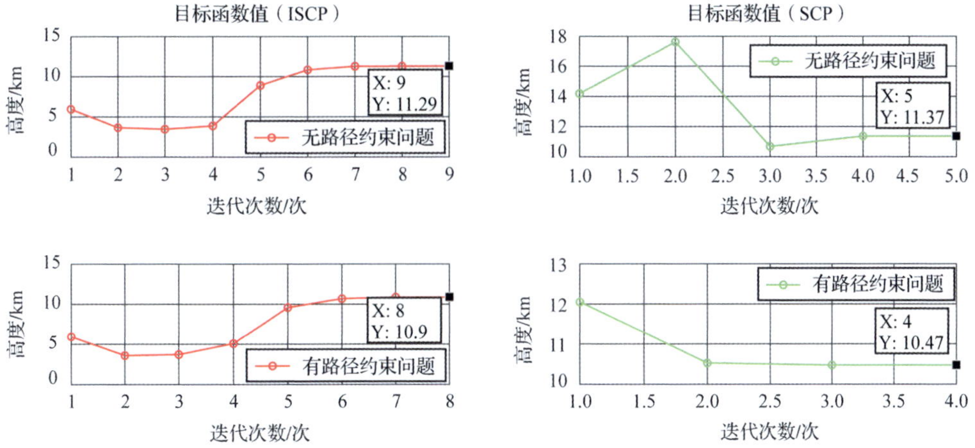

图 6.14　末端时间自由时 ISCP 和 SCP 的末端高度值收敛曲线

另一个需要说明的问题是，ISCP 的收敛性受到用户自定义权重 w_v，w_δ，w_Δ 的影响。在式（6-39）中，这三个权重代表了不同变量在目标函数中的比重，不同的权重组合将得到不同的解，甚至影响算法收敛性。对于末端时间自由的火星进入问题来说，目标函数主要取决于虚拟控制和虚拟缓冲。这两个指标分别决定线性化是否有效及是否满足横截条件。对比表 6.3 和表 6.4 中的虚拟缓冲值可知，有路径约束情况下的虚拟缓冲值为 -0.002 30，比无路径约束情况下的值 -0.001 86 略大，而明显无路径约束情况下 ISCP 求得的解更接近最优解。实际上，如 6.3 节所述，虚拟缓冲将关于末端时间的非线性等式约束松弛为线性等式约束，不可避免地会影响解的最优性。

6.4.2　末端时间固定问题

为了进一步验证固定末端时间情况下，ISCP 方法在求解有、无路径约束火星进入问题时的性能。本节仿真中给定末端时间为 325 s。同时，UTM 方法在进行高度同伦时只需要一次同伦，即从 50 km 直接同伦到 125 km，其余参数和 6.2.2 节一致。而 ISCP、SCP 和 GPOPS 方法的参数则和 6.4.1 节保持一致。仿真结果如图 6.15 ~ 图 6.19、表 6.5 和表 6.6 所示。

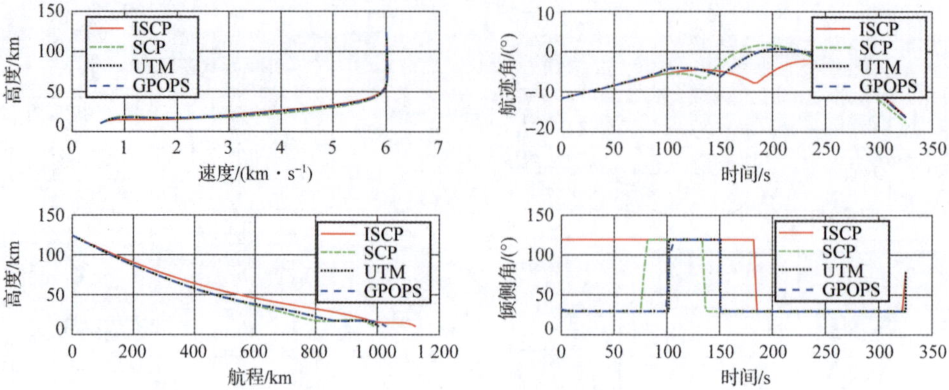

图 6.15 末端时间固定时无路径约束问题中高度、航迹角（左）和倾侧角（右）剖面

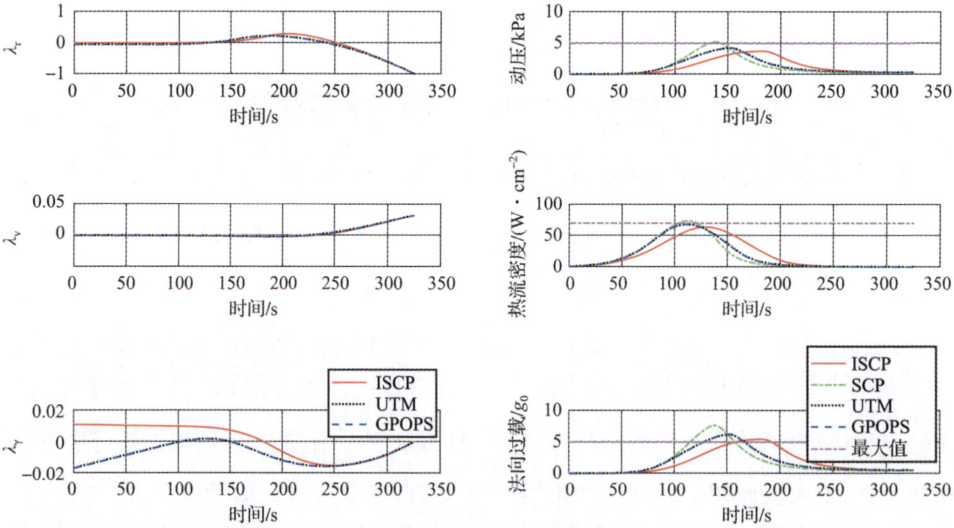

图 6.16 末端时间固定时无路径约束问题中协态变量（左）和路径约束（右）剖面

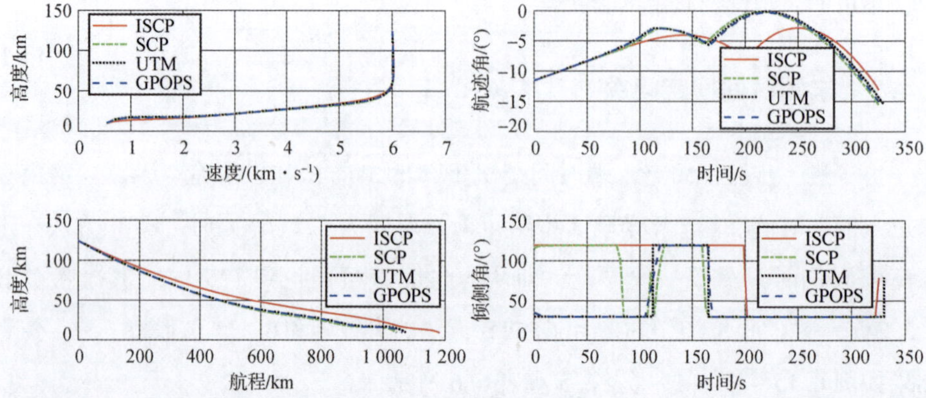

图 6.17 末端时间固定时有路径约束问题中高度、航迹角（左）和倾侧角（右）剖面

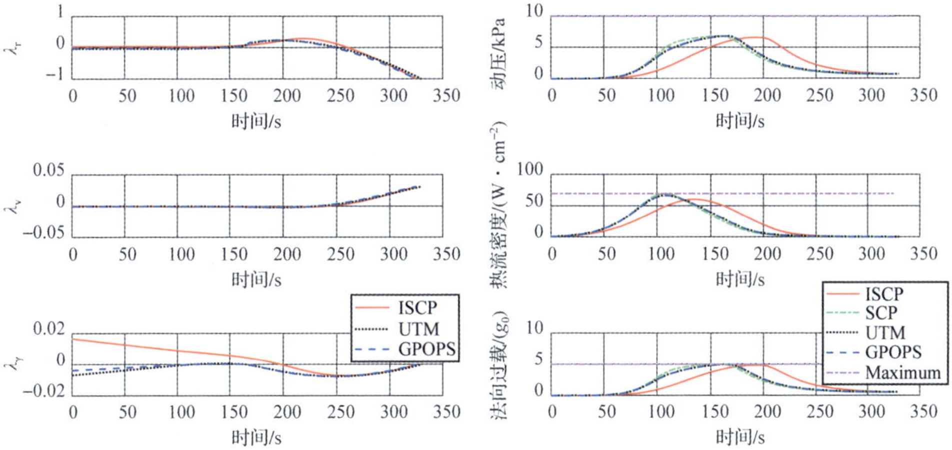

图 6.18　末端时间固定时有路径约束问题中协态变量（左）和路径约束（右）剖面

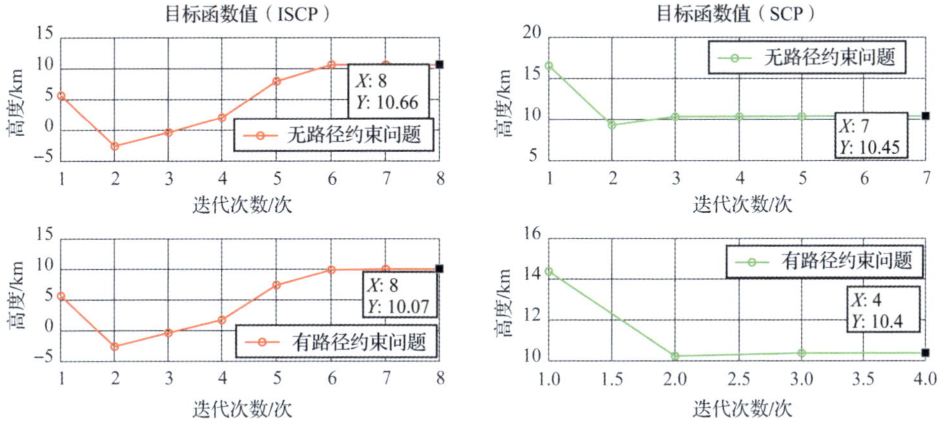

图 6.19　末端时间固定时 ISCP 和 SCP 的末端高度值收敛曲线

表 6.5　末端时间固定时无路径约束问题中各算法性能对比

参数/单位	ISCP	SCP	UTM	GPOPS
h_f/km	10.658 0	10.445 4	10.559 7	10.559 3
V_f/(m · s^{-1})	540	540	540	540
切换时间/s	182.00	81.25, 136.50	101.65, 150.74	102.19, 150.60
最大动压/kPa	7.491 7	10.478 2	8.497 0	8.561 6
最大热流密度/(W · cm^{-2})	63.810 3	73.774 0	67.951 9	68.121 3
最大法向过载/g_E	5.492 5	7.681 9	6.225 2	6.276 8

续表

参数/单位	ISCP	SCP	UTM	GPOPS
$\Vert \boldsymbol{v}_i \Vert_2$ 最大值	3.6×10^{-4}	6.1×10^{-17}	—	—
$\Vert \boldsymbol{\delta}_i \Vert_2$ 最大值	7.14×10^{-6}	8.82×10^{-5}	—	—
CPU 耗时/s	2.749 6	2.845 4	239.32	2.536 1

表 6.6 末端时间固定时有路径约束问题中各算法性能对比

参数	ISCP	SCP	UTM	GPOPS
h_f/km	10.065 2	10.396 4	10.391 1	10.452 9
V_f/(m·s^{-1})	540	540	540	540
切换时间/s	198.25	81.25,123.50,165.75	112.36,165.21	111.84,166.05
最大动压/kPa	6.601 6	6.820 0	6.819 1	6.820 1
最大热流密度/(W·cm^{-2})	60.603 0	66.999 9	67.048 5	66.675 2
最大法向过载/g_E	4.839 8	5.000 0	4.999 3	5.000 0
$\Vert \boldsymbol{v}_i \Vert_2$ 最大值	0.001 082	1.1×10^{-17}	—	—
$\Vert \boldsymbol{\delta}_i \Vert_2$ 最大值	4.89×10^{-5}	5.82×10^{-4}	—	—
虚拟缓冲 $\boldsymbol{\Delta}$	-0.001 86	—	—	—
CPU 耗时/s	2.965 0	2.591 1	629.82	2.925 9

由于 UTM 和 GPOPS 方法分别满足连续和离散一阶最优条件，因此这两种方法的解可以看作最优解，而实际上在图 6.15 ~ 图 6.19 所示的仿真结果中，通过 UTM 和 GPOPS 获得的解非常接近。但从上述仿真结果也可以看出，当末端时间固定时，有、无路径约束情况下 ISCP 产生的最优解和其他三种方法获得的解存在明显差距，这表明 ISCP 方法获得的解只是原问题松弛后的可行解，而并不是原问题的最优解。根据 6.4.1 节所述，一方面火星进入问题在高空区域存在多解，导致四种方法的解存在差异。比如图 6.17 和图 6.18 中 SCP 的最优解和 UTM 及 GPOPS 的解几乎一致，且表 6.6 给出的三种方法的末端高度非常接近，但倾侧角剖面不同。另一方面，ISCP 方法和 SCP 方法类似，由于引入了虚拟控制和

自适应信赖域，不一定保证收敛解和原问题最优解等价。这一问题在 SCP 中同样存在，如图 6.15 右图和图 6.17 右图所示，SCP 生成的倾侧角剖面也和 UTM 及 GPOPS 生成的结果存在明显差异。在无路径约束情况下，SCP 虽然产生两次控制切换，但切换时间和最优解不同；而在有路径约束情况下，SCP 的倾侧角剖面产生三次控制切换，具体原因参考 4.2.5 节。

6.5　小结

本章首先对 UTM 方法的最优解形式进行了改进，简化了 UTM 方法的流程。随后在此基础上提出了 ISCP 方法，采用序列凸优化方法在多项式时间内求解改进 UTM 方法得到的 TPBVP，从而避免烦琐的同伦参数选择过程和大量的计算。本章的主要创新在于提出了一种求解最优控制问题的新方法，即采用 SCP 方法求解最优控制问题对应的两点边值问题。现有文献［268］中，凸优化方法只能求解具有连续、非奇异解的最优控制问题对应的两点边值问题，而本章提出的 UTM 可以将凸优化应用于求解更一般的最优控制问题。换句话说，只要控制量以线性形式出现在动力学方程（即哈密顿函数）中，ISCP 就可以在不考虑控制剖面结构（Bang – Bang 或奇异弧）的情况下对最优控制问题进行求解。

第 7 章 火星进入和着陆轨迹的协同优化方法

除了通过跟踪鲁棒最优标称轨迹来实现火星进入鲁棒最优制导以外，还可以通过协同优化的方式来使最优制导在不确定性条件下具有鲁棒性。为此，本节提出一种火星进入与动力下降协同最优制导方法。首先，建立了火星大气进入段和动力下降段的最优问题模型。其次，建立最优切换问题模型，以协同优化的方式将最优火星进入问题和最优动力下降问题关联到一起。再次，采用 hp 自适应伪谱法获得最优进入制导和燃耗最优动力下降制导。根据求解最优火星进入问题和最优动力下降问题获得的大量试验结果，采用强化学习来获得最优切换条件。最后，通过分别在标称工况和不确定性条件下与连续凸化方法的对比仿真，验证了本章所提出的方法的最优性、鲁棒性和精确性。

7.1 最优问题描述

大质量、中升阻比的火星进入器的飞行过程仅包括进入段和动力下降段[132,133]。在火星进入段，进入器利用气动力进行减速和轨迹修正，而反推火箭用于动力下降段。为了实现在不确定性条件下的燃耗最优制导，我们必须协调进入段和动力下降段的工作。具体来说，应当优化由最优进入制导到最优动力下降制导的切换条件。

问题 1：最优火星大气进入问题

在该问题中，我们需要解算出进入制导即最优倾侧角指令剖面（σ）。

（1）火星大气进入段动力学模型。采用 2.1 节中的火星进入三自由度动力学方程及其相应的变量定义。

（2）过程约束。进入器的法向过载、动压、气动加热率都应满足火星大气进入段的约束条件。倾侧角及其角速率的变化范围满足约束条件。

（3）边界条件。进入器的飞行轨迹从初始条件开始直到满足预定末端条件为止。初始条件设为

$$[r(t_0),\theta(t_0),\lambda(t_0),V(t_0),\gamma(t_0),\psi(t_0)]=[r_0,\theta_0,\lambda_0,V_0,\gamma_0,\psi_0] \tag{7-1}$$

其中，t_0 表示进入段的初始时刻；$r_0=r_M+h_0$；h_0，θ_0，λ_0，V_0，γ_0，ψ_0 分别表示给定的初始高度、经度、纬度、速度、航迹角和航向角；r_{M} 表示火星半径。末端条件设为

$$[r(t_{\mathrm{f}}),\theta(t_{\mathrm{f}}),\lambda(t_{\mathrm{f}})]=[r_{\mathrm{f}},\theta_{\mathrm{f}},\lambda_{\mathrm{f}}] \tag{7-2}$$

其中，t_{f} 表示进入段的末端时刻；$r_{\mathrm{f}}=r_{\mathrm{M}}+h_{\mathrm{f}}$；$h_{\mathrm{f}}$，$\theta_{\mathrm{f}}$，$\lambda_{\mathrm{f}}$ 为期望的末端高度、经度和纬度。需要指出的是，随后将优化期望的末端三维位置为 h_{f}，θ_{f}，λ_{f}。

（4）目标函数。与火星无人 EDL 任务采用降落伞减速并期望获得尽可能高的进入段末端高度不同的是，在大质量火星着陆任务中降落伞的减速效果已经不如相同质量的推进剂的减速效果[93]。研究表明，在大质量火星着陆任务中，使末端机械能最低可以有效满足低速动力下降的点火条件，从而降低动力下降中推进剂的消耗[93,243]。因此，进入段的目标函数被定义为

$$\min J_E=E(t_{\mathrm{f}})=\frac{[V(t_{\mathrm{f}})]^2}{2}-\frac{GM}{r(t_{\mathrm{f}})} \tag{7-3}$$

问题 2：最优火星动力下降问题

该问题是要求解动力下降过程中的最优推力剖面（$\boldsymbol{T}$）。

（1）火星动力下降段的动力学模型。在火星动力下降段制导问题描述中，我们在火星笛卡尔坐标系下建立三自由度动力学方程。探测器主要受重力和推力作用，其他作用力（如气动扰动和引力摄动）均为典型小量，因此忽略不计[233,243]。

$$\dot{\boldsymbol{r}}=\boldsymbol{V} \tag{7-4}$$

$$\dot{\boldsymbol{V}}=-\frac{\mu}{\|\boldsymbol{r}\|^3}\boldsymbol{r}+\frac{\boldsymbol{T}}{m} \tag{7-5}$$

$$\dot{m}=-\frac{\|\boldsymbol{T}\|}{I_{sp}g_0} \tag{7-6}$$

式中，$\boldsymbol{r}$ 和 $\boldsymbol{V}$ 分别表示探测器的位置矢量和速度矢量；$\boldsymbol{T}$ 表示指令推力矢量；I_{sp} 表示反推火箭的比冲；地球海平面重力加速度 $g_0 = 9.8\ \text{m/s}^2$。

(2) 过程约束。探测器携带的燃料必须能满足整个动力下降段的燃耗需求，即探测器的质量应满足

$$m_{\text{dry}} \leqslant m(t) \leqslant m_0 \tag{7-7}$$

式中，m_{dry} 表示探测器的干重。反推火箭所能提供的推力为

$$0 \leqslant \Gamma_{\min} \leqslant \| T \| \leqslant \Gamma_{\max} \tag{7-8}$$

式中，$\Gamma_{\min}$ 和 $\Gamma_{\max}$ 分别表示推力的最小值和最大值。

(3) 边界条件。一旦确定了动力下降段的点火时机，动力下降段的初始状态也就随之确定

$$\boldsymbol{r}(t_i) = \boldsymbol{r}_i,\ \boldsymbol{V}(t_i) = \boldsymbol{V}_i,\ m(t_i) = m_i \tag{7-9}$$

式中，t_i 表示动力下降段的初始时刻（即点火时刻）；$\boldsymbol{r}_i, \boldsymbol{V}_i, m_i$ 分别表示动力下降过程中探测器的初始位置矢量、速度矢量和质量。需要指出的是，动力下降的初始位置就是切换条件，后续将对其进行寻优。

为完成精确着陆任务，末端着陆点应该尽可能接近目标着陆点 $\boldsymbol{r}^* = [r_x^*, r_y^*, r_m]^{\mathrm{T}}$，且末端速度也要接近0。因此，该问题的末端条件采取如下形式

$$[r_x(t_T) - r_x^*]^2 + [r_y(t_T) - r_y^*]^2 \leqslant \Delta r_{xy}^2,\ r_z(t_T) - r_M \leqslant \Delta r_z \tag{7-10}$$

$$-2\text{m/s} \leqslant V_z(t_T) \leqslant 0\text{m/s},\ |V_x(t_T)| \leqslant V_z(t_T)\tan(\Delta_{\text{angle}}),\ |V_y(t_T)| \leqslant V_z(t_T)\tan(\Delta_{\text{angle}}) \tag{7-11}$$

其中，t_T 表示动力下降段的末端时刻，Δr_{xy} 和 Δr_z 为制动火箭关机位置在水平面和垂直方向上的距离偏差上限。式（7-11）通过 Δ_{angle} 来约束探测器以近乎垂直的姿态完成最终着陆。这里的 Δr_{xy}，Δr_z，Δ_{angle} 是根据着陆安全和精度要求而设定的。

(4) 目标函数。考虑燃耗最优，即

$$\min J_P = \int_{t_i}^{t_T} \| \boldsymbol{T}(t) \| \, \mathrm{d}t \tag{7-12}$$

这意味着探测器将消耗尽可能少的燃料以零速度精确抵达目标着陆点。

注 7.1 由于终端不等式约束只是对称地在终端等式约束的前面和后面添加了一个小的相同大小的邻域（将经典的等式约束替换成了不等式约束），这个最

优动力下降问题的可行域至少涵盖了精确着陆问题和软着陆问题的最优解。因此，最优动力下降问题（问题 2）存在可行解的证明如下。

①对于最优动力下降问题的末端约束（7 – 10），令 $\Delta r_{xy}=0$，$\Delta r_z=0$，则

$$r_x(t_T)=r_x^*,\ r_y(t_T)=r_y^*,\ r_z(t_T)=r_M \tag{7-13}$$

于是，位置矢量的不等式约束退化为等式约束

$$\boldsymbol{r}(t_T)=\boldsymbol{r}^*,\ \text{if}\ \boldsymbol{r}^*=[r_x^*,r_y^*,r_m] \tag{7-14}$$

$$\|\boldsymbol{r}(t_T)\|=\|\boldsymbol{r}^*\| \tag{7-15}$$

其中，式（7 – 15）采用的是 Euclidean 范数（2 – 范数）。

②对于最优动力下降问题的末端约束 7 – 11，令 $\Delta_{\text{angle}}=0$，则

$$V_x(t_T)=0,\ V_y(t_T)=0 \tag{7-16}$$

且

$$-2\leqslant V_z(t_T)\leqslant 0(\text{m/s})\Rightarrow|V_z(t_T)+1|\leqslant\Delta V_z,\ \Delta V_z=1(\text{m/s}) \tag{7-17}$$

令 $\Delta V_z=0$，则 $V_z(t_T)=-1(\text{m/s})$。于是，速度矢量的不等式约束退化为等式约束

$$\boldsymbol{V}(t_T)=\boldsymbol{V}^*,\ \text{if}\ \boldsymbol{V}^*=[0,0,-1]\ (\text{m/s}) \tag{7-18}$$

③令末端不等式约束（7 – 11）和（7 – 10）退化为等式约束（7 – 14）和（7 – 15），则最优动力下降问题退化为精确着陆问题（pin – point landing problem）。令末端不等式约束（7 – 11）和（7 – 10）退化为等式约束（7 – 15）和（7 – 18），则最优动力下降问题退化为软着陆问题（soft landing problem）[243,270]。

根据文献［243，270］中的结论，精确着陆问题和软着陆问题在上述描述中具有可行解。因此，最优动力下降问题（问题 2）存在可行解。

问题 3：最优切换问题

对于给定的火星进入器、进入条件和着陆点而言，燃耗与动力下降段的点火时机和制导律有关[243,233]。由于在动力下降中使用了燃耗最优制导，因此设计协同最优制导的关键问题是确定适当的点火条件，即从进入段切换到动力下降段的最优切换条件。

（1）切换状态变换。为了将进入段与动力下降段相关联，首先应该阐明进入段的末端状态和动力下降段的初始状态之间的变换关系。该变换关系可以表

示为

$$[r_f,0,0]^T = \boldsymbol{C}_1(t_f)\boldsymbol{r}_i \tag{7-19}$$

$$[V_f,0,0]^T = \boldsymbol{C}_2(t_f)\boldsymbol{V}_i \tag{7-20}$$

$$\boldsymbol{C}_1 = \begin{bmatrix} \cos\lambda(t)\cos\theta(t) & \cos\lambda(t)\sin\theta(t) & \sin\lambda(t) \\ -\sin\theta(t) & \cos\theta(t) & 0 \\ -\sin\lambda(t)\cos\theta(t) & -\sin\lambda(t)\sin\theta(t) & \cos\lambda(t) \end{bmatrix} \tag{7-21}$$

$$\boldsymbol{C}_2 = \begin{bmatrix} \cos\gamma(t)\cos\psi(t) & \cos\gamma(t)\sin\psi(t) & -\sin\gamma(t) \\ -\sin\psi(t) & \cos\psi(t) & 0 \\ \sin\gamma(t)\cos\psi(t) & \sin\gamma(t)\sin\psi(t) & \cos\gamma(t) \end{bmatrix}\begin{bmatrix} 0 & 0 & 1 \\ 0 & 1 & 0 \\ -1 & 0 & 0 \end{bmatrix}\cdot$$

$$\begin{bmatrix} \cos\lambda(t)\cos\theta(t) & \cos\lambda(t)\sin\theta(t) & \sin\lambda(t) \\ -\sin\theta(t) & \cos\theta(t) & 0 \\ -\sin\lambda(t)\cos\theta(t) & -\sin\lambda(t)\sin\theta(t) & \cos\lambda(t) \end{bmatrix} \tag{7-22}$$

式中，$\boldsymbol{C}_1$ 和 $\boldsymbol{C}_2$ 表示相应的坐标变换矩阵。需要说明的是，切换时刻的三维位置，即式（7-19）是通过求解最优切换问题来确定的；而切换时刻的三维速度，即式（7-20）是在最优进入制导下基于进入轨迹的演化得到的。

（2）构建最优切换问题。对于最小燃耗问题，进入制导的最大作用是按照给定的切换位置生成一条具有最小机械能的进入轨迹（制导剖面）。而动力下降制导需要足够的空间余量，以实现最优燃耗减速，并将探测器安全着陆到目标着陆点。因此，最优切换问题描述如下。

找出：最优切换位置 $\boldsymbol{r}_i$ [$\boldsymbol{r}_i$ 能通过式（7-19）~(7-21）变换为(r_f,θ_f,λ_f)]。

最小化：J_P。

使得①火星大气进入问题的动力学模型、过程约束和初始条件、末端条件满足：

$$r_M < r_f,\ (\theta_f-\theta^*)^2+(\lambda_f-\lambda^*)^2 \leqslant \Delta_{\theta\lambda}^2,\ [\theta^*,\lambda^*] = \arg\{\boldsymbol{C}_1(\theta,\lambda)\boldsymbol{r}^* = [r_M,0,0]^T\} \tag{7-23}$$

②火星动力下降问题的动力学模型（式（7-4）~式(7-6)）、过程约束［式(7-7）和式（7-8）］、末端条件［式（7-10）和式（7-11）］、初始条件满足：

$$\boldsymbol{r}(t_i) = \boldsymbol{C}_1^{-1}[r(t_f),0,0]^T,\ \boldsymbol{V}(t_i) = \boldsymbol{C}_2^{-1}[v(t_f),0,0]^T,\ m(t_i) = m_i \tag{7-24}$$

其中，$\Delta_{\theta\lambda}$是目标着陆点经纬度附近的特定范围；算子 arg{ · }表示括号中方程的解。

7.2　协同最优化设计

对火星进入和动力下降的协同制导的研究一般是分别对进入段和动力下降段使用两个显式的次优制导律，并根据某些条件逻辑来切换和连接它们[243,270]。以这种方式构成的制导律，既对每个阶段不是最优的，也对整体性能不是最优的。为了在不确定性条件下实现每个阶段和整体性能最优的制导，本章基于协同优化策略提出了一种计算制导方法。协同优化框架可以协调各阶段（优化模块）的最优制导行为，实现不确定性条件下的整体性能最优，并便于在协同制导过程中利用多种优化算法进行高效解算[233]。通过以协同优化方式解决三个相互关联的优化问题来生成制导指令序列。

1. 计算框架

协同最优制导的计算框架如图 7.1 所示，依据协同优化思想[233,271]，提出了用于火星进入和动力下降的最优制导框架。在该分层优化机制中，最优切换问题作为系统级优化，而最优火星大气进入问题和最优火星动力下降问题被当成子系统级优化。

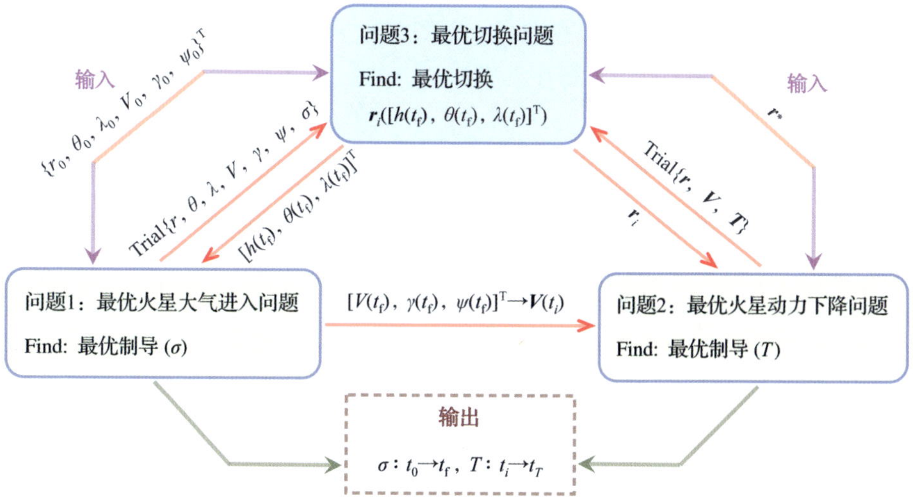

图 7.1　协同最优制导的计算框架

最优火星大气进入问题和最优火星动力下降问题分别用于火星进入和动力下降最优制导。在最优切换问题中，通过调节切换位置（即进入段的终点和动力下降段的起始点）来优化总体性能，以最优地连接和协调这两个阶段的制导。为了求解最优切换问题，需要从最优火星大气进入问题和最优火星动力下降问题中分别获得试验结果$\{r,\theta,\lambda,V,\gamma,\psi\}$和$\{r,V,T\}$，而最优切换问题所获得的试验切换位置$[h(t_{\mathrm{f}}),\theta(t_{\mathrm{f}}),\lambda(t_{\mathrm{f}})]^{\mathrm{T}}$和$\boldsymbol{r}_i$分别驱动其他两个问题的求解过程。此外，动力下降段的初始速度（$[V(t_{\mathrm{f}}),\gamma(t_{\mathrm{f}}),\psi(t_{\mathrm{f}})]^{\mathrm{T}}$）应与进入段的最终速度（$\boldsymbol{V}(t_i)$）匹配。

因此，通过求解最优火星大气进入问题得到从给定初始状态到最优切换点的进入制导，而通过求解最优火星动力下降问题得到从最优切换点到目标着陆点的动力下降制导。协同最优制导框架的输入为初始进入状态$[r_0,\theta_0,\lambda_0,V_0,\gamma_0,\psi_0]^{\mathrm{T}}$和目标着陆点$\boldsymbol{r}^*$，输出是在给定初始状态和目标着陆点的条件下火星进入和动力下降的最优制导$\{\boldsymbol{\sigma}:t_0\rightarrow t_{\mathrm{f}}\}\cup\{\boldsymbol{T}:t_i\rightarrow t_T\}$。需要说明的是，对于协同最优制导，前一时刻的状态也被作为后一时刻状态的初始状态。

2. 计算过程

协同最优制导的计算过程如图 7.2 所示。为了驱动优化计算流程，基于对试验结果的比较分析，预先人为确定最佳切换位置的猜测值。在计算过程中，初始化计算模块的输入变量为初始进入状态$[r_0,\theta_0,\lambda_0,V_0,\gamma_0,\psi_0]^{\mathrm{T}}$、目标着陆点$\boldsymbol{r}^*$、最优切换位置猜测$[h(t_{\mathrm{f}}),\theta(t_{\mathrm{f}}),\lambda(t_{\mathrm{f}})]^{\mathrm{T}}$和$\boldsymbol{r}_i$。初始化计算是为了获得从给定初始状态到目标着陆点的飞行过程的最优切换位置。然后，通过初始化计算获得的最佳切换位置驱动后续的计算制导流程。

在随后的计算过程中，将前一时刻的状态视为实现后一时刻状态的初始状态，使得切换位置和制导指令能够在线更新。即使最优切换位置没有及时更新，最优制导也将通过使用最优切换位置的最新值得以继续更新。一旦切换完成，制导框架就退化为基于当前状态和目标着陆点的燃耗最优动力下降制导。

显然，最优火星大气进入问题和最优火星动力下降问题是典型的最优控制问题，可以通过直接法进行数值求解。本章采用 hp 自适应伪谱法来有效地求解这两个问题。与典型的伪谱法不同，hp 自适应伪谱法充分利用了有限元法和全局伪谱法的优点，提高计算效率和求解精度[272]。

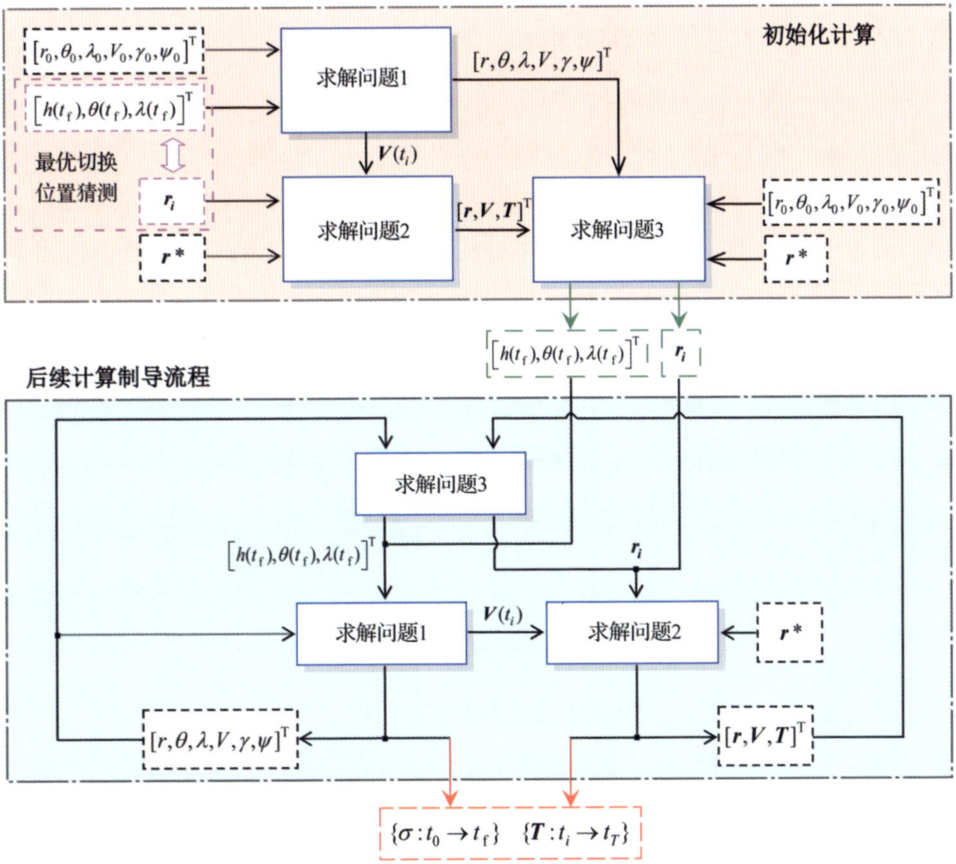

图 7.2　协同最优制导的计算过程

为了求解最优切换问题，需要提供其他两个问题的大量试验结果，这将导致大规模的计算。对于最优切换问题而言，输入的这些试验结果是离散的、随机的（各组数据之间不连续）。因而，无法用典型的基于微分方程组的最优控制方法来处理。而强化学习框架中建立的系统模型可以是从大规模试验数据中学习的统计模型[273]。因此，本章采用了强化学习方法来处理最优切换问题，以保证寻优过程能有效收敛。

注 7.2　需要说明的是，对于在线制导过程，采用强化学习和 hp 自适应伪谱法在线获得火星进入和动力下降的最优制导。而如果强化学习过程是离线进行的，那么协同制导的计算框架将退化为最优轨迹规划或开环最优制导。

7.3 强化学习求解策略

用于定义强化学习（Reinforcement Learning，RL）问题的概念与用于定义典型最优控制问题的概念具有明确的对应关系：控制器对应策略，控制变量对应动作，动力学方程对应状态转移概率，代价函数对应收益，而状态仍然是状态[273,274]。强化学习关注的是对象（如火星探测器的制导）如何在随机输入条件下采取适当的动作使累积收益最大化（如燃耗最小化）。

1. 马可夫决策过程

在强化学习框架中，最优切换问题被转化成马可夫决策过程，该过程中使用合适的转移概率对给定动作的状态之间的转移进行建模。马可夫决策过程由以下五个要素构成[273,274]。

（1）状态集 $\boldsymbol{S}$，而 $\boldsymbol{s}$ 表示 $\boldsymbol{S}$ 中的一个状态。

（2）动作集 $\boldsymbol{A}$，而 $\boldsymbol{a}$ 表示 $\boldsymbol{A}$ 中的一个动作。

（3）收益函数 $R(s)$，能将状态映射到实数集中。

（4）状态转移概率 P_s，表示在给定动作 $\boldsymbol{a}$ 时新状态 $\boldsymbol{s}' \in \boldsymbol{S}$ 转移到期望的最终状态或下一状态的概率分布。

（5）可选折扣率 κ_d，通常用于无限域问题。

在实施过程中，强化学习算法通常学习将每个状态映射到最优动作的策略 $Pol(\boldsymbol{s}):\boldsymbol{S} \mapsto \boldsymbol{A}$。对于给定的状态轨迹，那些使策略在整个系统状态轨迹中的收益最大化的动作就是最优解（即最优制导）。对于一个状态轨迹 I，其收益定义为

$$U^{(i)}(Pol) = E[R(\boldsymbol{s}_0^{(i)}) + \kappa_d R(\boldsymbol{s}_1^{(i)}) + \kappa_d^2 R(\boldsymbol{s}_2^{(i)}) + \cdots] \tag{7-25}$$

其中 $E[\cdot]$表示数学期望。

任何可能的初始位置将在一定范围内对应唯一的轨迹。对于给定初始状态和目标状态的最优切换问题而言，强化学习意味着通过学习进入与动力下降问题的试验结果来生成最优动作（即最优切换位置）的策略。对于这类问题，我们可以根据样本轨迹（即最优进入和动力下降问题的试验结果）来估计策略的收益，即

$$U(Pol) = \min U^{(i)}(Pol) \tag{7-26}$$

通常，强化学习用价值函数来确定最优策略。对于给定的策略，价值函数可表达为

$$Va^{Pol}(\boldsymbol{s}) = R(\boldsymbol{s}) + \kappa \sum_{\boldsymbol{s}' \in \boldsymbol{S}} P_s(\boldsymbol{s}') Va^{Pol}(\boldsymbol{s}') \tag{7-27}$$

通过动态规划算法可以很容易地确定最优价值函数 $Va^*(\boldsymbol{s})$[275]。于是，最优策略可确定为

$$Pol^*(\boldsymbol{s}) = \arg\max_{\boldsymbol{a} \in \boldsymbol{A}} \sum_{\boldsymbol{s}' \in \boldsymbol{S}} P_s(\boldsymbol{s}') Va^*(\boldsymbol{s}') \tag{7-28}$$

2. 马尔可夫决策过程的状态、动作、收益和状态转移概率分布

状态向量定义为 $\boldsymbol{s} = [r_x, r_y, r_z, V_x, V_y, V_z]^{\mathrm{T}}$，包括探测器的位置和速度；动作定义为探测器的推力矢量 $\boldsymbol{a} = [T_x, T_y, T_z]$；收益是质量消耗的函数，定义为

$$R(\boldsymbol{s} = \boldsymbol{s}_{\mathrm{f}}) = -(m_i - m_{\mathrm{f}}) \tag{7-29}$$

式中，$\boldsymbol{s}_{\mathrm{f}}$ 表示末端状态；m_i 和 m_{f} 分别表示探测器的初、末质量。

收益函数通常选择为探测器质量变化的线性函数。在学习过程中，如果制导算法选择使收益趋于最大化的轨迹，即在给定最优进入轨迹的条件下使燃耗最小化的动力下降，则系统得到奖励。也就是说，当最优进入轨迹的末端状态与所选的最优动力下降的初始状态相匹配时，就找到了最佳组合制导。

为了整合动力下降制导和进入制导，马尔可夫决策过程的状态转移概率分布 $\Pr(\varepsilon)$ 由初始状态（即随机切换状态）决定。根据 7.1 节中给定的动力学模型，初始状态的分量可表示为

$$s_{i,j} = \bar{s}_{i,j} + \Pr(\varepsilon) \tag{7-30}$$

其中下标 i 表示初始模态，$j = 1, 2, \cdots, 6$，$\bar{s}_{i,j}$ 是 $s_{i,j}$ 的平均值，ε 为标准差，$\Pr(\varepsilon)$ 表示近似概率分布。该公式是利用 MATLAB 的 ksdensity 函数分析进入轨迹族的末端状态集的概率分布得到的[276]。

3. 策略构建方法

在强化学习框架中，通过试验经验来确定策略，其中 Agent 学习得到最优切换，该最优切换将使探测器以最小燃耗着陆到目标位置。显然，最优策略必须能够将当前状态映射到特定动作，而该动作生成具有上述所需性质的状态轨迹。在本章中，该策略是利用多层神经网络来实现的。多层神经网络结构如图 7.3 所示[277]。

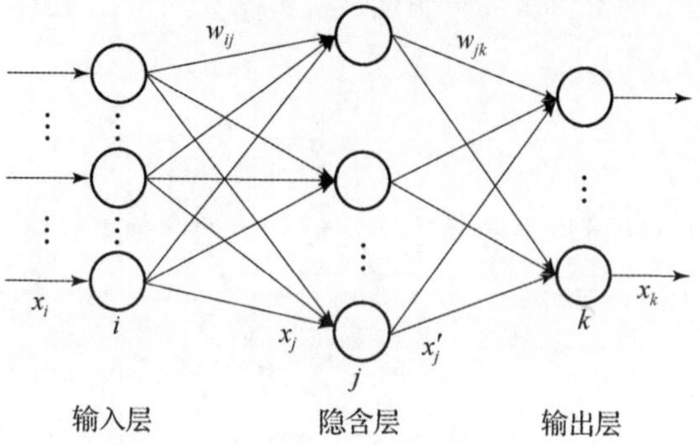

图 7.3 多层神经网络结构[274,277]

隐含层神经元使用双曲正切激活函数，输出层神经元使用线性激活函数。于是，隐含层节点 j 的输出为

$$a_j = \tanh\left(\sum_{i=1}^{m} w_{ij}\right) \tag{7-31}$$

式中，w_{ij}表示连接第 i 个输入层节点和第 j 个隐含层节点的权重；m 表示输入节点的总数。对于线性激活函数，隐含层节点 k 的输出为

$$a_k = \sum_{j=1}^{n} w_{jk} \tag{7-32}$$

式中，w_{jk}表示连接第 j 个隐含层节点和第 k 个输出层节点的权重，n 表示隐含层节点的总数。

4. 学徒学习

该步骤是使用上述马可夫决策过程模型生成的一系列试验结果来优化策略。策略优化首先需要将权重初始化，然后迭代调整网络权重直到收益最大化。学徒学习技术是通过计算指定数量的燃料最优轨迹的策略来实现的，而探测器将沿着这些轨迹以零速度着陆到目标着陆点。这里，使用 MATLAB 的 GPOPS 软件包生成这些最优轨迹[278]。本章的强化学习程序借鉴了 Pat Coady 的部分代码和编程思路[279]。

7.4 仿真分析

这部分仿真实验通过 MATLAB 实现。采用带有 hp 自适应伪谱法及 NLP 求解器 SNOPT[280]的开源软件包 GPOPS（4. x 版）[281]来获得火星进入和动力下降问题的最优解。状态量和控制量的离散点数量都设为 20。神经网络训练阶段的设计矩阵和目标矩阵（训练集）由 GPOPS 生成的 1 000 条最优轨迹构成，每条轨迹有 15 个采样点。该神经网络具有 32 个隐含层节点，采用 MATLAB 的神经网络工具箱对该神经网络进行建模，并通过贝叶斯正则化算法[282]执行训练过程。对于每次制导迭代，训练好的神经网络都是基于 1 000 条最优进入轨迹获得的 1 000 个不同切换条件而得到的。MATLAB 的凸规划工具包（CVX）用于执行凸优化步骤，利用其默认设置并调用 SDPT3 求解器[283]。不考虑导航误差，以便评估制导算法的性能。仿真步长（制导周期）设为 0.5 s。根据文献[145,146]设置进入器的物理参数、过程约束参数和边界条件参数，如表 7.1 ~ 表 7.3 所示。

表 7.1　进入器的物理参数

参数	符号	取值	单位
初始质量	m_0	5.6×10^4	kg
干重	m_{dry}	4.3×10^4	kg
升阻比	C_L/C_D	0.58	—
参考面积	S	160	m^2
弹道系数	B_c	397	kg/m^2
比冲	I_{sp}	360	s

表 7.2　过程约束参数

参数	符号	取值	单位
最大过载	n_{max}	4	g_0
最大动压	q_{max}	1×10^4	Pa
最大热流率	$\dot{Q}_{max}$	100	W/cm^2
最大倾侧角幅值	σ_{max}	100	(°)
最大倾侧角速率	$\dot{\sigma}_{max}$	15	°/s
最大推力	Γ_{max}	8×10^5	N
最小推力	Γ_{min}	2×10^5	N

表 7.3 边界条件参数

参数	符号	取值	单位
进入高度	h_0	129	km
进入速度	V_0	4 695	m/s
初始经度	θ_0	-1.63	(°)
初始纬度	λ_0	-22.18	(°)
初始航迹角	γ_0	-10.6	(°)
初始航向角	ψ_0	4.6	(°)
目标着陆点	(θ^*, λ^*)	(0, 0)	(°)
着陆角上限	Δ_{angle}	10	(°)
切换点的搜索域	$\Delta_{\theta\lambda}$	0.6	(°)
末端水平偏差上限	Δr_{xy}	20	m
末端垂直偏差上限	Δr_z	2	m

1. 算例 1：基于不同预定切换条件的协同最优制导

事实上，如何选择从进入段切换到动力下降的位置，是一个关乎性能指标的核心问题。为了说明切换位置是如何显著影响最优进入轨迹和最优动力下降制导的，我们首先人工选择 5 个不同的点位作为动力下降的初始点（也是进入段的终点），如表 7.4 所示。通过相继求解最优火星大气进入问题和最优火星动力下降问题，将生成相应的最优制导。本算例的目的是为算例 2 中的优化过程提供切换位置的初值猜测，本算例的结果也将与算例 2 的结果进行对比以验证其优化的正确性。

表 7.4 试验切换位置

位置	方案 1	方案 2	方案 3	方案 4	方案 5	单位
$\boldsymbol{r}_i$	[-4, -16, 7.5]	[-3.5, -14, 6.75]	[-3, -12, 6]	[-2.5, -10, 5.25]	[-2, -8, 4.5]	km

最优火星进入制导和最优动力下降制导的五条轨迹如图 7.4 所示。这说明确实存在由给定的 5 个切换位置相连的最优火星进入轨迹和与之相接的最优动力下降轨迹。高度 - 速度曲线、倾侧角曲线和推力曲线分别如图 7.5、图 7.6 和图 7.7 所示。进入轨迹的末端位置和速度与其相匹配的动力下降的初始状态完全吻合。同时，最优制导律可以保证探测器以近乎垂直的姿态着陆。通常，切换位置（即点火位置）离着陆点越远，减速段持续的时间越长。为了节省燃料，需要考虑这一重要因素。五种情况下，动力下降的总飞行时间从方案 4 的 55 s 到方案 1 的 82.5 s 不等，火星进入段的总飞行时间从方案 1 的 517.5 s 到方案 4 的 538 s 不等。

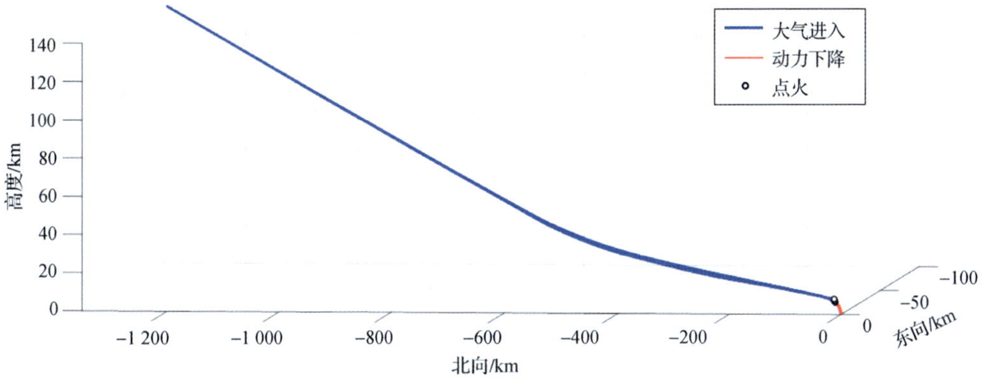

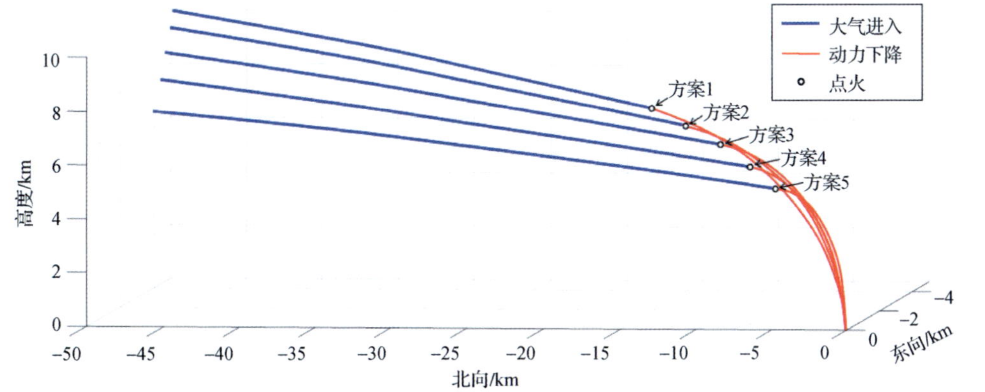

图 7.4　五种方案对应的火星大气进入和动力下降段的飞行轨迹

（下方子图是上方子图的局部放大）

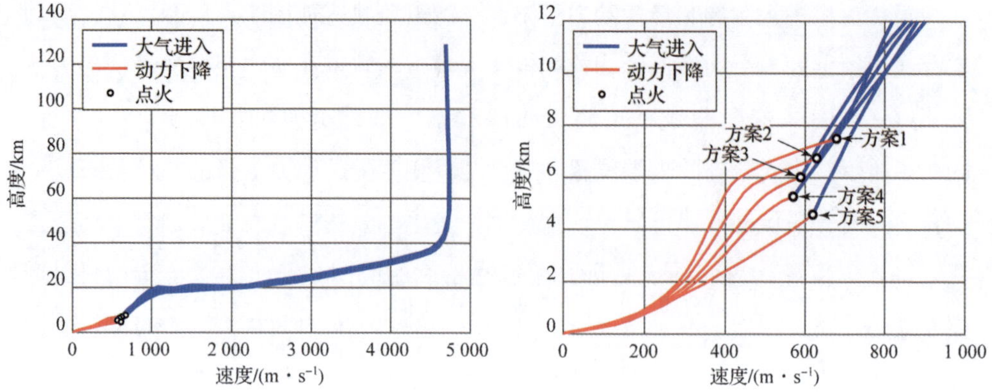

图 7.5 五种方案对应的火星大气进入和动力下降段的高度 – 速度曲线

（右边子图是左边子图的局部放大）

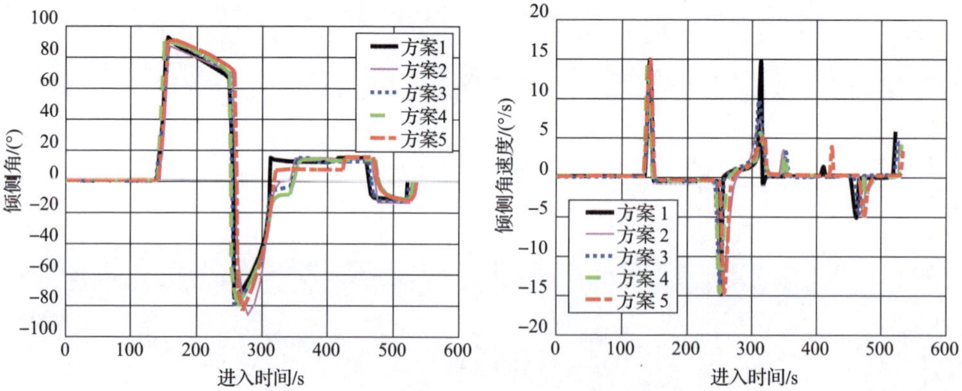

图 7.6 五种方案对应的火星进入段的制导曲线

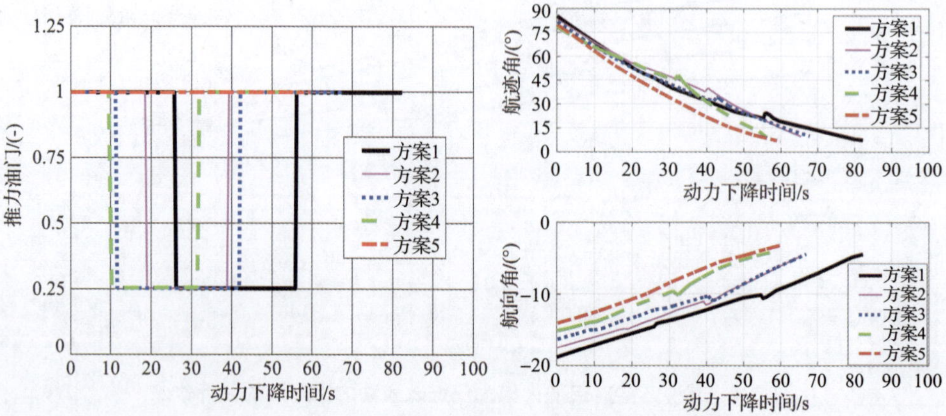

图 7.7 五种方案对应的火星动力下降段的制导曲线

五种方案对应的火星动力下降段的总燃耗如图 7.8 所示。在相同的进入条件和着陆条件下，同一航天器的燃耗量方案 1 为 11 267 kg，方案 2 为 9 812 kg，方案 3 为 8 753 kg，方案 4 为 8 215 kg，方案 5 为 11 860 kg。从图 7.8 可以看出，方案 5 在五种方案中点火高度最低，并且比方案 3 和方案 4 具有更大的速度，因此方案 5 中推力节流阀完全开启并且持续 62 s，因而消耗了最多的燃料。然而，方案 4 的满油门状态仅持续 34 s，因而它燃耗最小。最小燃耗方案（方案 4）比最大燃耗方案（方案 5）节省了超过 3 t 的燃料。

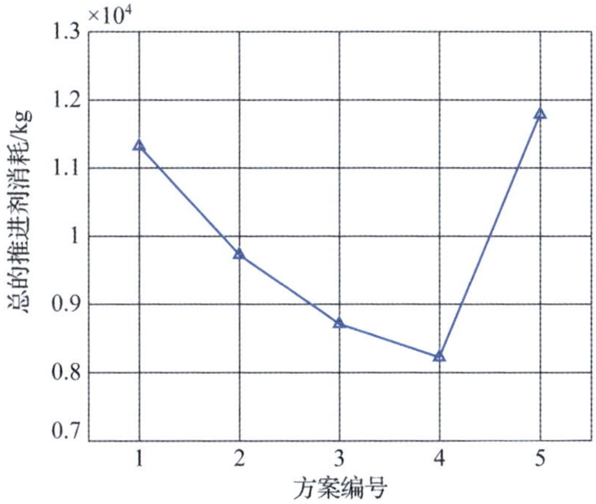

图 7.8 五种方案对应的火星动力下降段的总燃耗

2. 算例 2：协同最优制导

本算例对具有最优切换点的协同最优制导进行仿真验证。图 7.9 展示了拼接后的三维轨迹。图 7.10 展示了高度与相对速度的轨迹。图 7.11 和图 7.12 分别给出了大气进入段的倾侧角轨迹和动力下降段的推力曲线。图 7.12 的动力下降段的 Bang – Bang 推力节流曲线对应图 7.13 中所示的三段燃料消耗曲线。同时，为验证所提出的制导方法的最优性，采用序列凸化方法（Successive Convexification Method）[284,285] 进行了对比。需要说明的是，由于没有文献报道连续凸化方法在最优切换问题的应用，而已有其在大气进入和动力下降制导方面的应用，因此对比仿真中的最优切换点仍然由本章的方法确定，采用连续凸化方法只是分别求解最优火星进入问题和最优火星动力下降问题。

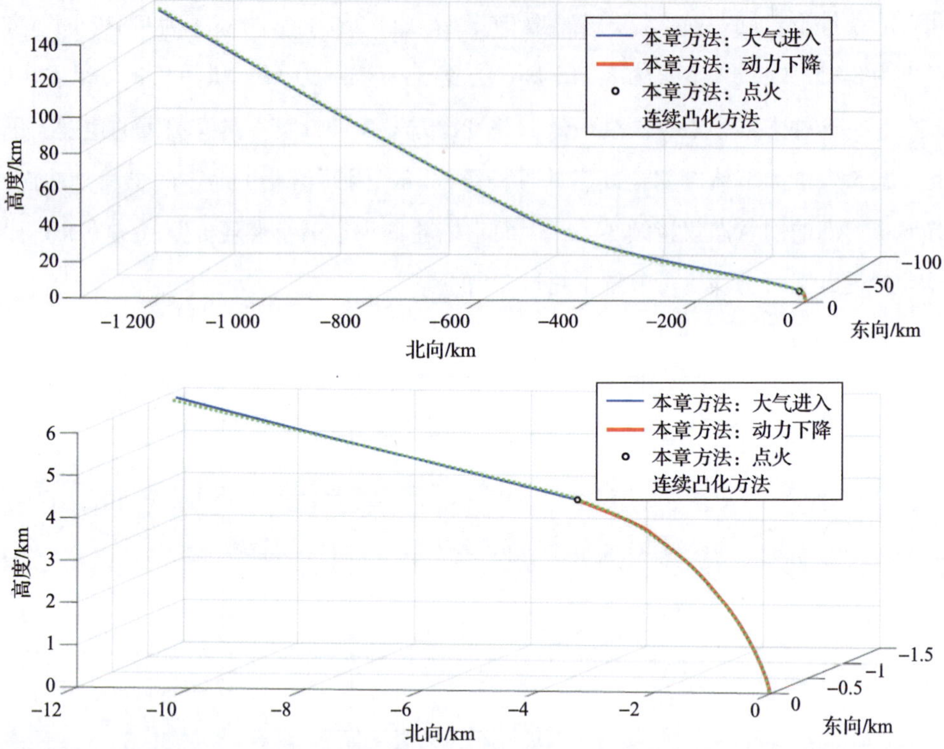

图 7.9　火星进入和动力下降段的飞行轨迹

（下方子图是上方子图的局部放大）

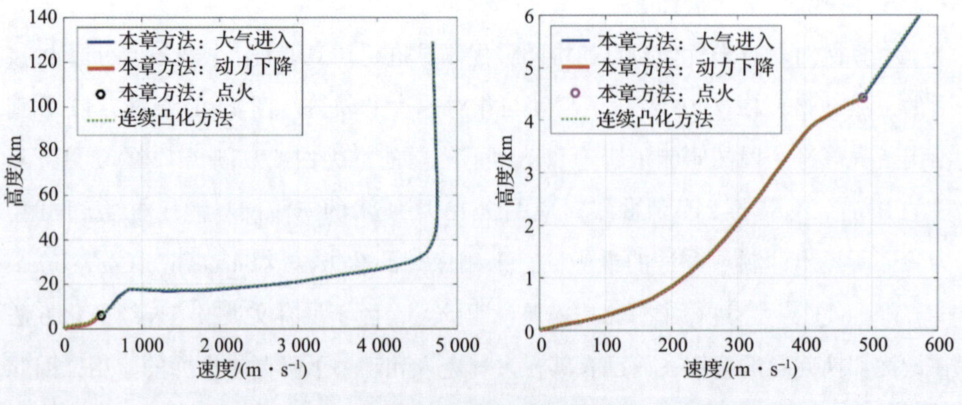

图 7.10　火星大气进入和动力下降段的高度－速度曲线

（右边子图是左边子图的局部放大）

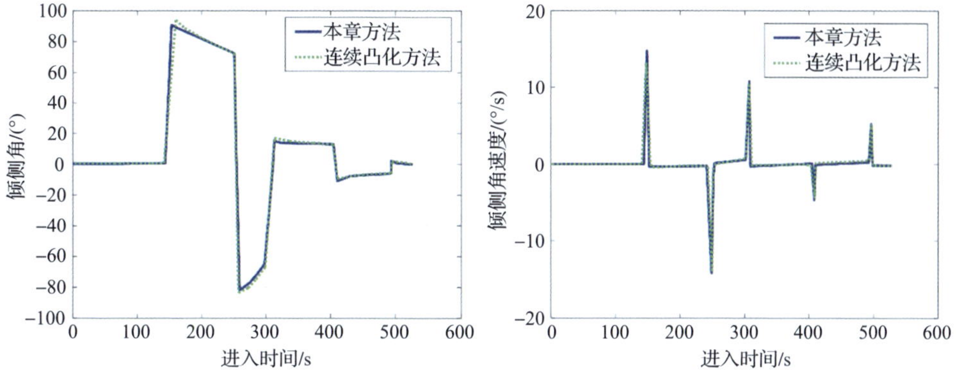

图 7.11　火星大气进入段制导曲线

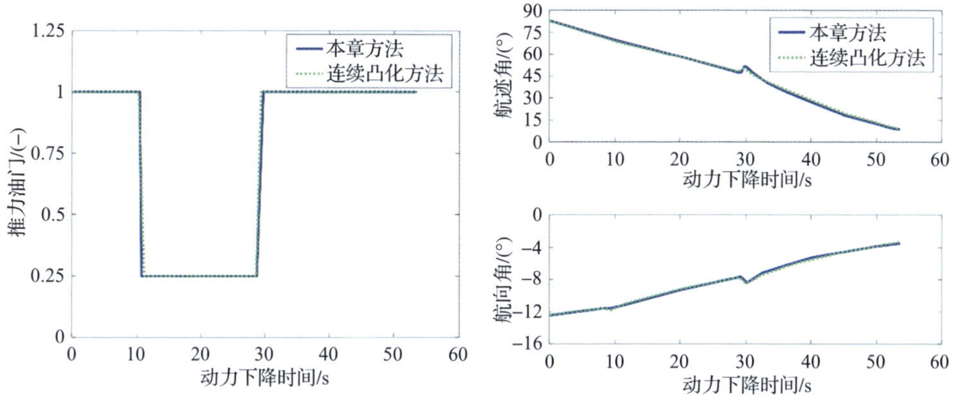

图 7.12　火星动力下降段制导曲线

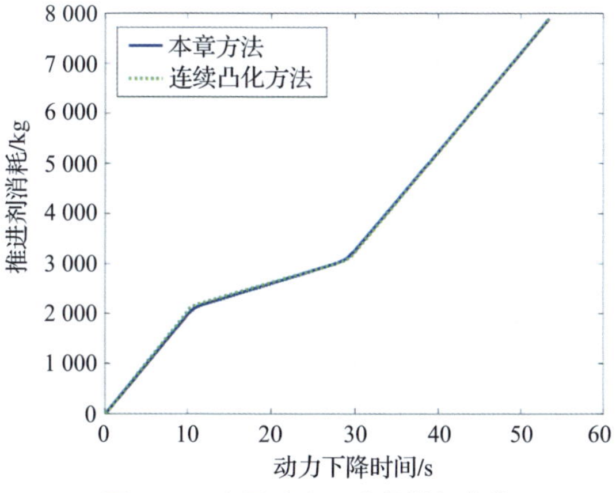

图 7.13　火星动力下降段燃耗曲线

将最优结果与算例 1 的结果进行比较，我们发现所提出的方法能够有效地找到最优切换位置（点火位置速度小且到着陆点的距离适中），从而节省动力下降段的燃料使用量。在相同的条件下，与算例 1 中的最佳切换点相比，算例 2 中所得的最优切换具有更低的速度且距目标落点的距离也更近。换句话说，进入制导为了达到最优切换位置而消耗的机械能越多，动力下降段需要的燃料消耗量就越少。图 7.13 表明该最优方案条件下的总推进剂消耗量为 7 923 kg，低于算例 1 中的任意一个。特别是，最优协同制导比算例 1 中的最差方案减少了 3 937 kg 的推进剂消耗，而它还比算例 1 中的最佳方案多节省了 292 kg 的推进剂消耗。

对比仿真表明，该方法得到的最优解与连续凸化方法得到的最优解非常吻合。但受计算机性能和优化算法的限制，该方法仍需要较长的计算时间。然而，使用连续凸化方法的高效开源软件包仍然缺乏，并且应用连续凸化方法处理优化问题时需要先进行额外的凸化操作之后才能执行优化计算。由于强化学习用于解决最优切换问题，其巨大的计算时间开销将不可避免地拖累所提出的制导方法的整体实时性。作为补救措施，当最优切换位置没有及时更新时，协同最优制导指令将通过沿用最优切换位置的最新值来继续更新。

3. 算例 3：蒙特卡洛仿真

为了验证协同最优制导方法在不确定条件下的准确性和鲁棒性，算例 3 进行了 1 000 次蒙特卡洛仿真。仿真中考虑的不确定性包括初始状态、飞行器的升阻比和火星大气密度，不确定性参数设置如表 7.5 所示。

表 7.5 不确定性参数设置

参数名	符号	均值	标准差	单位
进入初始高度	h_0	129	1.29	km
进入初始速度	V_0	4 695	46.95	m/s
初始经度	θ_0	−1.63	0.02	(°)
初始纬度	λ_0	−22.18	0.02	(°)
初始航迹角	γ_0	−10.6	0.01	(°)
初始航向角	ψ_0	4.6	0.01	(°)
升阻比	C_L/C_D	0.58	0.01	—
火星大气密度	ρ	—	0.03ρ	kg/m^3

图 7.14 展示了切换点的散布。图 7.15 给出了最终的着陆偏差。从图 7.14 可以看出，在切换点，速度与高度大致成正相关。而且，水平距离（星下点与着陆点的相对距离）与高度大致成正相关。在不确定性条件下，高度和水平距离的散布范围约为 2 km，而切换点的速度散布范围约为 150 m/s。图 7.15 表明末端速度与末端高度大致呈负相关，着陆精度在 0.5 m 以内，虽比文献［243］所述制导方法的 10^{-3}m 量级的着陆精度低，但与文献［233］所述制导方法的着陆精度相当。这些仿真结果表明，该协同最优制导即使在不确定条件下也具有良好的鲁棒性和准确性。

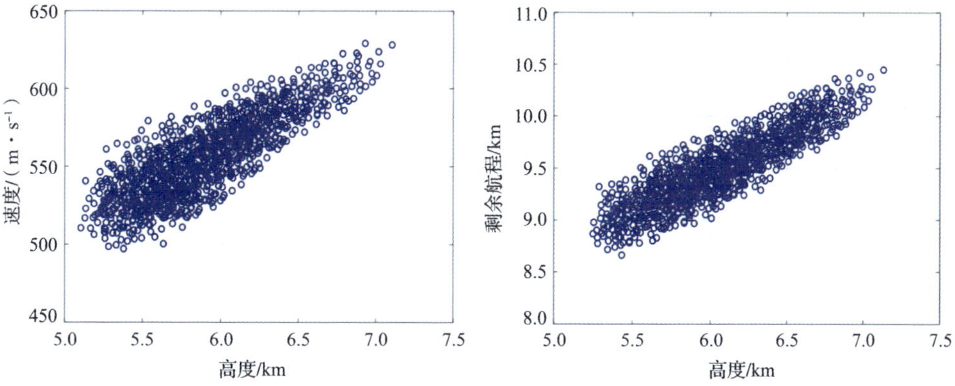

图 7.14　切换点的散布

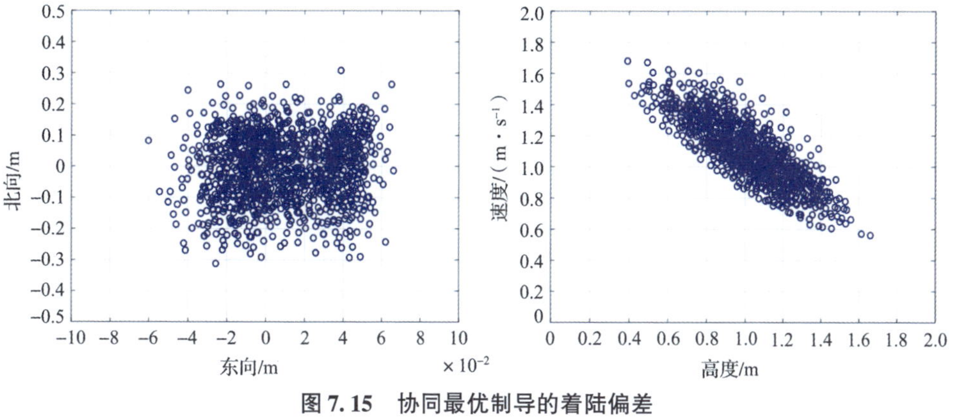

图 7.15　协同最优制导的着陆偏差

4. 分析与讨论

虽然火星最优进入制导与最优动力下降制导可以通过算例 1 中人工设定的切

换位置连接在一起，并且性能指标可以分别在给定条件下达到每个阶段各自的最优，但总燃料消耗不能保证是整体方案中的全局最优。因此，额外的燃料消耗是不可避免的。算例 2 说明最优协同制导可以比算例 1 中的最差方案节省将近 4 t 的推进剂消耗。沿着这条进入轨迹，强化学习算法将自适应地确定动力下降应该从哪里开始，并且该起始点是实现燃耗最优软着陆的最优解。但是，对于相同的探测器且在任务约束不变的情况下，如果没有很好地选择点火位置，推进剂消耗量将超过 12 t。也就是说，若使用所提出的制导技术，将减少 3 ~ 4 t 的推进剂（35% ~ 45% 的燃料消耗量）。以上对比仿真突出了协同最优制导方法的潜在优势。我们可以从设计的角度找到协同最优制导性能优越的主要原因：最优切换位置为动力下降提供一定的速度、运动方向和剩余距离，留给动力下降段的距离刚好能让探测器在到达目标着陆点时将速度降低到零并满足末端约束。因此，对于协同最优制导而言，该过程几乎不需要额外的推进剂用于进行额外的操作。

在该研究中只优化了切换位置，而切换位置处的速度和方向由最优制导律生成的飞行轨迹确定。这意味着离目标着陆点更高或更远的位置并不总是具有较高的速度，而更低或更近的位置并不总是具有较低的速度。这也表明，一个合适的点火条件是探测器全部飞行状态量的函数，而不仅仅是单个状态量的函数。仿真实验还证明了，为获取整体最优性能并兼顾对不确定性的鲁棒性，本节中的最优切换不能被简单地替换成以指定的轨迹参数或特定的时间为切换条件的简单触发方式。

本节重点阐述协同优化框架如何根据给定的初始进入条件和目标着陆状态自动确定最优切换条件和协同最优制导指令。所有这些优化计算都是通过强化学习和 hp 自适应伪谱法完成的。由于这两种算法是智能的和自适应的，因此在制导计算中无须手动调参。不可否认，如果在优化程序设计中加入一些规则，可以大幅提高协同优化的收敛速度。例如，规定倾侧角曲线为关于进入能量的线性函数，规定推力曲线为关于下降时间的 Bang - Bang 函数。但是，这些规则很可能会过滤掉协同最优制导问题的某些潜在的最优解。

7.5　小结

针对火星进入最优轨迹优化问题，本章通过协调最优进入轨迹与最优动力下降轨迹来实现。相应地，提出了火星进入与着陆协同最优制导方法，从而兼顾了总体燃耗最优和鲁棒性。通过计算机仿真，验证了本章提出的火星进入制导算法的有效性，以及在不确定性条件下的准确性。

第三部分

不确定性优化方法

第 8 章 火星进入轨迹的灵敏度最优化方法

轨迹优化问题一直是近年来研究的热点。求解该类优化问题目前采用的方法主要有间接法和直接法。间接法是基于极大值原理进行求解；直接法包括打靶法和配点法，目前研究较多的伪谱法也是配点法的一种。直接配点法具有对初始状态和控制量的取值不敏感、解具有稳定性等优点，且求解过程具有一定的实时性。本章采用直接配点法对火星着陆探测器的进入轨迹和下降段轨迹进行优化设计，该设计方法在目标函数中加入灵敏度函数，不但考虑燃料最省、末端高度最高等常规指标，而且考虑控制系统的跟踪性能，降低对控制系统的要求，更适用于火星着陆探测器这类控制能力较弱的进入器[286-290]。

8.1 直接配点法

直接配点法的核心思想是通过离散化把最优控制问题转化成非线性规划问题。直接配点法是将整个时间过程划分成 N 段，每一段的两端称为节点，然后用多项式逼近每一段的状态和控制变量[291-293]。根据多项式阶次的不同，直接配点法又可以分为低阶的梯形法、Simpson 法和高阶的四阶、五阶方法。本章采用三阶 Simpson 法。

在 $[t_0, t_f]$ 内将连续时间分成 N 段，每一个子区间为 $[t_i, t_{i+1}]$，$i=0,1,2\cdots N-1$，记 T_i 为相邻 2 个节点的时间间隔，$s=\dfrac{(t-t_i)}{T_i}$，则 $s\in[0,1]$，在每个子区

间上状态变量可以用三次 Hermite 多项式表示：

$$x = c_0 + c_1 s + c_2 s^2 + c_3 s^3 \tag{8-1}$$

其边界条件为

$$x_1 = x(0) \qquad x_2 = x(1)$$

$$\dot{x}_1 = \left.\frac{\mathrm{d}x}{\mathrm{d}s}\right|_{s=0} \qquad \dot{x}_2 = \left.\frac{\mathrm{d}x}{\mathrm{d}s}\right|_{s=1}$$

把边界条件代入式（8-1）中得：

$$\begin{bmatrix} x_1 \\ \dot{x}_1 \\ x_2 \\ \dot{x}_2 \end{bmatrix} = \begin{bmatrix} 1 & 0 & 0 & 0 \\ 0 & 1 & 0 & 0 \\ 1 & 1 & 1 & 1 \\ 0 & 1 & 2 & 3 \end{bmatrix} \begin{bmatrix} c_0 \\ c_1 \\ c_2 \\ c_3 \end{bmatrix} \tag{8-2}$$

解上述线性方程组得：

$$\begin{bmatrix} c_0 \\ c_1 \\ c_2 \\ c_3 \end{bmatrix} = \begin{bmatrix} 1 & 0 & 0 & 0 \\ 0 & 1 & 0 & 0 \\ -3 & -2 & 3 & -1 \\ 2 & 1 & -2 & 1 \end{bmatrix} \begin{bmatrix} x_1 \\ \dot{x}_1 \\ x_2 \\ \dot{x}_2 \end{bmatrix} \tag{8-3}$$

在子区间的中点处，即 $s=1/2$ 时，将式（8-3）代入式（8-1）得：

$$\boldsymbol{x}_{ci} = \frac{(\boldsymbol{x}_i + \boldsymbol{x}_{i+1})}{2} + \frac{T_i(f_i - f_{i+1})}{8} \tag{8-4}$$

$$\dot{\boldsymbol{x}}_{ci} = \frac{-3(\boldsymbol{x}_i - \boldsymbol{x}_{i+1})}{2T_i} - \frac{(f_i + f_{i+1})}{4} \tag{8-5}$$

式中，f_i，f_{i+1}分别表示函数$f(\boldsymbol{x},\boldsymbol{u},t)$在第 i 个子区间两端点处的函数值，即

$$f_i = f(\boldsymbol{x}_i, \boldsymbol{u}_i, t_i) \tag{8-6}$$

$$f_{i+1} = f(\boldsymbol{x}_{i+1}, \boldsymbol{u}_{i+1}, t_{i+1}) \tag{8-7}$$

当由式（8-5）近似得到的中点处的导数与动力学方程在中点处的值足够接近的时候，就认为多项式很好地逼近动力学微分方程。直接配点法如图 8.1 所示。

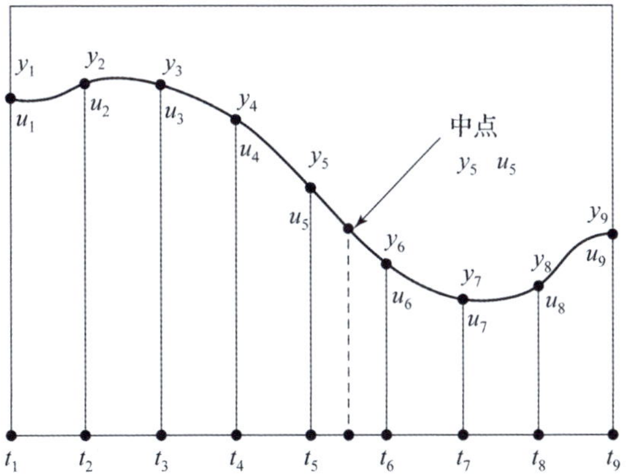

图 8.1　直接配点法

原来的动力学方程由 $N\times m$ 个 Hermite - Simpson 积分形式的约束代替：

$$\boldsymbol{x}_{i+1}=\boldsymbol{x}_i+\frac{T_i}{6}[f(\boldsymbol{x}_i,\boldsymbol{u}_i,\boldsymbol{t}_i)+4f(\boldsymbol{x}_{mi},\boldsymbol{u}_{mi},\boldsymbol{t}_{mi})+f(\boldsymbol{x}_{i+1},\boldsymbol{u}_{i+1},\boldsymbol{t}_{i+1})] \tag{8-8}$$

式中，x_{mi}为中点处的状态，由 $s=0.5$ 代入式（8－1）得到；u_{mi}为中点处的控制变量，由两端线性插值得到。定义决策变量为

$$\boldsymbol{Z}=[(\boldsymbol{x},\boldsymbol{u}_m,\boldsymbol{u})_0,(\boldsymbol{x},\boldsymbol{u}_m,\boldsymbol{u})_1\cdots(\boldsymbol{x},\boldsymbol{u}_m,\boldsymbol{u})_n,t_f]^{\mathrm{T}} \tag{8-9}$$

将式（8－8）移项得：

$$\Delta_i=\boldsymbol{x}_i-\boldsymbol{x}_{i+1}+\frac{T_i}{6}[f(\boldsymbol{x}_i,\boldsymbol{u}_i,t_i)+4f(\boldsymbol{x}_{mi},\boldsymbol{u}_{mi},t_{mi})+f(\boldsymbol{x}_{i+1},\boldsymbol{u}_{i+1},\boldsymbol{t}_{i+1})] \tag{8-10}$$

这样，动力学微分方程约束转变成 $N\times m$ 个等式约束，问题转化为有约束的非线性规划问题，搜索决策变量最优值，使 Δ_i 趋于零。

8.2　灵敏度最优控制方法

进入段的运动方程形式复杂，进入轨迹对控制变量高度敏感且进入过程的非线性约束较强，因此进入轨迹优化问题一直是研究的热点。目前火星探测器大都沿用“海盗号”的气动外形，依靠倾侧角的变化实现轨迹控制，控制能力较弱，因此在设计标称轨迹时还需要考虑控制系统的跟踪能力。传统的轨迹优化方法首

先根据约束条件确定一条轨迹，然后设计控制系统，若控制系统无法跟踪标称轨迹，则重新规划，如此反复直到满足要求。在对轨迹进行优化设计时完全不考虑控制系统的跟踪能力，设计过程完全依靠经验，费时费力，且不一定能取得满意的效果。因此本章提出一种考虑控制饱和的进入轨迹优化算法，把末端状态相对状态扰动的灵敏度加入目标函数中，并与末端高度最高、燃料最省通过罚函数法结合到一起形成最终的优化目标。

8.2.1 优化目标

一方面，由于火星大气特别稀薄，降落伞减速效果有限，为了使探测器能够安全着陆，希望开伞高度越高越好，所以目标函数中应包含末端高度；另一方面，探测器上携带的燃料有限，过多的消耗燃料是不可取的，因此燃料最省也是优化的目标之一。然而，如果简单地以末端高度最高或燃料最省为性能指标进行优化，得到的控制变量的形式很可能是最大-最小-最大的形式，虽然控制量留取一定余量，但是在存在较大不确定性扰动的情况下，会导致控制饱和，更加不幸的是，像“海盗号”这一类小升阻比的探测器，轨迹控制能力较弱，加之进入段恶劣的气动加热环境以及大量不确定性因素，探测器很可能会因为控制饱和而无法跟踪标称轨迹，因此在选取目标函数时还要考虑控制系统能否跟踪上标称轨迹。

目标函数的选取需要考虑末端高度、燃料消耗以及跟踪控制性能，而这些目标又是相互对立的，因此采用罚函数法把三个性能指标统一到一起，本章选取的目标函数为

$$J = -h(t_f) + c_S J_S + c_u J_u \tag{8-11}$$

式中，c_S 和 c_u 为加权系数；J_S 为末端状态对进入轨迹的灵敏度函数，其推导与具体表达式见下节；J_u 为进入过程中关于燃料消耗的目标函数[289]。

$$J_u = \int_{t_0}^{t_f} \ddot{\sigma}^2 \mathrm{d}t \tag{8-12}$$

8.2.2 约束条件

进入轨迹除了动力学方程的约束外，本章还考虑了初始条件约束、末端条件

约束、过程约束和控制约束。

1. 初始条件约束

初始状态约束包括初始高度、速度、航迹角和航程，即

$$r(t_0)=r_0 \quad v(t_0)=v_0 \quad \gamma(t_0)=\gamma_0 \quad s(t_0)=s_0$$

2. 末端条件约束

探测器最后要到达指定开伞区域，并且满足开伞条件。由于末端高度是目标函数之一，因此这里不做约束。末端条件约束为

$s(t_{\mathrm{f}})=s_{\mathrm{f}}$，$v(t_{\mathrm{f}})<v_{\mathrm{f}}$，末端时刻 t_{f} 自由。

3. 过程约束

在进入过程中，为了结构和设备的安全，需要考虑过载约束。鉴于本章的研究对象为弹道升力式飞行器，其轴向和法向均有可能产生较大过载，因此本章过载约束取总过载约束

$$n_a=\sqrt{L^2+D^2}\leqslant n_{\max} \tag{8-13}$$

对动压的限制应从其峰值和末端时刻来考虑，进入过程中动压峰值应不超过给定的最大值

$$\bar{q}=0.5\rho V^2\leqslant \bar{q}_{\max} \tag{8-14}$$

为了安全打开降落伞，末端时刻动压应不超过给定的最大值

$$\bar{q}(t_{\mathrm{f}})\leqslant \bar{q}_{\mathrm{f}\max} \tag{8-15}$$

为了减少气动加热量，一般考虑瞬时驻点对流加热速率不超过给定的最大值

$$\dot{Q}=c\rho^{0.5}V^k\leqslant \dot{Q}_{\max} \tag{8-16}$$

式中，k 是与探测器半径相关的常数。

4. 控制约束

由于只考虑纵向运动，所以假设 $\sigma\in[0,\pi]$。为了进行侧向制导，控制量需要留取一定余量，控制约束为

$$\sigma_{\min}\leqslant\sigma\leqslant\sigma_{\max} \tag{8-17}$$

同时由于探测器上姿态执行机构的限制，倾侧角的角速度和角加速度还必须满足以下条件：

$$\dot{\sigma}_{\min}\leqslant\dot{\sigma}\leqslant\dot{\sigma}_{\max} \tag{8-18}$$

$$\ddot{\sigma}_{\min} \leqslant \ddot{\sigma} \leqslant \ddot{\sigma}_{\max} \tag{8-19}$$

8.2.3 状态灵敏度计算

控制系统的抗扰动性能体现在末端状态对进入轨迹的灵敏度上。灵敏度越小，说明末端状态对进入轨迹的变化越不敏感，也就是说抗扰动性能越强，反之亦然。因此，若是把所有时间点上的状态扰动对末端状态的影响用灵敏度函数表示出来，然后加入目标函数中，在设计最优轨迹时就考虑了控制系统的抗扰动性能。

根据灵敏度的定义，任意轨迹 $\boldsymbol{X}(t\,|\,t_0,\boldsymbol{x}_0)$ 相对初始时刻状态 $\boldsymbol{X}_0$ 的灵敏度矩阵为

$$\boldsymbol{S}(t\,|\,t_0,\boldsymbol{x}_0) = \frac{\partial \boldsymbol{X}(t\,|\,t_0,\boldsymbol{x}_0)}{\partial \boldsymbol{x}_0} \tag{8-20}$$

为简化表达，把 $\boldsymbol{S}(t\,|\,t_0,\boldsymbol{x}_0)$ 表示成 $\boldsymbol{S}(t,t_0)$，它满足以下微分方程：

$$\boldsymbol{S}(t,t_0) = \left(\frac{\partial f}{\partial \boldsymbol{x}} + \frac{\partial f}{\partial \boldsymbol{u}}\boldsymbol{k}\right)\boldsymbol{S}(t,t_0) \tag{8-21}$$

式中，$\boldsymbol{u}(t) = \boldsymbol{u}^*(t) + \boldsymbol{k}(\boldsymbol{x}(t) - \boldsymbol{x}^*(t))$，$\boldsymbol{u}^*(t)$ 和 $\boldsymbol{x}^*(t)$ 分别表示 t 时刻的最优控制和标称轨迹，$\boldsymbol{k}$ 为反馈增益。假设当存在扰动时，线性反馈控制律可以控制系统回到标称轨迹或在标称轨迹附近，反馈增益 $\boldsymbol{k}$ 是围绕最优轨迹线性化后采用 LQR 方法确定的。由于 $\boldsymbol{k}$ 是常值，当 u 靠近边界时，控制余量较小，如果反馈增益仍然保持不变，可能会导致控制饱和，因此为了满足控制边界约束，反馈增益应该取小值；当 u 靠近中间时，反馈增益应该取较大值，尽快跟踪上标称轨迹，所以引入尺度因子 η[286]：

$$\eta(t) = \frac{4(u(t) - u_{\min})(u_{\max} - u(t))}{(u_{\max} - u_{\min})^2} \tag{8-22}$$

则反馈控制律变为

$$\boldsymbol{u}(t) = \boldsymbol{u}^*(t) + \eta(t)\boldsymbol{k}(t)(\boldsymbol{x}(t) - \boldsymbol{x}^*(t)) \tag{8-23}$$

灵敏度矩阵微分方程变为

$$\dot{\boldsymbol{S}}(t,t_0) = \left(\frac{\partial f}{\partial \boldsymbol{x}} + \frac{\partial f}{\partial \boldsymbol{u}} \cdot \eta \cdot \boldsymbol{k}\right)\boldsymbol{S}(t,t_0) \tag{8-24}$$

根据灵敏度矩阵的定义，容易证明上述灵敏度矩阵具有如下性质：

$$\boldsymbol{S}(t_2,t_1)=\boldsymbol{S}(t_2,t_0)\boldsymbol{S}(t_1,t_0)^{-1} \tag{8-25}$$

$$\boldsymbol{S}(t_0,t_0)=\boldsymbol{I}_{7\times7} \tag{8-26}$$

在进入过程中，主要关注状态扰动对末端状态的影响，因此定义如下函数：

$$\xi(\boldsymbol{x}(t_f),t_f)=[r(t_f)\quad v(t_f)\quad \gamma(t_f)\quad s(t_f)]^{\mathrm{T}} \tag{8-27}$$

根据定义，$\xi(\boldsymbol{x}(t_f),t_f)$ 相对 t 时刻的状态扰动的灵敏度矩阵可以表示为

$$\frac{\partial\xi(\boldsymbol{x}(t_f),t_f)}{\partial\boldsymbol{x}(t)}=\frac{\partial\xi(\boldsymbol{x}(t_f),t_f)}{\partial\boldsymbol{x}(t_f)}\cdot\boldsymbol{S}(t_f,t) \tag{8-28}$$

式中

$$\boldsymbol{S}(t_f,t)=\boldsymbol{S}(t_f,t_0)\boldsymbol{S}(t,t_0)^{-1} \tag{8-29}$$

$$\frac{\partial\xi(\boldsymbol{x}(t_f),t_f)}{\partial\boldsymbol{x}(t_f)}=\boldsymbol{I}_{4\times4} \tag{8-30}$$

所以，$\xi(\boldsymbol{x}(t_f),t_f)$ 相对 t 时刻的状态扰动的灵敏度矩阵等于 $\boldsymbol{S}(t_f,t)$。很显然，只有矩阵中的每一个元素同时最小才能使灵敏度最小。通过积分得到末端状态对所有时刻状态扰动的灵敏度，因此灵敏度函数为

$$J_S=\int_{t_0}^{t_f}\sum\left\{c_i\cdot\sqrt{\sum_{j=1}^{4}S_{i,j}(t_f,t)^2}\right\}\mathrm{d}t,\ i=1,2,3,4 \tag{8-31}$$

式中，$\boldsymbol{S}_{i,j}(t_f,t)$ 表示灵敏度矩阵中第（i,j）个元素；c_i 表示加权系数。

8.2.4 仿真分析

1. 仿真参数

探测器进入火星大气层的初始约束条件为 $[r_0,v_0,\gamma_0,s_0]=[3\ 522\ 000,6\ 000,-0.2,0]$；末端约束条件为 $v(t_f)\leqslant350$ m/s，$s(t_f)=935$ km，最大过载值 $n_{max}=8$，最大动压值 $q=10\ 000$ kg/(m·s^{-2})，末端动压 $q_f\leqslant750$ kg/(m·s^{-2})，最大加热率 $\bar{q}_{fmax}=70$ kW/m^2；控制变量约束为

$$11.5\mathrm{deg}\leqslant\sigma\leqslant168.5\mathrm{deg}$$

$$-20\mathrm{deg}/s\leqslant\dot{\sigma}\leqslant20\mathrm{deg/s}$$

$$-5\mathrm{deg/s^2}\leqslant\ddot{\sigma}\leqslant5\mathrm{deg/s^2}$$

不考虑扰动对末端航迹角的影响，灵敏度函数的加权系数为 $c_1=1$，$c_2=1$，

$c_3=0$，$c_4=0.01$；反馈增益为 $c_1=1$，$c_2=1$，$c_3=0$，$c_4=0.01$。

2. 仿真结果与分析

图 8.2（a）是加权系数 c_s，c_u 取不同值时所得到的最优控制曲线，从图中可以看出，当 $c_s=0$ 时，即目标函数中不包括灵敏度，最优控制轨迹大部分时间处于控制约束边缘：当存在扰动时，控制系统很可能会因为控制饱和而无法跟踪标称轨迹。当 $c_u=10$ 时，即考虑燃料消耗以后，控制轨迹变得平滑，但是仍有大部分时间处于饱和状态。随着 c_s 的不断增大，最优控制轨迹离约束边界越来越远，抗扰动性能逐渐增强，但代价是末端高度越来越低，因此实际应用时需要根据具体情况采取不同方案。表 8.1 给出了 c_S 和 c_u 不同值时的末端高度。

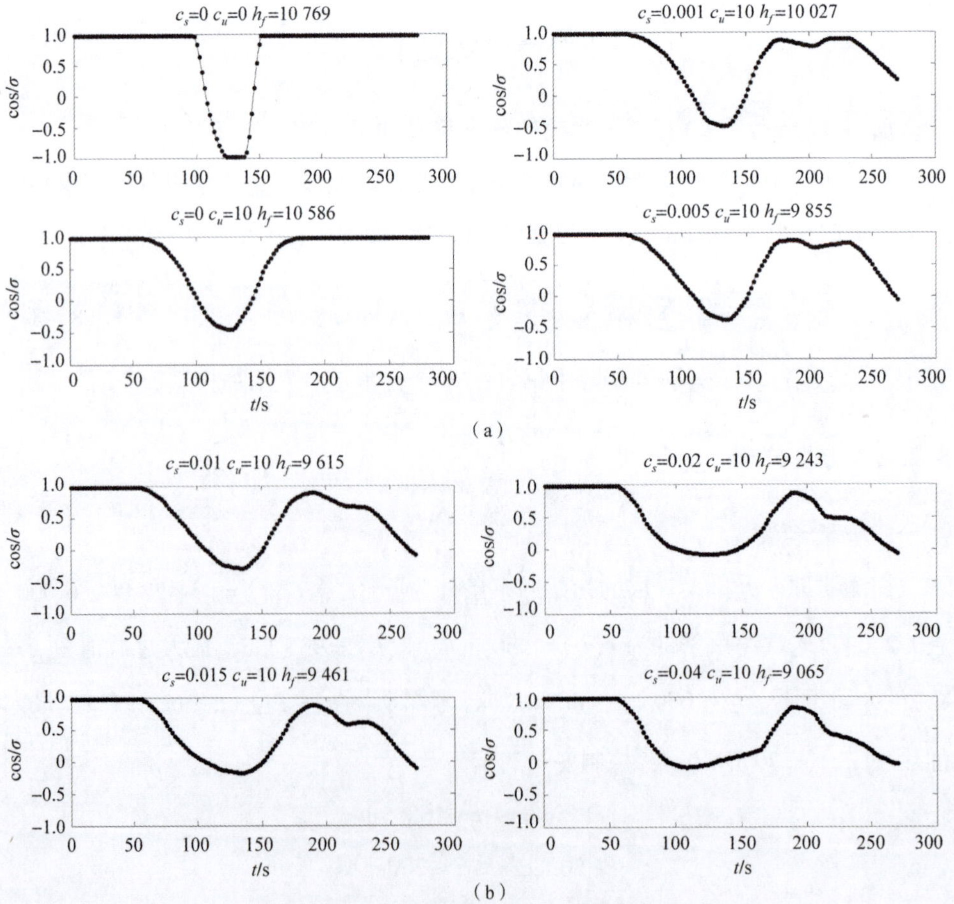

图 8.2　进入段最优控制轨迹的控制曲线

表 8.1　不同参数情况下的末端高度

c_s	0	0	0.001	0.005	0.01	0.015	0.02	0.04
c_u	0	10	10	10	10	10	10	10
末端高度/m	10 769	10 586	10 027	9 855	9 615	9 461	9 243	9 065

最优轨迹确定以后，采用蒙特卡洛仿真方法进一步验证考虑控制饱和的火星进入轨迹优化方法的有效性，具体仿真参数如表 8.2 所示。图 8.3 是采用线性反馈控制律跟踪最优轨迹得到的实际控制轨迹，如前文所述，c_s 越大，控制量饱和的时间越少。图 8.4 是 c_s 取不同值时末端状态的误差分布。从图中可以看到，仅考虑末端高度时，末端误差高度、速度、航程误差分别约为 2 000 m、100 m、10 km，考虑燃料消耗后误差减小，考虑控制系统跟踪性能后误差进一步减小，这说明考虑控制饱和的进入轨迹优化算法是有效的。

表 8.2　进入段蒙特卡洛仿真参数

参数	高度	速度	航程	大气密度	弹道系数	升阻比
初值	125 km	6 000 m/s	0 km	—	—	—
误差（3σ）	±0.5 km	±5 m/s	±0.5 km	±10%	±5%	±5%
分布类型	正态	正态	正态	正态	正态	正态

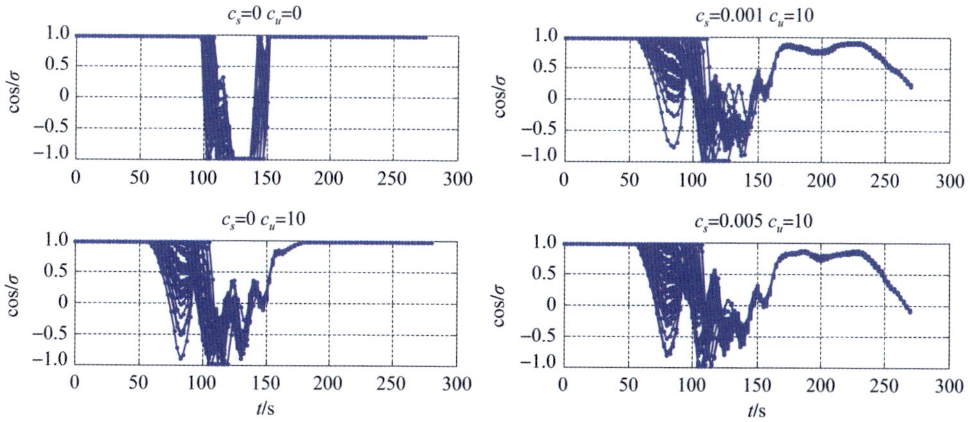

图 8.3　反馈控制

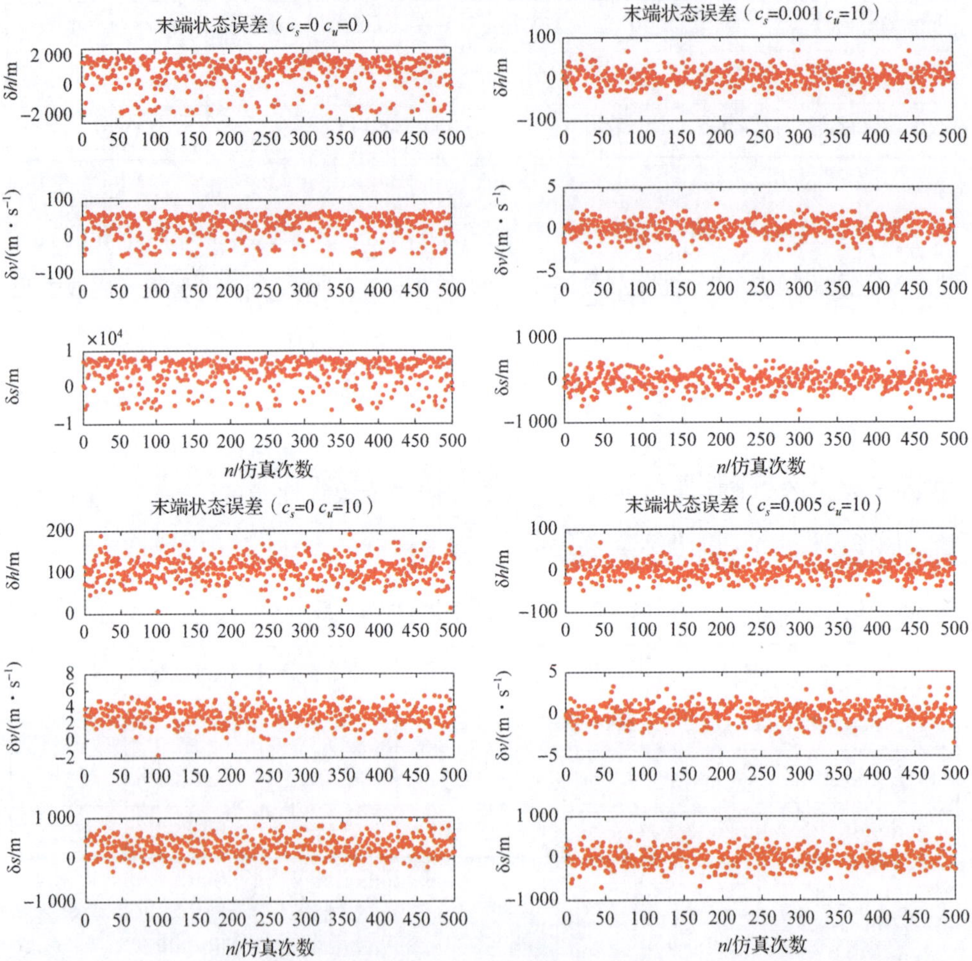

图 8.4　末端状态误差分布

8.3　小结

火星进入段标称轨迹在规划时都应当考虑一个问题，那就是在满足基本约束条件的情况下，怎么样才能尽量减少控制饱和的情况出现，因为控制饱和的出现就意味着探测器丧失了一部分控制能力，没办法按预定轨迹飞行。本章将灵敏度的概念引入目标函数，在优化轨迹时将状态灵敏度作为目标函数的一部分，在几乎不影响原有目标函数的情况下，可以有效减少控制饱和的情况出现。然后采用直接配点法将考虑灵敏度的最优控制问题转化为非线性规划问题，动态优化问题转化为静态参数最优化问题，避开了传统间接优化方法计算量大、实时性差、对初值敏感等缺点，同时可以避免控制饱和。

第 9 章 火星进入轨迹不确定性量化方法

火星进入轨迹不确定性量化本质上是根据已知进入器初始状态不确定性和动力学参数不确定性，求解后续任意时刻飞行状态分布特征的初值问题。目前有关火星进入不确定性量化方面的文献较少，还处于直接应用经典方法的阶段，而这些方法应用于火星进入轨迹不确定性量化问题时往往存在一定的局限性。因而，已有的文献大多仅针对初始状态不确定性或部分动力学参数不确定性等低维不确定性的情形，且大都仅考虑一种概率分布类型，很少关注由于动力学本身强非线性引起的不确定性分布特征的变化。因此，难以较为完整、准确地揭示火星进入轨迹不确定性量化规律和演化机理[219,225,294,295]。本章研究针对高维非线性火星进入轨迹不确定性量化问题的解算方法。

9.1 火星进入轨迹不确定性量化问题描述

已有的火星探测任务的研究表明，火星进入过程中初始状态不确定性、大气密度不确定性、进入器的弹道系数和升阻比不确定性是影响火星进入制导性能提升的关键因素[143,216]。如图 9.1 所示，这些不确定性因素会综合作用于火星进入动力学，并随进入器的飞行状态演化，进而引起开伞点不确定性和着陆点不确定性。根据给定的不确定性状态，得到指定的末端的不确定性状态，就需要求解不确定性量化问题。而揭示从给定的不确定性状态到指定的末端状态期间的不确定性传播，就需求进行不确定性演化。因此，如何借助均值、方差、概率密度、分布区间等统计学参数来描述火星进入轨迹不确定性的量化规律和演化机理，就是本章要解决的核心问题。

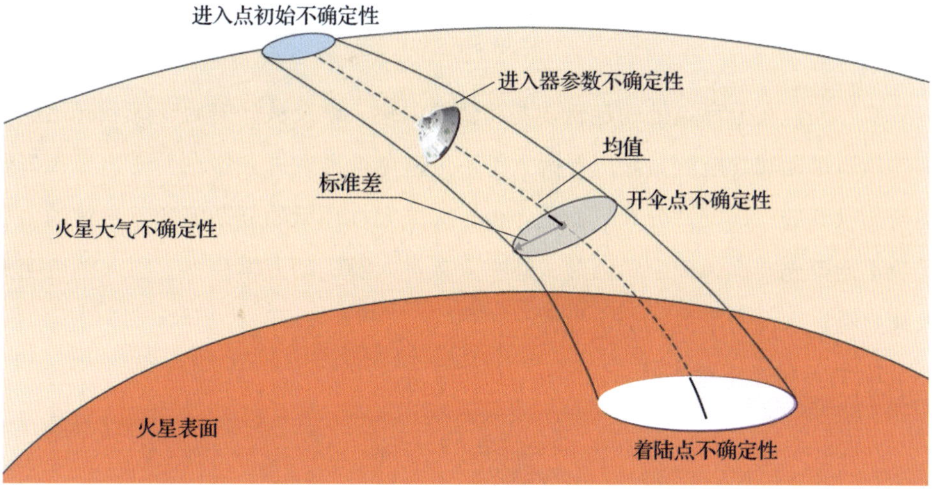

图 9.1　火星进入过程的不确定性图解

首先考虑三自由度方程来描述火星大气进入飞行过程。由于方程的六个状态变量 r，v，γ，θ，λ，ψ 中 r，v，γ 是解耦的，即 r，v，γ 三者相互独立且能用于计算其他三个状态变量 θ，λ，ψ，而 r，v，γ 属于纵向动力学方程状态变量。航迹角 γ 又称为飞行路径角，在本章中均写作后者。因此，以三个相互独立的变量飞行高度 h、飞行速度 v、飞行路径角 γ 作为状态量即可表征火星进入飞行状态的不确定性特征，列写纵向动力学方程为

$$\dot{h} = v\sin\gamma \tag{9-1}$$

$$\dot{v} = -D - g_M\sin\gamma \tag{9-2}$$

$$\dot{\gamma} = \left(\frac{v}{r} - \frac{g_M}{v}\right)\cos\gamma + \frac{L}{v}\cos\phi \tag{9-3}$$

式中，飞行高度 $h = r - r_0$；r_0 为火星半径；g_M 为火星重力加速度；L 和 D 分别为进入器的气动升力加速度和气动阻力加速度。为了缩减不确定性动力学参数的个数，采用如下两个定义。

弹道系数定义为

$$B_c = \frac{m}{C_D S_{\text{ref}}} \tag{9-4}$$

升阻比定义为

$$k = \frac{C_L}{C_D} \tag{9-5}$$

实际上，在分离点处的定轨误差和轨控误差，以及从分离后到进入起始点期间的轨道摄动和导航测量噪声等因素都不可避免地导致进入器在大气边界入口处的初始状态的不确定性分布。而且，由于火星大气环境的复杂多变，导致动力学参数不能事先准确地确定。因此，建立火星进入随机动力学模型，引入随机变量表征火星进入动力学的不确定性。

1. 初始状态不确定性

$$h(t_0) = \bar{h}_0 + \delta_{h_0}\zeta \tag{9-6}$$

$$v(t_0) = \bar{v}_0 + \delta_{v_0}\zeta \tag{9-7}$$

$$\gamma(t_0) = \bar{\gamma}_0 + \delta_{\gamma_0}\zeta \tag{9-8}$$

式中，随机变量 $\zeta \in [-1,1]$，ζ 的概率密度函数 $f_\zeta(\zeta)$ 根据已知的进入初始状态分布类型来设定，如正态分布或均匀分布；$\bar{h}_0$ 为初始高度的标称值，$\bar{v}_0$ 为初始速度的标称值，$\bar{\gamma}_0$ 为初始飞行路径角的标称值；δ_{h_0} 为初始高度的标准差，δ_{v_0} 为初始速度的标准差，δ_{γ_0} 为初始飞行路径角的标准差；t_0 表示初始时刻。

2. 动力学参数不确定性

$$B_c = (1 + \delta_{B_c}\zeta)\bar{B}_c \tag{9-9}$$

$$k = (1 + \delta_k\zeta)\bar{k} \tag{9-10}$$

$$\varepsilon = (1 + \delta_\varepsilon\zeta)\bar{\varepsilon} \tag{9-11}$$

其中，$\bar{B}_c$ 为弹道系数的标称值；$\bar{k}$ 为升阻比的标称值；$\bar{\varepsilon}$ 为火星大气密度比的标称值；δ_{B_c} 为弹道系数的标准差；δ_k 为升阻比的标准差；δ_ε 为火星大气密度比的标准差。

考虑动力学参数不确定性，将火星进入动力学模型改造成火星进入随机非线性动力学微分方程组，即

$$\dot{h} = v\sin\gamma \tag{9-12}$$

$$\dot{v} = -\frac{\varepsilon\rho v^2}{2B_c} - \frac{\mu\sin\gamma}{(r_0 + h)^2} \tag{9-13}$$

$$\dot{\gamma} = \frac{k\varepsilon\rho v\cos\phi}{2B_c} - \frac{\mu\cos\gamma}{v(r_0 + h)^2} + \frac{v\cos\gamma}{r_0 + h} \tag{9-14}$$

于是，火星进入不确定性量化问题即为这样一个初值问题：根据给定的含有随机量的初始状态和模型参数，求取指定时刻的飞行状态变量，并根据求得的指定时刻的飞行状态值获取其均值和方差（或标准差），估计其概率密度和分布区间等特征信息。

注 9.1　由于火星进入段与伞降段和着陆段在飞行器构型、动力学环境和制导控制方式等方面有本质的区别，因而这里建立的随机动力学微分方程组和不确定性模型仅用于描述进入段的不确定性量化和演化问题，本章的不确定性量化工作也只针对火星进入段（即终止于降落伞开伞点）。

注 9.2　这里仅建模了“随机不确定性”，即在火星进入段飞行过程中对于动力学系统而言客观存在的主要的固有不确定性因素。而“认知不确定性”则是通过计算过程中的舍入误差和离散化误差以及数值方法本身引起的不确定的截断误差来体现的。初始状态不确定性是随机动力学系统的输入不确定性，动力学参数不确定性是随机动力学系统本身含有的不确定性。

注 9.3　需要特别指出的是：由随机方程组（9－12）~（9－14）可以看出，火星进入随机动力学具有高维、强非线性的特点，而且从进入点到开伞点的整个进入段需要对随机微分方程进行长期积分，使状态变量的随机特征（不确定性）也随状态变量而演化。因而，难以用传统的确定性积分算法（如 Euler 法和 Runge－Kutta 法等）来准确求解进入器的飞行状态，加上状态变量的随机特征受随机微分方程的强非线性影响会发生显著的变化（如图 9.2 所示），难以用含有局部线性化假设的算法来准确刻画飞行状态随机特征及其变化（这些随机特征是不确定性的数学表示）。而随机微分方程的解通常服从一个用于描述可能解空间的概率密度函数。为了较为高效、准确地揭示火星进入轨迹不确定性量化与演化规律，本章发展了新的计算方法。

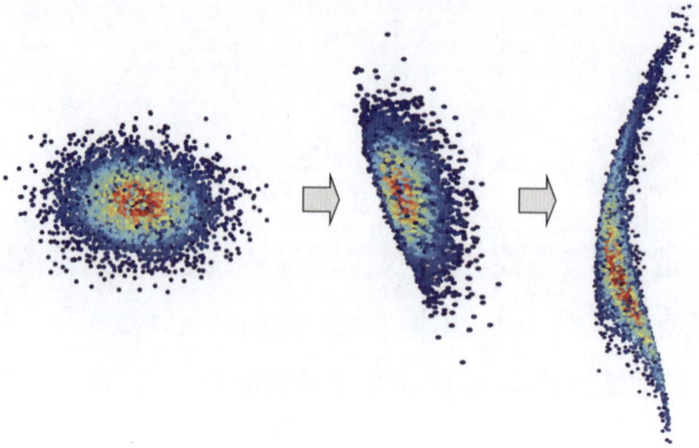

图 9.2　不确定性分布特征演变示意图[219]

9.2　基于自适应广义混沌多项式的不确定性量化方法

本节探讨的是考虑高维不确定性和强非线性的火星进入不确定性量化问题。目前在相近领域已有的不确定性量化方法中有潜力用于处理本章所述问题的方法，如蒙特卡洛（MC）法[222]、Liouville 微分方程法[219]、经典的多项式混沌（PC）法[225]等，要么获得准确解所需的计算量巨大（即解法问题），要么难以完整考虑 9.1 节中所述的各种不确定性（即维数问题），要么能够考虑各种不确定性且计算量不大但精度不够高（即强非线性问题）。为此，本节在侵入式多项式混沌理论框架下，借助随机系统谱分解和随机空间分解等理论工具，提出一种新的火星进入不确定性量化方法，其基本思想是考虑由于火星进入动力学的强非线性引起的随机特性的变化，以提高演化精度；在长期积分中抑制方程维数的增加，以提高计算效率。在该框架中可对随机动力学建模，并转化为高维空间中的等价确定性动力学方程组，当系统状态随机特性发生重大变化时，对不确定性变量的基函数进行自适应更新。当方差的相对误差过大时，对输入不确定性的随机空间进行自适应分解。通过设计自适应规则，将这些计算过程整合为一套完整的针对高维非线性火星进入不确定量化问题的解算方法，进而较为高效、准确地揭示不确定性在火星进入动力学系统中的量化规律和演化机理（即联合概率密度在状态空间上的时空演化）。

9.2.1　广义多项式混沌

最初的多项式混沌方法利用关于高斯随机变量的 Hermite 多项式作为描述随机过程的基函数，以便建立初始不确定性到末端（或下一时刻）不确定性的映射关系，进而可以求得不确定性的低阶矩和概率密度函数。广义多项式混沌（generalized polynomial chaos，GPC）作为多项式混沌的广义版本，采用了 Askey 方案中的其他类型的正交多项式[296]。

设(Ω,F,P)是一个全概率空间，其中 Ω 是样本空间，F 是 Ω 的 σ 代数子集，P 是概率测度。对于一般的二阶随机过程 $\boldsymbol{X}(\omega)\in L_2(\Omega,F,P)$，可由 GPC 表达为[225,296]

$$\boldsymbol{X}(\omega) = \sum_{i=0}^{\infty} x_i\phi_i(\xi(\omega)) \tag{9-15}$$

式中，ω 为随机事件；$\phi_i(\xi(\omega))$为关于多维随机变量 $\xi(\omega)$的 i 阶多项式泛函。

$$\xi(\omega) = [\xi_1(\omega),\xi_2(\omega),\cdots,\xi_d(\omega)]:(\Omega,F)\quad(\mathbb{R}^d,B^d) \tag{9-16}$$

它是$\mathbb{R}^d$ 上的一个连续随机变量，$d\in\mathbb{N}$，B^d 是$\mathbb{R}^d$ 的 Borel 子集的 σ 代数。

函数族 h_0,v_0,γ_0 是在 $L_2(\Omega,F,P)$上的一个正交基集，具有如下正交关系：

$$E[\phi_i\phi_j] = E[\phi_i^2]\delta_{ij} \tag{9-17}$$

式中，δ_{ij}为 Kronecker - delta 函数，$E[\ \cdot\ ]$为数学期望（即均值），概率测度满足 $\mathrm{d}P(\omega)=f(\xi(\omega))\mathrm{d}\omega$，$f(\xi(\omega))$为概率密度函数。为简便起见，后续 $\xi(\omega)$ 由 ξ 来表示。这里，均值被定义为 Hilbert 空间中关于随机向量 $[-1,1]^d$ 的内积，即

$$E[\phi_i(\xi)\phi_j(\xi)] = \langle\phi_i(\xi),\phi_j(\xi)\rangle = \int\phi_i(\xi)\phi_j(\xi)f(\xi)\mathrm{d}\xi \tag{9-18}$$

对于随机变量 ξ，选择正交基函数族$\{\phi_i\}$使其权重函数具有与概率密度函数 $f(\xi)$ 相同的形式。据此，表 9.1 总结罗列了正交多项式$\{\phi_i\}$的类型及对应的随机变量 ξ 分布类型。表 9.1 中，$\Gamma(\alpha+1)$为 Gamma 函数，$B(\alpha+1,\beta+1)$为 Beta 函数，α，β 是由随机输入变量的分布参数确定的常数，其详细定义与讨论见文献［225，296］。

表 9.1 随机变量的分布类型及对应的正交多项式[225,296]

随机变量 ξ 分布类型	概率密度函数 $f(\xi)$	多项式基函数 $\{\phi_i\}$	区间
均匀分布	$1/2$	Legendre	$[-1,1]$
高斯分布	$\dfrac{e^{-\xi^2/2}}{\sqrt{2\pi}}$	Hermite	$[-\infty,+\infty]$
Beta 分布	$\dfrac{(1-\xi)^{\alpha}(1+\xi)^{\beta}}{2^{\alpha+\beta+1}B(\alpha+1,\beta+1)}$	Jacobi	$[-1,1]$
Gamma 分布	$\dfrac{\xi^{\alpha}e^{-\xi}}{\Gamma(\alpha+1)}$	Laguerre	$[0,+\infty]$

在 $\mathbb{R}^N$ 上考虑形如 $\dot{x}_i=f_i(x_i,\xi)$ 的随机动力学系统，采用 GPC 方法，每个状态量的解可以近似为

$$\hat{x}_i(t,\xi)=\sum_{j=0}^{P}x_{i,j}(t)\phi_j(\xi) \tag{9-19}$$

式中，下标 i，j 表示随机维数 i 和多项式阶数 j 的情形，$i=1,2,\cdots,N$。随机动力学系统近似解的误差可表述为

$$e_i=\dot{\hat{x}}_i-f_i(\hat{x}_i,\xi) \tag{9-20}$$

一旦在正交基上的误差的投影为零，即

$$\langle e_i(t,\xi),\phi_j(\xi)\rangle=\int_{D_\xi}e_i(t,\xi)\phi_j(\xi)f_i(\xi)\mathrm{d}\xi=0 \tag{9-21}$$

则式（9-19）即为在 $L_2(\Omega,F,\mathrm{P})$ 上的最优近似解，式（9-21）中 D_ξ 代表 ξ 的域。

注 9.4 必须数值求解 $N(P+1)$ 个关于 $\hat{x}_i$ 和 $\dot{\hat{x}}_i$ 的确定性常微分方程。于是，在 $\mathbb{R}^N$ 上的随机动力学系统将被转化为 $\mathbb{R}^{N(P+1)}$ 上的确定性动力学系统，第（$P+1$）项后的多项式将被截断。这里，$P+1=\dfrac{[(d+p)!]}{(d!\ p!)}$，$d$ 是随机变量 ξ 的维数，p 是正交多项式 $\{\phi_i\}$ 的阶数[225,296]。

注 9.5 对于火星进入动力学系统的不确定性量化问题，由于飞行状态的统计特性随非线性动力学系统的演化需要长期积分[225,296]，从而暴露了 GPC 具有如下局限性：①GPC 采用一组固定的基函数，无法反映系统状态的统计特征

随非线性随机动力学的变化。特别是，当选择有限阶多项式时，截断误差将呈指数增加并导致发散。②GPC 适用于随机动力学系统的短期演化，而在执行长期演化时其性能往往显著下降。尽管在有限时间内近似解的求解会出现指数收敛，但有限维近似将导致绝对误差逐渐增大，而对于需要长期积分的强非线性问题而言，这种误差大得不可接受。③虽然增加多项式阶数可以在一定程度上缓解发散问题并提高对非线性随机动力学演化的准确性，但通常会极大地增加计算量。

9.2.2　自适应谱分解

从式（9-19）中可以清楚地看出，随机微分方程的近似解是关于随机变量 ξ 的多项式，多项式系数的量级随着长期积分而增加，这意味着解的随机特征在发生变化[297,298]。因此，原先的基函数族 $\{\phi_i\}$ 失去了它的有效性，不可避免地导致了算法的发散。因此，引入谱分解（spectral decomposition，SD）技术[299,300]以便在长期的随机演化期间考虑系统状态分布特征的变化。为了评估这种变化，这里用截断误差作为标识。当截断误差超过阈值时，GPC 使用的正交多项式基族将自适应地更新，系统状态将由更新的基函数族来表示。

1. 自适应准则

为了阐明谱分解在 GPC 框架中的工作原理，考虑一个三状态随机系统。当系统在 t 时刻达到偏差阈值时，自适应准则可以表示为[301]

$$\max_{j=2,\cdots,P} |x_j(t)| \geqslant \kappa_x |x_1(t)| \tag{9-22}$$

$$\max_{j=2,\cdots,P} |y_j(t)| \geqslant \kappa_y |y_1(t)| \tag{9-23}$$

$$\max_{j=2,\cdots,P} |z_j(t)| \geqslant \kappa_z |z_1(t)| \tag{9-24}$$

式中，x_i,y_i,z_i 为系统状态 $\boldsymbol{X}=[x,y,z]^{\mathrm{T}}$ 在第 i 个正交基下的响应，$i=1,2,\cdots,P$；$\kappa_x,\kappa_y,\kappa_z$ 为容差系数，且 $\kappa_x,\kappa_y,\kappa_z \in (0,1)$。

2. 基函数更新

只要任何一条自适应准则成立，就会引入新的随机变量 ξ_1，ξ_2，ξ_3，并将其构建为系统状态的新基族

$$\xi_1 = \sum_{i=0}^{P} x_i(t_1)\phi_i(\zeta) \triangleq Z_1(\zeta) \tag{9-25}$$

$$\xi_2 = \sum_{i=0}^{P} y_i(t_1)\phi_i(\zeta) \triangleq Z_2(\zeta) \tag{9-26}$$

$$\xi_3 = \sum_{i=0}^{P} z_i(t_1)\phi_i(\zeta) \triangleq Z_3(\zeta) \tag{9-27}$$

其中，Z_j 把 ζ 映射到 ξ_j。如果 ζ 的概率密度函数由 $f_\zeta(\zeta)$ 给定，且 $\zeta_n(n=1,2,\cdots)$ 代表方程（9-28）的所有根：

$$\xi_j - Z_j(\zeta) = 0 \tag{9-28}$$

则 $\xi_j(j=1,2,3)$ 的概率密度函数 $f_{\xi_j}(\xi_j)$ 可以计算为

$$f_{\xi_j}(\xi_j) = \sum_n \frac{f_\zeta(\zeta_n)}{\left|\frac{\mathrm{d}Z_j}{\mathrm{d}\zeta}\bigg|_{\zeta=\zeta_n}\right|} \tag{9-29}$$

以概率密度函数 $f_{\xi_j}(\xi_j)$ 为权函数，根据 Schmidt 正交化规则，就可得到关于 ξ_j 的正交多项式族 $\{\phi_l^{(\xi_j)}\}$。随后，状态变量被更新表达为

$$x(t,\xi_1,\xi_2,\xi_3) = \sum_{0\leqslant l+m+n\leqslant P}^{P} x_{lmn}(t)\phi_l^{(\xi_1)}(\xi_1)\phi_m^{(\xi_2)}(\xi_2)\phi_n^{(\xi_3)}(\xi_3) \tag{9-30}$$

$$y(t,\xi_1,\xi_2,\xi_3) = \sum_{0\leqslant l+m+n\leqslant P}^{P} y_{lmn}(t)\phi_l^{(\xi_1)}(\xi_1)\phi_m^{(\xi_2)}(\xi_2)\phi_n^{(\xi_3)}(\xi_3) \tag{9-31}$$

$$z(t,\xi_1,\xi_2,\xi_3) = \sum_{0\leqslant l+m+n\leqslant P}^{P} z_{lmn}(t)\phi_l^{(\xi_1)}(\xi_1)\phi_m^{(\xi_2)}(\xi_2)\phi_n^{(\xi_3)}(\xi_3) \tag{9-32}$$

式中

$$x_{lmn}(t) = \begin{cases} -\phi_0^{(\xi_1)}, & l=m=n=0; \\ 1, & l=1\&m=n=0; \\ 0, & \text{其他} \end{cases} \tag{9-33}$$

$$y_{lmn}(t) = \begin{cases} -\phi_0^{(\xi_2)}, & l=m=n=0; \\ 1, & m=1\&l=n=0; \\ 0, & \text{其他} \end{cases} \tag{9-34}$$

$$z_{lmn}(t) = \begin{cases} -\phi_0^{(\xi_3)}, & l=m=n=0; \\ 1, & n=1\&l=m=0; \\ 0, & \text{其他} \end{cases} \tag{9-35}$$

式中，$\phi_0^{(\xi_j)}$ 表示具有权重函数 $f_{\xi_j}(\xi_j)$ 的正交多项式的一阶正交基，$j=1,2,3$。

使用 GPC 计算框架中的更新的基，等效确定性微分方程可表达为

$$\sum_{0\leqslant l+m+n\leqslant P}\dot{x}_{lmn}\phi_l^{(\xi_1)}\phi_m^{(\xi_2)}\phi_n^{(\xi_3)} = F(\xi_1,\xi_2,\xi_3) \tag{9-36}$$

$$\sum_{0\leqslant l+m+n\leqslant P}\dot{y}_{lmn}\phi_l^{(\xi_1)}\phi_m^{(\xi_2)}\phi_n^{(\xi_2)} = G(\xi_1,\xi_2,\xi_3) \tag{9-37}$$

$$\sum_{0\leqslant l+m+n\leqslant P}\dot{z}_{lmn}\phi_l^{(\xi_1)}\phi_m^{(\xi_2)}\phi_n^{(\xi_3)} = H(\xi_1,\xi_2,\xi_3) \tag{9-38}$$

式中，$F(\xi_1,\xi_2,\xi_3)$，$G(\xi_1,\xi_2,\xi_3)$，$H(\xi_1,\xi_2,\xi_3)$分别代表等效确定性微分方程中对应状态的表达式。

在方程（9－36）~（9－38）的两边同时乘以 $\phi_l^{(\xi_1)}f_{\xi_1}\phi_m^{(\xi_2)}f_{\xi_2}\phi_n^{(\xi_3)}f_{\xi_3}$，对 ξ_1，ξ_2，ξ_3 进行积分，可得更新的等效确定性微分方程为

$$\dot{x}_{lmn} = \frac{\iiint F(\xi_1,\xi_2,\xi_3)\phi_l^{(\xi_1)}\phi_m^{(\xi_2)}\phi_n^{(\xi_3)}f_{\xi_1\xi_2\xi_3}\mathrm{d}\xi_1\mathrm{d}\xi_2\mathrm{d}\xi_3}{\langle\phi_l^{(\xi_1)2}\rangle\langle\phi_m^{(\xi_2)2}\rangle\langle\phi_n^{(\xi_3)2}\rangle} \tag{9-39}$$

$$\dot{y}_{lmn} = \frac{\iiint G(\xi_1,\xi_2,\xi_3)\phi_l^{(\xi_1)}\phi_m^{(\xi_2)}\phi_n^{(\xi_3)}f_{\xi_1\xi_2\xi_3}\mathrm{d}\xi_1\mathrm{d}\xi_2\mathrm{d}\xi_3}{\langle\phi_l^{(\xi_1)2}\rangle\langle\phi_m^{(\xi_2)2}\rangle\langle\phi_n^{(\xi_3)2}\rangle} \tag{9-40}$$

$$\dot{z}_{lmn} = \frac{\iiint H(\xi_1,\xi_2,\xi_3)\phi_l^{(\xi_1)}\phi_m^{(\xi_2)}\phi_n^{(\xi_3)}f_{\xi_1\xi_2\xi_3}\mathrm{d}\xi_1\mathrm{d}\xi_2\mathrm{d}\xi_3}{\langle\phi_l^{(\xi_1)2}\rangle\langle\phi_m^{(\xi_2)2}\rangle\langle\phi_n^{(\xi_3)2}\rangle} \tag{9-41}$$

式中，$f_{\xi_1\xi_2\xi_3}$为 ξ_1，ξ_2，ξ_3 的联合概率密度函数，由于 ξ_1，ξ_2，ξ_3 是相互独立的，有 $f_{\xi_1\xi_2\xi_3}=f_{\xi_1}f_{\xi_2}f_{\xi_3}$。

注 9.6　方程（9－39）~（9－41）是随机空间中状态变量的谱分解表达式。因此，可以使用更新的谱来自适应地重构原随机微分方程系统的状态变量。但在实际计算中需要进行积分变换以减少方程中三重积分和联合概率密度函数的运算时间。

3. 积分变换

根据式（9－25）~式(9－39)，可以得到方程（9－39）~（9－41）中的 ξ_1，ξ_2，ξ_3：

$$\xi_1 = Z_1(\zeta),\ \xi_2 = Z_2(\zeta),\ \xi_3 = Z_3(\zeta) \tag{9-42}$$

以及联合概率密度函数 $f_{\xi_1\xi_2\xi_3}$与 f_ζ 的关系

$$f_{\xi_1\xi_2\xi_3}\mathrm{d}\xi_1\mathrm{d}\xi_2\mathrm{d}\xi_3 = \int f_\zeta\mathrm{d}\zeta \tag{9-43}$$

于是，方程（9－39）~（9－41）中的三重积分和联合概率密度可以变换为

$$\iiint F(\xi_1,\xi_2,\xi_3)f_{\xi_1,\xi_2,\xi_3}\mathrm{d}\xi_1\mathrm{d}\xi_2\mathrm{d}\xi_3 = \int F(Z_1(\xi),Z_2(\xi),Z_3(\xi))f_\xi\mathrm{d}\xi \quad (9-44)$$

$$\iiint G(\xi_1,\xi_2,\xi_3)f_{\xi_1,\xi_2,\xi_3}\mathrm{d}\xi_1\mathrm{d}\xi_2\mathrm{d}\xi_3 = \int G(Z_1(\xi),Z_2(\xi),Z_3(\xi))f_\xi\mathrm{d}\xi \quad (9-45)$$

$$\iiint H(\xi_1,\xi_2,\xi_3)f_{\xi_1,\xi_2,\xi_3}\mathrm{d}\xi_1\mathrm{d}\xi_2\mathrm{d}\xi_3 = \int H(Z_1(\xi),Z_2(\xi),Z_3(\xi))f_\xi\mathrm{d}\xi \quad (9-46)$$

又由式（9-42）可得 $\phi_l^{(\xi_1)}(\xi_1),\phi_m^{(\xi_2)}(\xi_2),\phi_n^{(\xi_3)}(\xi_3)$，即

$$\phi_l^{(\xi_1)}(\xi_1)=\phi_l^{(\xi_1)}(Z_1(\zeta)),\ \phi_m^{(\xi_2)}(\xi_2)=\phi_m^{(\xi_2)}(Z_2(\zeta)),\ \phi_n^{(\xi_3)}(\xi_3)=\phi_n^{(\xi_3)}(Z_3(\zeta)) \quad (9-47)$$

因此，方程（9-39）~（9-41）可以被改写为如下等效的确定性微分方程组

$$\dot{x}_{lmn} = \frac{\int F(Z_1(\zeta),Z_2(\zeta),Z_3(\zeta))\phi_l^{(\xi_1)}(Z_1(\zeta))\phi_m^{(\xi_2)}(Z_2(\zeta))\phi_n^{(\xi_3)}(Z_3(\zeta))f_\zeta\mathrm{d}\zeta}{\langle\phi_l^{(\xi_1)}(Z_1(\zeta))^2\rangle\langle\phi_m^{(\xi_2)}(Z_2(\zeta))^2\rangle\langle\phi_n^{(\xi_3)}(Z_3(\zeta))^2\rangle} \quad (9-48)$$

$$\dot{y}_{lmn} = \frac{\int G(Z_1(\zeta),Z_2(\zeta),Z_3(\zeta))\phi_l^{(\xi_1)}(Z_1(\zeta))\phi_m^{(\xi_2)}(Z_2(\zeta))\phi_n^{(\xi_3)}(Z_3(\zeta))f_\zeta\mathrm{d}\zeta}{\langle\phi_l^{(\xi_1)}(Z_1(\zeta))^2\rangle\langle\phi_m^{(\xi_2)}(Z_2(\zeta))^2\rangle\langle\phi_n^{(\xi_3)}(Z_3(\zeta))^2\rangle} \quad (9-49)$$

$$\dot{z}_{lmn} = \frac{\int H(Z_1(\zeta),Z_2(\zeta),Z_3(\zeta))\phi_l^{(\xi_1)}(Z_1(\zeta))\phi_m^{(\xi_2)}(Z_2(\zeta))\phi_n^{(\xi_3)}(Z_3(\zeta))f_\zeta\mathrm{d}\zeta}{\langle\phi_l^{(\xi_1)}(Z_1(\zeta))^2\rangle\langle\phi_m^{(\xi_2)}(Z_2(\zeta))^2\rangle\langle\phi_n^{(\xi_3)}(Z_3(\zeta))^2\rangle} \quad (9-50)$$

9.2.3 随机空间的自适应分解

随机空间的自适应分解的主要思想是在方差的相对误差超过阈值时对输入量的随机空间进行分解[302]。根据设计的自适应准则触发这种分解，而所有其他随机维度保持不变，进而对每个子域和随机元素应用 GPC 和 SD。因此，总的随机元素个数和运算时间可以显著减少。

1. 随机空间分解

正如 9.2.1 小节所述，$\xi=(\xi_1,\xi_2,\cdots,\xi_d):\Omega,\mathbb{R}^d$ 是一个定义在概率空间(Ω, F,P)上的 d 维随机向量，其中 ξ_i 表示一致独立分布的随机变量。设 $\{B_k\}$ 是具有 N 个互不相交元素的集合 B 的分解[303]，即

$$\begin{cases} B = \bigcup_{k=1}^{N} B_k;\ B_{k_1} \cap B_{k_2} = \varnothing, \quad \text{if } k_1 \neq k_2; \\ B_k := [a_1^k, b_1^k) \times [a_2^k, b_2^k) \times \cdots \times [a_d^k, b_d^k] \end{cases} \tag{9-51}$$

式中，a 和 b 分别表示局部随机变量的下界和上界；下标 $k, k_1, k_2 = 1, 2, \cdots, N$。当对于给定分布有 $\pm\infty \in B_k$ 时，则 B_k 被分解为$(-\infty, a_*^k), [a_*^k, b_*^k], (b_*^k, +\infty)$，且所有的再分解都在中间域 $[a_*^k, b_*^k]$ 上进行。

为了实现随机空间分解，给每个随机元素定义一个标识变量为

$$I_k = \begin{cases} 1, & \text{if } \xi \in B_k; \\ 0, & \text{其他} \end{cases} \tag{9-52}$$

显然，当 $i \neq j$ 时，$\Omega = \bigcup_{k=1}^{N} I_k^{-1}(1)$ 且 $I_i^{-1}(1) \cap I_j^{-1}(1) = \phi$。于是，$\bigcup_{k=1}^{N} I_k^{-1}(1)$ 是样本空间 Ω 的一种分解。于是，包含各个随机元素的局部随机向量为

$$\xi^k = (\xi_1^k, \xi_2^k, \cdots, \xi_d^k): I_k^{-1}(1) \quad B_k \tag{9-53}$$

其服从条件概率密度函数

$$f_{\xi^k} = \frac{1}{2^d \Pr(I_k = 1)} \tag{9-54}$$

其中，

$$\Pr(I_k = 1) \triangleq \prod_{i=1}^{d} \frac{b_i^k - a_i^k}{2} > 0 \tag{9-55}$$

将ξ^k 映射到一个定义在 $[-1, 1]^d$ 上的新随机向量ζ^k，有

$$\xi^k = \chi_k(\zeta^k) = (\xi_1^k, \xi_2^k, \cdots, \xi_d^k): I_k^{-1}(1) \quad [-1, 1]^d \tag{9-56}$$

由于它们的概率密度函数$f^k = \left(\frac{1}{2}\right)^d$，则该映射服从

$$\chi_k(\zeta^k): \zeta_i^k = \frac{b_i^k - a_i^k}{2}\xi_i^k + \frac{b_i^k + a_i^k}{2}, \quad i = 1, 2, \cdots, d \tag{9-57}$$

注 9.7　为了进一步阐明随机空间方法的分解，考虑具有随机输入 ξ 的随机动力学方程系统。进一步假设输出 $u(\xi)$ 可在概率空间(Ω, F, P)上进行度量。然后，$u(\xi)$ 可以在各个随机元素处用服从相应的条件概率密度函数的ζ^k 进行表达。因此，$u(\xi)$ 可由ζ^k 在概率子空间$(I_k^{-1}(1), F \cap I_k^{-1}(1), \mathrm{P}(\cdot \mid I_k^{-1}(1)))$上进行局部近似。整个概率空间中的输出 $u(\xi)$ 可以通过对来自每个随机元素的结果进行

组合获得，即在随机元素 k 中，采用SD更新的GPC来局部求解具有随机输入ζ^k（而不是ξ^k）的随机微分方程系统。基于SD更新的GPC可在$L_2(\Omega,F,\mathrm{P})$空间上收敛到$u(\zeta^k)$（见定理9.1及其证明）。原问题最终在 N 个随机元素中被分解为 N 个独立的子问题。

定理9.1 设 ξ 是定义在$[-1,\ 1]^d$上的随机变量，且 ξ 由一致独立的元素构成。如果 ξ 的随机空间被分解为 N 个互不相交的元素，其中每个元素 k 由新的均匀随机向量描述［见式（9-56）］，那么随机域 $u(\xi)\in L_2(\Omega,F,P)$的 m 阶矩（$m=1,2$）可以通过带有 L_2 误差的 $\hat{u}_k(\xi^k)$来近似

$$e=\sqrt{\sum_{k=1}^{N}e_k^2\Pr(I_k=1)} \tag{9-58}$$

式中，e_k 为在随机元素 k 处的 m 阶矩的局部 L_2 误差；$\Pr(I_k=1)$和$\hat{u}_k(\xi^k)$由GPC获得。

证明： 令 $\hat{u}(\xi)$为近似的随机域，设其 m 阶矩为

$$\hat{u}^m(\xi)=\sum_{k=1}^{N}\hat{u}_k^m(\chi_k(\xi))I_k \tag{9-59}$$

根据式（9-51）~（9-57），$B=\bigcup_{i=1}^{N}B_i$，$\xi\in B$，$\xi_i\in B_i$，利用全概率公式[218]有

$$\begin{aligned}
e^2&=\int_B\left(u^m(\xi)-\sum_{k=1}^{N}\hat{u}_k^m(\chi_k(\xi))I_k\right)^2\left(\frac{1}{2}\right)^d\mathrm{d}\xi\\
&=\sum_{k=1}^{N}\Pr(\xi\in B_k)\int_{B_k}[u^m(\zeta^k)-\hat{u}_k^m(\chi_k(\zeta^k))]^2f_{\zeta_k}\mathrm{d}\zeta^k\\
&=\sum_{k=1}^{N}\Pr(\xi\in B_k)\int_{[-1,1]^d}[u^m(\chi_k^{-1}(\xi^k))-\hat{u}_k^m(\xi^k)]^2\left(\frac{1}{2}\right)^d\mathrm{d}\,\xi^k\\
&=\sum_{k=1}^{N}e_k^2\Pr(I_k=1)
\end{aligned} \tag{9-60}$$

根据文献［304］给出的定理，当利用GPC逼近$u(\chi_k^{-1}(\xi^k))$时，e_k 收敛到零。由于 $\sum_{k=1}^{N}\Pr(I_k=1)=1$，$e_k$ 也将收敛到零。因此，随机域$u(\xi)\in L_2(\Omega,F,P)$可由式（9-58）来近似。

注9.8 从方程（9-57）可以看出，ξ^k 的随机波动的程度从$o(1)$缩小到$o\left(\frac{b_i^k-a_i^k}{2}\right)$。因此，对于相同的多项式阶数，任何 e_k 都将小于未分解前的整个随

机空间上原 GPC 的误差。

注 9.9 为了抑制由于长期积分引起的不确定性演化误差，典型的做法是相应地增加多项式阶数。这种方法将使具有强非线性的随机动力学系统（如火星进入动力学）的维数呈指数型增加，这将导致求解具有耦合随机变量的大规模确定性微分方程组。这里，在每个随机元素中利用相对低的多项式阶数，因此将有效地抑制等效确定性微分方程组的规模和复杂度。因此，通过随机空间的分解，进一步克服了原 GPC 的局限性，以应对火星进入动力学的不确定性量化问题。

2. 适应性准则

为触发随机空间分解，这里定义自适应准则。根据 h 型细化（h - type refinement）[303] 的原理，考虑两个因素 $\Pr(I_k=1)$ 和 η_k。每个元素由更新的 GPC 近似的相对误差的局部衰减率定义为

$$\eta_k = \frac{1}{\sigma_{k,p}^2}\sum_{i=N_{p-1}+1}^{N_p}\hat{u}_{k,i}^2\langle\phi_i^2\rangle \tag{9-61}$$

其中，总的基函数数量为

$$N_p = \frac{(p+d)!}{p!\,d!} - 1 \tag{9-62}$$

式中，d 是随机变量的维数；p 是多项式混沌的阶数。一旦满足以下条件，则随机元素将被分解为两个相等尺度的部分：

$$\eta_k^{\alpha}\Pr(I_k=1) \geqslant \vartheta_1 \tag{9-63}$$

式中，常数 $\alpha\in(0,1)$。

为了选择最灵敏的随机维度，引入另一个阈值参数 ϑ_2，即

$$s_i \geqslant \vartheta_2\cdot\max_{j=1,\cdots,d} s_j \tag{9-64}$$

式中，$\vartheta_2\in(0,1)$，$i=1,2,\cdots,d$。各个随机维度的灵敏度 s_i 定义如下

$$s_i = \frac{\hat{u}_{i,p}^2\langle\phi_{i,p}^2\rangle}{\sum\limits_{j=N_{p-1}+1}^{N_p}\hat{u}_j^2\langle\phi_j^2\rangle} \tag{9-65}$$

式中，下标 i，p 代表随机维数 ξ_i 和 p 阶多项式时的情形。

注 9.10 h 型或 p 型细化是典型的多项式谱方法。h 型细化是引入更多单元（即减小单元的尺寸）同时保持插值多项式阶数固定，即通过细化单元的办法来减小数值解中的误差。而 p 型细化是保持单元数量固定而增加插值多项式阶数来

减小数值解的误差。hp 型细化是在整个域中均匀地或者根据分辨率要求（即阈值要求）选择性地增加单元数量和单元内的插值多项式的阶数，这样通常会使数值误差呈指数衰减[305]。

注 9.11 方程（9-63）意味着触发随机空间分解时，η_k 应该不小于 $\left(\dfrac{\vartheta_1}{\Pr(I_k=1)}\right)^{1/\alpha}$。此外，一旦 $\Pr(I_k=1)\sim\vartheta_1$，随机空间分解即终止。显然，满足式（9-63）和式（9-64）的所有随机维度都将在下一步中被分解为两个尺度相等的随机单元，而所有其他随机维度保持不变。因而，可以在明显提高计算效率的同时减少随机元素的数量。

3. 获取随机特征

当满足自适应准则并且随机空间已经从原单元网格映射到新的单元网格时，输出 u 在单元 k 中的 GPC 展开式为

$$\hat{u}_k(\xi^k) = \sum_{i=0}^{N_p} \hat{u}_{k,i}\phi_i(\xi^k) \tag{9-66}$$

从而可得近似的全局均值

$$\bar{u} = \sum_{k=1}^{N} \hat{u}_{k,0}\Pr(I_k = 1) \tag{9-67}$$

利用 GPC 的正交特性，局部方差可由 p 阶多项式混沌来近似，即

$$\sigma_{k,p}^2 = \sum_{i=1}^{N_p} \hat{u}_{k,i}^2\langle\phi_i^2\rangle \tag{9-68}$$

因此，近似的全局方差为

$$\bar{\sigma}^2 = \sum_{k=1}^{N}\left[\sigma_{k,p}^2 + (\hat{u}_{k,0} - \bar{u})^2\right]\Pr(I_k = 1) \tag{9-69}$$

令 e_k 代表 $\sigma_{k,p}^2 + (\hat{u}_{k,0} - \bar{u})^2$ 的误差，则实际的全局方差可表达为

$$\sigma^2 = \bar{\sigma}^2 + \sum_{k=1}^{N} e_k\Pr(I_k = 1) \tag{9-70}$$

注 9.12 从式（9-70）可以看出，要达到一定的准确度 ε，就需要满足 $\dfrac{\sum_{k=1}^{N}(e_k\Pr(I_k = 1) \sim O(\varepsilon))}{\sigma^2}$。然而，很难计算出这样的全局误差，因为它取决于 h 型细化和 p 型细化[303,305]。因此，在本研究中，根据多项式混沌的正交基的

层次结构，$\frac{e_k}{\sigma^2}$由 η_k 替代，$\eta_k \Pr(I_k=1)$反映每个随机元素的误差贡献率。

当前随机域的 SD 更新的 GPC 展开式为

$$\hat{u}(\hat{\xi}) = \sum_{i=0}^{N_p} \hat{u}_i \phi_i(\tilde{\xi}) \tag{9-71}$$

下一个随机域的 GPC 表达式可写成如下形式：

$$\tilde{u}(\tilde{\xi}) = \tilde{u}(\chi(\hat{\xi})) = \sum_{i=0}^{N_p} \tilde{u}_i \phi_i(\tilde{\xi}) \tag{9-72}$$

式中，$\tilde{\xi} \in [-1,1]^d$，$\tilde{\xi}$ 与 $\hat{\xi}$ 的映射关系为 $\tilde{\xi} = \chi(\hat{\xi})$，见式（9－57）。为确定系数 $\tilde{u}_i$，在$[-1,1]^d$ 中选择（N_p+1）个均匀的网格点 $\tilde{\xi}_i$，进而可得到如下状态空间方程

$$\begin{bmatrix} \phi_{00} & \phi_{10} & \cdots & \phi_{N_p0} \\ \phi_{01} & \phi_{11} & \cdots & \phi_{N_p1} \\ \vdots & \vdots & \vdots & \vdots \\ \phi_{0N_p} & \phi_{1N_p} & \cdots & \phi_{N_pN_p} \end{bmatrix} \begin{bmatrix} \tilde{u}_0 \\ \tilde{u}_1 \\ \vdots \\ \tilde{u}_{N_p} \end{bmatrix} = \begin{bmatrix} \sum_{i=0}^{N_p} \hat{u}_i \phi_i(\chi^{-1}(\tilde{\xi}_0)) \\ \sum_{i=0}^{N_p} \hat{u}_i \phi_i(\chi^{-1}(\tilde{\xi}_1)) \\ \vdots \\ \sum_{i=0}^{N_p} \hat{u}_i \phi_i(\chi^{-1}(\tilde{\xi}_{N_p})) \end{bmatrix} \tag{9-73}$$

式中，$\phi_{ij} = \phi_i(\tilde{\xi}_j)$。为简便起见，状态空间方程（9－73）可写成

$$\boldsymbol{A}\tilde{\boldsymbol{u}} = \hat{\boldsymbol{u}} \tag{9-74}$$

于是，可解得 $\tilde{\boldsymbol{u}}$

$$\tilde{\boldsymbol{u}} = \boldsymbol{A}^{-1}\hat{\boldsymbol{u}} \tag{9-75}$$

注 9.13　显然，由于 $\boldsymbol{A}$ 由正交基构成，对$[-1,1]^d$ 中的任意 $\tilde{\xi}_i$，$\boldsymbol{A}^{-1}$都存在。为了执行 h 型细化，$\tilde{\xi}_i$的随机空间被分解为两个相等维度的空间。利用线性转换，$\tilde{\xi}_i$的随机空间［－1,1］被分解为［－1,0］和［0,1］。因此，$\boldsymbol{A}$ 矩阵在两个随机区间上是相同的，且对于每个 h 型细化，$\boldsymbol{A}^{-1}$保持不变。

9.2.4 在火星进入轨迹不确定性量化问题中的应用

本节所提出的不确定性量化方法可归纳为如图 9.3 所示的原理流程图。首先建立火星初始状态不确定性和动力学参数不确定性的随机数学模型，设置随机数学模型中各项的概率分布，使传统的确定性的火星进入动力学被改造成随机的火星进入动力学。然后，利用多项式混沌展开式将随机的火星进入动力学转化为以正交多项式为基的等效的确定性微分方程组。之后，根据火星进入状态不确定性受火星进入动力学非线性的影响而变化的剧烈程度，利用谱分解方法对正交多项

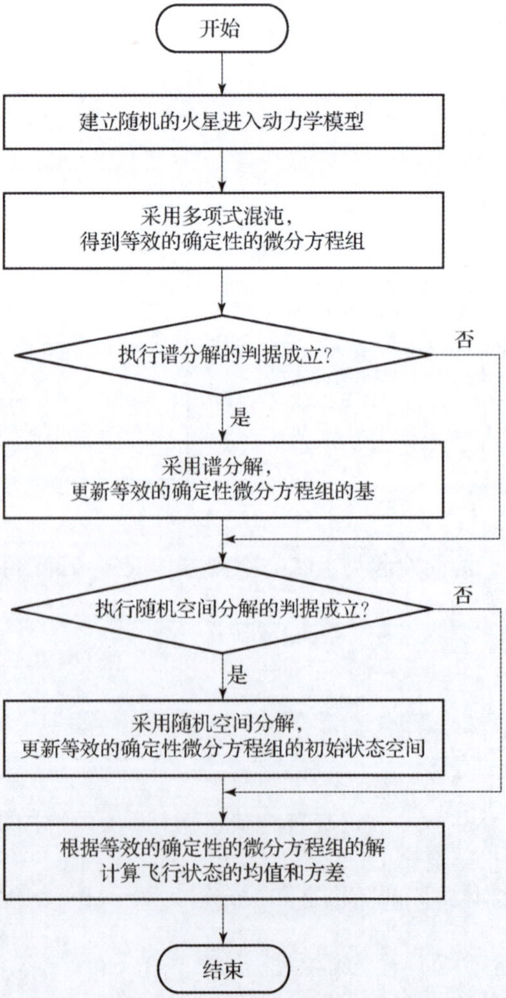

图 9.3 自适应广义多项式混沌的原理流程图

式基进行更新，以保证由多项式混沌转化的等效确定性微分方程组的解具有较好的精度。同时，对输入的初始状态不确定性进行随机空间分解，以抑制等效确定性微分方程组的维数的增加，提高计算效率。等效确定性微分方程组的解就是含有不确定性的火星进入飞行状态。最后，根据含有不确定性的火星进入飞行状态可以得到火星进入飞行状态的均值和方差，进而最终实现对火星进入飞行状态的不确定性量化。

1. 推导等效的确定性微分方程组

依据建立的考虑初始状态不确定性和动力学参数不确定性的火星进入轨迹随机非线性动力学方程，即

$$\dot{h} = v\sin\gamma \tag{9-76}$$

$$\dot{v} = -\frac{\varepsilon\rho v^2}{2B_c} - \frac{\mu\sin\gamma}{(r_0+h)^2} \tag{9-77}$$

$$\dot{\gamma} = \frac{k\varepsilon\rho v\cos\phi}{2B_c} - \frac{\mu\cos\gamma}{v(r_0+h)^2} + \frac{v\cos\gamma}{r_0+h} \tag{9-78}$$

引入正交多项式 $H_m(\zeta)$ 作为基函数，并把式（9-6）~式(9-8）所示的初始状态不确定性模型推广到任意时刻的状态形式：

$$h(t,\zeta) = \sum_0^P h_m(t)H_m(\zeta) \tag{9-79}$$

$$v(t,\zeta) = \sum_0^P v_m(t)H_m(\zeta) \tag{9-80}$$

$$\gamma(t,\zeta) = \sum_0^P \gamma_m(t)H_m(\zeta) \tag{9-81}$$

式中，当 ζ 服从正态分布时，$H_m(\zeta)$ 为 Hermite 多项式；当 ζ 服从均匀分布时，$H_m(\zeta)$ 为 Legendre 多项式；$h_m(t), v_m(t), \gamma_m(t)$ 分别为 $h(t,\zeta), v(t,\zeta), \gamma(t,\zeta)$ 的多项式系数；t 为时间变量；下标 m 为在闭区间［1，P］上的整数，P 为多项式的最高阶数。

引入正交多项式 $H_0(\zeta)$ 和 $H_1(\zeta)$ 作为基函数，则式（9-9）~式(9-11）所示的动力学参数不确定性模型被改写成：

$$B_c(\zeta) = B_{c,0}H_0(\zeta) + B_{c,1}H_1(\zeta) \tag{9-82}$$

$$k(\zeta) = k_0H_0(\zeta) + k_1H_1(\zeta) \tag{9-83}$$

$$\varepsilon(\zeta) = \varepsilon_0H_0(\zeta) + \varepsilon_1H_1(\zeta) \tag{9-84}$$

式中，当 ζ 服从正态分布时，$H_0(\zeta)$ 和 $H_1(\zeta)$ 为 Hermite 多项式；当 ζ 服从均匀分

布时，$H_0(\zeta)$和$H_1(\zeta)$为 Legendre 多项式；$B_{c,0}$和$B_{c,1}$为$B_c(\zeta)$分别在$H_0(\zeta)$和$H_1(\zeta)$基上的多项式系数；k_0 和k_1 为$k(\zeta)$分别在$H_0(\zeta)$和$H_1(\zeta)$基上的多项式系数；ε_0 和ε_1 为$\varepsilon(\zeta)$分别在$H_0(\zeta)$和$H_1(\zeta)$基上的多项式系数。

对火星进入轨迹随机非线性动力学模型［即式（9－76）～式(9－78)］取在基函数$H_m(\zeta)$上的伽辽金映射（Galerkin projection），得到在基函数$H_m(\zeta)$上的等效确定性微分方程组：

$$\dot{h}_m = \frac{1}{\langle H_m^2 \rangle}\sum_{i=0}^{P} v_i \langle H_m H_i \sin\left(\sum_{i=0}^{P}\gamma_i H_i\right)\rangle \tag{9-85}$$

$$\begin{aligned}\dot{v}_m = &-\frac{1}{\langle H_m^2 \rangle}\sum_{i,j,k=0}^{P}\langle x_i H_i v_j H_j v_k H_k H_m\rangle - \\ &\frac{1}{\langle H_m^2 \rangle}\langle \sin\left(\sum_{i=0}^{P}\gamma_i H_i\right)\sum_{i,j=0}^{P} z_i H_i z_j H_j H_m\rangle\end{aligned} \tag{9-86}$$

$$\begin{aligned}\dot{\gamma}_m = &\frac{\cos\phi}{\langle H_m^2 \rangle}\sum_{i,j,k=0}^{P}\langle x_i H_i k_j H_j v_k H_k H_m\rangle - \frac{\mu}{\langle H_m^2 \rangle}\langle \cos\left(\sum_{i=0}^{P}\gamma_i H_i\right)\sum_{i,j,k=0}^{P} y_i H_i z_j H_j z_k H_k H_m\rangle + \\ &\frac{1}{\langle H_m^2 \rangle}\langle \cos\left(\sum_{i=0}^{P}\gamma_i H_i\right)\sum_{i,j=0}^{P} z_i H_i v_j H_j H_m\rangle\end{aligned} \tag{9-87}$$

式中，下标i，j，k都是在闭区间［$0,P$］上的自然数，且m，i，j，k的取值相互独立。

$$\sum_{i=0}^{P} x_i H_i = \frac{\rho(h_i)\sum_{i=0}^{P}\varepsilon_i H_i}{2\sum_{i=0}^{P} B_{c,i} H_i},\ \sum_{i=0}^{P}\gamma_i H_i = \left(\sum_{i=0}^{P} v_i H_i\right)^{-1},\ \sum_{i=0}^{P} z_i H_i = \left(r_0 + \sum_{i=0}^{P} h_i H_i\right)^{-1} \tag{9-88}$$

于是，等效的确定性微分方程组［即式（9－85）～式(9－87)］的解就可以用来表征带有不确定性的火星进入飞行状态［即$h(t,\zeta),v(t,\zeta),\gamma(t,\zeta)$］。通过获得带有不确定性的火星进入飞行状态的随机特征参数（如均值、方差、概率密度），即可定量刻画火星进入飞行状态的不确定性。

2. 对等效确定性微分方程组执行谱分解

为了克服由飞行状态不确定性的统计特征的急剧变化引起的发散问题，引入一组自适应判据，适时对等效确定性微分方程组执行谱分解。

自适应判据定义为

$$\max_{j=2,\cdots,P}|h_j(t)|\geqslant\kappa_1|h_1(t)| \tag{9-89}$$

$$\max_{j=2,\cdots,P}|v_j(t)|\geqslant\kappa_2|v_1(t)| \tag{9-90}$$

$$\max_{j=2,\cdots,P}|\gamma_j(t)|\geqslant\kappa_3|\gamma_1(t)| \tag{9-91}$$

式中，κ_1，κ_2，κ_3 为阈值实系数，根据状态误差发散程度来设定。若自适应判据［即式（9-89）~式(9-91)］中的任意一个成立，则执行等效确定性微分方程组的谱分解步骤；若该自适应判据均不成立，则跳转至“3. 对系统状态执行随机空间分解”。

引入三个新的随机变量 ξ_1，ξ_2，ξ_3 作为新的正交基变量，即

$$\xi_1=\sum_{i=0}^{P}h_i(t)H_i(\zeta):=Z_1(\zeta) \tag{9-92}$$

$$\xi_2=\sum_{i=0}^{P}v_i(t)H_i(\zeta):=Z_2(\zeta) \tag{9-93}$$

$$\xi_3=\sum_{i=0}^{P}\gamma_i(t)H_i(\zeta):=Z_3(\zeta) \tag{9-94}$$

式中，Z_1，Z_2，Z_3 分别表示 ζ 到 ξ_1，ξ_2，ξ_3 的映射；P 为多项式的最高阶数；ξ_j 的概率密度函数 $f_{\xi_j}(\xi_j)$ 的计算公式为

$$f_{\xi_j}(\xi_j)=\sum_n\frac{f_\zeta(\zeta_n)}{\left|\left.\dfrac{\mathrm{d}Z_j}{\mathrm{d}\zeta}\right|_{\zeta=\zeta_n}\right|} \tag{9-95}$$

式中，下标 $j=1,2,3$；ζ_n 为方程 $\xi_j-Z_j(\zeta)=0$ 的第 n 个实根，n 为正整数；把 ζ_n 代入步骤 1 中所设定的 ζ 的概率密度函数 $f_\zeta(\zeta)$ 中，即得 ζ_n 的概率密度函数 $f_\zeta(\zeta_n)$。

以 ξ_1，ξ_2，ξ_3 为基变量，以概率密度函数 $f_{\xi_1}(\xi_1),f_{\xi_2}(\xi_2),f_{\xi_3}(\xi_3)$ 为权重系数，构建新的正交多项式 $\phi_l^{(\xi_1)},\phi_m^{(\xi_2)},\phi_n^{(\xi_3)}$，根据 Schmidt 正交化规则，验证 $\phi_l^{(\xi_1)},\phi_m^{(\xi_2)},\phi_n^{(\xi_3)}$ 具有以下特性：

$$\phi_0^{(\xi_j)}=1,\quad j=1,2,3 \tag{9-96}$$

$$\int\phi_i^{(\xi_j)}\phi_k^{(\xi_j)}f_{\xi_j}(\xi_j)\mathrm{d}\xi_j=C_i\delta_{ik},\quad i=l,m,n;\ j=1,2,3;\ k=l,m,n \tag{9-97}$$

式中，C_i 为任意实常数；δ_{ik} 为 Kronecker-delta 函数；l，m，n 为在闭区间［$1,P$］上的整数；P 为用户自定义的多项式的最高阶数；根据式（9-96）和式（9-97）求得新的正交多项式 $\phi_l^{(\xi_1)},\phi_m^{(\xi_2)},\phi_n^{(\xi_3)}$。

依据新的正交多项式基函数，方程组（9-85）~（9-87）可被更新为

$$h(t,\xi_1,\xi_2,\xi_3) = \sum_{0\leq l+m+n\leq P}^{P} h_{lmn}(t)\phi_l^{(\xi_1)}(\xi_1)\phi_m^{(\xi_2)}(\xi_2)\phi_n^{(\xi_3)}(\xi_3) \tag{9-98}$$

$$v(t,\xi_1,\xi_2,\xi_3) = \sum_{0\leq l+m+n\leq P}^{P} v_{lmn}(t)\phi_l^{(\xi_1)}(\xi_1)\phi_m^{(\xi_2)}(\xi_2)\phi_n^{(\xi_3)}(\xi_3) \tag{9-99}$$

$$\gamma(t,\xi_1,\xi_2,\xi_3) = \sum_{0\leq l+m+n\leq P}^{P} \gamma_{lmn}(t)\phi_l^{(\xi_1)}(\xi_1)\phi_m^{(\xi_2)}(\xi_2)\phi_n^{(\xi_3)}(\xi_3) \tag{9-100}$$

式中

$$h_{lmn}(t) = \begin{cases} -\phi_0^{(\xi_1)}, & l=m=n=0; \\ 1, & l=1\&m=n=0; \\ 0, & 其他 \end{cases} \tag{9-101}$$

$$v_{lmn}(t) = \begin{cases} -\phi_0^{(\xi_2)}, & l=m=n=0; \\ 1, & m=1\&l=n=0; \\ 0, & 其他 \end{cases} \tag{9-102}$$

$$\gamma_{lmn}(t) = \begin{cases} -\phi_0^{(\xi_3)}, & l=m=n=0; \\ 1, & n=1\&l=m=0; \\ 0, & 其他 \end{cases} \tag{9-103}$$

于是式（9-85）~式(9-87）所示的等效确定性微分方程组被更新为

$$\dot{h}_{lmn} = \frac{\int F(Z_1(\zeta),Z_2(\zeta),Z_3(\zeta))\phi_l^{(\xi_1)}(Z_1(\zeta))\phi_m^{(\xi_2)}(Z_2(\zeta)\phi_n^{(\xi_3)}(Z_3(\zeta))f_\zeta(\zeta)\mathrm{d}\zeta}{\langle\phi_l^{(\xi_1)}(Z_1(\zeta))^2\rangle\langle\phi_m^{(\xi_2)}(Z_2(\zeta))^2\rangle\langle\phi_n^{(\xi_3)}(Z_3(\zeta))^2\rangle} \tag{9-104}$$

$$\dot{v}_{lmn} = \frac{\int G(Z_1(\zeta),Z_2(\zeta),Z_3(\zeta))\phi_l^{(\xi_1)}(Z_1(\zeta))\phi_m^{(\xi_2)}(Z_2(\zeta))\phi_n^{(\xi_3)}(Z_3(\zeta))f_\zeta(\zeta)\mathrm{d}\zeta}{\langle\phi_l^{(\xi_1)}(Z_1(\zeta))^2\rangle\langle\phi_m^{(\xi_2)}(Z_2(\zeta))^2\rangle\langle\phi_n^{(\xi_3)}(Z_3(\zeta))^2\rangle} \tag{9-105}$$

$$\dot{\gamma}_{lmn} = \frac{\int T(Z_1(\zeta),Z_2(\zeta),Z_3(\zeta))\phi_l^{(\xi_1)}(Z_1(\zeta))\phi_m^{(\xi_2)}(Z_2(\zeta))\phi_n^{(\xi_3)}(Z_3(\zeta))f_\zeta(\zeta)\mathrm{d}\zeta}{\langle\phi_l^{(\xi_1)}(Z_1(\zeta))^2\rangle\langle\phi_m^{(\xi_2)}(Z_2(\zeta))^2\rangle\langle\phi_n^{(\xi_3)}(Z_3(\zeta))^2\rangle} \tag{9-106}$$

3. 对系统状态执行随机空间分解

为了抑制初始状态不确定性量化精度受动力学参数不确定性和系统非线性的影响而降低，同时抑制计算量的剧增，适时对初始状态所在的随机空间进行分解，并引入一组自适应判据用以决定是否执行随机空间分解。

记系统状态向量为 $\boldsymbol{x}=[h,v,\gamma]^{\mathrm{T}}$，为便于以通式形式表述，用上标（$l$）表示第 l 个状态变量，$t=1,2,3$，则自适应判据被定义为

$$\left(\frac{1}{\sigma_{k,p}^2}\sum_{i=1}^{3}\hat{x}_i^{(\iota)2}\langle\phi_i^2\rangle\right)^{\alpha}\Pr(I_k=1)\geqslant\vartheta_1 \tag{9-107}$$

$$s_i\geqslant\vartheta_2\cdot\max_{j=1,2,3}s_j \tag{9-108}$$

式中 $I_k=\begin{cases}1, & \text{if } \xi\in B_k;\\ 0, & \text{其他}\end{cases}$，$s_i=\dfrac{\hat{x}_{i,p}^{(\iota)2}\langle\phi_{i,p}^2\rangle}{\sum_{j=1}^{3}\hat{x}_j^{(\iota)2}\langle\phi_j^2\rangle}$，$\Pr(I_k=1):=\prod_{i=1}^{3}\dfrac{b_i^k-a_i^k}{2}$；$\alpha$、$\vartheta_1$、$\vartheta_2$ 为阈值参数，取值范围分别为 $\alpha\in(0,1)$，$\vartheta_1\in(0,0.1)$，$\vartheta_2\in(0,0.1)$；s_i 表示第 i 个随机维度的灵敏度，s_j 表示第 j 个随机维度的灵敏度；下标 i，p 表示由 p 阶多项式表示的第 i 个随机维度，且 $p=2,3,\cdots,10$；当 $i=1,2,3$ 时，ϕ_i 分别代表式（9－96）和式（9－97）中的 $\phi_l^{(\xi_1)},\phi_m^{(\xi_2)},\phi_n^{(\xi_3)}$；$\hat{x}$ 表示进行随机空间分解之前的状态变量；$\boldsymbol{B}_k=[(a_i,b_i)]_{3\times1}$，$i=1,2,3$，$a_i$，$b_i$ 分别表示第 i 个初始状态变量的上界和下界。若该自适应判据不成立，则跳转至最后一步即计算不确定性状态的统计矩；若该自适应判据成立，则执行如下计算，随机域上的状态变量由新的基表达为

$$\hat{x}_k^{(\iota)}(\hat{\xi})=\sum_{i=0}^{N_p}\hat{x}_{k,i}^{(\iota)}\phi_i(\tilde{\xi}) \tag{9-109}$$

更新的随机域表达为

$$\tilde{x}_k^{(\iota)}(\tilde{\xi})=\sum_{i=0}^{N_p}\tilde{x}_{k,i}^{(\iota)}\phi_i(\tilde{\xi}) \tag{9-110}$$

式中随机变量 $\tilde{\xi}$ 中的元素取值在 $[-1,1]$ 上，为了确定系数 $\tilde{x}_{k,i}^{(\iota)}$，在 $[-1,1]$ 上选择（N_p+1）个网格点 $\tilde{\xi}_i$，N_p 为 $[1,10]$ 上的一个整数，i 为整数且 $i\in[0,N_p]$；通过求解状态空间方程［即式（9－111）］，可得系数 $\tilde{x}_{k,i}^{(\iota)}$。

$$\begin{bmatrix}\phi_{00} & \phi_{10} & \cdots & \phi_{N_p0}\\ \phi_{01} & \phi_{11} & \cdots & \phi_{N_p1}\\ \vdots & \vdots & \vdots & \vdots\\ \phi_{0N_p} & \phi_{1N_p} & \cdots & \phi_{N_pN_p}\end{bmatrix}\begin{bmatrix}\tilde{x}_{k,0}^{(\iota)}\\ \tilde{x}_{k,1}^{(\iota)}\\ \vdots\\ \tilde{x}_{k,N_p}^{(\iota)}\end{bmatrix}=\begin{bmatrix}\sum_{i=0}^{N_p}\hat{x}_{k,i}^{(\iota)}\phi_i(\chi^{-1}(\tilde{\xi}_0))\\ \sum_{i=0}^{N_p}\hat{x}_{k,i}^{(\iota)}\phi_i(\chi^{-1}(\tilde{\xi}_1))\\ \vdots\\ \sum_{i=0}^{N_p}\hat{x}_{k,i}^{(\iota)}\phi_i(\chi^{-1}(\tilde{\xi}_{N_p}))\end{bmatrix} \tag{9-111}$$

式中，$\phi_{ij}=\phi_i(\tilde{\xi}_j)$，$j$ 为整数且 $j\in[0,N_p]$。

4. 求火星进入飞行状态的统计矩

根据上述计算结果，火星进入飞行第 v_{tot} 个状态均值的计算公式为

$$\bar{x}^{(\iota)} = \sum_{k=1}^{N_p} \hat{x}_{k,0}^{(\iota)} \Pr(I_k = 1) \tag{9-112}$$

式中，$\iota=1,2,3$。

火星进入飞行第 v_{tot} 个状态的方差的计算公式为

$$\sigma^{(\iota)} = \sqrt{\sum_{k=1}^{N_p} [\sigma_{k,p}^{(\iota)2} + (\hat{x}_{k,0}^{(\iota)} - \bar{x}^{(\iota)})^2] \Pr(I_k = 1)} \tag{9-113}$$

式中，$\sigma_{k,p}^{(\iota)2} = \sum_{i=1}^{N_p} \hat{x}_{k,i}^{(\iota)2} \langle \phi_i^2 \rangle$。

至此，采用基于谱分解和随机空间分解的自适应广义多项式混沌，可得到飞行状态的均值和方差（或标准差）信息，以及状态演化过程中的不确定性的近似概率分布。

9.3 基于敏感度配点的非侵入式多项式的不确定性量化方法

上一节在侵入式多项式混沌理论框架下提出的火星进入不确定性量化方法，需要对火星进入随机动力学微分方程组进行改写，因而其算法设计过程较为烦琐。而且其对原动力学方程的改写是基于相同分布类型的随机变量及其对应的基函数，因而自适应广义多项式混沌（adaptive generalized polynomial chaos，AGPC）方法虽然能够处理高维非线性火星进入不确定性量化问题，但难以对混合不确定性（如同时含有高斯分布和均匀分布的不确定性参数）进行量化演化分析。本节将尝试在非侵入式多项式混沌理论框架下，发展新的火星进入不确定性量化方法。非侵入式多项式混沌（NIPC）将系统模型视为黑箱，并且系统响应（输出）中的不确定性信息用多项式展开近似；该多项式展开利用系统的多个确定性解来构建响应面，每个解对应随机空间中的一个样本点；使不确定性的谱表示在计算上比传统的蒙特卡罗方法更高效，并且可以给出对不确定性变量的相对准确的估计[223]。但是，经典的非侵入式多项式混沌在处理具有高维随机非线性系统不确

定性量化问题时容易出现“维数灾难”，因而不能直接用于本章研究的火星进入轨迹不确定性量化问题。为此，本节借助随机配点[306]、随机响应面[224]、拉丁超立方采样[307]、泰勒展开等理论工具，在非侵入式多项式混沌理论框架下，发展了基于敏感度配点的非侵入式多项式混沌（sensitivity collocation non - intrusive polynomial chaos，SCNIPC）方法，在避免对火星进入动力学进行改写和简化的同时，也便于得到从给定不确定性状态到进入段末端不确定性的解析近似映射关系。

9.3.1　非侵入式多项式混沌

非侵入式多项式混沌方法的目的是获得多项式系数的近似，而不对火星进入动力学系统方程进行简化，其中的多项式混沌是基于不确定性的谱表示，将随机变量分解为可分离的确定性分量和随机分量。对于火星进入随机动力学系统中的任一随机变量 α^*，有[223]

$$\alpha^*(\boldsymbol{x},\xi) = \sum_{i=0}^{P} \alpha_i(\boldsymbol{x}) \boldsymbol{\Psi}_i(\xi) \tag{9-114}$$

式中，$\alpha_i(\boldsymbol{x})$是确定性分量（即等号右边多项式的系数）；$\boldsymbol{\Psi}_i(\xi)$是对应于第 i 个系统模态的随机基函数；火星进入动力学状态向量 $\boldsymbol{x} = [h, v, \gamma]^{\mathrm{T}}$。设 α^* 是确定性独立状态变量 $\boldsymbol{x}$ 和 n 维随机变量 ξ 的函数，$\xi = (\xi_1, \cdots, \xi_n)$，且 α^* 服从一定的概率分布。式中的级数和所包含的项数的数量 P 即为输出模态的数量

$$P = \frac{(n+p)!}{n!\ p!} - 1 \tag{9-115}$$

式中，p 为多项式混沌的阶数，n 为随机变量的维数，它们的关系如图 9.4 所示。当输入不确定性为高斯型（无界的）时，基函数采用 n 维随机空间上的多维 Hermite 多项式（这与经典的多项式混沌中的做法相同）。对于输入不确定性，Legendre 和 Laguerre 多项式分别是均匀型（有界的）和指数型（半有界的）分布的最优基函数，如表 9.1 所示。

利用 Galerkin 映射可以得到式（9 - 114）中的多项式系数 $\alpha_i(x)$，即将式（9 - 114）投影到第 i 个基 $\boldsymbol{\Psi}_i(\xi)$上，有

$$\langle \alpha^*(\boldsymbol{x},\xi), \boldsymbol{\Psi}_i(\xi) \rangle = \langle \sum_{j=0}^{P} \alpha_j(\boldsymbol{x}) \boldsymbol{\Psi}_j(\xi) \boldsymbol{\Psi}_i(\xi) \rangle \tag{9-116}$$

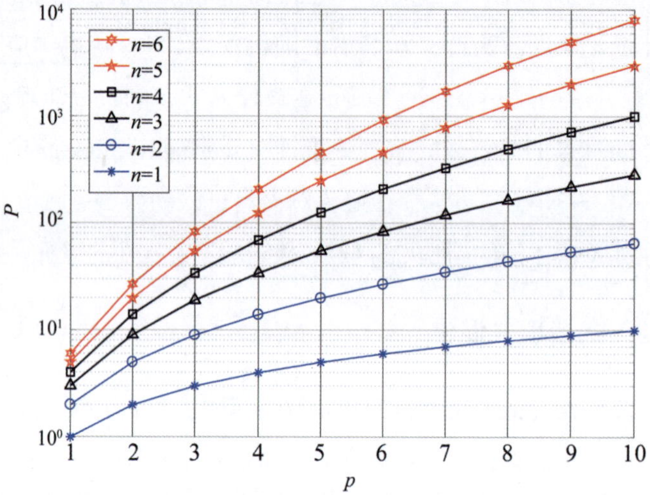

图 9.4 输出模态数量（P）与多项式阶数（p）和随机变量维数（n）的关系

设$f(\xi)$和$g(\xi)$为在ξ定义域R上的函数，$p(\xi)$为权重，则$f(\xi)$和$g(\xi)$的内积为

$$\langle f(\xi), g(\xi) \rangle = \int_R f(\xi) g(\xi) p(\xi) \mathrm{d}\xi \tag{9-117}$$

式（9－116）中的内积运算服从式（9－117）定义的运算法则。

依据基函数的正交特性，可得

$$\langle \alpha^*(\boldsymbol{x}, \xi), \Psi_i(\xi) \rangle = \alpha_i(\boldsymbol{x}) \langle \Psi_i^2(\xi) \rangle \tag{9-118}$$

于是，

$$\alpha_i(\boldsymbol{x}) = \frac{\langle \alpha^*(\boldsymbol{x}, \xi), \Psi_i(\xi) \rangle}{\langle \Psi_i^2(\xi) \rangle} = \frac{1}{\langle \Psi_i^2(\xi) \rangle} \int_R \alpha^*(\boldsymbol{x}, \xi) \Psi_i(\xi) p(\xi) \mathrm{d}\xi \tag{9-119}$$

由于式（9－119）中的分母$\langle \Psi_i^2(\xi) \rangle$可以通过解析计算多元正交多项式得到，因而可以通过估计式（9－118）中的分子$\langle \alpha^*(\boldsymbol{x}, \xi), \Psi_i(\xi) \rangle$来预测多项式系数$\alpha_i(\boldsymbol{x})$。

引入随机配点法，首先用式（9－114）给出的多项式展开来替换不确定性变量。然后，对于所得的具有$P+1$个模态的多项式混沌展开式，在随机空间中选取$P+1$个向量（$\xi = \{\xi_1, \cdots \xi_n\}$，$k = 0, 1, \cdots, P$），并在这些点处估算相应的确定性分量[223,308]。利用在所选随机配点处的确定性解获得的式（9－114）的等号左边的变量，可以得到线性方程组：

$$\begin{bmatrix} \Psi_0(\xi_0) & \Psi_1(\xi_0) & \cdots & \Psi_P(\xi_0) \\ \Psi_0(\xi_1) & \Psi_1(\xi_1) & \cdots & \Psi_P(\xi_1) \\ \vdots & \vdots & \ddots & \vdots \\ \Psi_0(\xi_P) & \Psi_1(\xi_P) & \cdots & \Psi_P(\xi_P) \end{bmatrix} \begin{bmatrix} \alpha_0 \\ \alpha_1 \\ \vdots \\ \alpha_P \end{bmatrix} = \begin{bmatrix} \alpha^*(\xi_0) \\ \alpha^*(\xi_1) \\ \vdots \\ \alpha^*(\xi_P) \end{bmatrix} \tag{9-120}$$

通过求解该线性方程组可得随机变量 α^* 的谱模态 α_k，$k=0,1,\cdots,P$。据此可得解的均值 μ_{α^*} 和方差 $\sigma_{\alpha^*}^2$ 分别为

$$\mu_{\alpha^*} = \alpha_0 \tag{9-121}$$

$$\sigma_{\alpha^*}^2 = \sum_{i=1}^{P} \alpha_i^2 \langle \Psi_i^2(\xi) \rangle \tag{9-122}$$

由式（9－120）给出的线性方程组的求解需要知道 $P+1$ 个确定性方程。如果选择多于 $P+1$ 个样本，则可以使用最小二乘法来求解超定方程组。这里通过适当增加配点的数量来解决这一问题，于是引入参数 n_p，定义为

$$n_p = \frac{N_S}{P+1} \tag{9-123}$$

式中，N_S 为实际配点数量。实际上，对于具有多个不确定性变量的火星进入随机动力学系统，n_p 用于直观地评价配点数对多项式混沌展开式的精度的影响，$n_p=1,2,3,4$。依据随机配点法，需要求解的方程个数为 $n_p \times (P+1)$，但采用积分法需要与随机维数相同数量的方程，因而方程数量会随随机变量个数的增加而剧烈增加。

注 9.14　已有的研究表明，当 $n_p=2$ 时，即实际配点数为最小配点数的 2 倍时，在每个多项式阶次已经能得到对随机特征的较好的近似效果[223,308]。由于在计算中使用更多配点，可以提高 NIPC 方法中多项式混沌系数的准确度，但在这种情况下新增配点引起的计算量增加远少于多项式阶数降低计算量的减少，因而可以利用较低阶的多项式实现同等精度的不确定性量化并降低运算量。

9.3.2　基于敏感度的配点

为了能够准确、高效地进行火星进入不确定性量化分析，基于响应面法[224]和 Kriging 模型法[309]的思想，引入动力学模型对每个不确定性变量的敏感度，包括局部敏感度和全局敏感度的评估。通过在配点处求取系统响应对不确定性变量

的微分或偏导来计算局部敏感度，并计算每个不确定性变量的敏感度，按照在配点处的灵敏度的大小顺序对不确定性变量进行排序。对于火星进入动力学系统，有时难以求得配点处的微分，从而寻求使用有限差分来近似计算敏感度。

$$Y_{i,j} = \left(\frac{\partial y}{\partial x_i}\right)_j = \frac{y(x_{i,j} + \Delta x_i) - y(x_{i,j})}{\Delta x_i} + o(\Delta x_i) \tag{9-124}$$

式中，$i = 1, \cdots, N$；$j = 1, \cdots, N_S$；N 为含不确定性的变量数目；N_S为配点数目。式（9－124）给出了响应函数 F 的导数相对于配点 j 处的第 i 个不确定性变量 x_i 的一阶前向有限差分近似。需要说明的是，每个变量的步长不同，Δx_i 等于不确定性变量 x_i 的标称值乘以全局步长。这确保了当不确定性变量具有不同数量级时，每个变量的相对步长是相同的。用于计算有限差分近似的步长是依据在对应的设计空间中多个不同配点处的一阶截断误差的收敛性来确定的。为了不增加额外的确定性模型计算量，选用一阶有限差分来确定敏感度导数。

注 9.15 局部敏感度评估的仅是单个配点处的敏感度，而对于火星进入随机动力学系统中不确定性变量的正确排序应考虑在各个不确定性变量的整个变化范围内的系统响应对每个不确定性变量的敏感度。为此，需要在不确定性空间中配置多个配点以便涵盖每个不确定性变量的分布，但配点的数量也影响该方法的计算量。因此，在每个配点处需要对确定性函数进行两次评估才能计算每个不确定性变量的敏感度。

通过计算每个不确定性变量的局部敏感度值的平均值，可以得到关于整个不确定性空间中的每个不确定性变量的全局响应敏感度的近似值[309]，即

$$\tilde{Y} = \frac{\Delta_i}{N_S} \sum_{j=1}^{N} |Y_{i,j}| \tag{9-125}$$

式中，Δ_i 是每个不确定变量的范围（即每个不确定变量的最大值减去其最小值），敏感度 $Y_{i,j}$是依据式（9－124）中使用的有限差分近似计算得到的，$i = 1, \cdots, N$；$j = 1, \cdots, N_S$。由式（9－125）计算得到的敏感度是利用局部敏感度构建的全局线性敏感度近似值。于是，可计算系统响应相对于第 i 个不确定性变量的全局敏感度的近似值[213,297]

$$Y_i = \frac{\tilde{Y}_i^2}{\sum_{j=1}^{N} \tilde{Y}_i^2} \tag{9-126}$$

对于含有较多不确定性变量的火星进入轨迹不确定性量化问题，由全局响应面（响应面法中的代理模型）来确定局部或全局敏感度并不是一种准确的方法。这是因为配点的规模不足以对每个不确定性变量都构成准确的映射响应关系。因此，首先是减小问题本身的规模，以便实现对数据的精确拟合。然后，采用拉丁超立方采样（LHS）[307]实现对每个不确定性参数分布特征的有代表性的配点覆盖，并在整个参数空间中计算敏感度。

为了减小火星进入动力学不确定性量化问题的方程维度，寻求可复用于敏感度评估的原始配点以便减少相关的重复计算。为此，需要使现有配点与通过敏感度分析消除的输入不确定性变量相互独立，这可以利用泰勒级数展开并保留一阶项来实现[213,308,310]，即

$$\tilde{y}_j = y_j + \sum_{i=1}^{k} \frac{\partial y_j}{\partial x_i}(x_{i,0} - x_{i,j}) \tag{9-127}$$

式（9－127）表示在第 j 个配点的系统响应 Y 独立于第 i 个不确定性变量，要剔除总共 k 个变量。这里，$x_{i,0}$是第 i 个消除变量的标称值，$x_{i,j}$是对应于第 j 个配点的随机变量值。对于均匀或正态分布的随机变量值，可以将标称值作为随机变量的均值。该等式中的偏导数项是从式（9－124）的局部敏感度评估获得的。式（9－127）给出的配点更新允许复用确定性响应值 $\bar{Y}_j$ 用于降维后的不确定性分析，这有助于提高整个不确定性量化的计算效率。

9.3.3 确定性变量的求解

由于基于敏感度配点非侵入式多项式混沌方法需要基于全局敏感度近似来减小不确定性量化问题的维度，所以期望使用局部敏感度作为配点 NIPC 的解的一部分[223,299,308,310]。而这可以通过对等式求关于随机变量 ξ_i 的偏导来实现，即

$$\frac{\partial \alpha^*(\boldsymbol{x},\xi)}{\partial \xi_i} \approx \sum_{j=0}^{P} \alpha_j(\boldsymbol{x}) \frac{\partial \Psi_j(\xi)}{\partial \xi_i} \tag{9-128}$$

根据链式法则，式（9－128）可以写成

$$\frac{\partial \alpha^*(\boldsymbol{x},\xi)}{\partial x_i} \cdot \frac{\partial x_i}{\partial \xi_i} \approx \sum_{j=0}^{P} \alpha_j(\boldsymbol{x}) \frac{\partial \Psi_j(\xi)}{\partial \xi_i} \tag{9-129}$$

显然，式（9－129）等号左边的第一个求导项$\frac{\partial \alpha^*(x,\xi)}{\partial x_i}$可以由局部敏感度计算

来获得，第二个求导项$\frac{\partial x_i}{\partial \xi_i}$可根据给定的输入不确定变量的概率分布得到。

于是，火星进入轨迹不确定性量化问题可以转化为关于敏感度配点和多项式混沌基函数的方程组。将每个配点处关于每个不确定性变量的偏微分多项式混沌展开式增补到式（9－120）所示的线性方程组中，可得

$$\begin{bmatrix} \boldsymbol{\Psi}_0(\xi_0) & \boldsymbol{\Psi}_1(\xi_0) & \cdots & \boldsymbol{\Psi}_P(\xi_0) \\ \dfrac{\partial \boldsymbol{\Psi}_0(\xi_0)}{\partial \xi_1} & \dfrac{\partial \boldsymbol{\Psi}_1(\xi_0)}{\partial \xi_1} & \cdots & \dfrac{\partial \boldsymbol{\Psi}_P(\xi_0)}{\partial \xi_1} \\ \vdots & \vdots & \ddots & \vdots \\ \dfrac{\partial \boldsymbol{\Psi}_0(\xi_0)}{\partial \xi_N} & \dfrac{\partial \boldsymbol{\Psi}_1(\xi_0)}{\partial \xi_N} & \cdots & \dfrac{\partial \boldsymbol{\Psi}_P(\xi_0)}{\partial \xi_N} \\ \boldsymbol{\Psi}_0(\xi_1) & \boldsymbol{\Psi}_1(\xi_1) & \cdots & \boldsymbol{\Psi}_P(\xi_1) \\ \dfrac{\partial \boldsymbol{\Psi}_0(\xi_1)}{\partial \xi_1} & \dfrac{\partial \boldsymbol{\Psi}_1(\xi_1)}{\partial \xi_1} & \cdots & \dfrac{\partial \boldsymbol{\Psi}_P(\xi_1)}{\partial \xi_1} \\ \vdots & \vdots & \ddots & \vdots \\ \dfrac{\partial \boldsymbol{\Psi}_0(\xi_1)}{\partial \xi_N} & \dfrac{\partial \boldsymbol{\Psi}_1(\xi_1)}{\partial \xi_N} & \cdots & \dfrac{\partial \boldsymbol{\Psi}_P(\xi_1)}{\partial \xi_N} \\ \vdots & \vdots & \ddots & \vdots \\ \vdots & \vdots & \ddots & \vdots \\ \boldsymbol{\Psi}_0(\xi_{N_S-1}) & \boldsymbol{\Psi}_1(\xi_{N_S-1}) & \cdots & \boldsymbol{\Psi}_P(\xi_{N_S-1}) \\ \dfrac{\partial \boldsymbol{\Psi}_0(\xi_{N_S-1})}{\partial \xi_1} & \dfrac{\partial \boldsymbol{\Psi}_1(\xi_{N_S-1})}{\partial \xi_1} & \cdots & \dfrac{\partial \boldsymbol{\Psi}_P(\xi_{N_S-1})}{\partial \xi_1} \\ \vdots & \vdots & \ddots & \vdots \\ \dfrac{\partial \boldsymbol{\Psi}_0(\xi_{N_S-1})}{\partial \xi_N} & \dfrac{\partial \boldsymbol{\Psi}_1(\xi_{N_S-1})}{\partial \xi_N} & \cdots & \dfrac{\partial \boldsymbol{\Psi}_P(\xi_{N_S-1})}{\partial \xi_N} \end{bmatrix} \begin{bmatrix} \alpha_0 \\ \alpha_1 \\ \vdots \\ \vdots \\ \vdots \\ \alpha_P \end{bmatrix} = \begin{bmatrix} \alpha^*(\boldsymbol{x}_0,\boldsymbol{\xi}_0) \\ \dfrac{\partial \alpha^*(\boldsymbol{x}_0,\boldsymbol{\xi}_0)}{\partial x_1}\dfrac{\partial x_1}{\partial \xi_1} \\ \vdots \\ \dfrac{\partial \alpha^*(\boldsymbol{x}_0,\boldsymbol{\xi}_0)}{\partial x_N}\dfrac{\partial x_N}{\partial \xi_N} \\ \alpha^*(\boldsymbol{x}_1,\boldsymbol{\xi}_1) \\ \dfrac{\partial \alpha^*(\boldsymbol{x}_1,\boldsymbol{\xi}_1)}{\partial x_1}\dfrac{\partial x_1}{\partial \xi_1} \\ \vdots \\ \dfrac{\partial \alpha^*(\boldsymbol{x}_1,\boldsymbol{\xi}_1)}{\partial x_N}\dfrac{\partial x_N}{\partial \xi_N} \\ \vdots \\ \vdots \\ \alpha^*(\boldsymbol{x}_{N_S-1},\boldsymbol{\xi}_{N_S-1}) \\ \dfrac{\partial \alpha^*(\boldsymbol{x}_{N_S-1},\boldsymbol{\xi}_{N_S-1})}{\partial x_1}\dfrac{\partial x_1}{\partial \xi_1} \\ \vdots \\ \dfrac{\partial \alpha^*(\boldsymbol{x}_{N_S-1},\boldsymbol{\xi}_{N_S-1})}{\partial x_N}\dfrac{\partial x_N}{\partial \xi_N} \end{bmatrix} \tag{9-130}$$

其中，系数矩阵的维数是$N_S(N+1)\times(P+1)$，解向量的维数是$N_S(N+1)$，并且未知数向量具有（$P+1$）维。由于方程（9－129）通常是一个超定方程，因而可以采用最小二乘法来求解，其中基函数的多项式偏导数可以通过有限差分获

得。为便于表达，将方程（9－129）对应写为 $\boldsymbol{\Psi\alpha}=\boldsymbol{A}$，则其最小二乘解为

$$\boldsymbol{\alpha}=(\boldsymbol{\Psi}^{\mathrm{T}}\boldsymbol{\Psi})^{-1}\boldsymbol{\Psi}^{\mathrm{T}}\boldsymbol{A} \tag{9-131}$$

将该解代入式（9－121）和式（9－122），可分别得出不确定性变量的均值 μ_{α^*} 和方差 $\sigma_{\alpha^*}^2$。而不确定性变量的概率密度函数 $p(\boldsymbol{x},t)$ 可利用高斯和法进行估算，即

$$p(\boldsymbol{x},t)\approx\sum_{i=0}^{P}w_i\,p_G(\boldsymbol{x};\mu_{\alpha^*;i},\sigma_{\alpha^*,i}) \tag{9-132}$$

式中，$p_G(x;\mu_{\alpha^*},\sigma_{\alpha^*,i}^2)$ 是基函数 $\Psi_i(\xi_i)$ 的概率密度函数，第 i 个高斯分布子函数的权重系数 $w_i=\dfrac{\alpha_i}{\|\boldsymbol{\alpha}\|_1}$，$\mu_{\alpha^*,i}$ 和 $\sigma_{\alpha^*,i}^2$ 分别表示第 i 个概率密度函数的均值和标准差。

根据上述计算过程，基于敏感度配点的非侵入式多项式混沌方法的计算流程总结如下。

步骤 1：选择数量为 N_S 的配点，利用确定性模型计算火星进入动力学系统响应和局部敏感度。

步骤 2：获得全局敏感度近似 γ_i 以估计每个不确定变量对总输出方差的贡献。

步骤 3：依据 γ_i 对不确定变量按照其对总输出不确定性的贡献进行排序，选择要剔除的变量。保留排名前（$P+1$）个不确定性变量或对总方差的贡献排名前九成的不确定性变量，为提高计算效率采用这两种方式中不确定性变量较少的那一种。

步骤 4：根据式（9－127）中对每个已有的确定的配点进行更新。

步骤 5：求解方程（9－129）作为非侵入式多项式混沌的响应面（即初始状态不确定性和动力学参数不确定性到下一时刻（或进入段末端）不确定性之间的映射关系）。

步骤 6：按照式（9－121）和式（9－122）计算不确定性变量的均值和方差，按照式（9－131）依据随机基变量可估算出相应状态的概率分布。

步骤 7：重复步骤 1 到步骤 6，直至完成火星进入的整个不确定性量化过程（即达到进入段末端结束条件）。

注 9.16 由于该方法是将原系统视为黑箱，通过求解系统的输入与输出响应的映射关系来研究不确定性从输入到输出的传播。因此，可直接根据给定的火星进入的初始状态不确定性和动力学参数不确定性，得到指定末端状态（开伞点的状态）的不确定性描述。特别地，当以当前时刻的状态不确定性为输入，以下一时刻的状态不确定性为输出时，可以连续地迭代得到火星进入不确定性在整个火星进入段的演化规律。因此，该方法可以得到从给定的初始状态不确定性和动力学参数不确定性到末端状态不确定性的近似的解析映射关系。

注 9.17 由于基于敏感度配点的非侵入式多项式混沌方法无须对原动力学方程进行改写，无须关注系统内部参数不确定性的分布类型，因而能够用于对火星进入的混合不确定性（即同时含有不同分布类型的不确定性参数）进行量化演化分析。

9.4 仿真分析

本节将详细给出本章所提出的火星进入不确定性量化方法的数值仿真验证，并讨论揭示火星进入轨迹不确定性量化与演化的规律。

9.4.1 仿真设置

为了验证所提出方法的有效性，采用 10 000 次蒙特卡洛仿真作为基准，并与文献［225］的广义多项式混沌方法获得的结果进行对比。蒙特卡洛仿真次数是依据文献［219］和［221］针对火星探路者号和火星科学实验室任务的做法并且表明能够准确反映不确定性因素的影响规律。为了分析和揭示火星大气进入状态轨迹的不确定性演化，针对不同概率分布的不确定性进行了多个算例的仿真。评估火星进入飞行状态轨迹对两类不确定性的敏感度：输入不确定性和固有不确定性。分析不确定的初始状态（h_0, v_0, γ_0）和动力学参数（B_c, k, ρ）沿火星进入动力学的演化，以及同时考虑初始状态不确定性和动力学参数不确定性的耦合不确定性。针对两种概率分布给出相应的不确定性量化的结果，即在标称值附近 ±5% 的均匀分布，每个维度的 3σ 偏差 10% 的高斯分布，设置不确定性量化仿真参数如表 9.2 所示。系统动力学演化到超声速伞开伞条件为止，即 $v > 450$ m/s 且 $h >$

6.5 km（参考 MSL 任务的开伞条件[29]）。自适应判据所需的参数分别设置为$\kappa_1 = \kappa_2 = \kappa_3 = 2/3$，$\vartheta_1 = 10^{-2}$，$\vartheta_2 = 10^{-1}$。所有仿真计算均在 MATLAB 环境下进行。

表 9.2　火星进入不确定性量化仿真参数设置

参数名	符号	均值	均匀分布区间	高斯分布 3σ	单位
初始高度	h_0	125	[118.75, 131.25]	12.5	km
初始速度	v_0	5 500	[5 225, 5 775]	550	m/s
初始飞行路径角	γ_0	−15.2	[−15.96, −14.44]	1.52	°
弹道系数	B_c	121.6	[115.52, 127.68]	12.16	kg/m²
升阻比	k	0.24	[0.228, 0.252]	0.024	–
大气密度比	ε	1	[0.95, 1.05]	0.1	–

随机变量的演化选用高斯积分算法[296,299]作为数值积分器。四阶 Runge - Kutta 积分器用于动力学演化和求解确定性微分方程，这是通过 MATLAB 的变步长 ode45 积分器实现的。MATLAB 的统计学工具箱用于计算蒙特卡洛结果的均值和方差（或标准差）。基于表 9.2 中的参数设置，可以给定输入不确定性的概率密度函数。为了避免维度灾难，使用低差异序列的伪随机数生成器而不是基于网格的离散化，即使用 Halton 序列技术[311]生成服从均匀概率密度函数的样本。这是通过 MATLAB 的 haltonset 函数来实现的，高斯概率密度函数的样本通过 Box - Muller 概率积分变换[312]生成。在计算不确定性演化时，来自初始状态不确定性的样本与来自动力学参数不确定性样本一起沿着火星进入动力学传播，并且在每步迭代中求解相应的等效确定性微分方程。根据每个状态剖面中的数值结果，通过散点图和伪彩色图来表示相应的概率密度。

9.4.2　算例 1：均匀不确定性

对于这种情况，初始状态（h_0, v_0, γ_0）和动力学参数（B_c, k, ρ）是在其标称值 ±5% 附近的均匀分布，如表 9.2 所示。为了理清初始状态不确定性和动力学参数不确定性的量化演化规律及其对飞行状态轨迹的影响程度，这里首先分别进行初始状态均匀不确定性和动力学参数均匀不确定性的量化，并评估火星进入状态剖面。然后，进行考虑初始状态和动力学参数的耦合多重不确定性的量化演化。同时，将所得结果与蒙特卡洛仿真和多项式混沌方法获得的结果进行对比，以评估所提出的方法的性能。

情形 1：初始状态的均匀不确定性

图 9.5 展示了初始状态不确定性沿火星进入轨迹的时空演化。显然，轨迹上的状态受初始状态（h_0, v_0, γ_0）均匀不确定性大小的影响很大。末端相对于标称时间的时间偏差（即降落伞开伞的时间不确定性）达到 25 ~ 35 s。受降落伞开伞条件的约束，末端高度和速度的大小收敛良好，并且通常小于其初始偏差。这种现象与实际物理规律吻合，因为火星进入器在较低海拔范围内的较稠密大气中进行显著减速的概率较高。然而，飞行路径角的偏差将不可避免地导致降落伞开伞的水平位置的偏差大于其初始偏差。

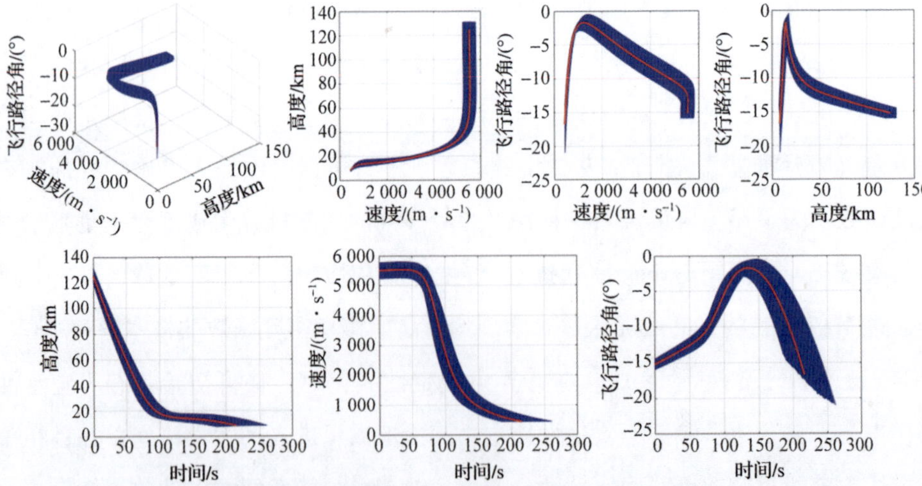

图 9.5 均匀初始不确定性沿火星进入剖面的演化：样本（蓝色），均值（红色）

图 9.6 展示了概率分布如何沿着火星进入轨迹变化。其中，通过显示各横截面的概率分布，可以很容易地看到初始状态不确定性的概率密度如何沿火星进入剖面变化。使用通过蒙特卡洛仿真获得的散点图和通过 AGPC 获得的伪彩色图来显示联合概率密度的变化。颜色强度表示瞬时联合概率密度函数的值。在这里我们发现，AGPC 方法的结果与蒙特卡洛仿真的结果吻合得很好，这证明了所提出的方法的有效性。在图 9.6（b）中可以看出，每个截面的概率密度明显不同。

因为使用 Halton 序列技术[311]生成均匀分布，所以呈现出一系列小峰均匀地分布在所定义的随机空间中的现象。随着给定初始均匀不确定性随动力学系统的演变，后续截面的联合概率密度不再呈现均匀分布的特征。概率密度的峰值随着时间的推移而增加并分布在较大范围，而后逐渐收敛在末端时刻变得相对集中。更确切地说，每个二元联合概率密度函数值的重心逐渐集中到平均值附近的峰值域。显然其不确定性的随机特征变化非常明显。因此，在侵入式多项式混沌框架下设计的火星进入不确定性量化方法有必要更新基函数族（如 9.2 节），因为 Legendre 多项式并不总是适合作为均匀初始不确定性情形下的基函数族。

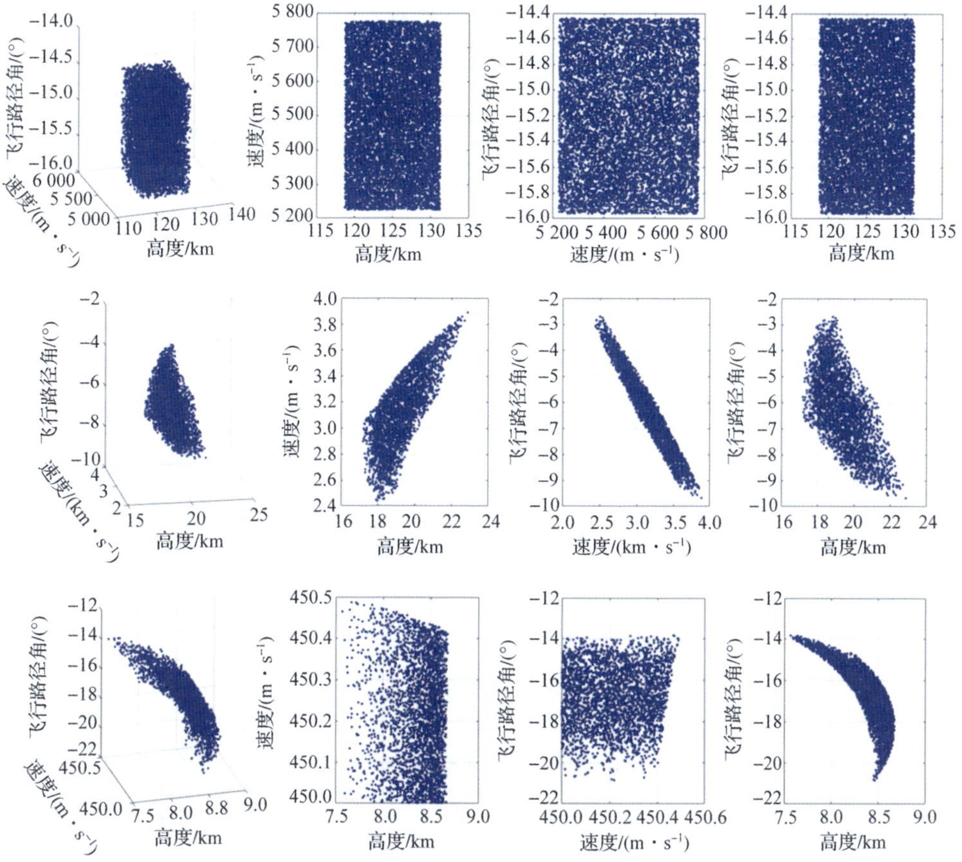

（a）

图 9.6　均匀初始不确定性沿火星进入剖面的概率分布图

（a）联合概率密度函数的蒙特卡洛散点图：行代表不同的时间，列代表联合概率密度

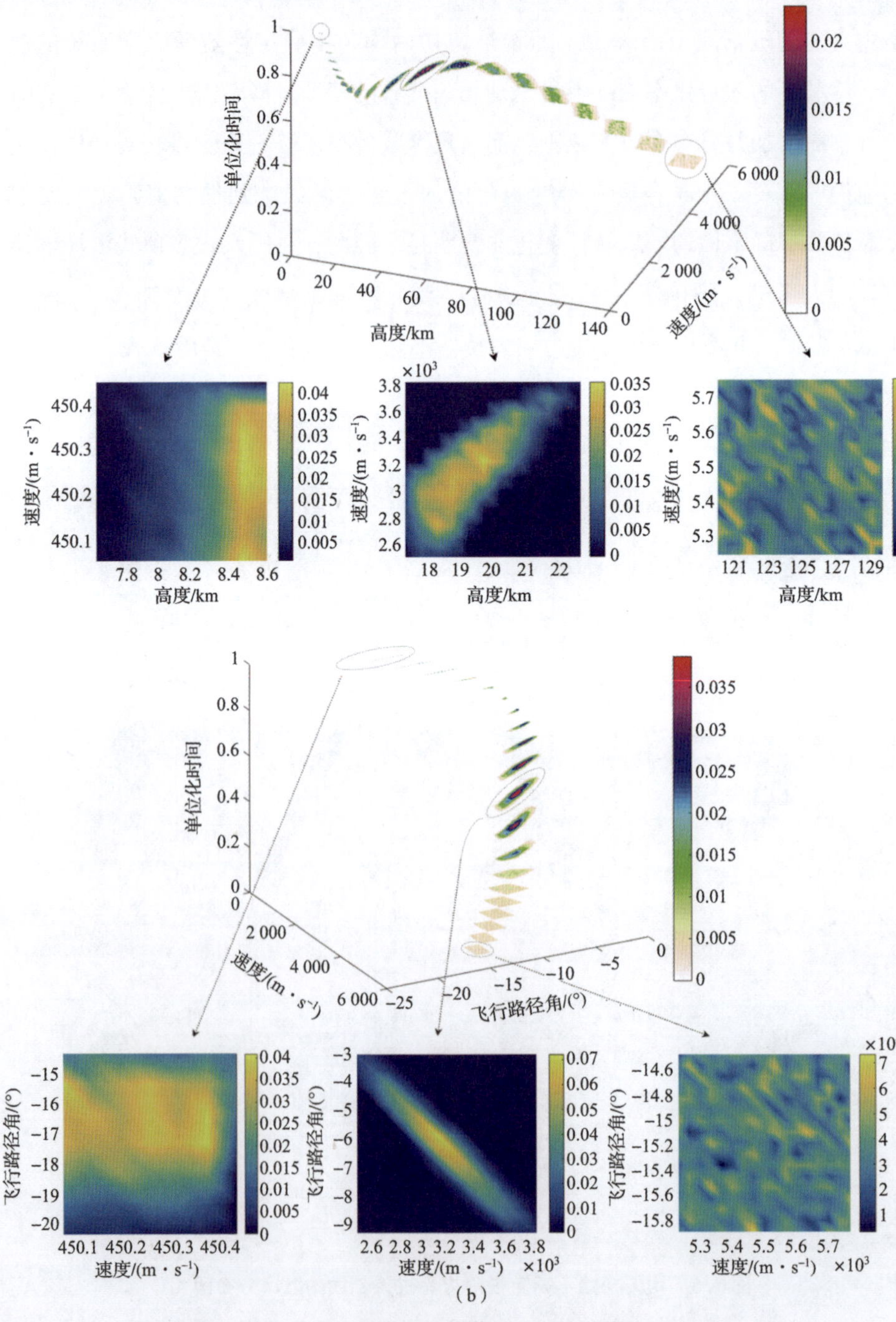

(b)

图 9.6 均匀初始不确定性沿火星进入剖面的概率分布图（续）

(b) AGPC 获得的二元联合概率密度

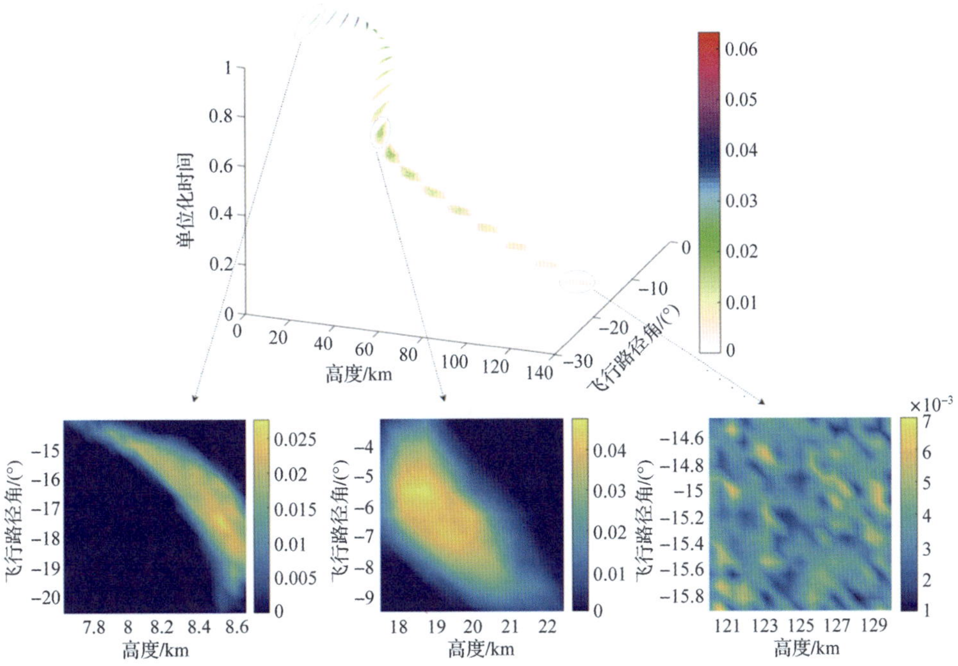

（b）

图 9.6　均匀初始不确定性沿火星进入剖面的概率分布图（续）

（b）AGPC 获得的二元联合概率密度

为了对比不确定性量化的准确度，图 9.7 给出了均匀初始不确定性条件下蒙特卡洛仿真、AGPC 和 GPC 获得的标准差和均值误差的定量对比。显然，从 AGPC 获得的结果能更准确地代表蒙特卡洛结果所描述的分布。就轨迹对这些参数变化的灵敏度而言，均值本身的变化幅度比相应的标准差小几个数量级。对比 AGPC 和 GPC 获得的均值误差时，很容易看出 AGPC 方法的准确度几乎比 GPC 方法高一个数量级。还可以看出，在实施 GPC 方法时会出现较为明显的发散。

情形 2：系统动力学参数的均匀不确定性

图 9.8 展示了沿着火星进入剖面的均匀动力学参数不确定性的时空演化。可以看出，火星进入器的状态轨迹受到动力学参数（B_c, k, ρ）中给定的均匀不确定性的轻微影响。不确定性的影响在相对较低的高度才较为明显，因为在较低的高度范围内大气稠密且空气动力学效应占主导地位。末端时间相对于标称值的偏差在 10 s 以内。尽管偏差相对较小，但状态轨迹仍然存在轻微发散。最终状态的偏差明显小于初始状态的不确定性引起的偏差。

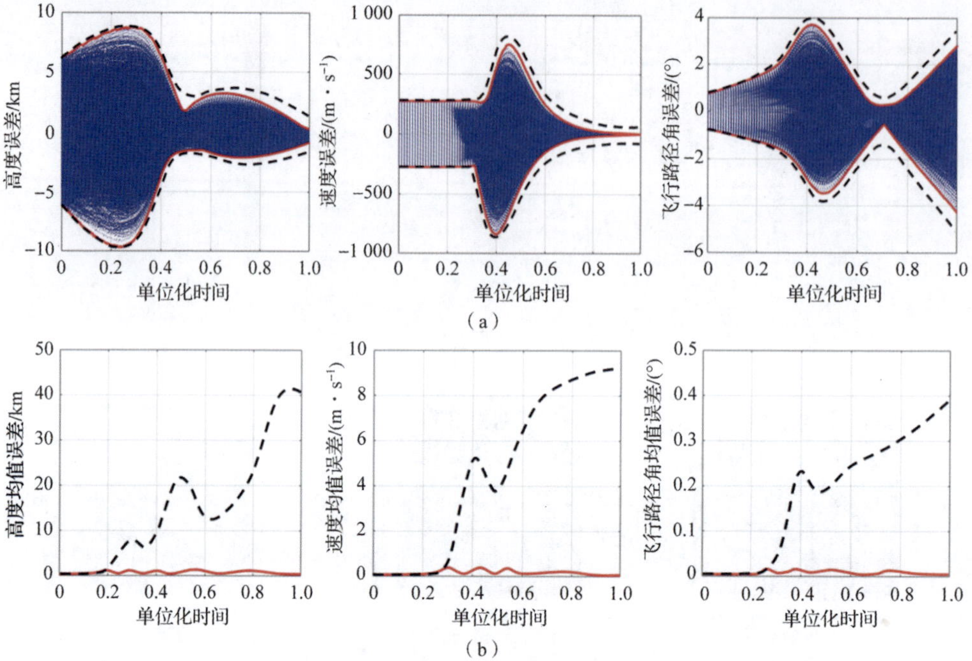

图 9.7 考虑均匀初始不确定性时 MC、AGPC 和 GPC 结果对比

(a) 标准差的演化：蒙特卡洛（蓝点），AGPC（实线）、GPC（虚线）；

(b) 与蒙特卡洛均值结果相比较的误差：AGPC（实线）、GPC（虚线）

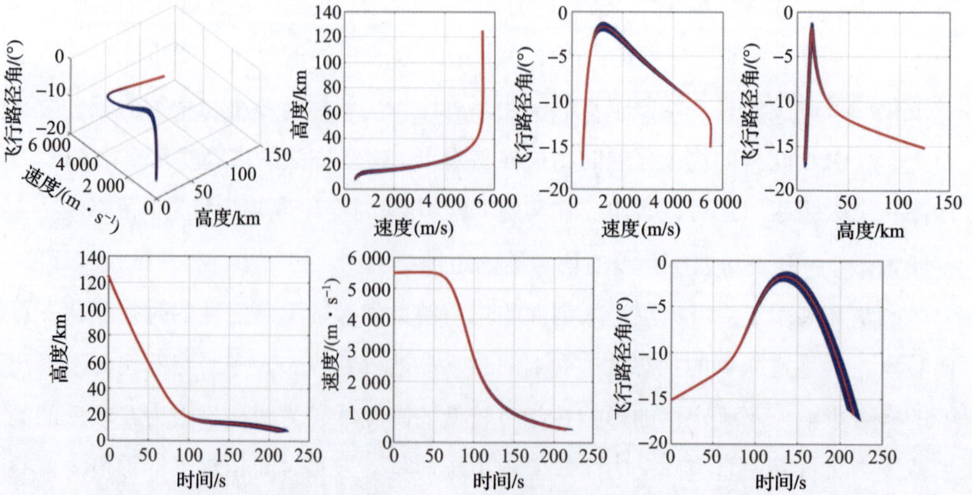

图 9.8 均匀动力学参数不确定性沿火星进入剖面的演化：样本（蓝色），均值（红色）

图 9. 9 显示了系统动力学参数不确定性的联合概率密度如何沿着火星进入剖面变化。因为假设初始状态是完全已知的（即三维空间中的一个确定点），所以本算例的结果中未展示出初始状态不确定性。通过蒙特卡洛仿真结果获得的联合概率密度函数并表示为散点图（参见图 9. 9a）与通过 AGPC 获得的联合概率密度结果吻合（参见图 9. 9b）。此外，还注意到每个截面的概率密度基本上不同。随着系统动力学的演化，每个联合概率密度函数的概率重心在其平均值周围累积并达到峰值，并且它们的方差小于情形 1 中所展示的结果（初始状态中的均匀不确定性分布）。因此，对于侵入式算法，改变基函数族是必要的，可以适应概率分布随动力学的变化，就像 9. 2 节所做的那样。尽管输入的为均匀分布的不确定性，但由于随机特性的改变，Legendre 多项式并不总是适合作为侵入式不确定性量化方法的基函数。

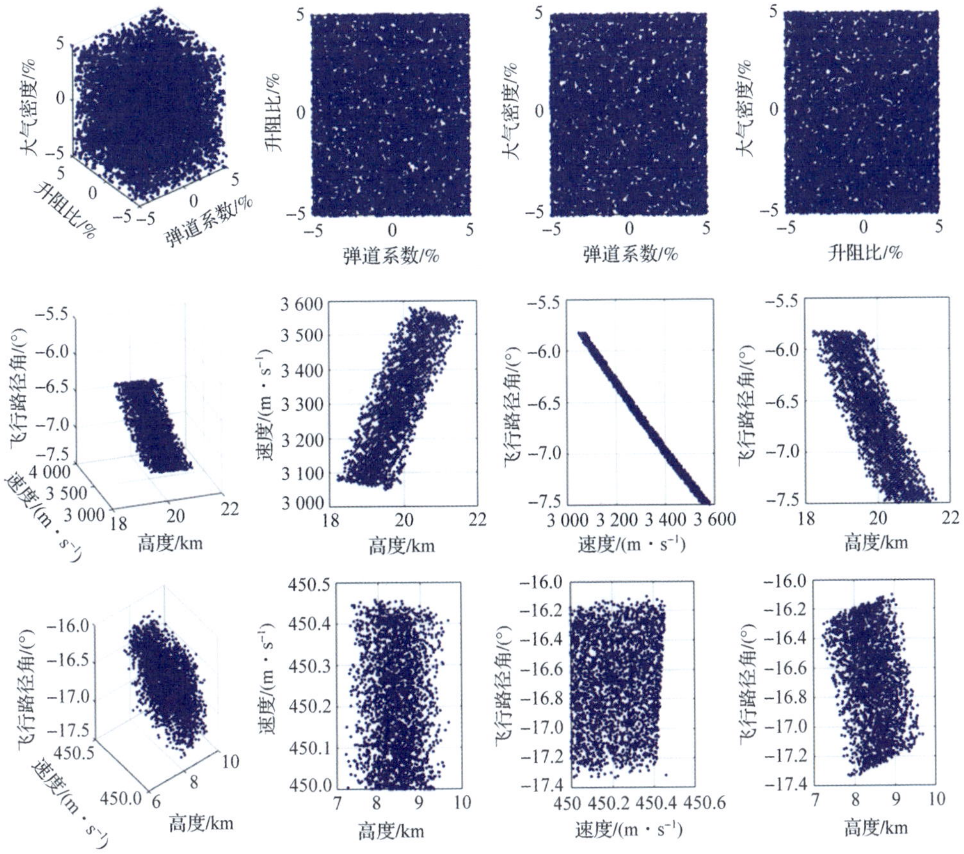

图 9. 9　均匀动力学参数不确定性沿火星进入剖面的概率分布图

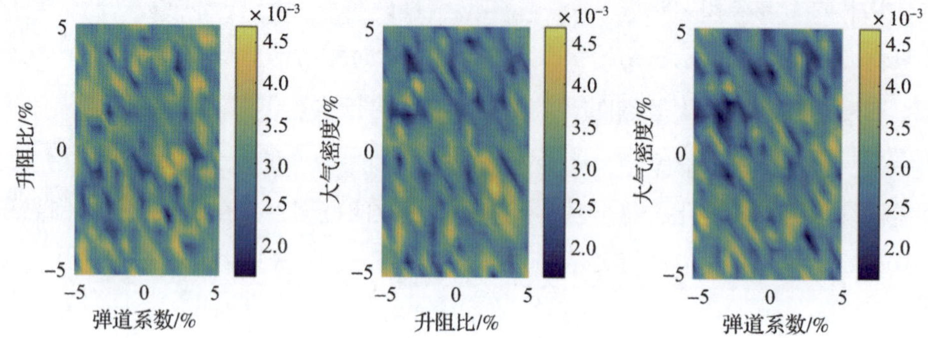

(a)

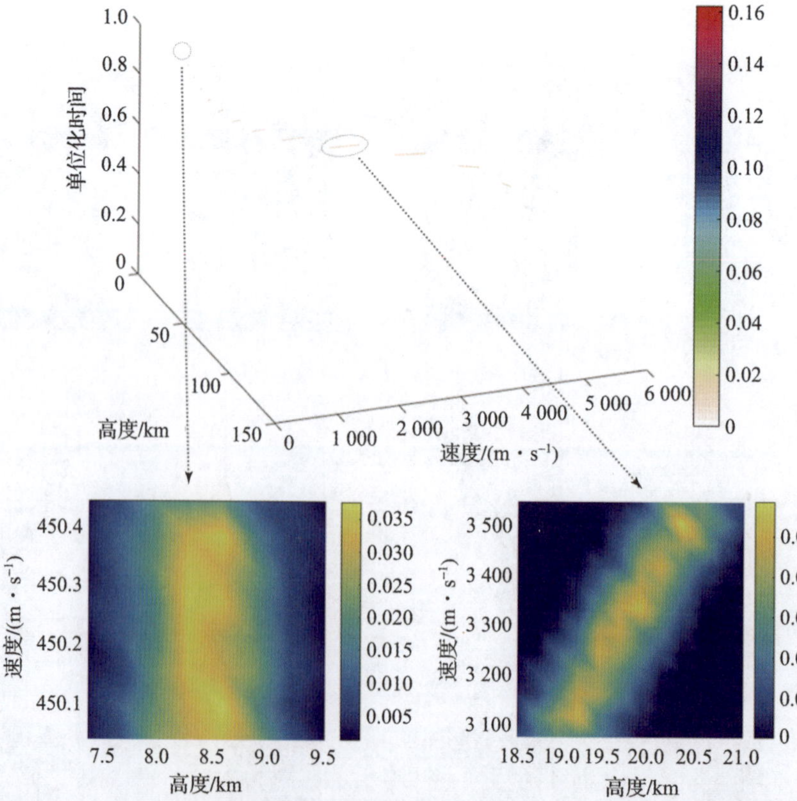

(b)

图 9.9 均匀动力学参数不确定性沿火星进入剖面的概率分布图（续）

(a) 联合概率密度的蒙特卡洛散点图：行代表不同时刻，列表示联合概率密度

(b) AGPC 获得的二元联合概率密度

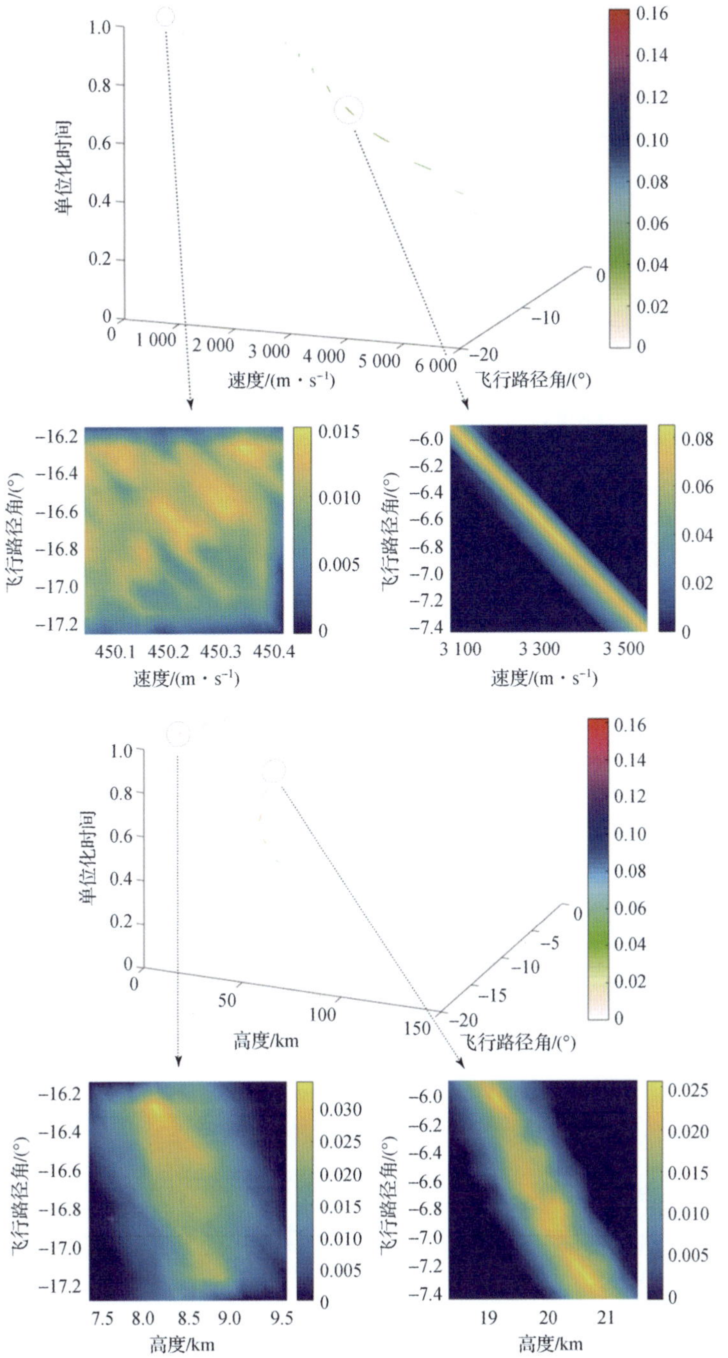

(b)

图 9.9 均匀动力学参数不确定性沿火星进入剖面的概率分布图（续）

(b) AGPC 获得的二元联合概率密度

图 9.10 定量对比了蒙特卡洛、AGPC 和 GPC 方法在均匀动力学参数不确定条件下获得的均值和标准差分布。结果表明，蒙特卡洛结果和 AGPC 方法计算的不确定性之间的误差小于蒙特卡洛结果和 GPC 方法之间的相应误差。我们还发现，AGPC 有效地抑制了发散效应，而 GPC 的发散依然存在。

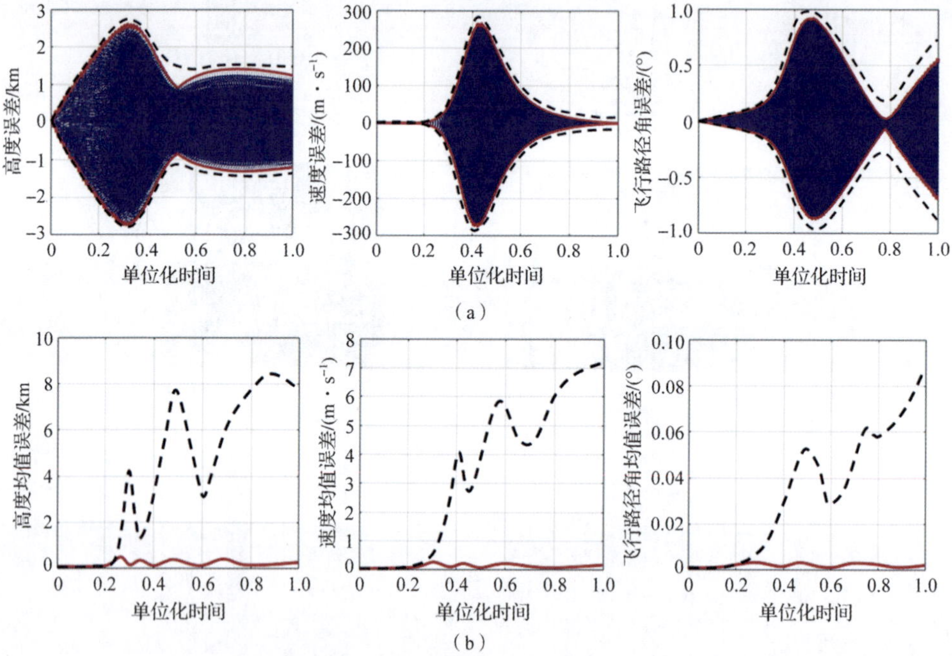

图 9.10　考虑均匀动力学参数不确定性时 MC、AGPC、GPC 结果对比

(a) 偏差的演化：MC 结果（蓝点），AGPC（实线）、GPC（虚线）；

(b) 与 MC 的均值结果相比较的误差：AGPC（实线）、GPC（虚线）

情形 3：动力学参数和初始状态的耦合均匀不确定性

图 9.11 展示了沿火星进入剖面的初始状态（h_0, v_0, γ_0）和动力学参数（B_c, k, ρ）的均匀不确定性的时空演化。我们发现耦合均匀不确定性的影响类似于初始不确定性的影响。因此，在考虑相同的均匀分布情况下，初始状态不确定性就是整个不确定性演化的主导因素，而不是动力学参数不确定性。由耦合不确定性引起的状态轨迹的偏差大于由初始不确定性和参数不确定性引起的偏差。

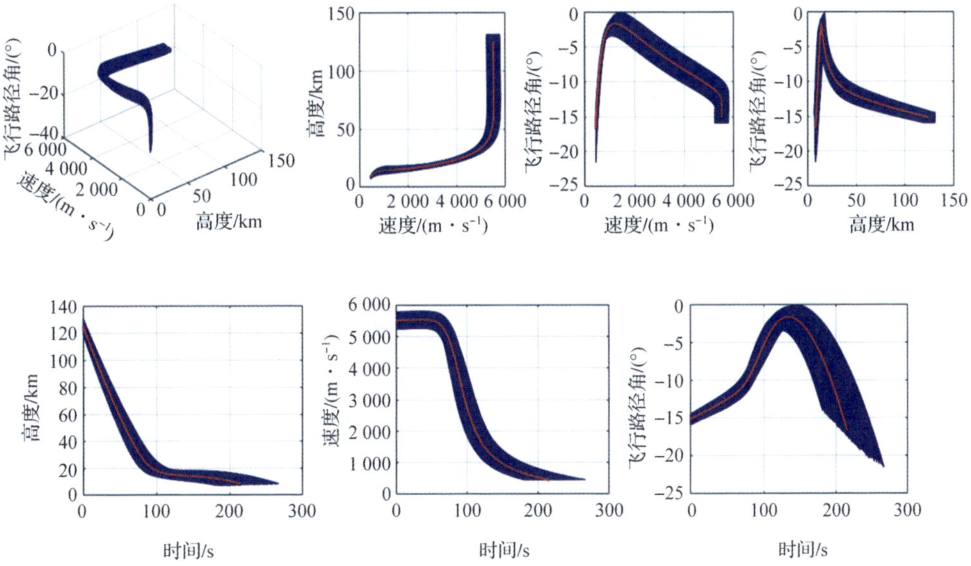

图 9.11　均匀耦合不确定性沿火星进入剖面的演化：样本（蓝色），均值（红色）

从图 9.12 中的概率分布可以看出，耦合不确定性的演变不是初始条件和动力学系统参数不确定性的单独演变的简单叠加。使用通过蒙特卡洛仿真结果获得的联合概率密度的散点图与通过 AGPC 获得的相应结果吻合得很好。随着系统动力学的演化，耦合不确定性的分布特征从最初给定的均匀分布变为非均匀分布。但是，其中的概率密度演化类似于仅考虑初始状态均匀不确定性的演化规律。因此，初始不确定性的概率分布也是耦合不确定性演化的主导因素。

图 9.13 定量地展示了在均匀耦合不确定性条件下蒙特卡洛、AGPC 和 GPC 方法获得的均值和标准差分布结果。就轨迹的统计特性对这些不确定性的敏感度而言，标准差分布中存在的偏差比均值分布中出现的相对误差大了几个数量级。而且，在相同条件下，AGPC 的误差总是小于 GPC 的误差。

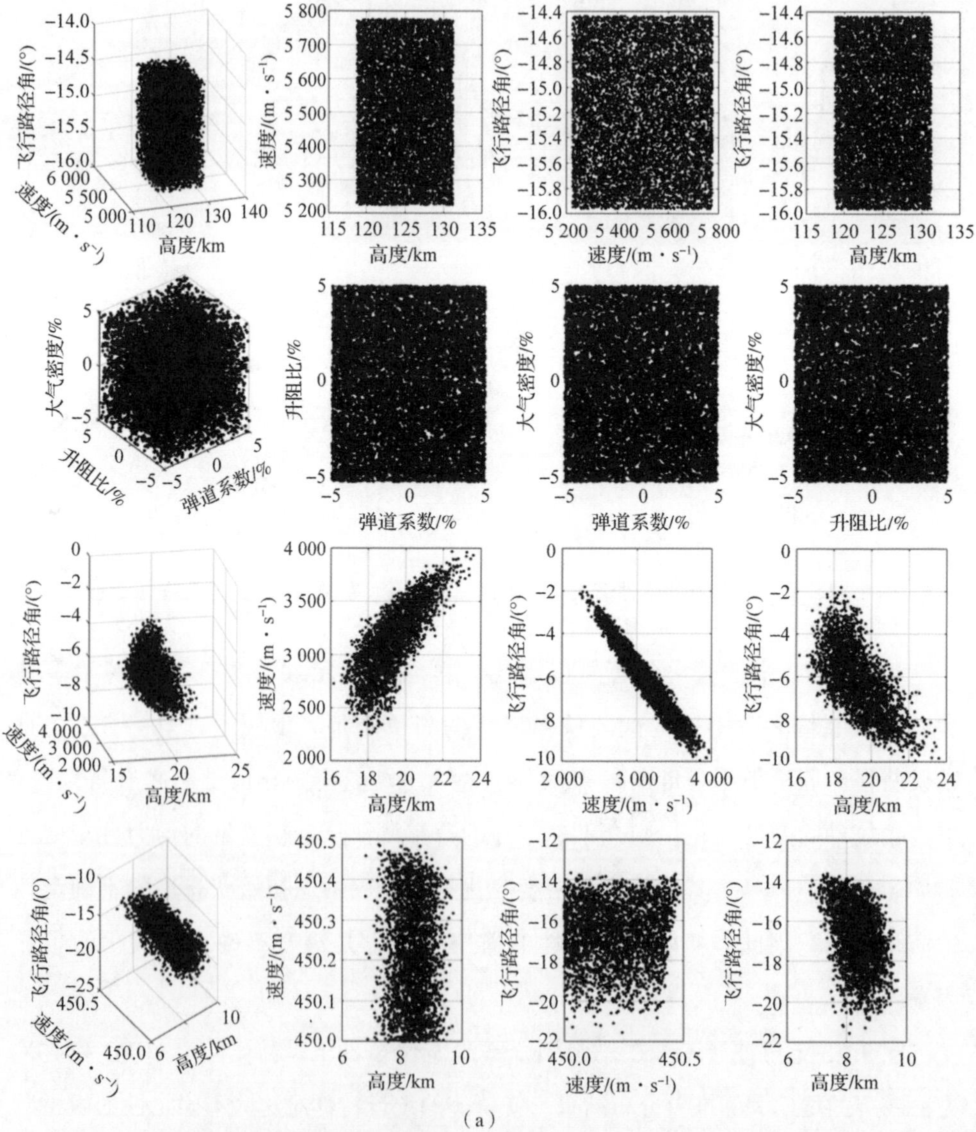

(a)

图 9.12 均匀耦合不确定性沿火星进入剖面的概率分布图

(a) 联合概率密度的蒙特卡洛散点图：行代表不同的时刻，列代表联合概率密度

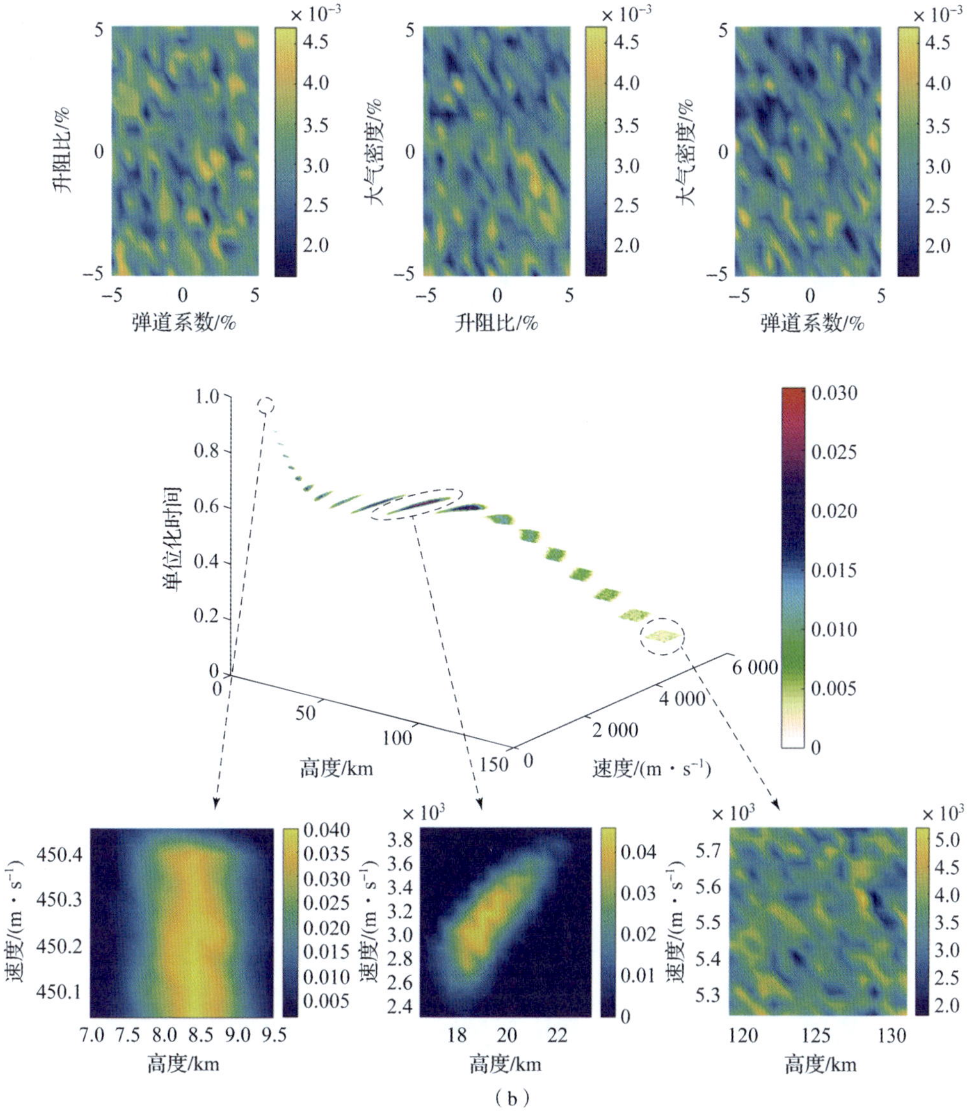

(b)

图 9.12　均匀耦合不确定性沿火星进入剖面的概率分布图（续）

(b) AGPC 获得的二元联合概率密度

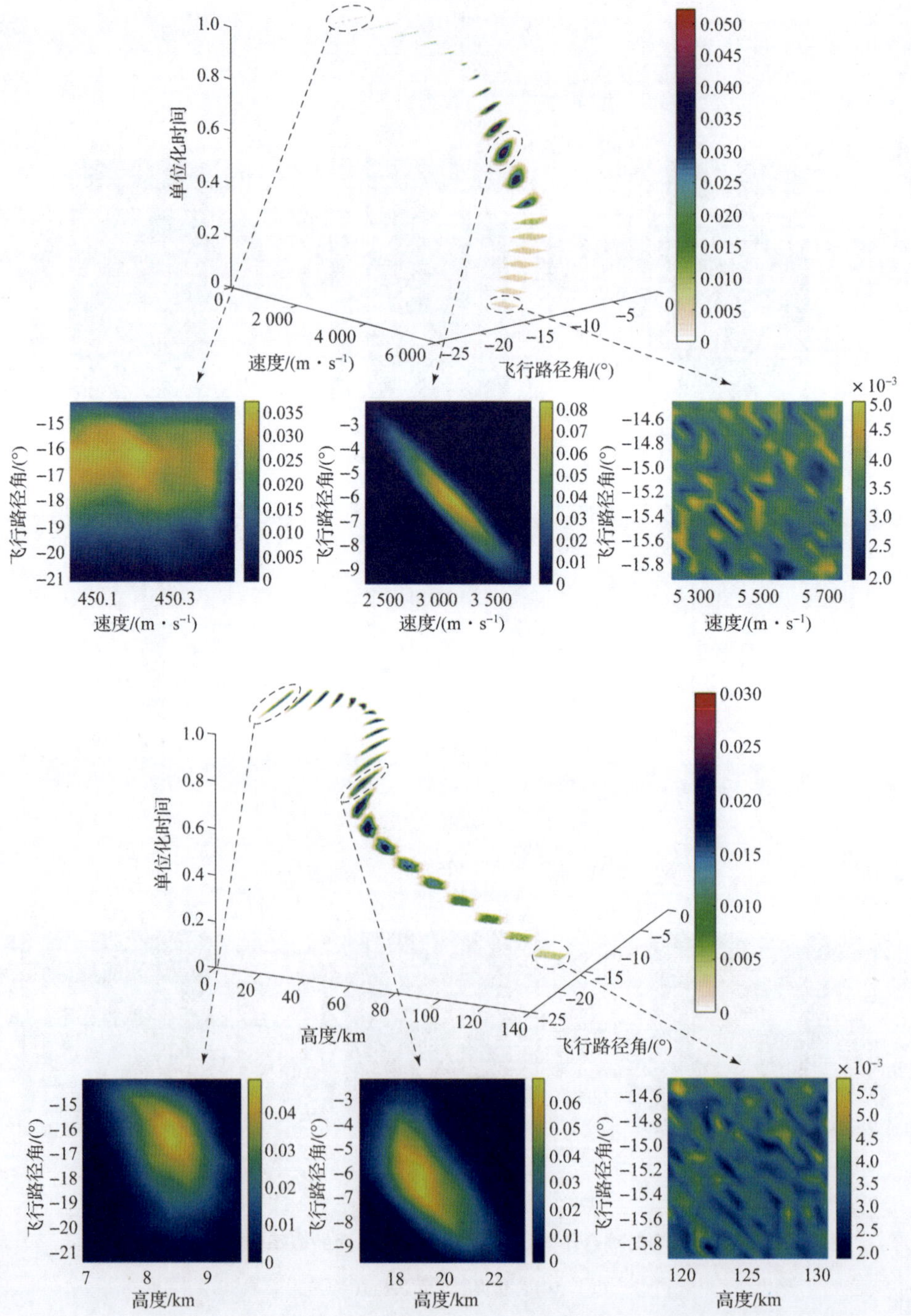

图 9.12　均匀耦合不确定性沿火星进入剖面的概率分布图（续）

(b) AGPC 获得的二元联合概率密度

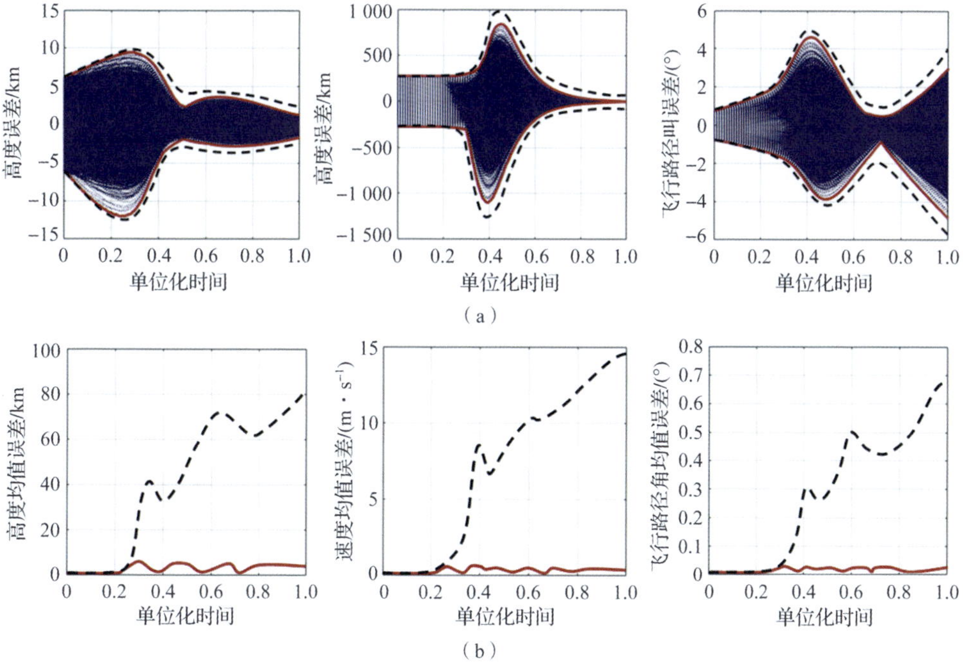

图 9.13　考虑均匀耦合不确定性时 MC、AGPC、GPC 结果对比

(a) 偏差的演化：MC 结果、AGPC（实线）、GPC（虚线）；

(b) 与 MC 结果相比较的均值误差：AGPC（实线）和 GPC（虚线）

9.4.3　算例 2：高斯不确定性

在本节中，我们假设初始状态（h_0, v_0, γ_0）和动力学系统参数（B_c, k, ρ）服从高斯分布，其均值和方差设置如表 9.2 所示。与前一节类似，为评估这两种不确定性因素对状态轨迹的影响，首先分别进行初始状态高斯不确定性和动力学系统参数高斯不确定性沿火星进入剖面的量化与演化。随后，计算初始状态和动力学系统参数耦合高斯不确定性沿火星进入剖面的量化与演化。最后，比较蒙特卡洛、GPC 和 AGPC 方法获得的结果。

情形 1：高斯初始状态不确定性

图 9.14 展示了高斯初始不确定性沿火星进入剖面的演化。可以看出，火星

进入器的状态轨迹受初始状态高斯不确定性的影响显著。末端时间相对于标称值的偏差达到 50 ~ 70 s。受降落伞开伞条件的约束，最终高度和最终速度的变化收敛较好，并且通常小于其初始不确定性。然而，飞行路径角的标准差发散较大，这将不可避免地导致较大的末端偏差。

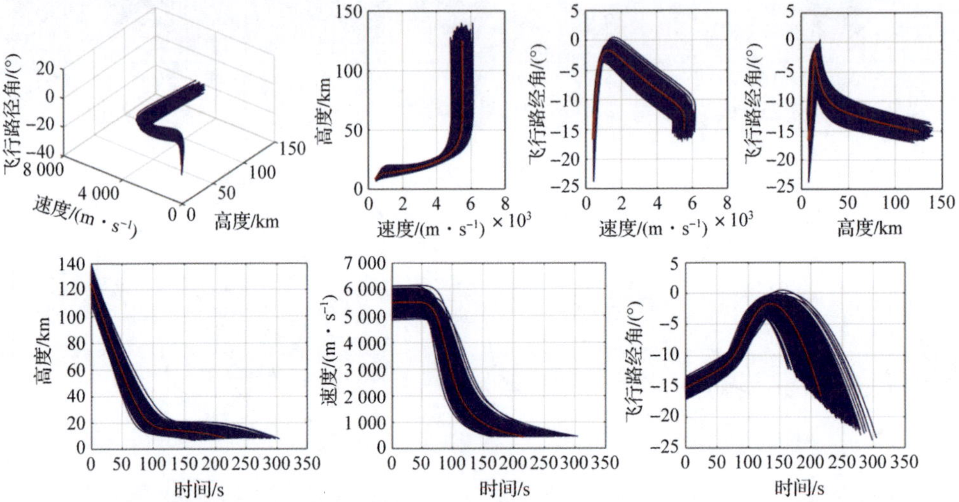

图 9.14 高斯初始不确定性沿火星进入剖面的演化：样本（蓝色），均值（红色）

图 9.15 给出了联合概率密度的演变。AGPC 方法的结果与通过 MC 仿真结果得到的概率分布很好地吻合。图 9.15（a）展示了高斯初始不确定性的概率密度也沿着火星进入剖面变化。随着动力学的演化，联合概率密度逐渐演变成为非标准的高斯分布或非高斯分布。因此，为了适应高斯初始不确定性的演化，有必要将基函数族更新为 Hermite 多项式（见表 9.1）。对比图 9.15 和图 9.6，可以注意到尽管高斯初始不确定性与均匀初始不确定性完全不同，但它们的概率演化的收敛结果是很相似的。因此，如图 9.15（b）所示，我们可以粗略地猜测火星进入的非线性动力学改变了不确定性的联合概率密度，并促使它们收敛到特定的概率分布。

图 9.16 提供了 AGPC 和 GPC 获得的均值和标准差与蒙特卡洛结果的定量比较，发现均值剖面上的误差总是比标准差剖面上的偏差小几个数量级。而对于与蒙特卡洛结果相比的误差，AGPC 总是比 GPC 的误差更小。

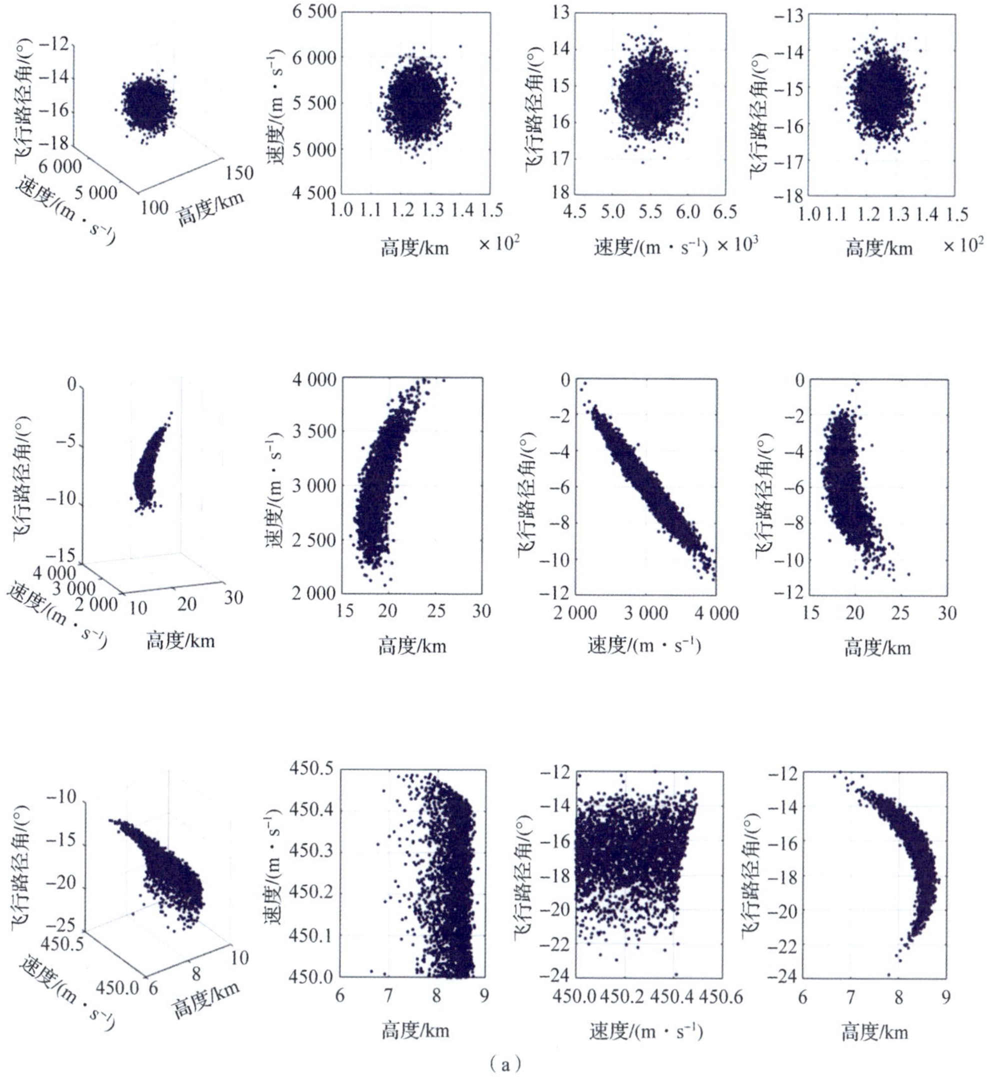

图 9.15　高斯初始不确定性沿火星进入剖面的概率分布图

(a) 联合概率密度的蒙特卡洛散点图：行代表不同时刻，列表示联合概率密度

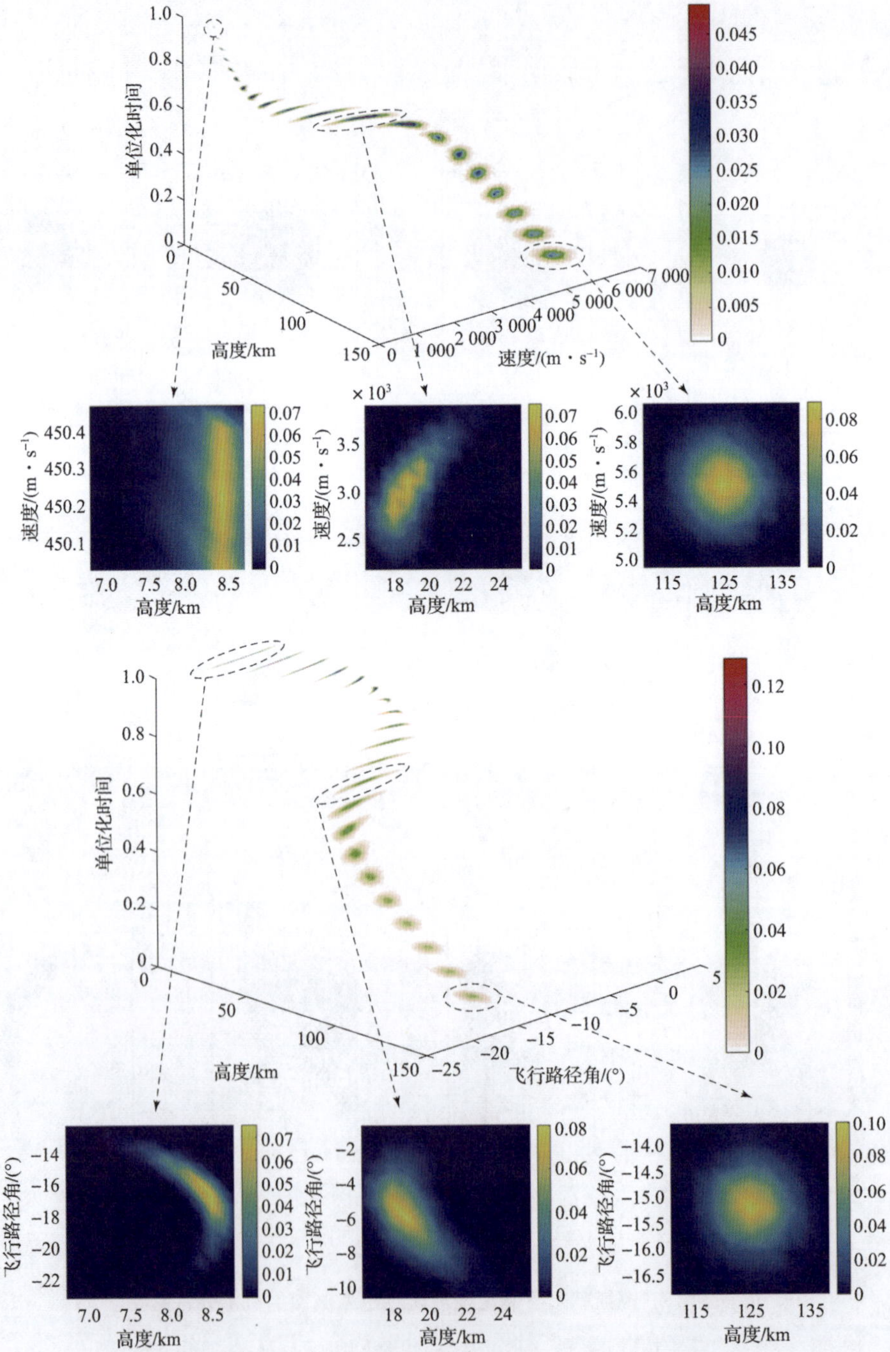

(b)

图 9.15　高斯初始不确定性沿火星进入剖面的概率分布图（续）

(b) AGPC 获得的二元联合概率密度

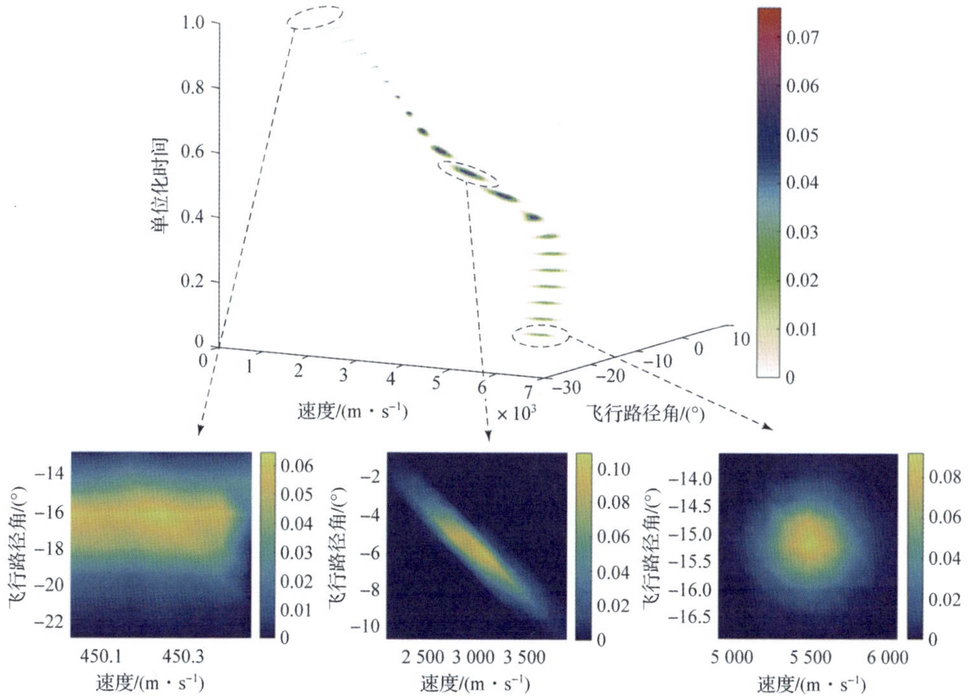

（b）

图 9.15　高斯初始不确定性沿火星进入剖面的概率分布图（续）

（b）AGPC 获得的二元联合概率密度

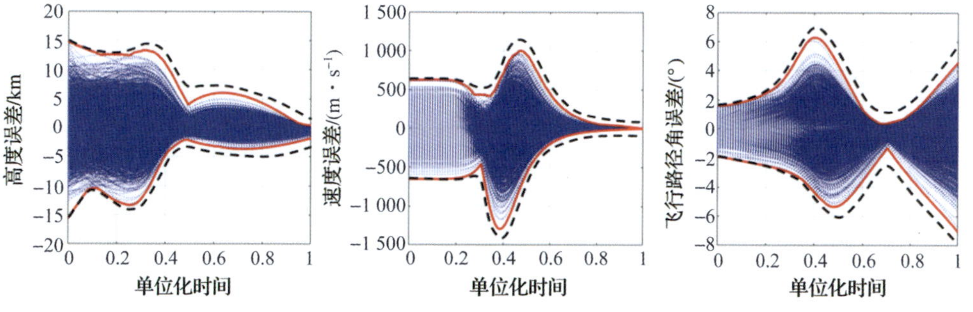

（a）

图 9.16　考虑高斯初始不确定性时 MC、AGPC 和 GPC 结果对比

（a）偏差的演化：蒙特卡洛结果（蓝点），AGPC（实线）、GPC（虚线）

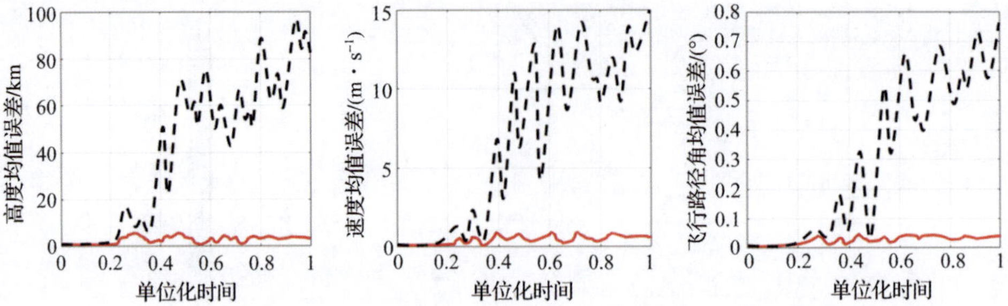

(b)

图 9.16 考虑高斯初始不确定性时 MC、AGPC 和 GPC 结果对比（续）

(b) 与 MC 结果相比较的均值误差：AGPC（实线）、GPC（虚线）

情形 2：动力学参数中的高斯不确定性

图 9.17 展示了高斯动力学参数不确定性沿着火星进入剖面的演化。结果表明，火星进入器的状态轨迹受到动力系统参数（B_c,k,ρ）中高斯不确定性的影响轻微。不确定性的影响在相对较低的高度才较为显著，因为在较低高度范围内空气动力学效应对轨迹的支配占主导地位。尽管它们的影响幅度小于高斯初始不确定性所引起的幅度，但方差仍然存在发散情况。末端时刻相对于标称值的偏差在 15 s 内。但末端状态的偏差明显小于高斯初始不确定性引起的偏差。

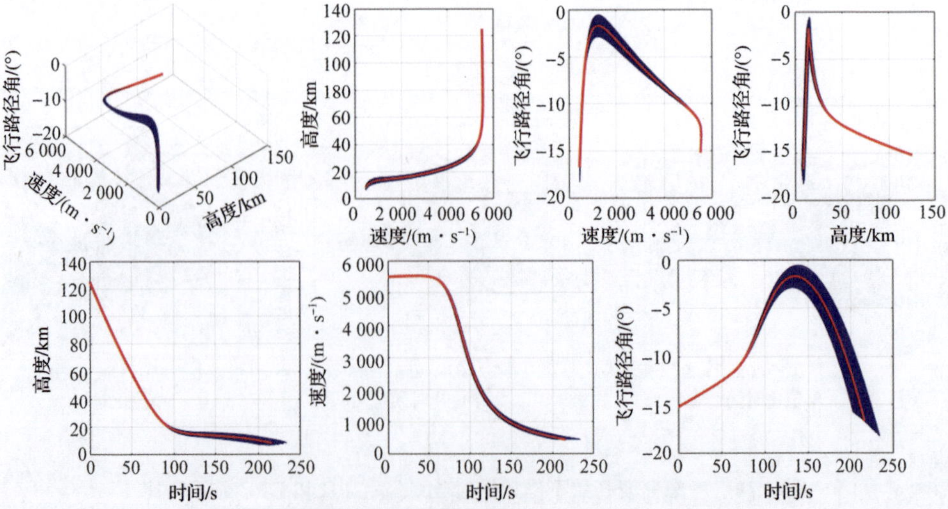

图 9.17 高斯动力学参数不确定性沿火星进入剖面的演化

图 9.18 展示了动力学系统参数不确定性的联合概率密度随着火星进入轨迹的变化。首先，每个截面的概率密度差别很大。因此，为了适应高斯初始不确定

性的演化，有必要将基函数族更新为 Hermite 多项式。其次，通过 AGPC 方法获得的联合概率密度与通过蒙特卡洛结果获得的联合概率分布能够很好地吻合。这验证了本章所提出的技术在高斯动力学参数不确定性条件下仍然有效。再次，当比较图 9.18 和图 9.9 时，我们注意到尽管高斯参数不确定性与均匀参数完全不同，它们的概率分布是很相似的。这种现象仍然支持我们先前对高斯初始不确定性场景的推测，即火星进入动力学的非线性改变了不确定性的联合概率密度并驱使它们收敛到相似的末端概率分布。图 9.19 显示了从蒙特卡洛、AGPC 和 GPC 方法获得的均值和方差分布的定量比较。而且，与蒙特卡洛结果作差，AGPC 的误差始终小于 GPC 方法的误差。

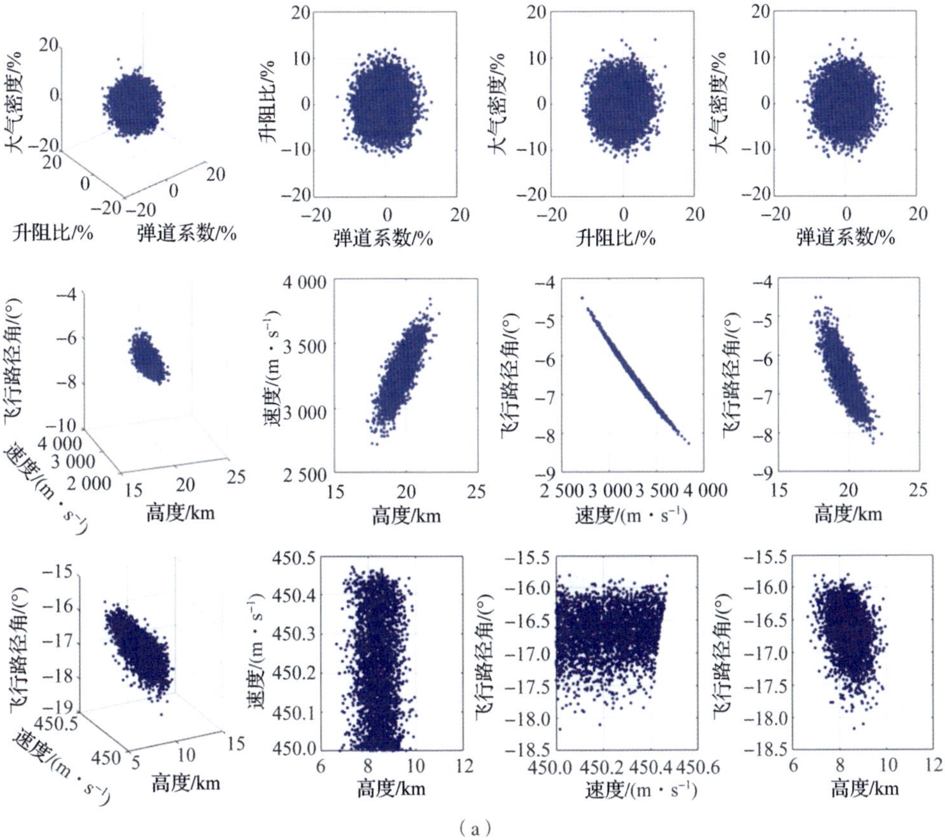

（a）

图 9.18　高斯动力学参数不确定性沿火星进入剖面的概率分布图

（a）联合概率密度的蒙特卡洛散点图：行代表不同的时刻，列表示联合概率密度

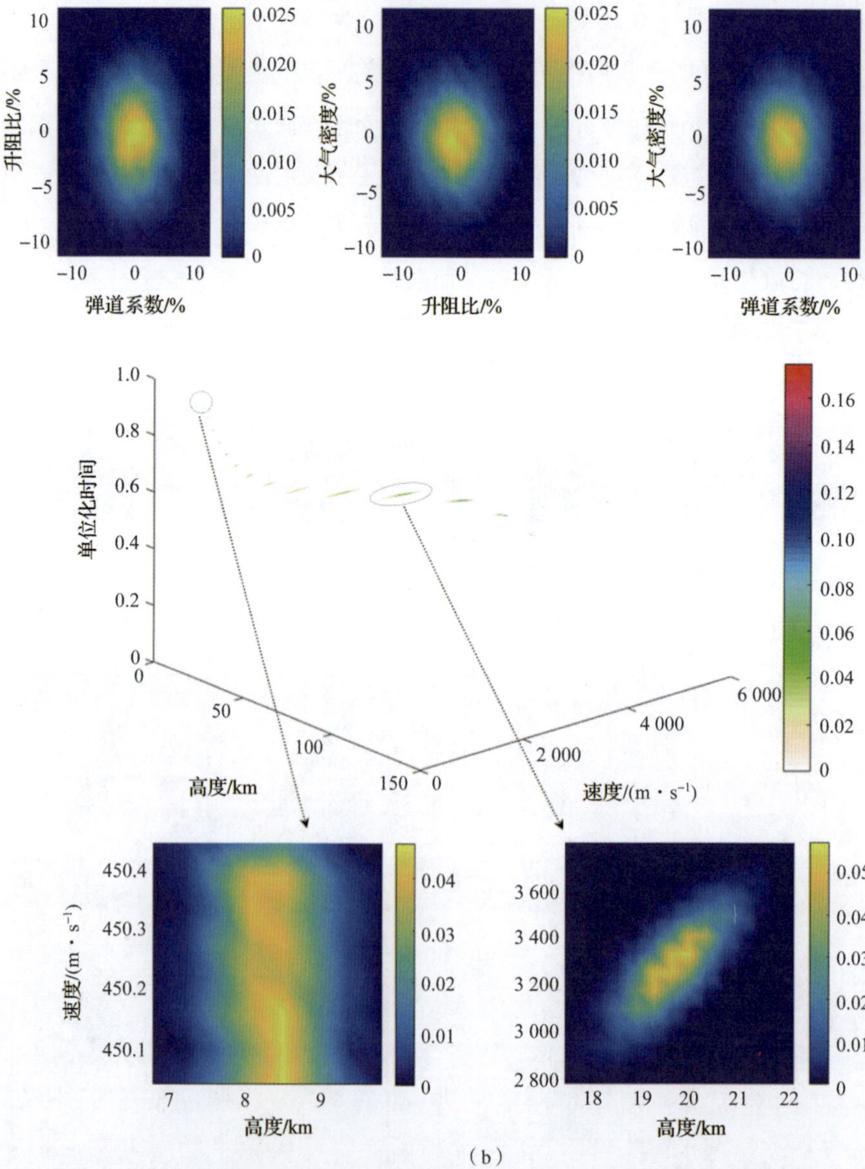

（b）

图 9.18 高斯动力学参数不确定性沿火星进入剖面的概率分布图（续）

（b）AGPC 获得的二元联合概率密度

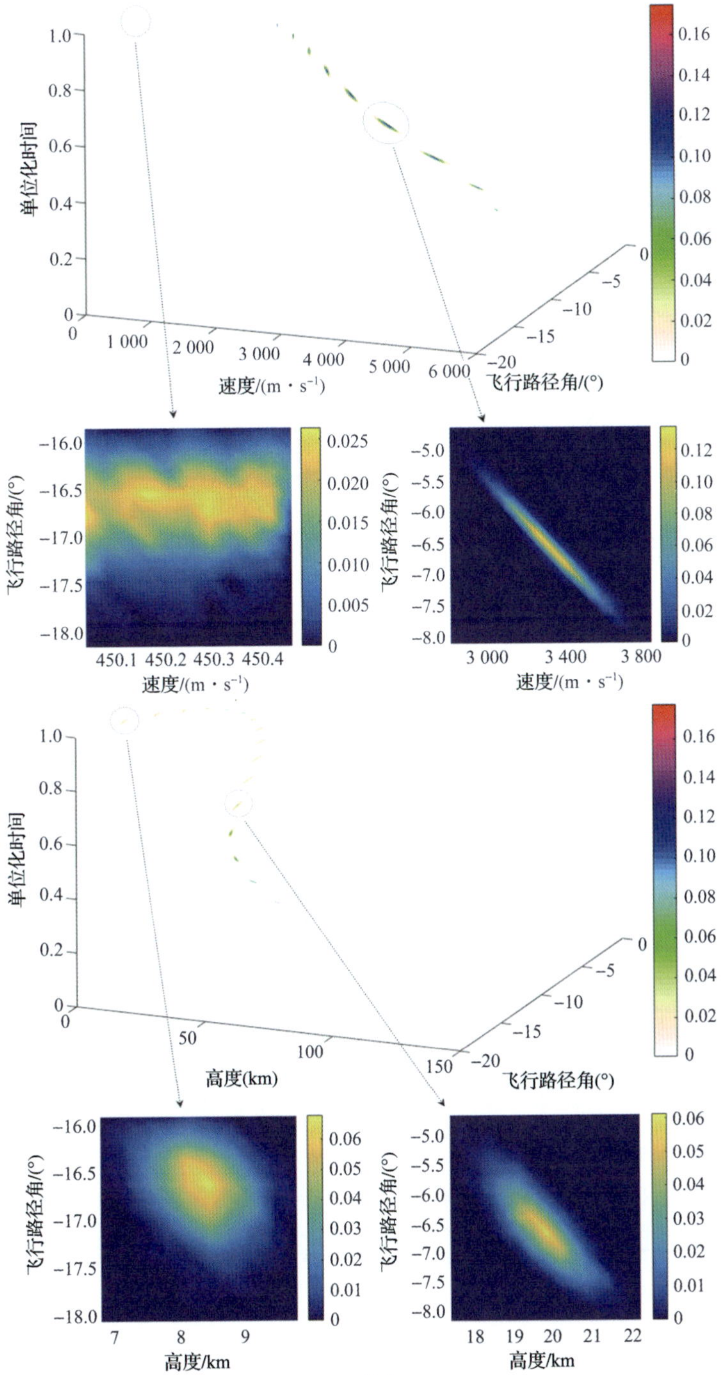

(b)

图 9.18　高斯动力学参数不确定性沿火星进入剖面的概率分布图（续）

(b) AGPC 获得的二元联合概率密度

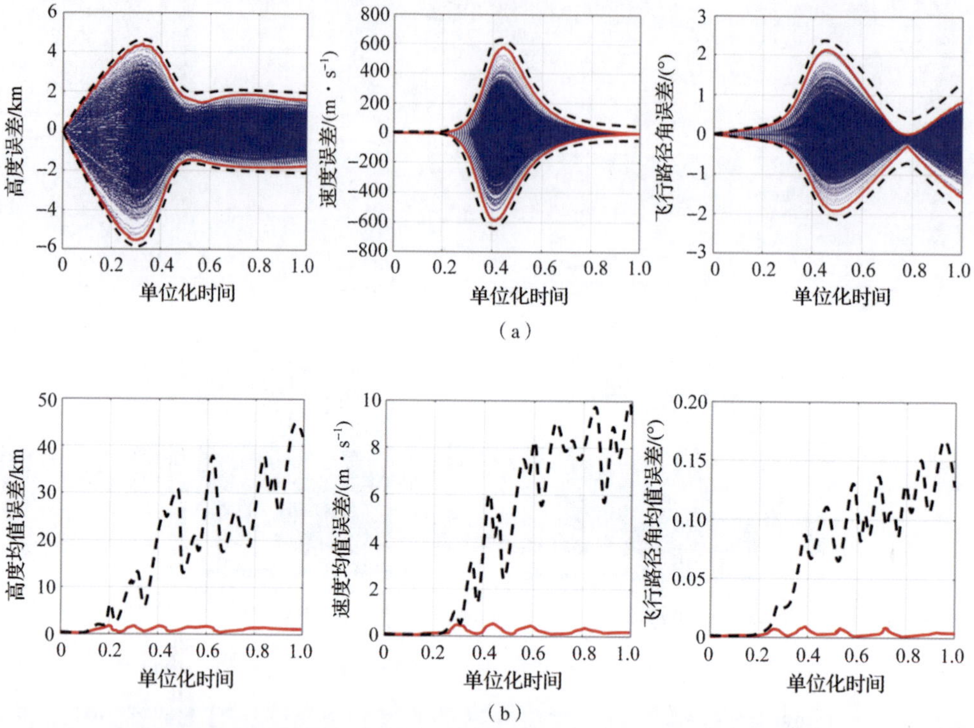

图 9.19　考虑高斯动力学参数不确定性时 MC、AGPC 和 GPC 结果对比

(a) 偏差的演化：蒙特卡洛结果（蓝点）、AGPC（实心）、GPC（虚线）；

(b) 与 MC 结果相比较的均值误差：AGPC（实线）、GPC（虚线）

情形 3：耦合高斯不确定性

图 9.20 显示了初始条件（h_0,v_0,γ_0）和动力学参数（B_c,k,ρ）中耦合高斯不确定性沿火星进入剖面的演化。结果表明，耦合高斯不确定性对状态轨迹的影响类似于高斯初始不确定性的影响。因此，初始状态的不确定性在对状态轨迹的影响中占据主导地位。耦合不确定性的方差演变大于初始状态不确定性和动力学参数不确定性引起的方差演变。然而，它也不是初始状态不确定性和动力学参数不确定性演变的简单叠加。

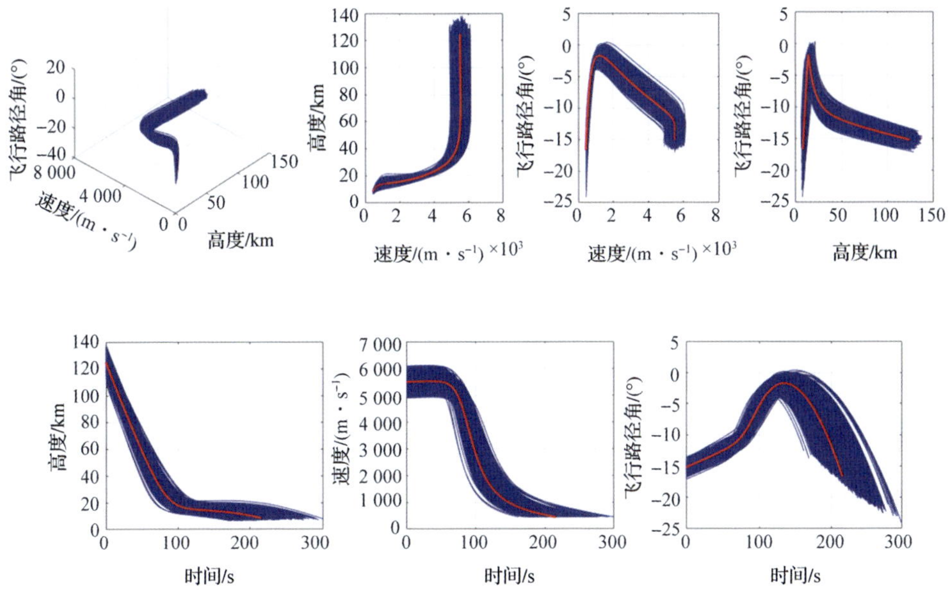

图 9.20　耦合高斯不确定性沿火星进入剖面的演化

如图 9.21（a）所示，通过 AGPC 获得的联合概率密度演变与通过蒙特卡洛仿真获得的概率密度演化结果相吻合。随着系统动力学的演化，耦合不确定性的高斯分布逐渐演变为非高斯分布。联合概率密度类似于动力学系统参数不确定性的演化曲线。因此，在这种情况下，动力学系统参数不确定性的概率分布占主导地位。当我们将图 9.21 与图 9.12 进行比较时，可以发现耦合均匀不确定性场景的最终概率分布类似于耦合高斯不确定性算例中的概率分布。因此，我们可以得出结论，火星进入的非线性动力学改变了不确定性的联合概率密度并驱使它们收敛到相似的末端概率分布。图 9.22 显示了在耦合高斯不确定性条件下通过蒙特卡洛、AGPC 和 GPC 方法获得的均值和方差分布的定量比较。观察到均值剖面上的误差比标准差剖面中出现的偏差低几个数量级。同时，AGPC 的误差总是比 GPC 小一个数量级。

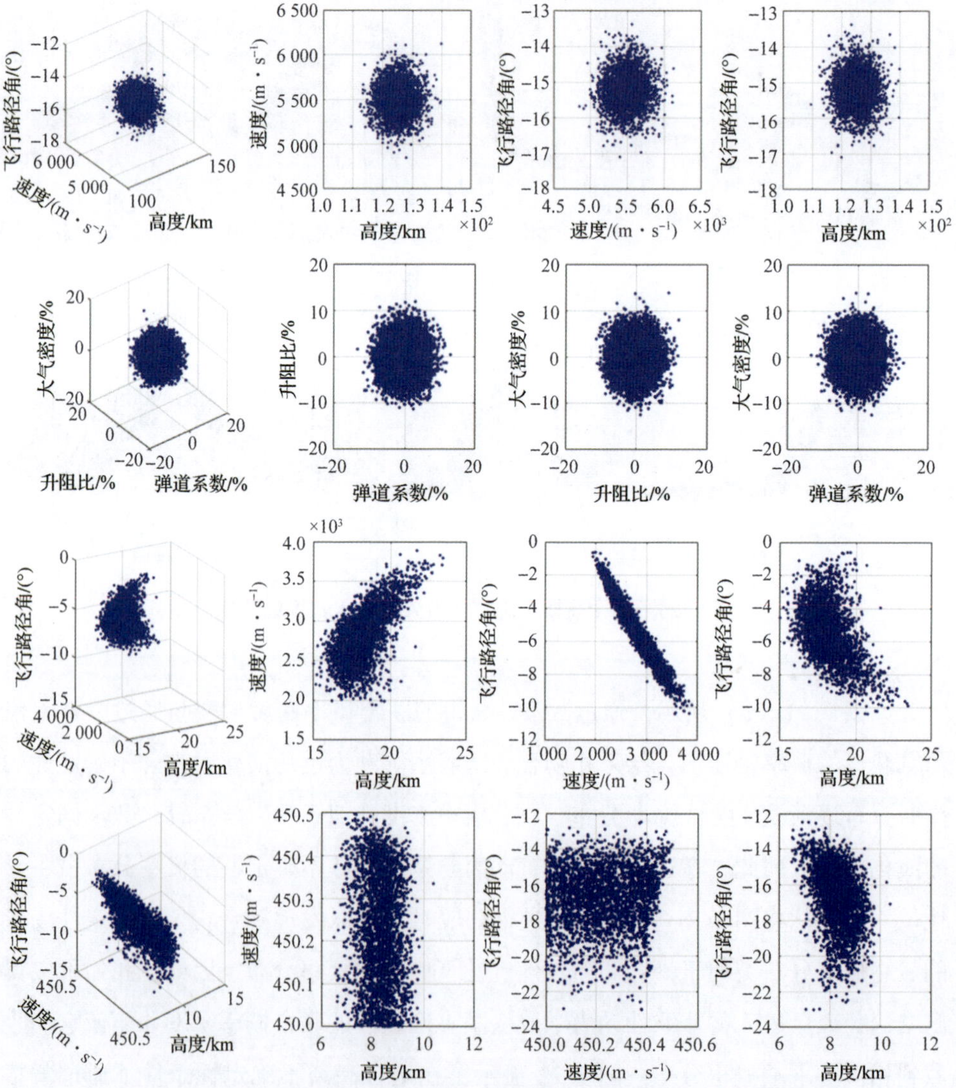

(a)

图 9.21　高斯耦合不确定性沿火星进入剖面的概率分布图

(a) 联合概率密度的蒙特卡洛散点图：行代表不同时刻、列表示联合概率密度

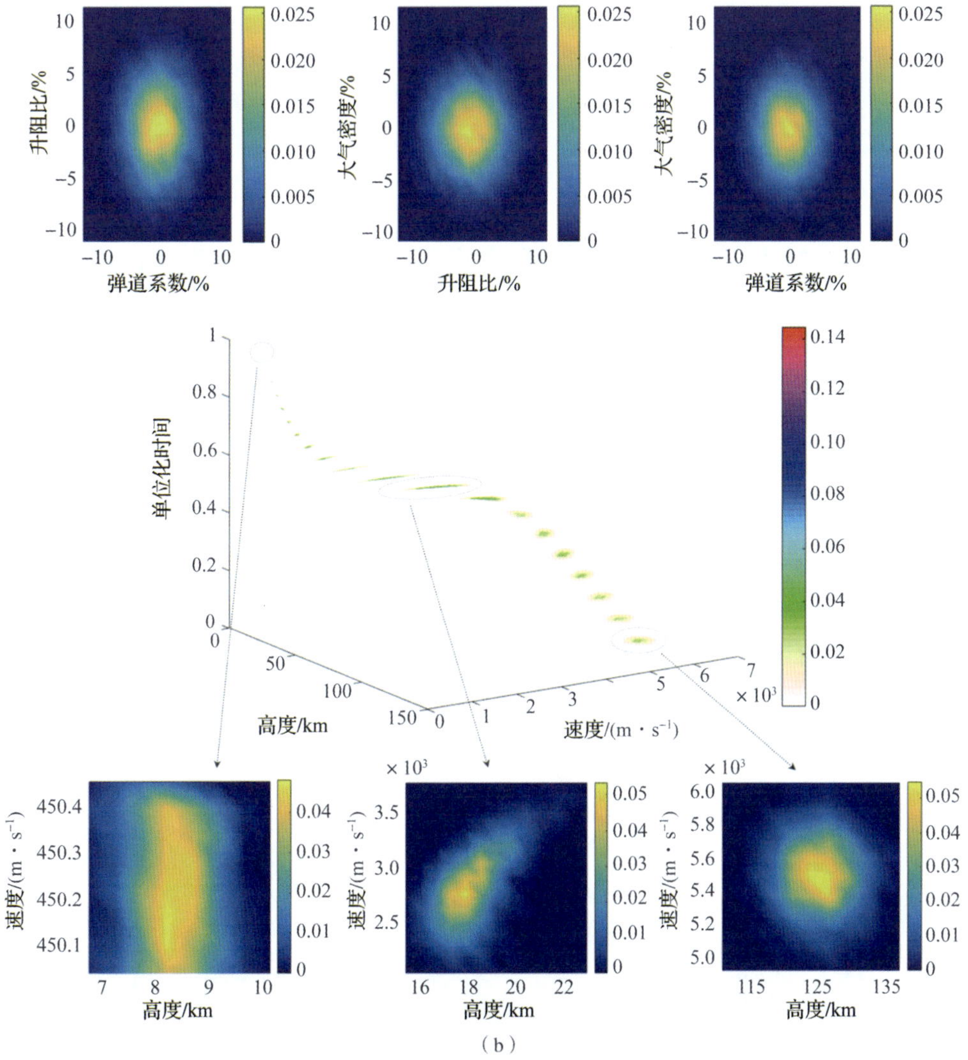

（b）

图 9.21　高斯耦合不确定性沿火星进入剖面的概率分布图（续）

（b）AGPC 获得的二元联合概率密度

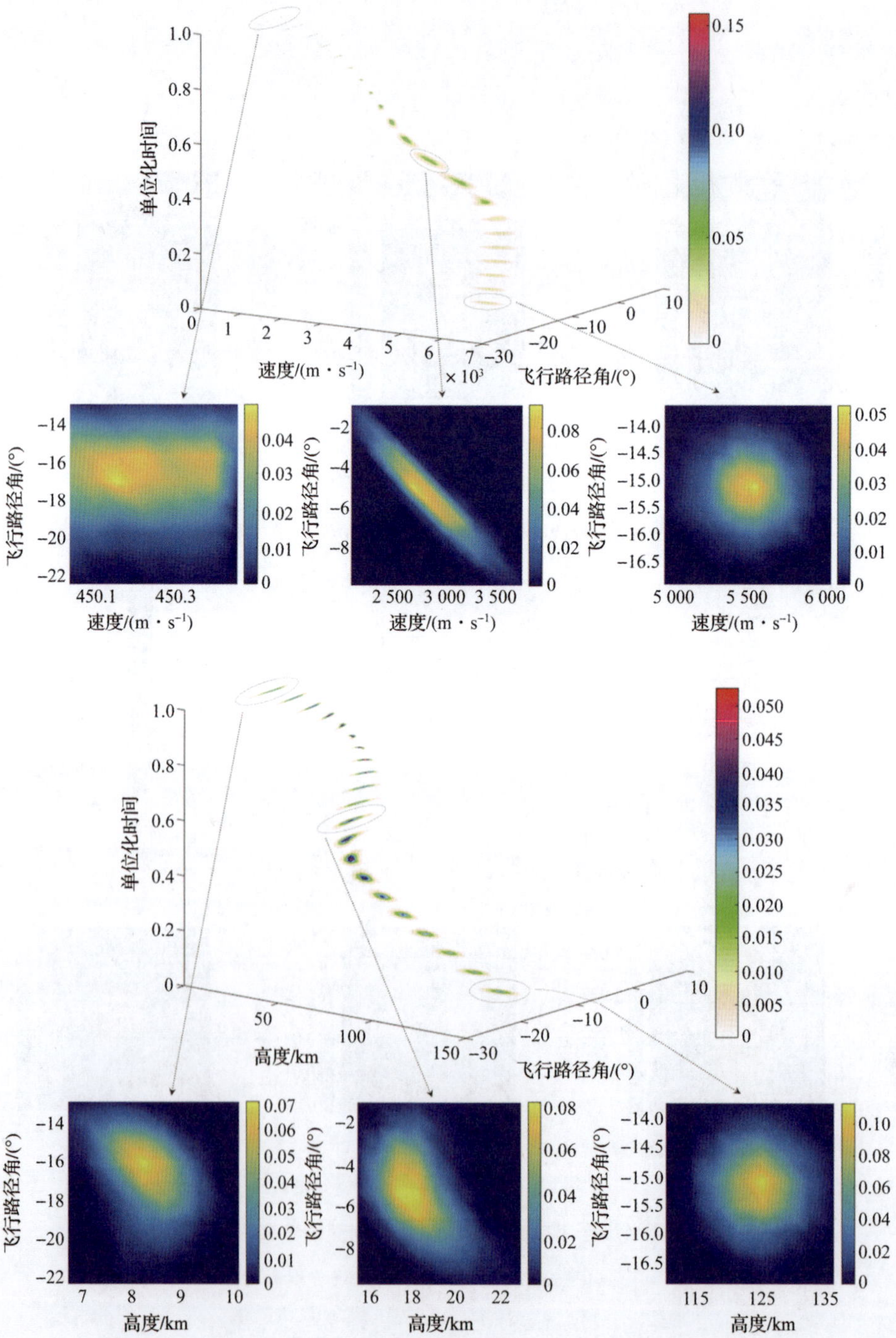

（b）

图 9.21　高斯耦合不确定性沿火星进入剖面的概率分布图（续）

（b）AGPC 获得的二元联合概率密度

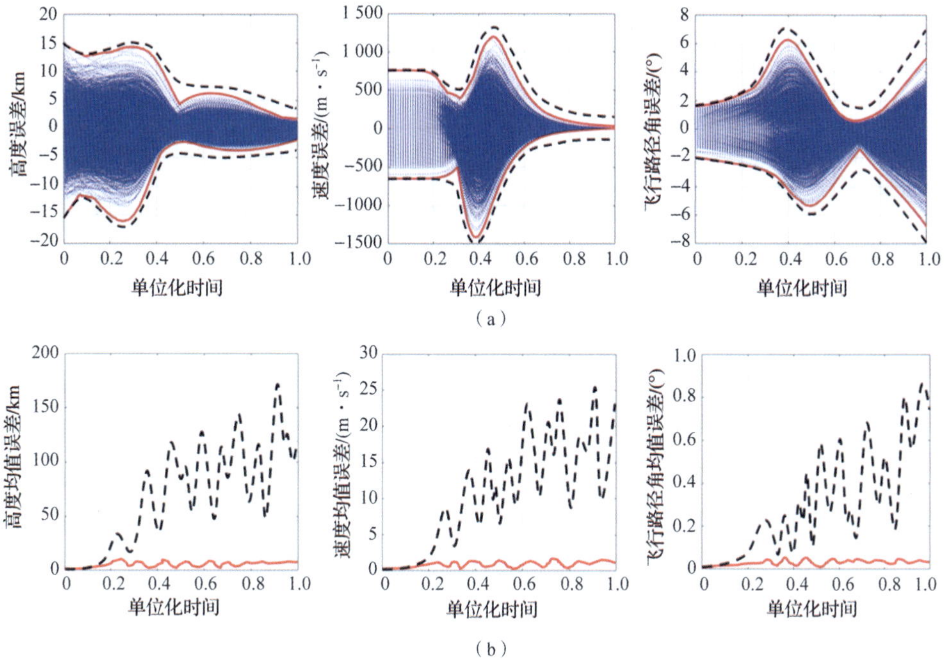

图 9.22　考虑耦合高斯不确定性时 MC、AGPC 和 GPC 结果对比

(a) 偏差的演化：蒙特卡洛结果（蓝点）、AGPC（实线）、GPC（虚线）；

(b) 与 MC 结果相比较的均值误差：AGPC（实线）、GPC（虚线）

9.4.4　算例 3：混合不确定性

为了进一步复核上述仿真算例中所发现的火星进入不确定性量化及演化的规律，同时验证基于敏感度配点的非侵入式多项式混沌方法的有效性，本节对两种混合不确定性情形进行仿真分析：一种是均匀分布的初始状态（h_0, v_0, γ_0）与高斯分布的动力学参数（B_c, k, ρ）的混合不确定性，另一种是高斯分布的初始状态与均匀分布的动力学参数的混合不确定性。

需要说明的是：①由于对于算例 1 和算例 2 采用本章提出的基于敏感度配点的非侵入式多项式混沌方法所得结果与 AGPC 的结果类似，因此本章不再重复展示其对算例 1 和算例 2 的结果；②由于基于敏感度配点的非侵入式多项式混沌方法无须对原动力学方程进行改写，无须关注系统内部参数不确定性的分布类型，因而能够用于对火星进入的组合不确定性进行量化演化分析；而 AGPC 需要对原动力学方程进行改写，且其对原动力学方程的改写是基于相同分布类型的随机变量及其对应的基函数，因而不能采用 AGPC 方法对混合不确定性进行量化演化分析。

（1）情形 1：均匀分布的初始状态不确定性与高斯分布的动力学参数不确定性。图 9. 23 展示了算法的输入，即均匀初始状态不确定性混合高斯动力学参数不确定性。图 9. 24 展示了算法的输出，即在混合不确定性条件下进入器飞行状态的时空演化。为便于与算例 1 和算例 2 的结果对比，图 9. 24 直接给出的是系统最终的输出，即末端状态不确定性的概率分布。所得结果与图 9. 12 所示的均匀耦合不确定性演化到进入段末端时刻的结果类似。且进入段末端状态的概率分布相对于输入不确定性而言变化显著，其呈现的分布特征既不是均匀分布又不是高斯分布。

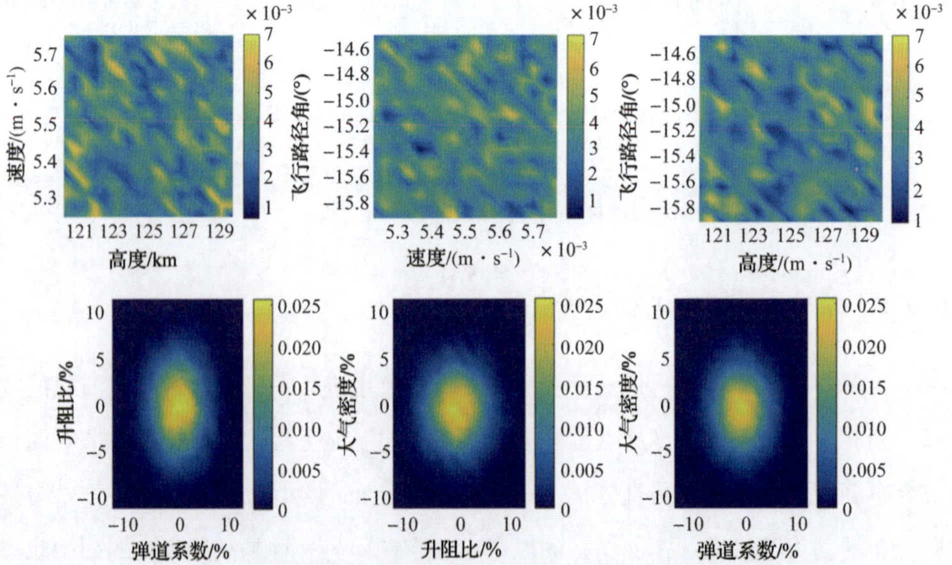

图 9. 23 混合均匀初始状态不确定性与高斯动力学参数不确定性

（2）情形 2：高斯分布的初始状态不确定性与均匀分布的动力学参数不确定性。图 9. 25 展示了算法的输入，即高斯初始状态不确定性混合均匀动力学参数不确定性。图 9. 26 展示了算法的输出，即在混合不确定性条件下进入器飞行状态的时空演化。为便于与算例 1 和算例 2 的结果进行对比，图 9. 26 直接给出的是系统最终的输出，即末端状态不确定性的概率分布。所得结果与图 9. 21 所示的高斯耦合不确定性演化到进入段末端时刻的结果类似。且进入段末端状态的概率分布相对于输入不确定性而言变化显著，其呈现的分布特征既不是均匀分布又不是高斯分布。

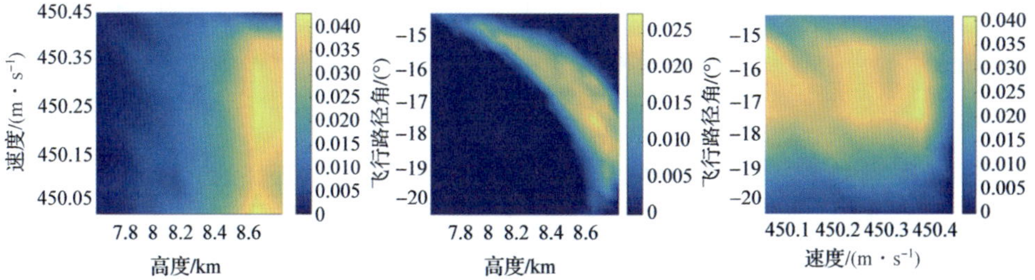

图 9.24　混合不确定性条件下进入器末端飞行状态的概率分布（情形 1）

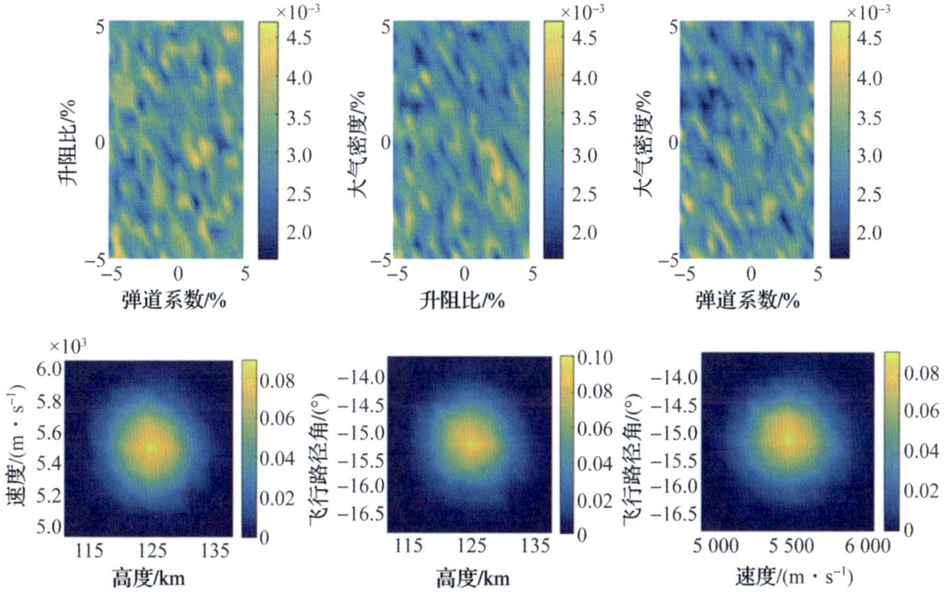

图 9.25　混合高斯初始状态不确定性与均匀动力学参数不确定性

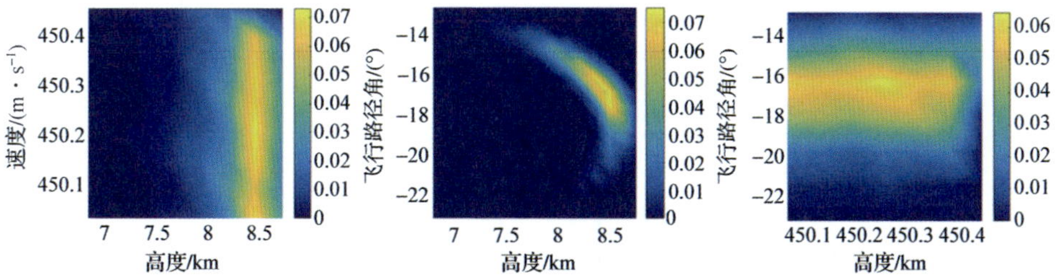

图 9.26　混合不确定性条件下进入器末端飞行状态的概率分布（情形 2）

9.4.5 分析与讨论

1. 算法的性能讨论和原因分析

为了揭示火星进入飞行状态不确定性的概率分布演化，通常需要根据多次的蒙特卡洛仿真结果进行统计学分析。相反，AGPC 或 GPC 只需运行一次就可以获得不确定性量化与演化结果。AGPC 能够更精确地表征不确定性分布，而 GPC 总是逐渐发散并且不能较好地近似演化过程中的突变。本章提出的方法可以显著减少完成火星大气进入的不确定性量化的运算时间。表 9.3 总结了各算例运行所需的计算时间。对于较低维度的不确定性量化（如仅初始状态不确定性、仅动力学参数不确定性），AGPC 的计算时间相对于 GPC 的计算时间略有增加，这主要是由于 AGPC 需要计算自适应判据，但随机变量的维数不高，计算出自适应判据的结果后不触发后续的谱分解或随机空间分解的情况较多，而触发后续操作的情况相对较少。相反，当进行更高维度的不确定性量化时（即处理耦合不确定性情况），AGPC 的优势就凸显出来了，其花费的时间少于 GPC 花费的时间，主要因为触发谱分解和随机空间分解后所节省的计算时间更为可观。

表 9.3 不确定性量化计算时间对比

每个算例的计算时间（单位：s）		蒙特卡洛	GPC	AGPC
算例 1：均匀分布	初始状态不确定性	1 786.532	61.962	83.058
	动力学参数不确定性	2 241.695	72.758	91.539
	耦合不确定性	3 052.476	185.031	146.632
算例 2：高斯分布	初始状态不确定性	1 967.384	74.618	90.751
	动力学参数不确定性	2 658.917	86.164	95.364
	耦合不确定性	3 595.849	203.695	171.925

对于更高维度的不确定性参数空间（即耦合不确定性），AGPC 的优势更为显著。为了获得与 AGPC 具有相同精度水平的不确定性量化结果，蒙特卡洛仿真的计算时间总是比 AGPC 的运行时间高一个数量级。在处理相同的不确定性量化问题时，GPC 花费了与 AGPC 相似的计算时间，但比 AGPC 的准确度低将近一个

量级。对于 GPC 而言，由于给定的不确定性参数的概率分布的样本按照系统动力学传播，因此在任何指定时刻的联合概率密度由演化的样本的瞬时分布来表示。这种分布通常是散布在扩展状态空间上的数据集合，并且随机空间的维度通常会因此而扩张，这导致 GPC 的准确度呈指数下降。

AGPC 表现出的优势来源于基函数族的自适应更新和随机空间的自适应分解。本质上，随机的自适应分解保留了初始不确定性的统计特征（即动力学系统的外部输入不确定性），同时相应地抑制了等效微分方程组规模的增加。实际上，执行基函数族的自适应更新是通过感知系统内部状态的随机特性的变化来抑制 GPC 中所表现出的发散，以及长期积分期间多项式混沌的阶数增加。这些是 AGPC具有更好性能的基础。

2. 火星进入不确定性量化与演化规律分析

以庞加莱截面（Poincare section）[313]的观点来看，火星大气进入的飞行轨迹处于混沌状态。这是因为散布在每个时刻的截面上的点具有分层结构而且不是单一的固定点或闭合曲线。然而，不确定性量化和演化可以通过概率分布特征及其演变来表征。从概率分布的角度来看，火星进入不确定性量化和演化具有如下较为显著的规律。

（1）火星进入段末端的状态不确定性的概率分布情况与初始状态不确定性和动力学参数不确定性的概率分布情况没有明显的关联。根据 9.4.2 小节、9.4.3 小节和 9.4.4 小节的仿真分析，初始不确定性、参数不确定性和耦合不确定性分别收敛于它们各自的末端概率分布，而这个分布与给定的输入概率分布完全不同。

（2）火星进入段末端的状态不确定性的概率密度特征总是相同或相似。9.4.2 小节、9.4.3 小节的仿真结果表明，无论对于均匀分布或是高斯分布的不确定性变量（系统输入），不确定性的联合概率分布总是收敛到具有类似概率分布的末端截面。

（3）随着火星进入动力学的演化，不确定性的统计特征总是在变化的。本章仿真分析表明，不确定性从标准均匀分布或标准高斯分布变为非标准均匀和非标准高斯分布。

（4）无论是均匀的还是高斯的不确定性分布特征，初始状态不确定性在火星进入不确定性传播中总是占据主导地位，而动力学参数的不确定性对进入状态的影响通常是次要的。

(5) 耦合不确定性和混合不确定性的演变并不是初始状态不确定性和动力学参数不确定性的演化效果的简单叠加。

(6) 动力学参数不确定性的影响在相对低的高度才较为显著，但仍然弱于初始状态不确定性的影响程度，这是因为较低高度处的大气更加稠密。

9.5 小结

不确定性量化与演化是设计不确定性条件下火星 EDL 制导和轨迹的重要条件。为此，本章针对火星大气进入不确定性量化问题并考虑高维不确定性和动力学强非线性的特点，提出了两种新的不确定性量化计算方法，研究了火星进入的高维非线性耦合不确定性和混合不确定性量化与演化。为解决高维非线性火星进入不确定性量化问题，提出了基于谱分解和随机空间分解的自适应广义多项式混沌方法。针对火星进入混合不确定性量化问题，提出了基于敏感度配点的非侵入式多项式混沌方法。本章所提出的方法高效、准确地从不同的侧面揭示了一些考虑初始状态不确定性和动力学参数不确定性的火星进入不确定性量化规律和演化机理。

第 10 章
火星进入轨迹鲁棒优化方法

传统的规划火星进入轨迹的研究大多是基于标称的模型参数、标称的约束条件和标称的初末状态，很少考虑实际火星进入飞行中所面临的各种不确定性因素的影响（如初始状态不确定性、火星大气密度不确定性、进入器升阻比和弹道系数的不确定性等），从而大幅增加了进入器实际飞行轨迹违反标称设计的风险，致使实际飞行轨迹偏离标称轨迹，不可避免地降低了飞行安全性和准确性，也增加了轨迹修正和跟踪控制的代价与难度。本章把这些不确定性的影响纳入轨迹优化过程中，使预先设计的最优轨迹能在不确定性条件下仍然具有足够的可靠性和鲁棒性，从而有利于提高不确定性条件下火星进入飞行安全性和制导精度。

10.1 火星进入轨迹鲁棒优化问题

为了在初始状态不确定性和动力学参数不确定性条件下实现对火星进入轨迹的鲁棒优化，首先要建立相应的鲁棒优化问题描述，即火星进入动力学方程、约束条件和目标函数。

10.1.1 火星进入动力学方程

以 $\boldsymbol{x}=[r,\theta,\lambda,v,\gamma,\psi,T]$ 为状态变量，在火星惯性坐标系下建立的三自由度火星进入动力学方程为[102,314]

$$
\begin{cases}
\dot{r} = v\sin\gamma \\
\dot{\theta} = \dfrac{v\cos\gamma\sin\psi}{r\cos\lambda} \\
\dot{\lambda} = \dfrac{v}{r}\cos\gamma\cos\psi \\
\dot{v} = -D - g_M\sin\gamma + \omega_M{}^2 r\cos\lambda(\sin\gamma\cos\lambda - \cos\gamma\sin\lambda\cos\psi) \\
\dot{\gamma} = \dfrac{L\cos u}{v} + \left(\dfrac{v}{r} - \dfrac{g}{v}\right)\cos\gamma + 2\omega_M\cos\lambda\sin\psi + \\
\qquad \dfrac{\omega_M^2 r}{v}\cos\lambda(\cos\gamma\cos\lambda + \sin\gamma\sin\lambda\cos\psi) \\
\dot{\psi} = \dfrac{L\sin u}{v\cos\gamma} + \dfrac{v}{r}\sin\psi\cos\gamma\tan\lambda - \\
\qquad 2\omega_M(\tan\gamma\cos\psi\cos\lambda - \sin\lambda) + \dfrac{\omega_M^2 r}{v\cos\gamma}\cos\lambda\sin\lambda\sin\psi
\end{cases}
\tag{10-1}
$$

式中，r 是火星中心与进入器质心之间的径向距离；θ 和 λ 分别是经度和纬度；v 是进入器的速度大小；γ 是航迹角；ψ 是航向角（方位角）；u 是倾侧角；ω_M 是火星的自转角速率；L 和 D 分别是升力加速度和阻力加速度；g_M 是火星引力加速度；L/D 是升阻比；B_c 是弹道系数。

10.1.2 火星进入段不确定性建模

实际中，不确定性一般包括系统外部输入不确定性和系统内部固有不确定性[217]，即火星进入初始状态不确定性和动力学参数不确定性[225,301]。这些不确定性可以被建模为相对于其标称模型的随机偏差并服从一定的概率分布。因此，火星进入的初始状态不确定性和动力学参数不确定性分别表述如下：

$$
\boldsymbol{x}_0 = \bar{\boldsymbol{x}}(t_0) + \boldsymbol{\delta}_{x0},\ \boldsymbol{x}_0 = [r_0, \theta_0, \lambda_0, v_0, \gamma_0, \psi_0]^{\mathrm{T}},\ \boldsymbol{\delta}_{x0} = [\delta_{r0}, \delta_{\theta 0}, \delta_{\lambda 0}, \delta_{v0}, \delta_{\gamma 0}, \delta_{\psi 0}]^{\mathrm{T}}
\tag{10-2}
$$

$$
\boldsymbol{C}(t) = \overline{\boldsymbol{C}}(t) \cdot (\boldsymbol{1}_{3\times 1} + \boldsymbol{\delta}_C),\ \boldsymbol{C} = [\rho, B_c, LD]^{\mathrm{T}},\ \boldsymbol{\delta}_C = [\delta_\rho, \delta_{BC}, \delta_{LD}]^{\mathrm{T}}
\tag{10-3}
$$

式中，t 表示火星进入期间的时间变量；t_0 表示初始时刻；$\boldsymbol{\delta}_{x0}$ 和 $\boldsymbol{\delta}_c$ 分别表示服从特定概率分布的初始状态不确定性和动力学参数不确定性；“ – ”表示相应变量的标称值。

10.1.3　约束条件

受进入器结构和防热设计的限制，法向过载 n_a、动压 q、气动加热率 $\dot{Q}$ 和总气动热量 Q 需要满足以下约束条件：

$$n_a = \sqrt{L^2 + D^2} \leqslant n_{\max} \tag{10-4}$$

$$q = \frac{1}{2\rho v^2} \leqslant q_{\max} \tag{10-5}$$

$$\dot{Q} = c_q \sqrt{\frac{\rho}{r_n}} v^3 \leqslant \dot{Q}_{\max} \tag{10-6}$$

$$Q = \int_{t_0}^{t_f} \dot{Q} \mathrm{d}t \leqslant Q_{\max} \tag{10-7}$$

式中，$n_{\max}$，$q_{\max}$，$\dot{Q}_{\max}$，$Q_{\max}$是相应的可容忍的最大值；r_n 是进入器的鼻尖半径；c_q 是热流系数；t_{f} 是末端时刻。

根据降落伞开伞的典型安全要求[315]，进入轨迹的终端约束可以定义为

$$r(t_{\mathrm{f}}) - R_M \geqslant h_{\mathrm{fmin}} \tag{10-8}$$

$$v(t_{\mathrm{f}}) \leqslant v_{\mathrm{fmax}} \tag{10-9}$$

式中，h_{fmin}是可容忍的最小开伞高度，v_{fmax}是可容忍的最大开伞速度。为了满足控制系统的要求，倾侧角 u 及其机动速率 $[t_0, t_{\mathrm{f}}]$ 受到约束：

$$|u| \leqslant |u|_{\max}, \quad |\dot{u}| \leqslant |\dot{u}|_{\max} \tag{10-10}$$

式中，$u_{\max}$和 $\dot{u}_{\max}$是相应的可容忍的最大幅度。

10.1.4　目标函数

在本章的研究中考虑了两种典型情形：情形 1 是最大化末端高度，以便为降落伞减速和动力下降保留足够的余量来保证安全着陆；情形 2 是最小化末端的水平位置误差，为随后的下降阶段提供足够精确的初始状态，以便在安全的前提下实现精确着陆。因此，情形 1 和情形 2 的目标函数分别定义为

$$J_1 = -[r(t_{\mathrm{f}}) - R_M] \tag{10-11}$$

$$J_2=[\theta(t_f)-\theta_f]^2+[\lambda(t_f)-\lambda_f]^2 \tag{10-12}$$

其中，R_M 是火星半径；θ_f 和 λ_f 分别是降落伞开伞目标位置的经度和纬度，而且预定开伞目标位置是在进入器的可达域内。

10.1.5 优化问题描述

为了便于后续的对比研究，这里我们给出含有两个目标函数的确定性优化（DO），基于可靠性的优化（RBO）和鲁棒优化（RO）的问题描述。

（1）确定性轨迹优化问题：

$$\begin{cases}\text{find} & u(t)\\ \text{min} & J_1 \text{ or } J_2\\ \text{s. t.} & \dot{\boldsymbol{x}}=\boldsymbol{f}(\boldsymbol{x},u,t)\\ & \boldsymbol{g}(\boldsymbol{x},u,t)\leqslant 0\\ & \boldsymbol{x}(t_0)=\bar{\boldsymbol{x}}_0\end{cases} \tag{10-13}$$

其中，$\boldsymbol{f}(\boldsymbol{x},u,t)$ 代表动力学方程（10-1）；$\boldsymbol{g}(\boldsymbol{x},u,t)$ 代表不等式约束（式（10-4）~式（10-7））；$t_k=t_0+(k-1)\Delta t$，为标称初始状态。

（2）基于可靠性的轨迹优化问题[230,314]：

$$\begin{cases}\text{find} & u(t)\\ \text{min} & \mu(J_1) \text{ or } \mu(J_2)\\ \text{s. t.} & \dot{\boldsymbol{x}}=\boldsymbol{f}(\boldsymbol{x},\boldsymbol{C},u,t)\\ & \Pr\{\boldsymbol{g}(\boldsymbol{x},u,t)\leqslant 0\}\geqslant \boldsymbol{P}\\ & x(t_0)=x_0\end{cases} \tag{10-14}$$

其中，$\boldsymbol{C}$ 和 $\boldsymbol{x}_0$ 都包含不确定性［如式（10-2）和式（10-3）］；$\mu(\cdot)$ 表示均值，$\Pr(\cdot)$ 表示括号内的式子成立的概率，$\mu(\cdot)$ 和 $\Pr(\cdot)$ 是通过不确定性量化计算来获得的；$\boldsymbol{P}$ 是预定可靠度的向量，即表示约束条件（$\boldsymbol{g}(\boldsymbol{x},u,t)\leqslant 0$）失效的概率小于 $1-\boldsymbol{P}$。由于受不确定性因素的影响，实际火星进入轨迹百分之百按照标称设计来飞行的概率很小，因而往往有 $1-\boldsymbol{P}>\boldsymbol{0}$。

（3）火星进入轨迹鲁棒优化问题[229]：

$$\begin{cases}\text{find} & u(t)\\ \min & \mu(J_1)+\nu\cdot\sigma(J_1)\ \text{or}\ \mu(J_2)+\nu\cdot\sigma(J_2)\\ \text{s. t.} & \dot{\boldsymbol{x}}=\boldsymbol{f}(\boldsymbol{x},\boldsymbol{C},u,t)\\ & \Pr\{\boldsymbol{g}(\boldsymbol{x},u,t)\leqslant 0\}\geqslant \boldsymbol{P}\\ & x(t_0)=\boldsymbol{x}_0\end{cases} \tag{10-15}$$

其中，δx_{k+1}和 x_0 同样都包含不确定性［见式（10－2）和式（10－3）］；$\sigma(\cdot)$表示取标准差；ν 表示鲁棒性的级别，通常设为 1，2，…，6。在本研究中，我们考虑 3－sigma 情况，因此将 ν 设置为 3，并将可靠性向量中的各元素值设为 0.997。通过以适当的权重将不确定性的影响集成到目标函数中，可以兼顾轨迹对不确定性的灵敏度（鲁棒性）。在这种情况下，为了防止设计轨迹违反约束，考虑了可靠性约束。$\mu(\cdot)$和$\sigma(\cdot)$可由不确定性量化计算来获得。

注 10.1　需要特别说明的是，在本章的研究中，我们选择 RO 策略（而不是 RBO）来设计不确定性条件下火星进入轨迹的主要原因有两个：一是，RBO 通常用于获得在极端（最坏）情况下能正常工作的可靠设计，即获得在预定的可靠性要求下不违反设计约束的最优轨迹[229]。换句话说，RBO 并不关心所得轨迹在不确定性影响下的性能损失（性能指标对不确定性的敏感度）；二是，对于本章研究的不确定性条件下的轨迹优化，其主要任务是在可靠地满足设计约束的前提下（即保证安全性的前提下），在最优目标函数值与其损失之间实现最佳权衡。也就是说，规划出的火星进入轨迹在不确定性条件下具有尽可能好的性能和尽可能少的性能损失，并且在预定的可靠性要求范围内不会发生违反设计约束的情况。这使 RO 所生成的最优轨迹对于不确定性是鲁棒的、可靠的，从而更加贴近实际情况。

注 10.2　由式（10－13）~式(10－15）可知，当 ν 取零时，鲁棒优化［式（10－15）］就退化为可靠性优化［式（10－14）］；当 ν 取零，$\boldsymbol{P}$ 也取零，且初始状态和动力学参数均取标称值时，鲁棒优化［式（10－15）］和可靠性优化［式（10－14）］就退化为确定性优化［式（10－13）］。

10.2 自适应伪谱法

作为一种直接法，hp 自适应伪谱法在求解连续时间非线性最优控制问题方面表现出高效率，其中由 h 表示的网格宽度和由 p 表示的多项式阶数会自适应地更新[272]。因此，通过自适应地增加网格区间中的近似多项式的阶数和细化网格，可以提高最优解的精度和求解效率。该方法可以有效地求解出具有高非线性和非凸性的航天器轨迹优化问题[316]。为了解决具有高维强非线性的等效确定性最优控制问题，下面使用 hp 自适应伪谱法，其主要步骤如下[272,316]。

1. 自适应规则

考虑时间跨度 $t \in [t_0, t_f]$，设 $[t_{k-1}, t_k]$ 为在 N_k 个配点处的第 k 个时间间隔。设 e 为离散动力学和路径约束的精度容差。如果约束方程在 $[t_{k-1}, t_k]$ 中的最大偏差在 e 以下，则认为第 k 个网格间隔在精度容限内。网格区间 $1,2,\cdots,K-1$ 中的控制点可以使用 N_k 阶 Lagrange 多项式来近似。对 $\forall k \in [1, K-1]$，拉格朗日基 $\hat{L}^{(k)}(\tau)$ 的插值点是 N_k 个 Legendre - Gauss - Radau（LGR）点[131]和非配点 $\tau = 1$，即

$$u^{(k)}(\tau) = \sum_{i=1}^{N_k+1} u_i^{(k)} \hat{L}_i^{(k)}(\tau),\ \hat{L}_i^{(k)}(\tau) = \prod_{i=1,i\neq j}^{N_k+1} \frac{\tau - \tau_i^{(k)}}{\tau_j - \tau_i^{(k)}} \tag{10-16}$$

由于末端时间 t_f 未配点，因此最终网格间隔 K 中的控制点通过使用（N_k-1）阶拉格朗日多项式来近似，即

$$u^{(k)}(\tau) = \sum_{i=1}^{N_k} u_i^{(k)} \tilde{L}_i^{(k)}(\tau),\ \tilde{L}_i^{(k)}(\tau) = \prod_{i=1,i\neq j}^{N_k} \frac{\tau - \tau_i^{(k)}}{\tau_j - \tau_i^{(k)}} \tag{10-17}$$

式中，拉格朗日基 $\tilde{L}^{(k)}(\tau)$ 的支撑点只是 N_k 个 LGR 点。

每个网格区间 $k \in [1,2,\cdots,K]$ 中 M 个点（$\bar{t}_1^{(k)}, \cdots, \bar{t}_M^{(k)}$）$\in [t_{k-1}, t_k]$ 上的动力学和约束方程中的误差可表示为

$$a_{li}^{(k)} = |\dot{x}_i^{(k)}(\bar{t}_l^{(k)}) - f_i^{(k)}(\boldsymbol{x}_l^{(k)}, u_l^{(k)}, \bar{t}_l^{(k)})| \tag{10-18}$$

$$b_{lj}^{(k)} = \boldsymbol{g}_j^{(k)}(\boldsymbol{x}_l^{(k)}, u_l^{(k)}, \bar{t}_l^{(k)}) \tag{10-19}$$

式中，$l=1,2,\cdots,M$；$i=1,2,\cdots,6$；$j=1,2,\cdots,9$。如果在当前网格间隔 $a_{li}^{(k)}$ 和

$b_{lj}^{(k)}$ 小于 e，则在此间隔内已满足指定的容差 e。如果任一 $a_{li}^{(k)}$ 或 $b_{lj}^{(k)}$ 都大于 e，网格间隔将被细化或者网格上的多项式的阶数将增加。

为了确定网格是否应该被细化或者是否应该增加近似多项式的阶数，首先计算第 k 个网格中的状态近似的第 m 个元素的曲率作为基准，即

$$\boldsymbol{\kappa}^{(k)}(\tau)=\frac{\left|\ddot{X}_m^{(k)}(\tau)\right|}{\left|\left[1+\dot{X}_m^{(k)}(\tau)^2\right]^{3/2}\right|} \tag{10-20}$$

式中，$X_m^{(k)}(\tau)$ 表示第 k 个网格区间中状态的分量，对应任一 $a_{li}^{(k)}$ 的最大值。此外，最大值与平均曲率之比定义为

$$r_k=\frac{\boldsymbol{\kappa}_{\max}^{(k)}}{\bar{\boldsymbol{\kappa}}^{(k)}} \tag{10-21}$$

式中，$\boldsymbol{\kappa}_{\max}^{(k)}$ 和 $\bar{\boldsymbol{\kappa}}^{(k)}$ 分别是 $\boldsymbol{\kappa}^{(k)}(\tau)$ 的最大值和平均值。如果 $r_k>r_{k\max}$，其中 $r_{k\max}>0$ 为自定义阈值，则应该细化网格，因为这表明对于网格内的剩余部分存在更大的曲率；如果 $r_k<r_{k\max}$，应该增加多项式的阶数，以便在第 k 个网格区间上获得更好的近似。

2. 增加多项式阶数

根据文献［272］，第 k 个网格区间中多项式的阶数 $\boldsymbol{X}_k:=\boldsymbol{X}_k^*+\delta\boldsymbol{X}_k$ 可以确定为

$$N_k=M_d+\operatorname{ceil}\left[\log_{10}\left(\frac{e_{\max}^{(k)}}{e}\right)\right]+A_d \tag{10-22}$$

其中，M_d 是网格中多项式的初始阶数；$A_d>0$，是一个整常数，它控制网格中配置点数量的增长；$e_{\max}^{(k)}$ 是 $a_{li}^{(k)}$ 和 $b_{lj}^{(k)}$ 的最大值；ceil(・)是就高取整的舍入运算符。换句话说，第 k 个网格中多项式阶次的增加取决于最大误差占指定误差容限的比率。

3. 精细化网格

新的网格间隔数由下式确定：

$$n_k=\operatorname{ceil}\left[c_e\log_{10}\left(\frac{e_{\max}^{(k)}}{e}\right)\right] \tag{10-23}$$

其中，c_e 是一个整常数，它控制网格间隔数量的增速。使用曲率密度函数的积分确定新网格点的位置，其中曲率密度函数为[132]

$$p(\tau)=c_\tau\boldsymbol{\kappa}(\tau)^{1/3} \tag{10-24}$$

式中，c_τ 是常数，且满足

$$\int_{-1}^{1} p(\zeta)\,\mathrm{d}\zeta = 1 \tag{10-25}$$

其累积分布函数为

$$F(\tau) = \int_{-1}^{\tau} p(\zeta)\,\mathrm{d}\zeta \tag{10-26}$$

于是，$k=1,2,\cdots,N$ 个新网格点被配置，且满足

$$F(\tau_i) = \frac{i-1}{n_k},\ 1 \leqslant i \leqslant n_k + 1 \tag{10-27}$$

显然，如果 $n_k=1$，则不会创建新的子网格。因此，n_k 的最小值为 2。

hp 自适应伪谱法首先形成粗网格，使用每个网格区间上固定阶数的近似多项式，并求解得到的非线性规划（NLP）问题[272]。对于网格中的每个区间，基于自适应规则，确定是否应该细化网格或是否应该增加多项式的阶数。当细化网格时，通过式（10－23）计算新的网格数，并配置新的网格点。当增加多项式的阶数时，则根据式（10－22）来确定新的阶数。然后，继续按照表 10.1 所示执行精细化过程，直到满足指定的容差。

表 10.1 网格精细化的主要步骤[272]

按照当前的网格（粗网格）求解非线性规划问题
开始 For $k=1,2,\cdots,K$ 如果 $e_{\max}^{(k)} \leqslant e$，则继续 如果有 $r_k \geqslant r_{k\max}$ 或者 $N_k > M_d$，则在 n_k 个子区间上根据式（10－23）细化第 k 个网格区间，并继续 否则，依据式（10－22），在第 k 个子区间上设置多项式阶数为 N_k 结束 For $k=1,2,\cdots,K$

10.3 鲁棒性和可靠性评估

为了评估所获得的最优轨迹的性能，采用以下基于 MC 计算结果的概率公式

对可靠性进行评估[319]：

$$\Pr\{\boldsymbol{g}(\boldsymbol{\delta}) \leqslant \boldsymbol{0}\} = \int_{\boldsymbol{g}(\boldsymbol{\delta}) \leqslant 0} f_X(\boldsymbol{\delta})\,\mathrm{d}\boldsymbol{\delta} \tag{10-28}$$

式中，$\boldsymbol{\delta}$ 是含独立随机变量的向量，已在式（10－2）和式（10－3）中给出；$f_X(\boldsymbol{\delta})$是 $\boldsymbol{\delta}$ 的概率密度函数。

鲁棒性的定量评估为

$$\sigma(J) = \sqrt{\frac{\sum_{i=1}^{N_{MC}} (J_i - \mu(J))^2}{N_{MC}}} \tag{10-29}$$

其中，$\sigma(J)$是目标函数的标准差，$\mu(J)$是目标函数的均值，J_i 是第 i 次 MC 迭代中目标函数的值，N_{MC}是 MC 迭代的总次数。

注 10.3　需要说明的是，基于 MC 结果的鲁棒性评估用于验证生成的最优轨迹的性能，而不是嵌入到优化计算过程中。从这个意义上说，重点是评估的准确性，而不是运算量和计算时间。事实上，用于评估鲁棒性和可靠性的常用方法包括非侵入性多项式混沌（NIPC）[225,320]、最大可能点（most possible point，MPP）[321]和蒙特卡洛（MC）[322]等。非侵入式 PCE 的精度在很大程度上取决于样本的数量，因为非侵入式 PCE 是近似方法[225]。为了实现更准确的评估，需要在非侵入式 PCE 中考虑更多的样本，而且优化过程中已经采用了 PC 类方法，应该寻求采用其他方法来评估结果。一阶可靠性方法（FORM）和二阶可靠性方法（second order reliability method，SORM）基于在 MPP 处展开的极限状态面（一阶和二阶）。如果极限状态面是高度非线性的或者它有多个 MPP，而不是线性或二次极限状态面，则 FORM 和 SORM 通常会导致更大的误差[319]。因此，在本章的研究中选择 MC 对生成的轨迹进行可靠性和鲁棒性评估。

10.4　仿真分析

本节验证了所提出的不确定性条件下火星进入轨迹鲁棒优化方法的性能，分别对两种不同目标函数的火星进入轨迹规划算例进行了仿真分析。为了更好地说明所提出方法的有效性和优越性，同时采用了传统的确定性优化（DO）和基于可靠性的优化（RBO）进行对比。

10.4.1 仿真设置

本章以 MSL 型火星进入器的物理参数为例进行仿真分析。根据文献［314，315，323］，火星进入器物理参数和火星环境参数如表 10.2 所示，约束条件的参数如表 10.3 所示。表 10.4 列出了标称的初始状态和期望的末端状态。表 10.5 给出了初始状态不确定性和动力学参数不确定性参数。仿真环境是 MATLAB。所有传统确定性优化（DO）结果是利用所述的混合优化算法获得，所有等价的确定性优化问题都是采用带有 hp 自适应伪谱法，以及 NLP 求解器 SNOPT[280] 的开源 MATLAB 软件包 GPOPS（4.x）[278] 的基础上编写程序来求解。状态和控制变量的离散点数目设为 20。采用开源 MATLAB 软件包 OpenCossan 执行基于多项式混沌的不确定性演化与评估[324]，使用 OpenCossan 的默认配置，并调用 MATLAB 统计工具箱。为了定量评估所生成的最优轨迹的性能，利用 MATLAB 统计工具箱基于 1 000 次 MC 结果得到相应的近似概率分布特征（次数太少则不足以支持得出后续的结论，次数更多将使概率数值更精确但不妨碍得出相同的结论）。

表 10.2 火星进入器物理参数和火星环境参数

参数	符号	取值	单位
进入器质量	m	2 920	kg
进入器参考面积	S_{ref}	15.9	m^2
阻力系数	C_D	1.45	—
升力系数	C_L	0.36	—
进入器鼻尖半径	r_n	0.66	m
气动热流系数	c_q	$1.902\,7\times10^{-4}$	$\sqrt{\mathrm{kg}}/\mathrm{m}$
火星引力常数	G_M	$4.282\,829\times10^{13}$	$\mathrm{m}^3/\mathrm{s}^2$
火星参考半径	R_M	3 397	km
火星自转角速度	ω	$7.088\,2\times10^{-5}$	rad/s
表面参考大气密度	ρ_0	0.015 8	kg/m^3

续表

参数	符号	取值	单位
高度系数	h_s	9 354.5	m
火星表面重力加速度	g_M	3.713 2	m/s^2

表 10.3　约束条件的参数

参数	符号	取值	单位
过载	n_{max}	18	g_M
动压	q_{max}	16	kPa
气动加热率	$\dot{Q}_{max}$	70	W/cm^2
气动加热量	Q_{max}	3.4	kJ/cm^2
最小末端高度	$h_{f\min}$	6	km
最大末端速度	$v_{f\max}$	490	m/s
最大倾侧角幅值	u_{max}	90	(°)
最大倾侧角速度	$\dot{u}_{max}$	20	°/s

表 10.4　标称的初始状态和期望的末端状态

参数	符号	取值	单位
初始高度	h_0	125	km
初始经度	θ_0	-65	(°)
初始纬度	λ_0	-50	(°)
初始速度	v_0	5.5	km/s
初始飞行路径角	γ_0	-15.2	(°)
初始航向角	ψ_0	15.5	(°)
期望的末端经度	θ_f	-61.05	(°)
期望的末端纬度	λ_f	-39.21	(°)

表 10.5 初始状态不确定性和动力学参数不确定性参数设置

参数	符号	分布类型	区间或方差	单位
初始径向距离不确定性	δ_{r0}	均匀	[-3, 3]	km
初始经度不确定性	$\delta_{\theta 0}$	均匀	[-0.1, 0.1]	(°)
初始纬度不确定性	$\delta_{\lambda 0}$	均匀	[-0.1, 0.1]	(°)
初始速度不确定性	δ_{v0}	均匀	[-0.1, 0.1]	km/s
初始飞行路径角不确定性	$\delta_{\gamma 0}$	均匀	[-0.1, 0.1]	(°)
初始航向角不确定性	$\delta_{\psi 0}$	均匀	[-0.1, 0.1]	(°)
大气密度不确定性	δ_{ρ}	高斯	15%	kg/m^3
弹道系数不确定性	δ_{Bc}	高斯	10%	kg/m^2
升阻比不确定性	δ_{LD}	高斯	5%	—

10.4.2 算例 1：末端高度最大化

传统的火星软着陆任务中，为确保后续下降减速充分，通常需要使进入段末端高度最大化，如文献 [314, 323, 325] 所述。在这一算例中，末端的经度和纬度是自由的，基于具有参数不确定性的动力学，对从具有不确定性偏差的给定初始状态到降落伞展开状态的进入飞行轨迹进行了优化，所得结果的主要趋势与已有的研究结果 [314, 323, 325] 基本一致。

图 10.1 显示了分别由 DO、RBO 和 RO 产生的标称情况下的最优轨迹的六个状态的剖面。图 10.2 分别给出了 DO、RBO 和 RO 最优轨迹所对应的最优控制（即倾侧角）剖面和标称情况下的路径约束变量的剖面。图 10.3 以 DO、RBO 和 RO 生成的最优轨迹的近似概率分布说明了性能评估，包括目标函数值对不确定性的鲁棒性，以及满足不确定性约束的可靠性。表 10.6 总结了关于约束可靠性的参数值，该值和近似概率分布的准确度与蒙特卡洛仿真次数有关。

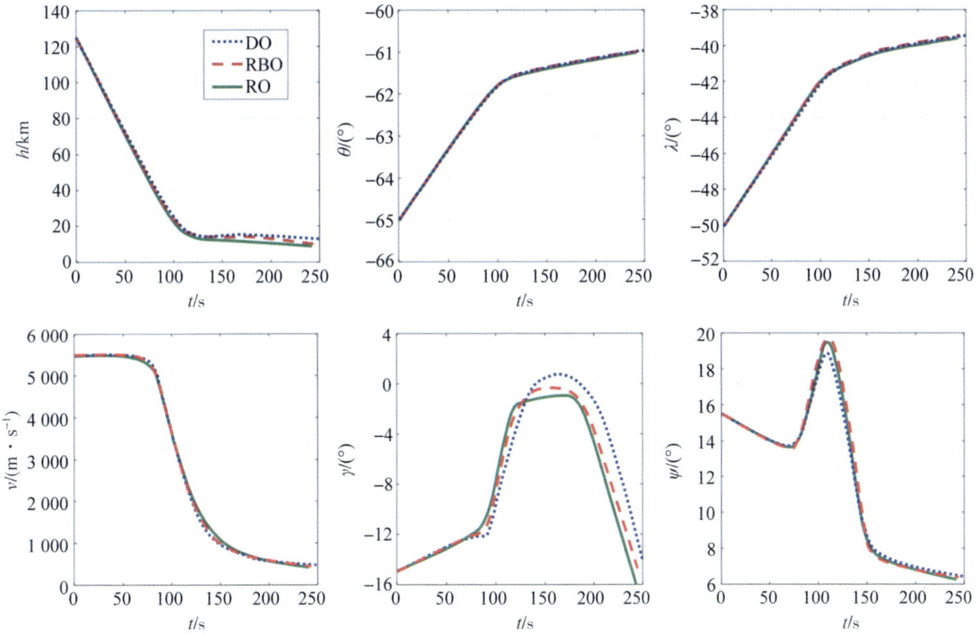

图 10.1　优化出的火星进入轨迹

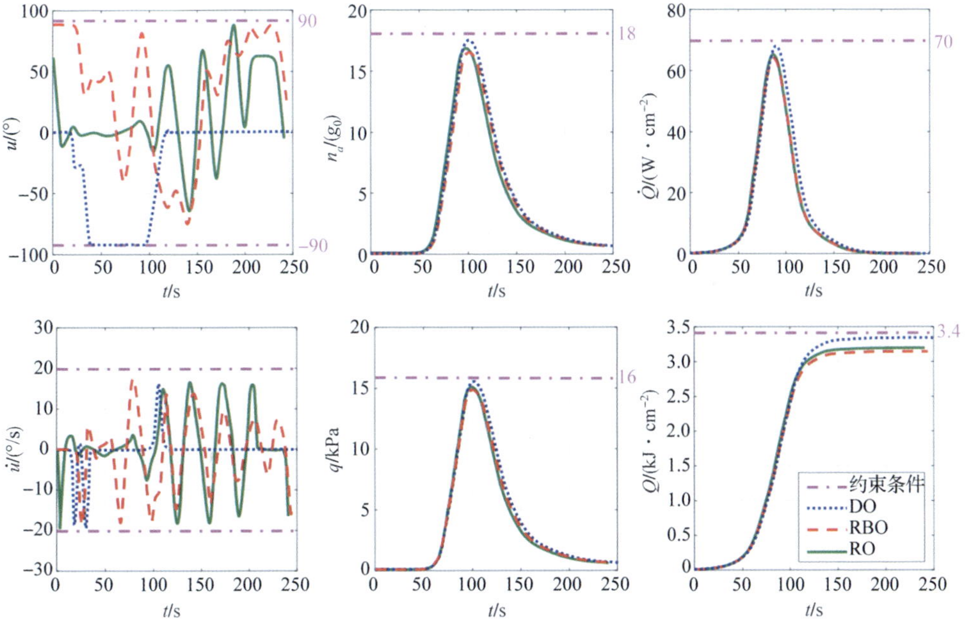

图 10.2　控制约束和路径约束

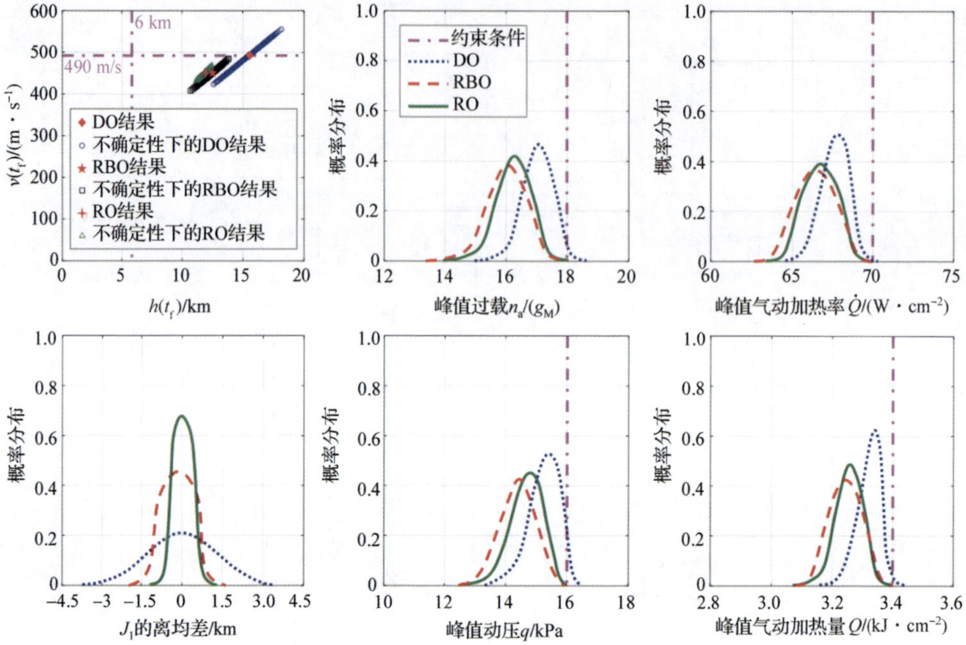

图 10.3 目标函数敏感度和约束可靠度

表 10.6 算例 1 中约束的统计数据

约束项		n_a	q	$\dot{Q}$	Q
极限值		18 g_M	16 kPa	70 W/cm^2	3.4 kJ/cm^2
峰值	DO	17.216 g_M	15.904 kPa	69.375 W/cm^2	3.356 kJ/cm^2
	RBO	16.525 g_M	14.958 kPa	65.996 W/cm^2	3.202 kJ/cm^2
	RO	16.819 g_M	15.173 kPa	66.047 W/cm^2	3.281 kJ/cm^2
可靠度 Pr($\boldsymbol{g}\leqslant\mathbf{0}$)	DO	0.921	0.905	0.981	0.960
	RBO	0.998	0.999	0.997	0.998
	RO	0.997	0.998	0.998	0.997

根据上述仿真结果可以发现一些重要的现象。首先，这三种优化过程都能得到平滑的控制和状态变量分布，并且当同时考虑初始状态不确定性和动力学参数不确定性时，RBO 和 RO 的约束都满足期望的可靠性裕度，如表 10.6 所示。然

而，DO 结果的所有约束剖面都比 RBO 和 RO 结果的轮廓更接近相应的边界值，如图 10.2 所示。特别地，在初始状态不确定性和动力学参数不确定性下，几乎所有的约束都被 DO 轨迹不同程度地违反，如图 10.3 所示。对于火星进入，违反这些约束将导致降落伞开伞的失效及飞行器结构的损坏，这可能对软着陆任务造成很大的风险甚至失败。其次，从图 10.3 可以看出，RO 的目标函数值具有最小的变化量，即对不确定性最不敏感，而 DO 的目标函数值在不确定性条件下具有最大的变化量。虽然 DO 结果在标称情况下达到比 RBO 和 RO 优化结果更高的末端高度（即更好的目标函数值），但是在不确定性条件下几乎一半的 DO 结果突破了末端速度上限。而 RO 结果在标称情况下具有最小目标函数值，接近 RBO 结果。因此，RBO 的结果不同于确定性优化结果，不确定性条件下更贴近实际的火星进入最优轨迹。虽然 RO 结果接近 RBO 结果，但是 RO 结果比 RBO 结果更稳健。且在不确定性条件下 RO 结果的目标函数值仍有部分优于 RBO 轨迹的目标函数值。再次，RO 和 RBO 轨迹的控制变量幅值小于 DO 轨迹，但 RO 和 RBO 的有控时间大于 DO 轨迹。在标称轨迹中采用更多的制导控制操作，从而实现轨迹的鲁棒性和可靠性是合理的，减少了跟踪控制所需的轨迹修正控制量。

10.4.3　算例 2：末端偏差最小化

火星精确定点着陆任务通常要求使进入段的最终经度和纬度的偏差最小化，便于为后续下降阶段提供更精确的初值，如文献［102，153，326］所述。在这一算例中，基于具有参数不确定性的动力学，对从具有随机偏差的给定初始状态到预定降落伞开伞位置的进入轨迹进行了优化，所得结果的主要趋势与已有的研究结果[102,326]基本一致。

图 10.4 显示了由 DO、RBO 和 RO 分别产生的标称情况下的最优轨迹的六个状态剖面。图 10.5 分别给出了 DO、RBO 和 RO 结果的最优控制剖面（即倾侧角）和标称情况下的路径约束变量的剖面。图 10.6 以 DO、RBO 和 RO 生成的最优轨迹的近似概率分布展示了其性能评估，包括目标函数值对不确定性的鲁棒性，以及满足不确定性约束的可靠性。表 10.7 总结了关于约束可靠性的参数值，该值和近似概率分布的准确度与蒙特卡洛仿真次数有关。最终的近似概率分布不

是标准正态分布或标准均匀分布，而是某些形式的单峰或单个集中区域的分布，这与第九章所述的火星进入不确定性量化研究结果相吻合。

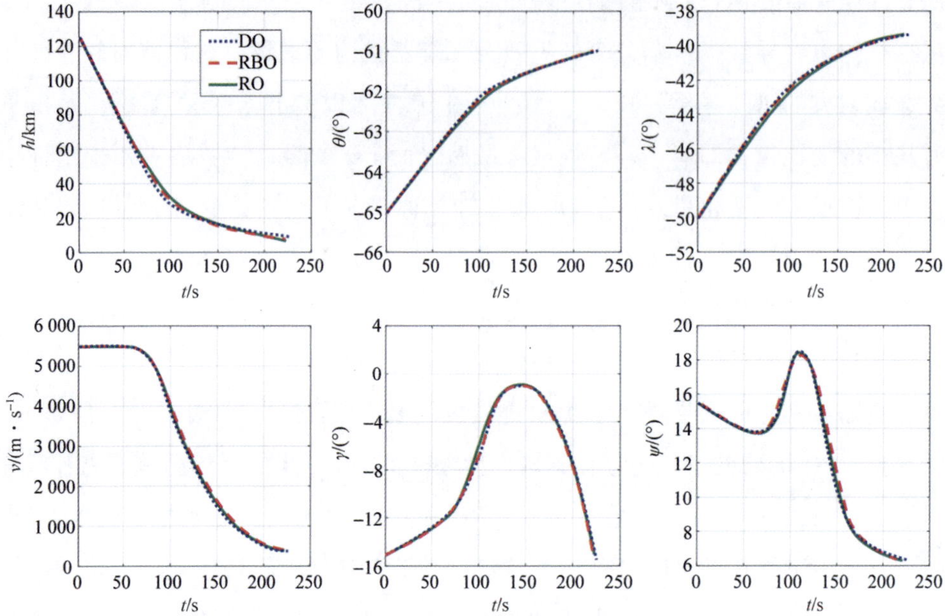

图 10.4　优化出的火星进入轨迹

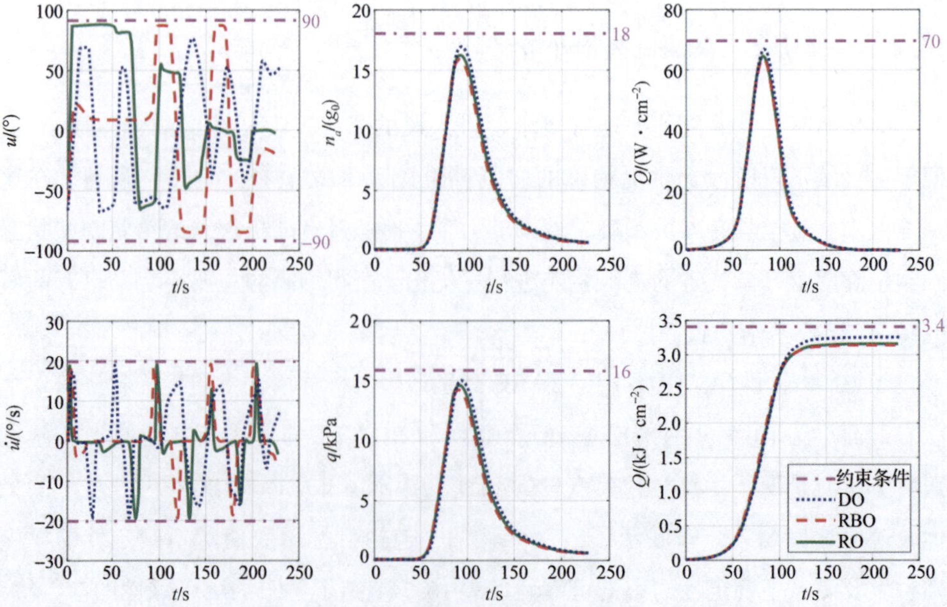

图 10.5　控制约束和路径约束

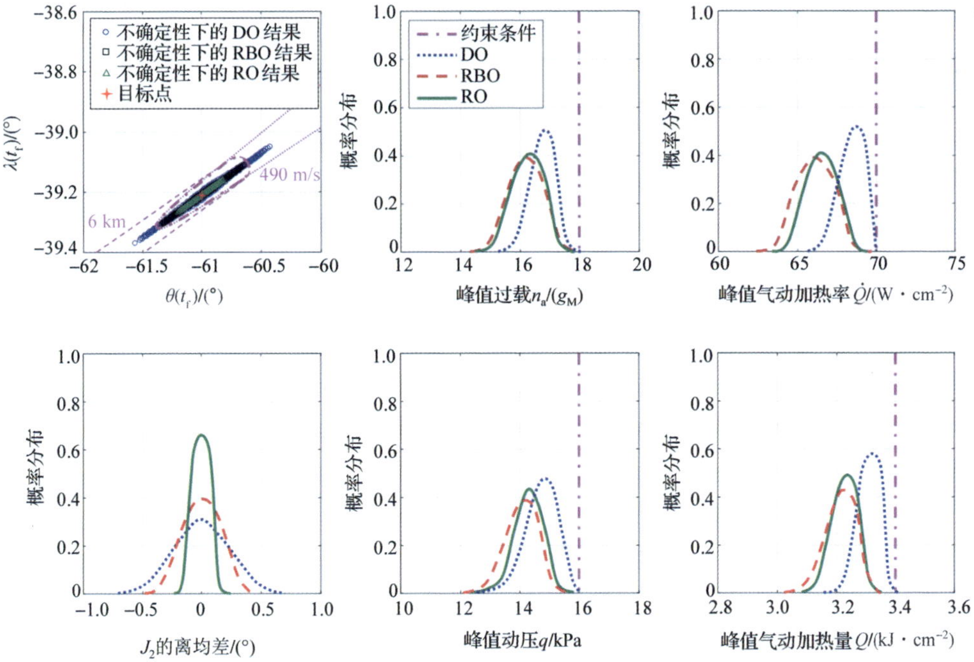

图 10.6　目标函数敏感度和约束可靠度

根据上述仿真结果，可以分析出如下结论及原因。首先，这三种优化策略都可以在满足标称工况中所有预定约束的情况下获得相应的最优轨迹，如图 10.5 所示。然而，一旦考虑初始状态不确定性和动力学参数不确定性，DO 结果会在不同程度上违反一些约束，而 RBO 和 RO 的约束都满足期望的可靠性裕度，如图 10.6 和表 10.8 所示。因此，RBO 和 RO 结果是更可靠的。对于 DO 结果，违反这些约束将增加安全进入和降落伞开伞的风险。其次，从图 10.3 中可以看出，RO 的目标函数值具有最小的变化量，即对不确定性具有最强的鲁棒性，而 DO 的目标函数值具有最大的变化量。因此，RO 可能带来比 RBO 和 DO 更小的降落伞开伞偏差。再次，RO 和 RBO 的控制变量幅值大于 DO 的控制变量幅值。这是合理的，因为在适当的时机以足够的标称控制为代价来实现最优轨迹的鲁棒性和可靠性，有利于减少跟踪控制所需的轨迹修正控制量。

表 10.7 算例 2 中约束的统计数据

约束项		n_a	q	$\dot{Q}$	Q
极限值		18 g_M	16 kPa	70 W/cm^2	3.4 kJ/cm^2
峰值	DO	16.805 g_M	15.104 kPa	67.365 W/cm^2	3.257 kJ/cm^2
	RBO	15.963 g_M	14.657 kPa	64.983 W/cm^2	3.170 kJ/cm^2
	RO	16.021 g_M	14.769 kPa	64.988 W/cm^2	3.179 kJ/cm^2
可靠度 $\Pr(\boldsymbol{g}\leqslant\boldsymbol{0})$	DO	0.990	0.985	0.989	0.976
	RBO	0.998	0.999	0.998	0.999
	RO	0.998	0.999	0.997	0.999

10.4.4 分析与讨论

在本节中，我们讨论所提出的 RO 方法取得良好效能的根本原因。同时，根据上述仿真结果，总结主要的研究发现。

这两个算例的结果验证了所提出的 RO 方法能够有效地解决同时考虑初始状态不确定性和动力学参数不确定性的火星进入轨迹优化问题。从表 10.6 ~ 表 10.8 中可以得出结论，与 DO 和 RBO 相比，本章提出的 RO 方法生成的最优轨迹更可靠，并且对不确定性更不敏感，因此其在不确定性条件下的鲁棒性更好。为了提高火星进入轨迹的鲁棒性，需要更大的标称控制裕度。因此，应该在轨迹鲁棒性和实际负担得起的操作之间进行权衡。此外，作为求解最优控制问题的直接法的一个常见问题，需要注意的是，利用多项式混沌产生等效的高维等价微分方程，如果等效的高维微分方程中包含大量状态变量，则转换得到的非线性规划问题也将是高维的，这肯定会增加计算时间，但可以使用并行计算技术来抑制计算时间的增加。

根据经典的最优控制理论，对导致这些优化过程性能的根源进行分析和总结。一是，可靠性约束缩减了原最优控制问题的可行域，而目标函数鲁棒性项降低了目标函数值在不确定性条件下的方差或标准差。这就是由 DO、RBO 和 RO 得到的结果总是不同的原因。二是，基于标称动力学和标称约束，在原可行域中进行确定性优化。考虑可靠性约束，在缩减后的可行域中实现了 RBO 和 RO。这就是当考虑不确定性时，RBO 和 RO 的结果比 DO 结果可靠的原因。三是，在同一缩减的可行域中，RO 和 RBO 的目标函数是不同的。RO 的目标函数既包括原目标函数的均值，又包括原目标函数的方差，而 RBO 的目标函数只是原始目标函数的均值。对于 RO，其性能指标对不确定性的敏感度较之 RBO 有显著降低，而优化问题的约束可靠性则略有下降。这就是为什么 RO 的结果比 RBO 的结果对不确定性更不敏感并且比 DO 的结果更具鲁棒性的原因。从表 10.9 中可以看到，RO 相比 RBO 在计算时间上有一定增加，但增加不显著。

表 10.8　目标函数的标准差对比

标准差	DO	RBO	RO	单位
$\sigma(J_1)$	3.894	2.675	1.173	km
$\sigma(J_2)$	0.547	0.302	0.196	(°)

表 10.9　轨迹优化计算时间对比

优化策略	DO	RBO	RO
算例 1	56.13 s	503.96 s	584.47 s
算例 2	61.34 s	537.64 s	599.16 s

10.5　小结

本章的主要贡献是基于不确定性量化技术为不确定性条件下火星进入轨迹规划提供了新的鲁棒优化方法，并且所提出的方法应用于设计火星进入飞行任务的末端高度最大化和末端位置偏差最小化的最优轨迹。不同于已有的仅考虑部分不确定性因素的基于不确定性的优化方法，本章提出的鲁棒优化方法同时考虑了初始状态不确定性和动力学参数不确定性，同时关注约束满足的可靠性和性能指标对不确定性的不敏感性。不确定因素对轨迹的影响通过多项式混沌展开式进行量化。基于多项式混沌和鲁棒设计理论，鲁棒轨迹优化问题被转化为在扩展状态空间上的等价最优控制问题，并由 hp 自适应伪谱法进行求解。对优化轨迹的可靠性和鲁棒性进行了定量评估，并与现有的确定性优化和基于可靠性的优化进行了对比。仿真结果表明，确定性优化结果总是对不确定性敏感，而且某些不确定性下的优化结果严重违反了约束条件，这将给火星进入任务带来巨大的风险和更多的轨迹修正控制负担。与传统确定性优化和基于可靠性的优化相比，本章的方法能够规划出对初始状态不确定性和动力学参数不确定性都具有较强鲁棒性的最优轨迹。鲁棒优化的可行域与基于可靠性的优化相同。所设计的轨迹越鲁棒，就需要越大的标称控制裕度。对于鲁棒优化，与基于可靠性的优化相比，性能指标对不确定性的敏感度显著降低，同时维持了较好的约束可靠度。与基于可靠性的优化相比，鲁棒优化的计算时间没有显著增加。

第四部分

鲁棒最优制导方法

第 11 章 火星进入自适应跟踪制导方法

11.1 直接模型参考自适应跟踪制导方法

直接自适应与一般自适应的区别在于直接自适应不需要对系统的参数进行辨识，因此具有结构简单、容易实现等优点。基于 CGT（commend generator tracker）的直接模型参考自适应控制方法是由 Sobel K 等人首先提出的[326]。它的优点在于它是基于输出反馈，控制计算不需要自适应观测器或全状态反馈，而且不要求被控对象与参考模型的阶数相同。一般自适应对自适应速率的限制比较严格，不能太快，而直接自适应没有这个要求，其自适应速率可以根据需要随意调整。但是它要求被控对象满足几乎严格正实或几乎严格无源条件，这一点限制了它的应用。

11.1.1 基于 CGT 的直接自适应控制方法

本节根据基于 CGT 的直接自适应控制理论设计自适应制导律，仿真表明该方法能够有效克服参数不确定带来的不利影响，提高系统鲁棒性。

设被控对象为

$$\dot{\boldsymbol{x}}_p(t)=\boldsymbol{A}_p(\boldsymbol{x}_p)\boldsymbol{x}_p+\boldsymbol{B}_p(\boldsymbol{x}_p)\boldsymbol{u}_p(t) \tag{11-1}$$

$$\boldsymbol{y}_p(t)=\boldsymbol{C}_p(\boldsymbol{x}_p)\boldsymbol{x}_p \tag{11-2}$$

参考模型为

$$\dot{\boldsymbol{x}}_m(t)=\boldsymbol{A}_m(\boldsymbol{x}_m)\boldsymbol{x}_m(t)+\boldsymbol{B}_m(\boldsymbol{x}_m)\boldsymbol{u}_m(t) \tag{11-3}$$

$$\boldsymbol{y}_m(t)=\boldsymbol{C}_m(\boldsymbol{x}_m)\boldsymbol{x}_m(t) \tag{11-4}$$

这里没有把非线性的被控对象写成 $\dot{\boldsymbol{x}}=f(\boldsymbol{x},\boldsymbol{u})$ 的形式是为了描述的直观。参考模型表征的是期望的系统动态，它的阶数是任意的，一般不超过实际被控对象，这里写成非线性形式是为了描述的完整，实际应用中一般都选为线性定常系统。

定义输出跟踪误差为

$$\boldsymbol{e}_y=\boldsymbol{y}_m-\boldsymbol{y}_p \tag{11-5}$$

根据基于 CGT 的直接自适应控制理论，自适应控制律为

$$\boldsymbol{u}_p(t)=\boldsymbol{K}(t)\boldsymbol{r}(t) \tag{11-6}$$

$$\boldsymbol{r}(t)=[\boldsymbol{e}_y(t) \quad \boldsymbol{x}_m(t) \quad \boldsymbol{u}_m(t)]^{\mathrm{T}} \tag{11-7}$$

$$\boldsymbol{K}(t)=[K_{ey}(t) \quad K_{xm}(t) \quad K_{um}(t)] \tag{11-8}$$

式中，$K_{ey}(t),K_{xm}(t),K_{um}(t)$ 为自适应增益。自适应律为

$$\boldsymbol{K}(t)=\boldsymbol{K}_I(t)+\boldsymbol{K}_P(t) \tag{11-9}$$

$$\boldsymbol{K}_I(t)=\boldsymbol{K}_{I,0}+\int_0^t\dot{\boldsymbol{K}}_I(t)\,\mathrm{d}t \tag{11-10}$$

$$\boldsymbol{K}_P(t)=\boldsymbol{e}_y(t)\boldsymbol{r}^{\mathrm{T}}(t)\boldsymbol{T}_P \tag{11-11}$$

$$\dot{\boldsymbol{K}}_I(t)=\boldsymbol{e}_y(t)\boldsymbol{r}^{\mathrm{T}}(t)\boldsymbol{T}_I-\sigma_c\boldsymbol{K}_I \tag{11-12}$$

式中，$\boldsymbol{T}_P$，$\boldsymbol{T}_I$ 分别为正定与半正定的对称权矩阵；σ_c 是为防止积分增益发散而引入的遗忘因子[326]。当被控对象满足几乎严格正实或几乎严格无源条件时，上述系统中所有状态与增益都是有界的，并且输出误差渐进稳定。

11.1.2 自适应制导律设计

本章纵向采用自适应制导跟踪标称阻力轨迹，由于需要控制探测器的阻力跟踪标称阻力轨迹，所以将纵向运动方程改写成阻力动态方程：

$$\ddot{D}=a+bu \tag{11-13}$$

式中，$u=\cos\sigma$ 为控制变量，a 和 b 是状态的非线性函数，具体表达式如下：

$$b=-DL\cos\gamma\left(\frac{\mathrm{d}\beta}{\mathrm{d}h}+\frac{2g_m}{v^2}\right) \tag{11-14}$$

$$
\begin{aligned}
a &= D\left(\begin{aligned}&\frac{\mathrm{d}\beta}{\mathrm{d}h}(D+g_m\sin\gamma)\sin\gamma-\frac{2\,(D+g_m\sin\gamma)^2}{v^2}+\frac{4g_m\sin^2\gamma}{r}+\\&\frac{2}{v^2}g_m\cos^2\gamma\left(g_m-\frac{v^2}{r}\right)+\cos^2\gamma\frac{\mathrm{d}\beta}{\mathrm{d}h}\left(g_m-\frac{v^2}{r}\right)\end{aligned}\right)-\\
&\dot{D}\left(v\sin\gamma\frac{\mathrm{d}\beta}{\mathrm{d}h}+\frac{2(D+g_m\sin\gamma)}{v^2}+\frac{2D}{v}\right)\\
&=f_1(D)D+f_2(D)\dot{D}
\end{aligned}
\tag{11-15}
$$

这样，纵向运动方程就变换成单输入单输出的非线性微分方程。令 $x_1=D$，$x_2=\dot{D}$，把上式表示成

$$
\begin{cases}\dot{x}_1=x_2\\ \dot{x}_2=f_1(x_1)x_1+f_2(x_1)x_2+b(x_1)u\\ y=x_1\end{cases}
\tag{11-16}
$$

写成矩阵形式为

$$
\begin{cases}\dot{\boldsymbol{x}}_p=\boldsymbol{A}_p\boldsymbol{x}_p+\boldsymbol{B}_p\boldsymbol{u}_p\\ \boldsymbol{y}_p=\boldsymbol{C}_p\boldsymbol{x}_p\end{cases}
\tag{11-17}
$$

其中，$\boldsymbol{x}_p=[x_1\quad x_2]^{\mathrm{T}}$，$\boldsymbol{A}_p=\begin{bmatrix}0&1\\f_1(x_1)&f_2(x_1)\end{bmatrix}$，$\boldsymbol{B}_p=\begin{bmatrix}0\\b(x_1)\end{bmatrix}$，$\boldsymbol{C}_p=[1\quad 0]$。

纵向运动为一个单输入单输出相对阶为 2 的二阶非线性系统，显然不满足几乎严格无源条件，因此不能直接采用上述自适应方法。常用的解决方法是在被控对象上并联前馈补偿器（Parallel Feedforward Compensator，PFC），使被控对象与前馈补偿器构成的复合系统能够满足几乎严格无源的要求[329]。基于 CGT 的直接自适应控制系统如图 11.1 所示。

为了实现如图 11.1 所示的自适应控制系统，必须给出参考模型、并联前馈补偿器及合适的自适应增益。考虑到被控对象为二阶非线性系统，选取参考模型为二阶线性系统。由于参考模型表征的是期望的系统动态，需要具有较小的稳态误差和较好的动态性能，本章要求其调节时间小于 0.2 s，超调量不超过 5%，稳态误差为零，根据经典控制理论选择参考模型为

$$
G(s)=\frac{1\ 000}{s^2+45s+1\ 000}
\tag{11-18}
$$

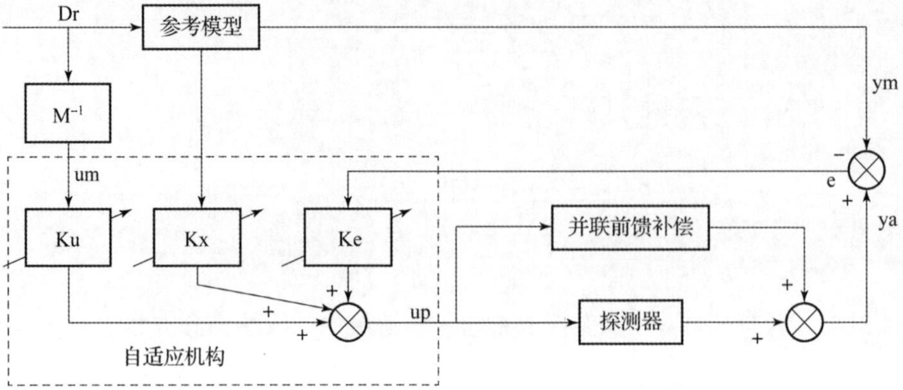

图 11.1 基于 CGT 的直接自适应控制系统

并联前馈补偿器的选择也与被控对象有关，设并联前馈补偿的状态空间形式为

$$\begin{cases}\dot{\boldsymbol{x}}_s = \boldsymbol{A}_s\boldsymbol{x}_s + \boldsymbol{B}_s\boldsymbol{u}_p \\ \boldsymbol{y}_s = \boldsymbol{C}_s\boldsymbol{x}_s\end{cases} \tag{11-19}$$

则由原系统和并联前馈补偿构成的复合系统为

$$\begin{cases}\dot{\boldsymbol{x}}_a(t) = \boldsymbol{A}_a(\boldsymbol{x}_a)\boldsymbol{x}_a + \boldsymbol{B}_a(\boldsymbol{x}_a)\boldsymbol{u}_p(t) \\ \boldsymbol{y}_a(t) = \boldsymbol{C}_a(\boldsymbol{x}_a)\boldsymbol{x}_a\end{cases} \tag{11-20}$$

式中，$\boldsymbol{x}_a = \begin{bmatrix}\boldsymbol{x}_p \\ \boldsymbol{x}_s\end{bmatrix}$，$\boldsymbol{y}_a = \begin{bmatrix}\boldsymbol{y}_p \\ \boldsymbol{y}_s\end{bmatrix}$，$\boldsymbol{A}_a = \begin{bmatrix}\boldsymbol{A}_p & 0 \\ 0 & \boldsymbol{A}_s\end{bmatrix}$，$\boldsymbol{B}_a = \begin{bmatrix}\boldsymbol{B}_p \\ \boldsymbol{B}_s\end{bmatrix}$，$\boldsymbol{C}_a = [\boldsymbol{C}_p \quad \boldsymbol{C}_s]$。设闭环系统为

$$\begin{cases}\dot{\boldsymbol{x}}_a(t) = \boldsymbol{A}_{ac}(\boldsymbol{x}_a)\boldsymbol{x}_a + \boldsymbol{B}_{ac}(\boldsymbol{x}_a)\boldsymbol{u}_{ac}(t) \\ \boldsymbol{y}_a(t) = \boldsymbol{C}_{ac}(\boldsymbol{x}_a)\boldsymbol{x}_a\end{cases} \tag{11-21}$$

根据几乎严格无源的定义，如果存在一个正定反馈矩阵 $\boldsymbol{K}_e$ 使式（11-20）所示的闭环系统是严格无源的，那么该系统就是几乎严格无源的。根据文献[329]，相对阶为 2 的非线性系统的前馈补偿器形式为

$$G_F(s) = \frac{k_c s}{(s+a_0)(s+a_1)} \tag{11-22}$$

其中，k_c，a_0，a_1 为调节参数，合理的调节参数可保证复合系统满足几乎严格无

源条件。需要注意的是，并联前馈补偿可以把被控对象改造成几乎严格无源的，但也会带来跟踪误差，因此需要通过参数的调节使跟踪误差尽可能小，以至于可以忽略其影响。

11.1.3　闭环稳定性分析

设理想的状态轨迹 $\boldsymbol{x}_p^*(t)$ 和控制轨迹 $\boldsymbol{u}_p^*(t)$ 为

$$\begin{cases}\dot{\boldsymbol{x}}_a^*(t)=\boldsymbol{A}_a^*(\boldsymbol{x}_a^*)\boldsymbol{x}_a^*+\boldsymbol{B}_a^*(\boldsymbol{x}_a^*)\boldsymbol{u}_p^*(t)\\ \boldsymbol{y}_a^*(t)=\boldsymbol{C}(\boldsymbol{x}_a)\boldsymbol{x}_a^*\end{cases}\tag{11-23}$$

从式中可以看到，理想系统与被控对象是不同的，只有输出方程是一样的。现在把 $\boldsymbol{x}_a^*(t)$、$\boldsymbol{u}_p^*(t)$ 表示为 $\boldsymbol{x}_m(t)$ 和 $\boldsymbol{u}_m(t)$ 的线性组合：

$$\begin{cases}\boldsymbol{x}_a^*(t)=\boldsymbol{S}_x\boldsymbol{x}_m(t)+\boldsymbol{S}_u\boldsymbol{u}_m(t)\\ \boldsymbol{u}_p^*(t)=\boldsymbol{K}_{xm}^*\boldsymbol{x}_m(t)+\boldsymbol{K}_{um}^*\boldsymbol{u}_m(t)\end{cases}\tag{11-24}$$

式中，$\boldsymbol{S}_x$，$\boldsymbol{S}_u$ 为适当维数的系数矩阵；$\boldsymbol{K}^*=[\boldsymbol{K}_{ey}^*\quad\boldsymbol{K}_{xm}^*\quad\boldsymbol{K}_{um}^*]$ 为最优反馈增益。当探测器状态到达理想轨迹时，$\boldsymbol{x}_a=\boldsymbol{x}_a^*$，则

$$\boldsymbol{y}_a^*(t)=\boldsymbol{C}_a(\boldsymbol{x}_a^*)\boldsymbol{x}_a^*=\boldsymbol{y}_m(t)\tag{11-25}$$

为便于描述，下面的推导省略符号 t，定义状态误差为

$$\boldsymbol{e}_x=\boldsymbol{x}_a^*-\boldsymbol{x}_a\tag{11-26}$$

则输出误差为

$$\begin{aligned}\boldsymbol{e}_y&=\boldsymbol{y}_m-\boldsymbol{y}_a=\boldsymbol{y}_a^*-\boldsymbol{C}_a(\boldsymbol{x}_a^*)\boldsymbol{x}_a^*+\boldsymbol{C}_a(\boldsymbol{x}_a)\boldsymbol{x}_a^*-\boldsymbol{y}_a\\&=\boldsymbol{C}_a(\boldsymbol{x}_a)\boldsymbol{e}_x+(\boldsymbol{C}_a(\boldsymbol{x}_a^*)+\boldsymbol{C}_a(\boldsymbol{x}_a))\boldsymbol{x}_a^*=\boldsymbol{C}_a(\boldsymbol{x}_a)\boldsymbol{e}_x+\boldsymbol{d}_1\end{aligned}\tag{11-27}$$

其中，$\boldsymbol{d}_1=(\boldsymbol{C}_a(\boldsymbol{x}_a^*)+\boldsymbol{C}_a(\boldsymbol{x}_a))\boldsymbol{x}_a^*$

$$\begin{aligned}\dot{\boldsymbol{e}}_x&=\dot{\boldsymbol{x}}_a^*-\dot{\boldsymbol{x}}_a=\dot{\boldsymbol{x}}_a^*-\boldsymbol{A}_a(\boldsymbol{x}_a)\boldsymbol{x}_a^*+\boldsymbol{A}_a(\boldsymbol{x}_a)\boldsymbol{x}_a^*-\dot{\boldsymbol{x}}_a\\&=\boldsymbol{A}_a^*(\boldsymbol{x}_a^*)\boldsymbol{x}_a^*+\boldsymbol{B}_a^*\boldsymbol{x}(\boldsymbol{x}_a^*)\boldsymbol{u}_p^*(t)-\boldsymbol{A}_a(\boldsymbol{x}_a)\boldsymbol{x}_a^*+\boldsymbol{A}_a(\boldsymbol{x}_a)\boldsymbol{x}_a^*-\boldsymbol{A}(\boldsymbol{x}_a)\boldsymbol{x}_a-\boldsymbol{B}_a(\boldsymbol{x}_a)\boldsymbol{u}_a(t)\\&=\boldsymbol{A}_a(\boldsymbol{x}_a)\boldsymbol{e}_x-\boldsymbol{B}_a(\boldsymbol{x}_a)\boldsymbol{K}_{ey}^*\boldsymbol{e}_y-\boldsymbol{B}_a(\boldsymbol{x}_a)(\boldsymbol{K}-\boldsymbol{K}^*)\boldsymbol{r}+\\&\quad((\boldsymbol{A}_a^*(\boldsymbol{x}_a^*)-\boldsymbol{A}_a(\boldsymbol{x}_a))\boldsymbol{S}_x+(\boldsymbol{B}_a^*(\boldsymbol{x}_a^*)-\boldsymbol{B}_a(\boldsymbol{x}_a))\boldsymbol{K}_{xm}^*)\boldsymbol{x}_m+\\&\quad((\boldsymbol{A}_a^*(\boldsymbol{x}_a^*)-\boldsymbol{A}_a(\boldsymbol{x}_a))\boldsymbol{S}_u+(\boldsymbol{B}_a^*(\boldsymbol{x}_a^*)-\boldsymbol{B}_a(\boldsymbol{x}_a))\boldsymbol{K}_{um}^*)\boldsymbol{u}_m\end{aligned}\tag{11-28}$$

由于上一节已经通过并联前馈补偿把被控对象改造成几乎严格无源的，所以

根据 Kalman – Yakubovich 引理，存在正定矩阵 $\boldsymbol{P}$，$\boldsymbol{Q}$ 满足：

$$\dot{\boldsymbol{P}}+\boldsymbol{P}\boldsymbol{A}_{ac}+\boldsymbol{A}_{ac}^{T}\boldsymbol{P}=-\boldsymbol{Q} \tag{11-29}$$

将式（11 – 29）代入式（11 – 28），整理得：

$$\begin{aligned}\dot{\boldsymbol{e}}_x &=\boldsymbol{A}_a(\boldsymbol{x}_a)\boldsymbol{e}_x-\boldsymbol{B}_a(\boldsymbol{x}_a)\boldsymbol{K}_{ey}^*(\boldsymbol{C}_a(\boldsymbol{x}_a)\boldsymbol{e}_x+\boldsymbol{d}_1)-\boldsymbol{B}_a(\boldsymbol{x}_a)(\boldsymbol{K}-\boldsymbol{K}^*)\boldsymbol{r}+\\&\quad((\boldsymbol{A}_a^*(\boldsymbol{x}_a^*)-\boldsymbol{A}_a(\boldsymbol{x}_a))\boldsymbol{S}_x+(\boldsymbol{B}_a^*(\boldsymbol{x}_a^*)-\boldsymbol{B}_a(\boldsymbol{x}_a))\boldsymbol{K}_{xm}^*)\boldsymbol{x}_m+\\&\quad((\boldsymbol{A}_a^*(\boldsymbol{x}_a^*)-\boldsymbol{A}_a(\boldsymbol{x}_a))\boldsymbol{S}_u+(\boldsymbol{B}_a^*(\boldsymbol{x}_a^*)-\boldsymbol{B}_a(\boldsymbol{x}_a))\boldsymbol{K}_{um}^*)\boldsymbol{u}_m\\&=\boldsymbol{A}_{ac}(\boldsymbol{x}_a)\boldsymbol{e}_x-\boldsymbol{B}_{ac}(\boldsymbol{x}_a)(\boldsymbol{K}-\boldsymbol{K}^*)\boldsymbol{r}+\boldsymbol{F}\end{aligned} \tag{11-30}$$

其中

$$\begin{aligned}\boldsymbol{F}=&((\boldsymbol{A}_a^*(\boldsymbol{x}_a^*)-\boldsymbol{A}_a(\boldsymbol{x}_a))\boldsymbol{S}_x+(\boldsymbol{B}_a^*(\boldsymbol{x}_a^*)-\boldsymbol{B}_a(\boldsymbol{x}_a))\boldsymbol{K}_{xm}^*)\boldsymbol{x}_m+\\&((\boldsymbol{A}_a^*(\boldsymbol{x}_a^*)-\boldsymbol{A}_a(\boldsymbol{x}_a))\boldsymbol{S}_u+(\boldsymbol{B}_a^*(\boldsymbol{x}_a^*)-\boldsymbol{B}_a(\boldsymbol{x}_a))\boldsymbol{K}_{um}^*)\boldsymbol{u}_m-\boldsymbol{B}_a(\boldsymbol{x}_a)\boldsymbol{K}_e\boldsymbol{d}_1\end{aligned} \tag{11-31}$$

定义李雅普诺夫函数为

$$V=\boldsymbol{e}_x^{\mathrm{T}}\boldsymbol{P}\boldsymbol{e}_x+\mathrm{tr}((\boldsymbol{K}_I-\boldsymbol{K}^*)\boldsymbol{\Gamma}^{-1}(\boldsymbol{K}_I-\boldsymbol{K}^*)^{\mathrm{T}}) \tag{11-32}$$

式中，$\boldsymbol{P}$，$\boldsymbol{\Gamma}$ 为正定矩阵

$$\dot{V}=\boldsymbol{e}_x^{\mathrm{T}}\dot{\boldsymbol{P}}\boldsymbol{e}_x+\dot{\boldsymbol{e}}_x^{\mathrm{T}}\boldsymbol{P}\boldsymbol{e}_x+\boldsymbol{e}_x^{\mathrm{T}}\boldsymbol{P}\,\dot{\boldsymbol{e}}_x+2\mathrm{tr}((\boldsymbol{K}_I-\boldsymbol{K}^*)\boldsymbol{\Gamma}^{-1}(\dot{\boldsymbol{K}}_I-\dot{\boldsymbol{K}}^*)^{\mathrm{T}}) \tag{11-33}$$

将式（11 – 30）代入上式得：

$$\begin{aligned}\dot{V}=&\boldsymbol{e}_x^{\mathrm{T}}(\dot{\boldsymbol{P}}+\boldsymbol{P}\boldsymbol{A}_{ac}+\boldsymbol{A}_{ac}^{\mathrm{T}}\boldsymbol{P})\boldsymbol{e}_x+\boldsymbol{e}_x^{\mathrm{T}}\boldsymbol{P}\boldsymbol{B}_{ac}(\boldsymbol{K}-\boldsymbol{K}^*)\boldsymbol{r}-\\&\boldsymbol{r}^{\mathrm{T}}(\boldsymbol{K}-\boldsymbol{K}^*)^{\mathrm{T}}\boldsymbol{B}_{ac}^{\mathrm{T}}\boldsymbol{P}\boldsymbol{e}_x+2\boldsymbol{e}_x^{\mathrm{T}}\boldsymbol{P}\boldsymbol{F}-\boldsymbol{e}_y^{\mathrm{T}}(\boldsymbol{K}_I-\boldsymbol{K}^*)\boldsymbol{r}+\\&\boldsymbol{r}^{\mathrm{T}}(\boldsymbol{K}_I-\boldsymbol{K}^*)^{\mathrm{T}}\boldsymbol{e}_y-2\sigma\mathrm{tr}((\boldsymbol{K}_I-\boldsymbol{K}^*)\boldsymbol{\Gamma}^{-1}\boldsymbol{K}_I^{\mathrm{T}})\end{aligned} \tag{11-34}$$

将 $\boldsymbol{K}_I=\boldsymbol{K}-\boldsymbol{K}_P=\boldsymbol{K}-\boldsymbol{e}_y\boldsymbol{r}^{\mathrm{T}}$ 代入上式并整理得：

$$\begin{aligned}\dot{V}=&-\boldsymbol{e}_x^{\mathrm{T}}\boldsymbol{Q}\boldsymbol{e}_x-2\boldsymbol{e}_y^{\mathrm{T}}\boldsymbol{e}_y\boldsymbol{r}^{\mathrm{T}}\overline{\boldsymbol{\Gamma}}\boldsymbol{r}-2\sigma\mathrm{tr}((\boldsymbol{K}_I-\boldsymbol{K}^*)\boldsymbol{\Gamma}^{-1}(\boldsymbol{K}_I-\boldsymbol{K}^*)^{\mathrm{T}})-\\&2\sigma\mathrm{tr}((\boldsymbol{K}_I-\boldsymbol{K}^*)\boldsymbol{G}^{-1}\boldsymbol{K}^{*\mathrm{T}})-2\boldsymbol{r}^{\mathrm{T}}(\boldsymbol{K}-\boldsymbol{K}^*)^{\mathrm{T}}\boldsymbol{d}_1+2\boldsymbol{e}_x^{\mathrm{T}}\boldsymbol{P}\boldsymbol{F}\end{aligned} \tag{11-35}$$

假设 $\boldsymbol{x}_m$，$\boldsymbol{u}_m$，$\boldsymbol{u}_p$ 是有界的，所以存在 $\alpha_1\cdots\alpha_6>0$ 使

$$\begin{aligned}\dot{V}\leqslant&-\alpha_1\|\boldsymbol{e}_x\|^2-\alpha_2\|\boldsymbol{e}_y\|^2\|\boldsymbol{r}\|^2-\alpha_3\|\boldsymbol{K}_I-\boldsymbol{K}^*\|^2-\\&\alpha_4\|\boldsymbol{r}(\boldsymbol{K}_I-\boldsymbol{K}^*)\|+\alpha_5\|\boldsymbol{e}_x\|+\alpha_6\|\boldsymbol{K}_I-\boldsymbol{K}^*\|\end{aligned} \tag{11-36}$$

显然，如果 $\|\boldsymbol{e}_x\|$，$\|\boldsymbol{K}_I-\boldsymbol{K}^*\|$ 或 $\|\boldsymbol{r}(\boldsymbol{K}_I-\boldsymbol{K}^*)\|$ 无限增长，则 $V(t)$ 也增长，当 $V(t)$ 到达一定界限 V_1 时，上式中的负定项（前三项）将占据主要地位，从而使 $\dot{V}(t)$ 为严格负定，即

$$\dot{V}(t) < -\varepsilon V_1,\ \forall V(t) > V_1 \tag{11-37}$$

所以 $V(t)$ 是一致有界的，从而 $\|\boldsymbol{e}_x\|$，$\|\boldsymbol{K}_I-\boldsymbol{K}^*\|$ 或 $\|\boldsymbol{r}(\boldsymbol{K}_I-\boldsymbol{K}^*)\|$ 也是一致有界的，于是整个输出系统跟踪误差也是一致有界的。

11.1.4　侧向制导律

由于忽略火星自转影响，探测器纵向与侧向运动是解耦的，因此纵向与侧向制导是分开的。侧向制导是将飞行器的侧向运动限定在预先设定的航向角误差走廊内，当航向角误差达到走廊边界时，令 σ 改变符号，使侧向运动向航向角误差减小的方向进行[330,331]。

定义航向角误差为

$$\Delta\psi = \psi - \psi_{\text{LOS}} \tag{11-38}$$

式中，ψ_{LOS} 为视线航向角，根据其物理意义，它的取值范围应为 $0 \leqslant \psi_{\text{LOS}} \leqslant \pi$ 之间，即

$$\psi_{\text{LOS}} = \arctan\left(\frac{\sin(\theta_{\text{T}}-\theta)}{\cos\lambda\tan\lambda_{\text{T}} - \sin\lambda\cos(\theta_{\text{T}}-\theta)}\right) + 0.5\pi - 0.5\pi\,\text{sign}\left(\frac{\sin(\theta_{\text{T}}-\theta)}{\cos\lambda\tan\lambda_{\text{T}} - \sin\lambda\cos(\theta_{\text{T}}-\theta)}\right) \tag{11-39}$$

式中，θ_{T}，λ_{T} 为目标点经度和纬度。为了保证 $\Delta\psi$ 能够进入航向角误差走廊，进入初始阶段飞行器应朝终端目标点飞行，因此确定再入初始阶段的倾侧角符号为

$$\text{sign}(\sigma_0) = -\text{sign}(\Delta\psi_0) \tag{11-40}$$

式中，σ_0 为进入初始阶段的倾侧角，$\Delta\psi_0$ 为进入初始航向角误差。

进入段开始以后，倾侧角符号由下式确定：

$$\text{sign}(\sigma) = \begin{cases} \text{sign}(\sigma(t_{k-1})) & |\Delta\psi| < \Delta\psi_H(V) \\ -\text{sign}(\Delta\psi(V)) & |\Delta\psi| \geqslant \Delta\psi_H(V) \end{cases} \tag{11-41}$$

式中，$\text{sign}(\sigma(t_{k-1}))$ 表示上一时刻由侧向制导算法给出的倾侧角符号，$\Delta\psi_H(V)$ 为航向角偏差门限。通常根据横程大小、倾侧角反转次数和终端误差等多方面约束将 $\Delta\psi_H(V)$ 设计为速度的分段线性函数。航向角误差走廊如图 11.2 所示。

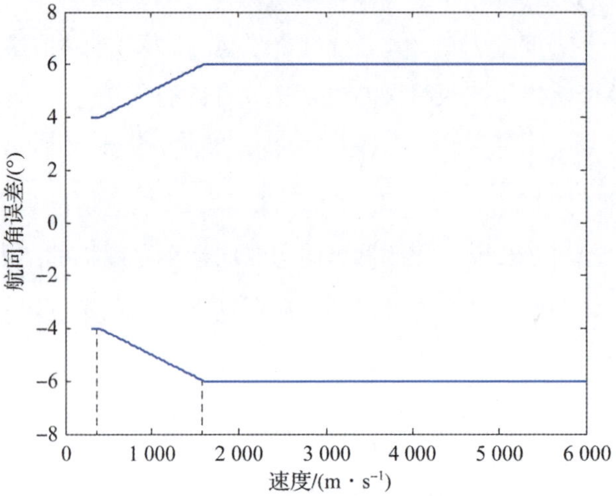

图 11.2 航向角误差走廊

11.1.5 标称轨迹

探测器进入时刻的初始状态由地面深空网提供，表 11.1 给出本章仿真所采用的初始状态及相应的误差。

表 11.1 本章仿真所采用的初始状态及相应的误差

状态	初值	误差（3σ）
r/km	3 522	±1
v/(m · s^{-1})	6 000	±5
γ/(°)	−11.5	±0.1
θ/(°)	0	±0.017 2
λ/(°)	0	±0.017 2
ψ/(°)	90	±0.5

由于标称阻力轨迹不但要保证探测器能够达到预定开伞点，还要满足飞行过程中的各种约束，如动压、过载、热流密度等，同时还要尽可能接近实际轨

迹，而小升阻比探测器的轨迹控制能力较弱，若标称轨迹与实际轨迹相差太大，探测器可能无法跟踪标称轨迹。因此，假设预定航程为992 km，采用文献［332］中的在线快速轨迹规划方法得到如图 11.3 所示的标称倾侧角和标称阻力轨迹。

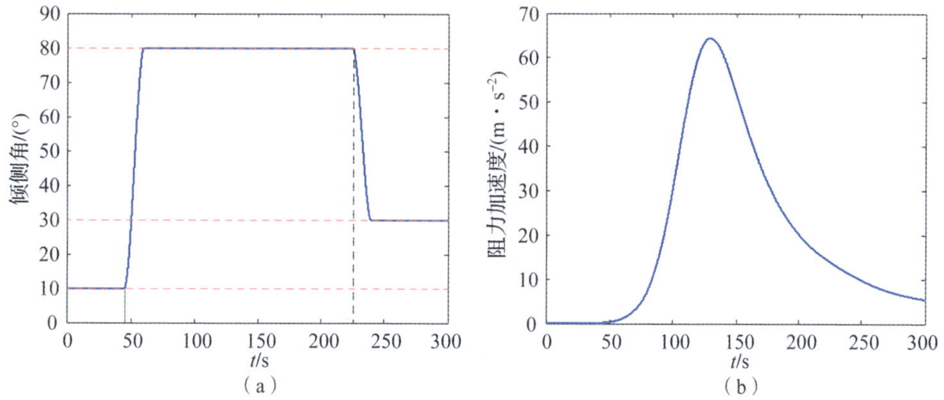

图 11.3　标称倾侧角和标称阻力轨迹

如前文所述，除了初始状态误差以外，对着陆精度影响最大的就是动力学方程中的不确定参数，主要有大气密度、弹道系数、升阻比等，其中大气密度和弹道系数的误差较大。表 11.2 给出了本章用到的几组参数误差。

表 11.2　参数误差

参数	不确定误差（正态分布）		
	误差 Ⅰ	误差 Ⅱ	误差 Ⅲ
大气密度	±10%	±20%	±30%
弹道系数	±5%	±10%	±15%
升阻比	±5%	±5%	±5%

11.1.6　仿真分析

并联前馈补偿器的参数为 $a_0 = 1e-5$，$a_1 = 0.2$，$k_c = -0.01$，权矩阵为

$$\boldsymbol{T}_p = \begin{bmatrix} 3\ 000 & & & \\ & 0.5 & & \\ & & 100 & \\ & & & 0.7 \end{bmatrix},\ \boldsymbol{T}_i = \begin{bmatrix} 1\ 500 & & & \\ & 1\ 500 & & \\ & & 1\ 500 & \\ & & & 1\ 500 \end{bmatrix} \tag{11-42}$$

增益初值 $k_{i,0} = [0\quad 0\quad 0\quad 0]^{\mathrm{T}}$，输出误差系数 $k_y = 0.01$，遗忘因子 $\sigma_c = 6$。为了对比文中设计的自适应闭环制导方法的效果，这里采用直接跟踪标称控制轨迹的开环制导方法作为最基本的制导方式。纵向采用 PD 控制探测器倾侧角跟踪制导指令，其参数为 $k_P = 6$，$k_D = 10$，横侧向采用倾侧角翻转逻辑。图 11.4 为参数误差取第一组时的落点散布情况。

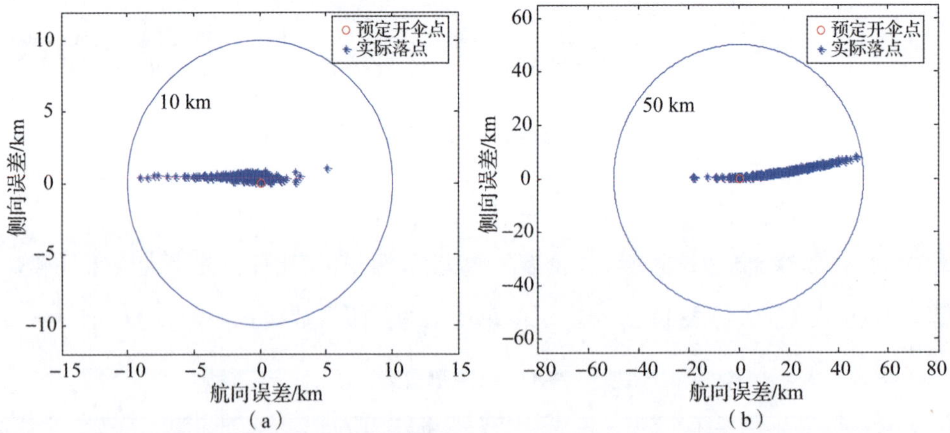

图 11.4 大气密度 ±10%、弹道系数 ±5%、升阻比 ±5% 时的落点散布误差

(a) 自适应制导；(b) 开环制导

可以看到采用基于 CGT 的直接自适应制导能够有效提高纵向制导精度，纵向误差由 50 km 减小到 10 km。图 11.5 中左图为状态跟踪误差。高度误差在 1 500 m 以内，末端速度误差小于 30 m/s²，基本满足任务要求。由于跟踪变量是阻力，所以状态误差受初值的影响比较大。

图 11.5 中右图为跟踪倾侧角与阻力跟踪误差。为了满足横侧向精度的要求，倾侧角进行了 2 ~ 4 次翻转。从图中可以看到，在 0 ~ 50 s 这段时间内，倾侧角一直保持在 90°，这是因为探测器刚刚进入大气层，由于大气稀薄，阻力很小，探

测器几乎不具备轨迹机动能力，因此为了节省燃料通常固定倾侧角。50 s 以后，为了尽快消除初始状态及参数误差的影响，倾侧角在 50 ~ 120 s 几乎一直处于饱和状态，这也是这段时间阻力跟踪误差较大的主要原因。虽然在 150 s 以后阻力跟踪误差变得很小，但是无法消除由于控制饱和而积累的高度和速度误差。图中 120 s 以后高度和速度误差基本保持不变就是这个原因。

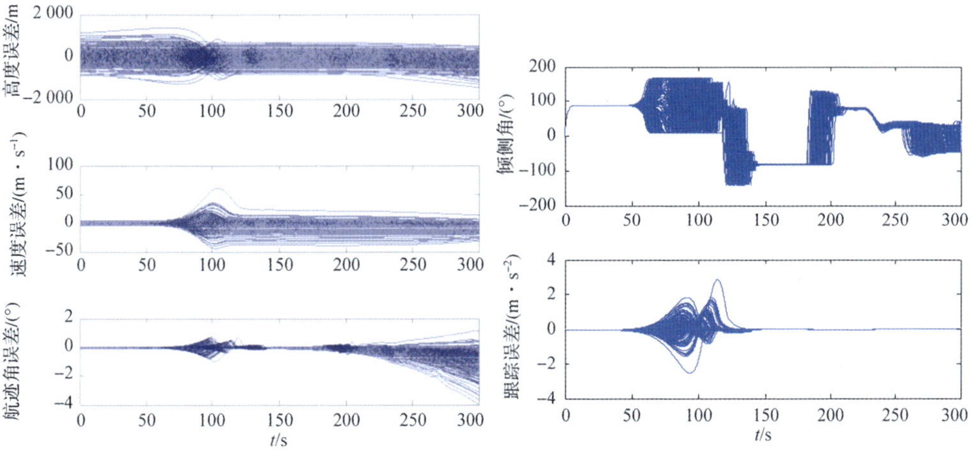

图 11.5 倾侧角与阻力跟踪误差

为了进一步验证该自适应制导方法的可行性和鲁棒性，分别采用第二组和第三组参数误差进行仿真，其仿真结果如图 11.6 和图 11.7 所示。

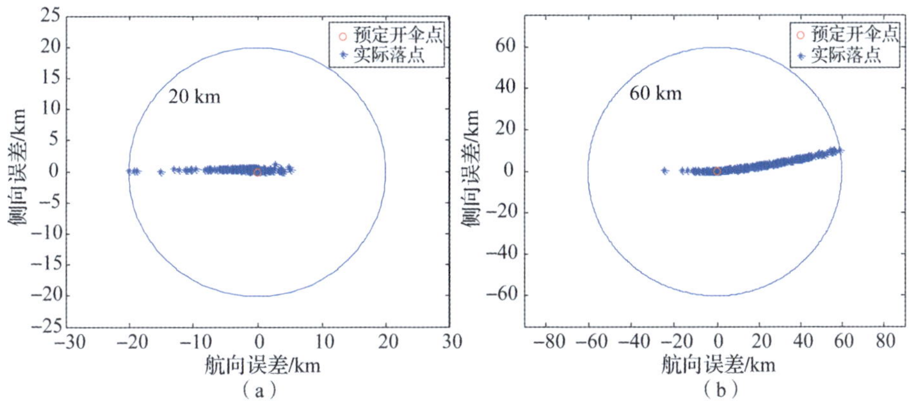

图 11.6 大气密度 ±20%、弹道系数 ±10%、升阻比 ±5% 时的落点散布误差

(a) 自适应制导；(b) 开环制导

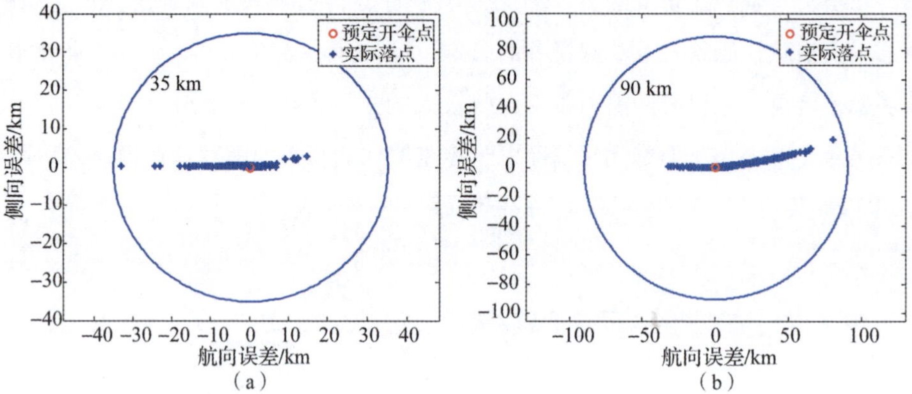

图 11.7 大气密度 ±30%、弹道系数 ±15%、升阻比 ±5% 时的落点散布误差

(a) 自适应制导；(b) 开环制导

随着参数误差的增大，开环与闭环制导的落点散布误差同时增大，闭环制导精度仍然显著高于开环制导精度，但是两者的比例却越来越小，说明随着误差的增大，闭环制导性能变差，其根本原因在于这一类小升阻比探测器的轨迹控制能力有限，当出现较大偏差时很难控制探测器回归到预定轨迹。

本节针对火星进入段参数存在不确定性误差这一问题，根据基于 CGT 的直接自适应控制原理提出了一种自适应制导算法，并且通过加并联前馈补偿器的方法把非线性的被控对象改造成几乎严格无源的，使其满足基于 CGT 的直接自适应控制方法要求。仿真结果表明，该制导算法能够有效克服不确定参数的影响，显著提高制导精度，显示出较强的鲁棒性。但由于是非线性系统，并联前馈补偿器没有固定的形式，不容易确定，这给自适应制导的实现带来一定的难度，而且自适应制导仅仅是针对参数不确定，对于未建模动态或外界不确定干扰的作用有限。

11.2 基于 RBF 神经网络的二阶滑模自适应跟踪制导方法

在已经获得鲁棒最优标称轨迹的基础上，本节所探讨的跟踪制导的任务就是要克服火星大气密度和进入器气动参数的不确定性引起的跟踪误差，从而完成火星进入鲁棒最优制导过程。为此，本节提出一种基于径向基函数（radial basis function，RBF）神经网络和二阶滑模控制（second - order sliding mode control，SOSMC）的火星大气进入鲁棒制导算法。首先，推导二阶滑模制导律，以便在较大的不确定性下稳定跟踪预先设计的鲁棒最优标称轨迹，并有效地减小纵向误差。然后，将径向基神经网络纳入二阶滑模制导律，在线逼近不确定性引起的跟踪误差，从而进一步提高制导精度。

11.2.1　纵向制导律设计

本节发展基于 RBF 神经网络的二阶滑模制导算法用于火星进入段。也就是说，倾侧角指令是基于二阶滑模控制和 RBF 神经网络导出的。根据时标分离原则，制导算法分为快回路和慢回路，然后分别为两个回路设计制导律。对于慢回路，设计了二阶滑模制导律用于鲁棒地跟踪预定的标称高度 - 航程轨迹。慢回路中的不确定性引起的轨迹跟踪误差通过 RBF 神经网络进行在线近似。同时，慢回路的输出，即预期的倾侧角，是姿态控制回路（快回路）的期望输入。快回路采用 PID（proportion - integral - derivative）控制器，使用脉冲宽度脉冲频率（pulse width pulse frequency，PWPF）调制器将连续控制信号调制成推力器的开关信号[174]。基于 RBF 神经网络和二阶滑模的火星进入制导框图如图 11.8 所示。

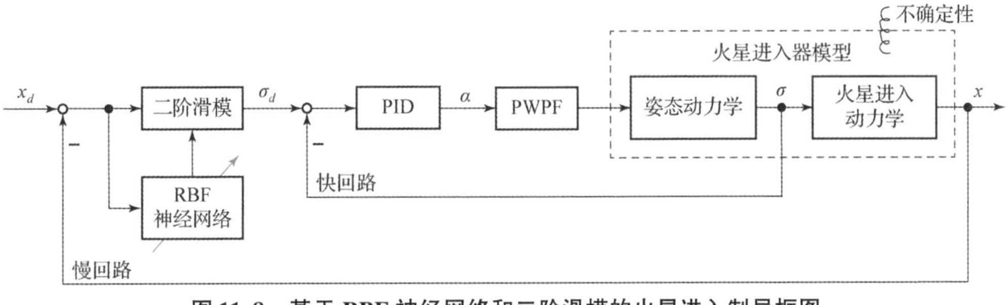

图 11.8　基于 RBF 神经网络和二阶滑模的火星进入制导框图

1. 火星进入的二阶滑模制导

火星进入制导问题的动力学是使倾侧角指令出现在正确给定的滑模向量的二阶导数上。因此，可以采用二阶滑模控制的特性来消除不希望的状态扰动，关键是要确保滑模面及其导数在有限时间内收敛到零，同时确保滑模面在终端时刻之前不会过零[159]。进入制导的设计是迫使进入器的纵向运动沿着双滑模演化。纵向方程包含三角函数，为便于推导制导律，先将其进行如下转换[333]：

$$x_1 = r \tag{11-43}$$

$$x_2 = s \tag{11-44}$$

$$x_3 = v\sin\gamma \tag{11-45}$$

$$x_4 = v\cos\gamma \tag{11-46}$$

式中，$v=\sqrt{x_3^2+x_4^2}$，$\sin\gamma = x_3/\sqrt{x_3^2+x_4^2}$，$\cos\gamma = x_4/\sqrt{x_3^2+x_4^2}$。于是，纵向动力学方程可以相应地改写为

$$\dot{x}_1 = x_3 \tag{11-47}$$

$$\dot{x}_2 = x_4 \tag{11-48}$$

$$\dot{x}_3 = -\frac{1}{2}\rho\sqrt{x_3^2+x_4^2}Bx_3 + \frac{1}{2}\rho\sqrt{x_3^2+x_4^2}B\frac{L}{D}x_4\cos\sigma + \frac{x_4^2}{x_1} - g + d_3 \tag{11-49}$$

$$\dot{x}_4 = -\frac{1}{2}\rho\sqrt{x_3^2+x_4^2}Bx_4 - \frac{1}{2}\rho\sqrt{x_3^2+x_4^2}B\frac{L}{D}x_3\cos\sigma - \frac{x_3x_4}{x_1} + d_4 \tag{11-50}$$

其中，d_3 和 d_4 表示来自火星大气密度和空气动力学参数的不确定干扰项；$\rho=\rho_0+\Delta\rho$，$B=B_0+\Delta B$，$L/D=L/D_0+\Delta L/D$；ρ_0，B_0，L/D_0 分别是火星的标称大气密度、弹道系数和升阻比；$\Delta\rho$，ΔB，$\Delta L/D$ 分别是相应的不确定性偏差。为简便起见，在下面的二阶滑模制导律设计中，$\cos\sigma$ 被视为控制变量。于是，方程（11-47）~（11-50）可以进一步改写为

$$\dot{x}_1 = x_3 \tag{11-51}$$

$$\dot{x}_2 = x_4 \tag{11-52}$$

$$\dot{x}_3 = f_3 + \Delta f_3 + (g_3 + \Delta g_3)u + d_3 \tag{11-53}$$

$$\dot{x}_4 = f_4 + \Delta f_4 + (g_4 + \Delta g_4)u + d_4 \tag{11-54}$$

式中，Δf_3，Δf_4，Δg_3，Δg_4 是系统不确定性项；f_3，f_4，g_3，g_4 分别被定义为

$$f_3 = -\frac{1}{2}\rho_0\sqrt{x_3^2+x_4^2}B_0x_3 + \frac{x_4^2}{x_1} - g \tag{11-55}$$

$$f_4 = -\frac{1}{2}\rho_0\sqrt{x_3^2+x_4^2}B_0x_4 - \frac{x_3x_4}{x_1} \tag{11-56}$$

$$g_3 = \frac{1}{2}\rho_0\sqrt{x_3^2+x_4^2}B_0\frac{L}{D_0}x_4 \tag{11-57}$$

$$g_4 = -\frac{1}{2}\rho_0\sqrt{x_3^2+x_4^2}B_0\frac{L}{D_0}x_3 \tag{11-58}$$

将上述不确定性项合并在一起，可获得更简洁的表达形式，即

$$\dot{x}_1 = x_3 \tag{11-59}$$

$$\dot{x}_2 = x_4 \tag{11-60}$$

$$\dot{x}_3 = f_3 + g_3 u + \Delta_3 \tag{11-61}$$

$$\dot{x}_4 = f_4 + g_4 u + \Delta_4 \tag{11-62}$$

式中，$\Delta_3 = \Delta f_3 + \Delta g_3 u + d_3$ 和 $\Delta_4 = \Delta f_4 + \Delta g_4 u + d_4$ 是不确定性扰动项，包括参数不确定性和未建模动力学。

由于仅有倾侧角为控制变量，因此火星进入器的轨迹控制能力通常非常有限。当大气密度、弹道系数和升阻比存在较大的不确定性时，实际轨迹可能明显偏离标称轨迹，并且控制系统无法同时跟踪标称的高度和航程剖面。因此，必须在高度和航程之间进行权衡，以满足不同任务的要求[174]。在本节中，选择加权的高度误差和航程误差作为跟踪误差，以便同时跟踪标称高度和航程剖面。由于降落伞开伞的高度对火星 EDL 起着决定性作用，因而高度加权系数稍大于航程加权系数。

令 a 和 b 分别为高度误差和航程误差加权系数，则高度和航程的加权轨迹可以构造为如下形式：

$$\xi_1 = a x_1 + b x_2 \tag{11-63}$$

$$\xi_2 = a x_3 + b x_4 \tag{11-64}$$

于是，式（11-59）~式(11-62）可以写成

$$\dot{\xi}_1 = \xi_2 \tag{11-65}$$

$$\dot{\xi}_2 = F + G u + \Delta \tag{11-66}$$

式中，$F = a f_3 + b f_4$，$G = a g_3 + b g_4$，$\Delta = a\Delta_3 + b\Delta_4$。

设 r_d 和 s_d 分别是标称高度轨迹和标称航程轨迹，则加权标称轨迹可以表达为

$$\xi_1^* = a r_d + b s_d \tag{11-67}$$

$$\xi_2^* = a \dot{r}_d + b \dot{s}_d \tag{11-68}$$

于是，制导跟踪误差定义为

$$e_1 = \xi_1 - \xi_1^* \tag{11-69}$$

$$e_2 = \xi_2 - \xi_2^* \tag{11-70}$$

因而，式（11－65）和式（11－66）所示的动力学方程可以改写为关于跟踪误差的方程式

$$\dot{e}_1 = e_2 \tag{11-71}$$

$$\dot{e}_2 = F + Gu + \Delta - \ddot{\xi}_1^* \tag{11-72}$$

选择第一个滑模面为

$$S_1 = e_1 = \xi_1 - \xi_1^* \tag{11-73}$$

式中，ξ_1^* 是加权的标称轨迹。取 S_1 关于时间的导数可得：

$$\dot{S}_1 = \dot{\xi}_1 - \dot{\xi}_1^* \tag{11-74}$$

式中，ξ_1^* 是加权的标称速度。

在这种情况下，制导问题可以表述为鲁棒控制问题，即找出倾侧角指令使滑模面 S_1 及其导数 $\dot{S}_1$ 在有限时间 t_f 内收敛到零。制导目标可以通过反步法来实现，其中 $\dot{S}_1$ 被视为虚拟控制器，并通过第一滑模面在有限时间内收敛为零来确定。为了保证运动状态在火星进入结束时到达零滑模面，虚拟控制变量在终端时刻 t_f 要为零。因而，虚拟控制器可以设计为如下形式[174,334]：

$$\dot{S}_1 = -\frac{\Lambda}{t_f - t} S_1 \tag{11-75}$$

其中，t_f 表示从进入点到指定降落伞开伞点的计划制导时间；Λ 是制导增益，它决定了第一滑模面趋于零的收敛速率，为确保第一滑模面及其导数均在有限时间内趋于零，Λ 必须大于 1。为确保运动状态在有限时间内到达零滑模面，虚拟控制律 $\dot{S}_1$ 必须具有全局稳定性。

定义 Lyapunov 函数为

$$V_1 = \frac{1}{2} S_1^{\mathrm{T}} S_1 \tag{11-76}$$

显然，所选的 Lyapunov 函数 V_1 的值具有以下性质

$$V_1(S_1) = 0,\ \text{if } S_1 = 0 \tag{11-77}$$

$$V_1(S_1) > 0,\ \forall\ S_1 \neq 0 \tag{11-78}$$

$$V_1(S_1) \to \infty,\ \text{if } S_1 \to 0 \tag{11-79}$$

同时，Lyapunov 函数的导数在各处都是负定的，即

$$\dot{V}_1 = S_1^{\mathrm{T}}\dot{S}_1 = -\frac{\Lambda}{t_{\mathrm{f}} - t}S_1^{\mathrm{T}}S_1 < 0 \tag{11-80}$$

因此，上述制导系统是全局稳定的。

在进入段开始时，由于不确定性扰动，方程（11－75）可能不完全满足。更重要的是，虚拟控制器必须与实际控制变量（倾侧角指令）相关，并确保滑模面 S_1 及其导数 $\dot{S}_1$ 收敛到零。通过定义第二滑模面来给出这种关联，即要通过引入第二滑模面来导出将 S_1 从其初始状态驱动到式（11－75）所示轨迹的倾侧角指令。另外，相应的倾侧角指令必须能够使系统保持在第二滑模面上，直到 S_1 和 $\dot{S}_1$ 趋于零。因此，第二滑模面可以定义为

$$S_2 = \dot{S}_1 + \frac{\Lambda}{t_{\mathrm{f}} - t}S_1 \tag{11-81}$$

滑模面 S_2 的一阶导数为

$$\dot{S}_2 = \ddot{S}_1 + \frac{\Lambda}{t_{\mathrm{f}} - t}\dot{S}_1 + \frac{\Lambda}{(t_{\mathrm{f}} - t)^2}S_1 \tag{11-82}$$

将式（11－72）代入式（11－82），有

$$\dot{S}_2 = F + Gu + \Delta - \ddot{\xi}_1^{*} + \frac{\Lambda}{t_{\mathrm{f}} - t}\dot{S}_1 + \frac{\Lambda}{(t_{\mathrm{f}} - t)^2}S_1 \tag{11-83}$$

因此，实际控制变量 u 可以通过 Lyapunov 直接法求得。这里，第二滑模面 S_2 的 Lyapunov 函数选择为

$$V_2 = \frac{1}{2}S_2^{\mathrm{T}}S_2 \tag{11-84}$$

显然，V_2 也具有与式（11－77）~式(11－79）所示的类似性质。此外，其导数可由下式计算：

$$\dot{V}_2 = S_2^{\mathrm{T}}\dot{S}_2 = S_2^{\mathrm{T}}\left[F + Gu + \Delta - \ddot{\xi}_1 + \Lambda\frac{(t_{\mathrm{f}} - t)\dot{S}_1 + S_1}{(t_{\mathrm{f}} - t)^2}\right] \tag{11-85}$$

采用指数收敛率，即有

$$\dot{S} = -\varepsilon\mathrm{sgn}(S) - kS \tag{11-86}$$

其中，$w_k = (-1)^k$，$k = 1, 2, \cdots, N-1$；$\mathrm{sgn}(S)$为符号函数并定义为

$$\mathrm{sgn}(S) = \begin{cases} 1, & S > 0 \\ 0, & S = 0 \\ -1, & S < 0 \end{cases} \tag{11-87}$$

于是，实际控制变量 u 可相应地确定为

$$u=\frac{1}{G}\left[-F-\Delta+\ddot{\xi}_1^*-\Lambda\frac{(t_f-t)\dot{S}_1+S_1}{(t_f-t)^2}-\varepsilon\mathrm{sgn}(S_2)-kS_2\right] \tag{11-88}$$

其中，$\varepsilon=\dfrac{|S_2(t_0)|}{|S_2(t_f^*)|}$，期望的到达时刻 $t_f^*<t_f$，Δ 代表加权的不确定性扰动项。

注 11.1 在式（11-86）中定义的指数收敛率是为了满足滑模到达条件 $S\dot{S}<0$。而根据 Lyapunov 稳定性理论，当时间趋于期望的到达时间 $\delta\boldsymbol{X}_i\triangleq\delta\boldsymbol{X}(\boldsymbol{\lambda}_i)$ 时，第二滑模面将收敛到零。因此，当时间趋于计划的制导时间 t_f 时，第一滑模面及其导数也都会收敛到零。

2. 基于 RBF 神经网络的自适应逼近

由于不确定项 Δ 在实际中是未知的，而式中给出的二阶滑模制导控制律认为不确定项 Δ 是有界的，且需要预先知道界，因而这里引入 RBF 神经网络。RBF 神经网络具有良好的非线性逼近能力，可用于通过在线调整网络权重和中心向量来逼近不确定性项 Δ 的值。事实上，如果隐含层的神经元的数量足够多，RBF 神经网络理论上能够逼近任何非线性函数。如图 11.9 所示，RBF 神经网络本质上是个单隐含层前馈网络，包括输入层、隐含层和输出层。隐含层中的神经元包含高斯传递函数，其输出与距神经元中心的距离成反比[335,336]。

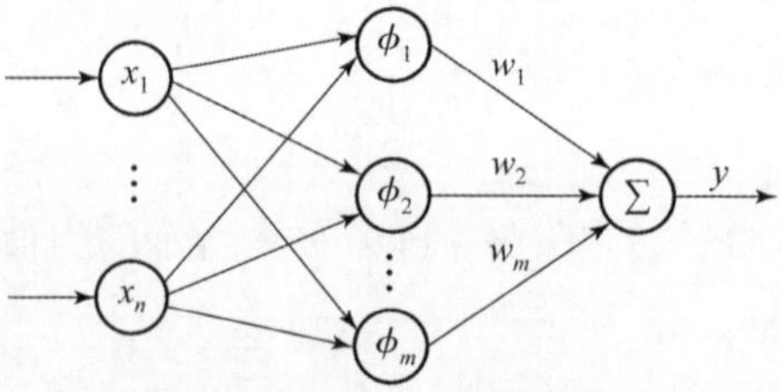

图 11.9 RBF 神经网络结构[331]

RBF 神经网络的总输出是隐含层输出的线性加权和，其输入输出关系可表示为

$$\boldsymbol{y}=\boldsymbol{w}^{\mathrm{T}}\boldsymbol{\phi}(\bar{\boldsymbol{x}},\boldsymbol{c}) \tag{11-89}$$

式中，$\boldsymbol{y}$ 表示神经网络输出，$\boldsymbol{w}$ 表示输出层权重，$\bar{\boldsymbol{x}}$ 表示神经网络输入，$\boldsymbol{c}$ 表示高斯函数的中心向量；$\boldsymbol{\phi}$ 表示高斯基函数，定义为

$$\boldsymbol{\phi}(\bar{\boldsymbol{x}},\boldsymbol{c})=\exp\left[\frac{-(\bar{\boldsymbol{x}},\boldsymbol{c})^{\mathrm{T}}(\bar{\boldsymbol{x}},\boldsymbol{c})}{2b_i^2}\right] \tag{11-90}$$

式中，$\delta\boldsymbol{X}_0=\boldsymbol{x}_I^d-\boldsymbol{X}_0^*$ 是高斯基函数的宽度。为了消除标准二阶滑模控制中有界的未知扰动项的这一强制约束，利用 RBF 神经网络估计不确定项如下：

$$\tilde{\Delta}=\hat{\boldsymbol{w}}^{\mathrm{T}}\phi(\bar{\boldsymbol{x}},\hat{\boldsymbol{c}}) \tag{11-91}$$

因此，可得带有 RBF 神经网络的二阶滑模制导律为

$$u=\frac{1}{G}\left[-F-\tilde{\Delta}+\ddot{\xi}_1^*-\Lambda\frac{(t_{\mathrm{f}}-t)\dot{S}_1+S_1}{(t_{\mathrm{f}}-t)^2}-\varepsilon\operatorname{sgn}(S_2)-kS_2\right] \tag{11-92}$$

其中，$\tilde{\Delta}$ 是 RBF 神经网络的输出。RBF 神经网络的输入 $\bar{\boldsymbol{x}}=\boldsymbol{x}-\boldsymbol{x}_d$ 是制导系统的跟踪误差。

高斯基函数 $\boldsymbol{x}_F^d$ 的宽度对近似结果没有明显影响，因此，为简便起见，可将 b_i 设为常数[174]。实际上，很难选择合适的网络权重和中心向量，这里采用自适应网络权重和中心向量以避免该问题，即使用以下自适应调节规则可以确保闭环控制系统的稳定性：

$$\dot{\hat{\boldsymbol{w}}}=\Gamma_w(\phi(\bar{\boldsymbol{x}},\hat{\boldsymbol{c}})\boldsymbol{S}-\lambda_w\hat{\mathbf{w}}) \tag{11-93}$$

$$\dot{\hat{\boldsymbol{c}}}=\Gamma_c(\dot{\phi}_c^{\mathrm{T}}\hat{\mathbf{w}}S-\lambda_c\hat{\boldsymbol{c}}) \tag{11-94}$$

其中，$\dot{\phi}_c$ 为 $\phi(\bar{\boldsymbol{x}},\hat{\boldsymbol{c}})$ 的偏导数；Γ_w，Γ_c，λ_w，λ_c 为自适应参数。通过在表 11.1 和表 11.6 所示取值范围内分别取初始状态和动力学参数的值，以 100 次仿真计算的结果作为本章神经网络训练所需样本轨迹，由常用的梯度下降法[335]可得 RBF 神经网络的自适应参数 Γ_w，Γ_c，λ_w，λ_c。

侧向制导律则直接参考 11.1.4 小节，这里不再赘述。

11.2.2　火星进入鲁棒跟踪制导仿真

仿真环境 MATLAB/Simulink。仿真步长（制导周期）设为 1 s，采用四阶 Runge - Kutta 算法作为微分方程的数值求解器。实际任务中，进入器的初始状态由深空测控网提前数小时注入，受定轨误差和摄动影响，进入器的进入段初始状态值存在不确定的初始误差，如表 11.3 所示。火星进入器的物理参数如表 11.4 所示。表 11.5 中还给出了在仿真中使用的火星环境参数。表 11.6 给出了仿真中所考虑的动力学参数不确定性。RBF 神经网络的参数设置：隐含层节点数为 15；参数 Γ_w、Γ_c、λ_w、λ_c 分别设置为 0.001、1、20、0.03；矢量宽 b_1b_i 设置为 300。

二阶滑模参数设置为$\varepsilon=0.0005$，$k=0.1$，$a=1$，$b=0.15$，倾侧角加速度的最大值为5°/s²。为了验证所提出的制导算法在不确定条件下的有效性和鲁棒性，本节对其进行蒙特卡洛仿真分析，不考虑火星进入制导过程中的导航误差。

表 11.3 初始状态和初始误差

状态变量	初始值	初始误差（3σ）	单位
r	3 522	±1	km
v	6 000	±5	m/s
γ	-11.5	±0.1	(°)
θ	0	±0.017 2	(°)
λ	0	±0.017 2	(°)
ψ	90	±0.5	(°)

表 11.4 火星进入器的物理参数

参数	符号	取值	单位
质量	m	2 920	kg
弹道系数	B_c	121.174	kg/m²
阻力系数	C_D	1.45	—
升阻比	L/D	0.24	—

表 11.5 火星环境参数

参数	符号	取值	单位
引力常数	G_M	4.282829×10^{13}	m^3/s^2
火星参考半径	r_M	3 386.6	km
大气高度	h_0	125	km
参考大气密度	ρ_0	0.015 8	kg/m^3
高度系数	h_s	9 354.5	m

表 11.6　动力学不确定性参数设置

不确定性参数	不确定随机误差（3σ）		
	算例 1	算例 2	算例 3
火星大气密度 ρ	±10%	±20%	±30%
弹道系数 B_c	±5%	±10%	±15%
升阻比 L/D	±5%	±10%	±15%

为验证本章方法的正确性，首先对本章的径向基神经网络二阶滑模制导（RBF neural network second order sliding mode guidance，RNNSOSMG）算法与文献［175］中的用于火星进入段的神经网络滑模变结构制导（neural network sliding mode variable structure guidance，NNSMVSG）算法的仿真结果进行对比。采用与文献［175］中相同的仿真参数，其在标称仿真条件中包括常值偏差和随机误差。相应的 1 000 次蒙特卡洛仿真结果如图 11.10 和图 11.11 所示。图 11.10 显示末端最大误差椭圆半径从 NNSMVSG 的 8 km 显著减小到 RNNSOSMG 的 1.2 km，图 11.11 显示终端高度误差和航程误差分别小于 0.78 km 和 1.5 km。这些可归功于所得的鲁棒最优标称轨迹是一条大概率最优轨迹，加之二阶滑模制导具有更好的跟踪性能，以及 RBF 神经网络能根据跟踪误差有效地逼近二阶滑模制导中的不确定项，从而大幅提高了制导精度，如表 11.7 所示。

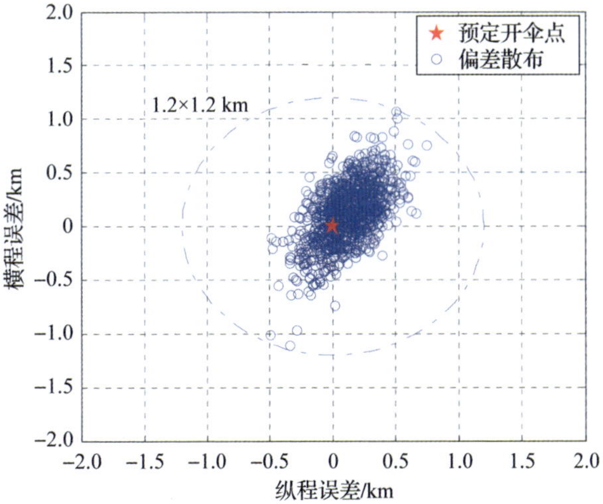

图 11.10　开伞点偏差（验证算例）

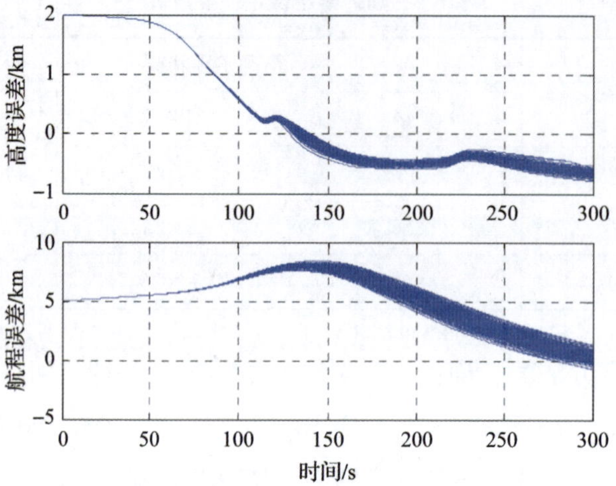

图 11.11 高度误差和航程误差（验证算例）

在算例 1 中，分别将 10%、5% 和 5% 的随机误差包含到标称大气密度、弹道系数和升阻比中，进行了 1 000 次蒙特卡洛仿真，相应的仿真结果如图 11.12 ~ 图 11.15 所示。所提出的 RNNSOSMG 制导在降落伞开伞点处的脱靶量如图 11.12 所示，其中与最坏情况对应的最大误差椭圆半径小于 1 km，能够满足未来火星定点着陆任务所要求的百米量级着陆偏差。

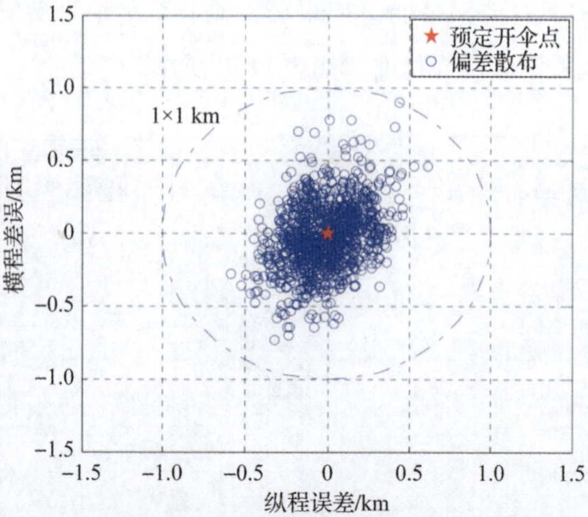

图 11.12 开伞点偏差（算例 1）

图 11.13 给出了 1 000 次蒙特卡洛仿真的高度误差和航程误差曲线，图 11.14 展示了相应的垂直速度和水平速度误差曲线。图 11.13 给出终端高度误差

和航程误差分别小于 0.1 km 和 0.9 km。从图 11.13 中可以看出，高度跟踪误差的大小明显小于航程跟踪误差的大小。高度跟踪精度优于航程跟踪精度的原因在于高度加权系数 a 被设置得比仿真中的航程加权系数 b_i 要大。从图 11.13 和图 11.14 中可以看出，与加权系数设置有关的另一个重要结果是高度跟踪和航程跟踪之间存在明显的竞争关系。在初始飞行阶段，由于权重系数 a 较大，首先利用大部分气动力来减小高度跟踪误差，直到高度跟踪误差被引导到较小的水平，航程控制才起作用。图 11.15 展示了倾侧角曲线，可以看出，为了满足侧向制导精度的要求，倾侧角进行了两次反转。

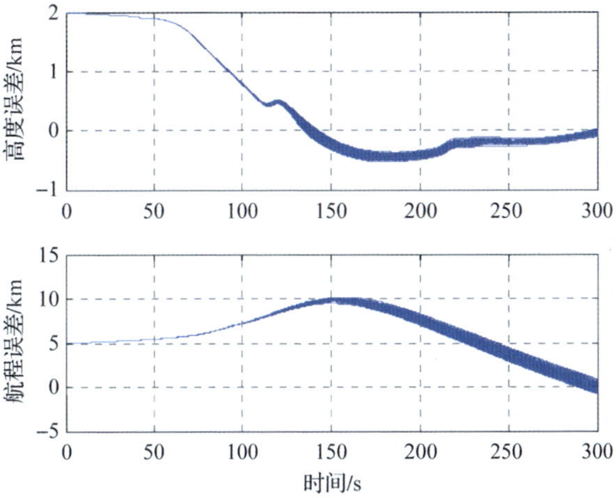

图 11.13　高度误差和航程误差（算例 1）

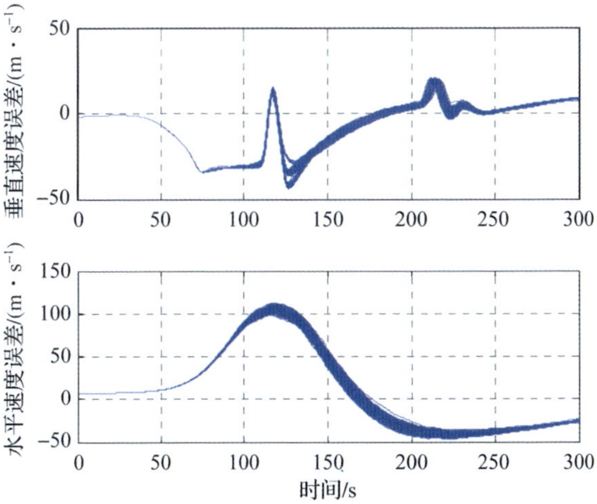

图 11.14　垂直速度误差和水平速度误差（算例 1）

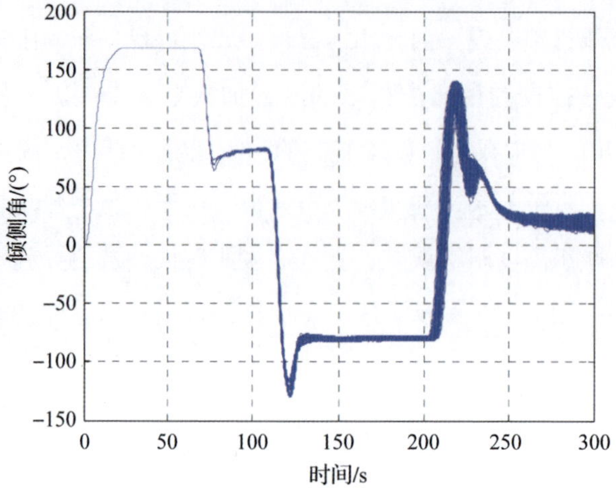

图 11.15 倾侧角剖面（算例 1）

通过对比图 11.13 中的高度误差曲线和垂直速度误差曲线与图 11.15 中的倾侧角曲线可以发现，当进行倾侧角反转时，高度跟踪误差和垂直速度跟踪误差都显著增加。这是因为，在实际应用中，对角加速度的大小有工程约束（如在我们的仿真中最大角加速度被设置为 $5°/s^2$），因而倾侧角的反转需要一定的过渡时间，这不可避免地导致用于高度跟踪控制的气动升力在这期间短暂降低。另外，在火星大气进入的初始阶段，由于大气稀薄，致使进入器的轨迹控制能力较弱，存在明显的倾侧角饱和现象，大幅降低了制导性能，导致较大的跟踪误差。图 11.13 和图 11.14 清楚地表明，航程跟踪误差和速度跟踪误差在开始阶段逐渐增加，然后随着控制力随高度降低而不断增加，从而使航程跟踪误差和速度跟踪误差在进入段后期降到较低的水平。

为了进一步验证 RNNSOSMG 制导算法在不确定度下的鲁棒性，算例 2 和算例 3 在算例 1 中定义的动力学参数随机误差基础上进一步加倍，相应的蒙特卡洛仿真结果显示图 11.16 ~ 图 11.23 中。仿真曲线显示出与算例 1 基本类似的变化趋势，其差别是跟踪误差的大小和相应的误差包络的宽度。从图 11.17、图 11.18、图 11.21、图 11.22 中可以看出，随着随机误差幅度的不断增大，跟踪误差越来越大，相应的误差包络也越来越宽。图 11.16 和图 11.20 分别给出了算例 2 和算例 3 的目标脱靶量散布，相应的最大误差椭圆半径分别小于 2.2 km 和

3.4 km。图 11.17 所示的算例 2 的进入段终端高度误差和航程误差分别小于 1.1 km 和 2.1 km。图 11.21 所示的算例 3 的相应终端高度误差和航程误差分别小于 2.1 km 和 2.9 km。

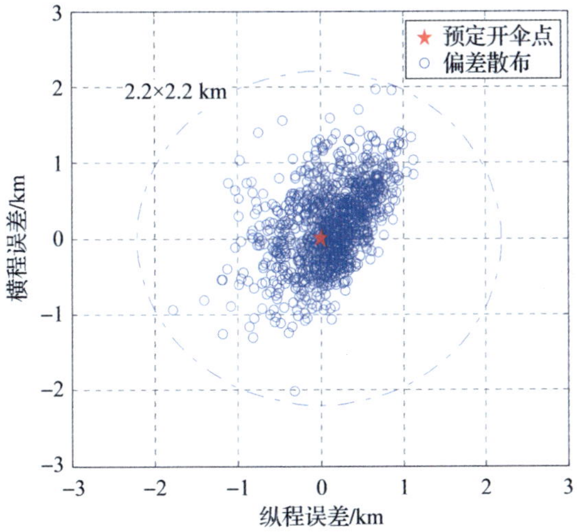

图 11.16　开伞点偏差（算例 2）

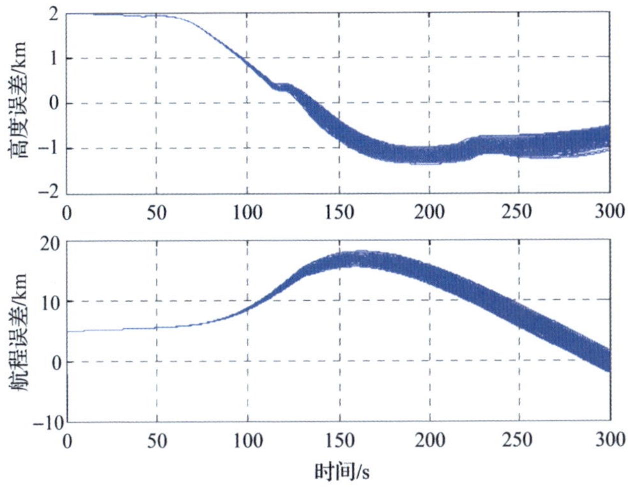

图 11.17　高度误差和航程误差（算例 2）

本章发展的径向基神经网络二阶滑模制导算法在初始状态不确定性和动力学参数不确定性条件下，其跟踪制导误差均小于文献［165，175］的结果，表明本章提出的制导算法具有较好的鲁棒性和精确性，如表 11.7 所示。与算例 1 中的现象类似，在算例2和算例3中，在初始飞行阶段之后，以高度跟踪精度的轻微退化为代价，航程的跟踪性能逐渐改善。出现这种情况的根本原因是仅采用调节倾侧角的方式来同时跟踪标称的高度和航程轨迹。需要指出的是，随着随机误差幅度的不断增大，可能需要多于三次的反转才能满足横向误差要求，这一点在图11.22和图11.23中有所体现。

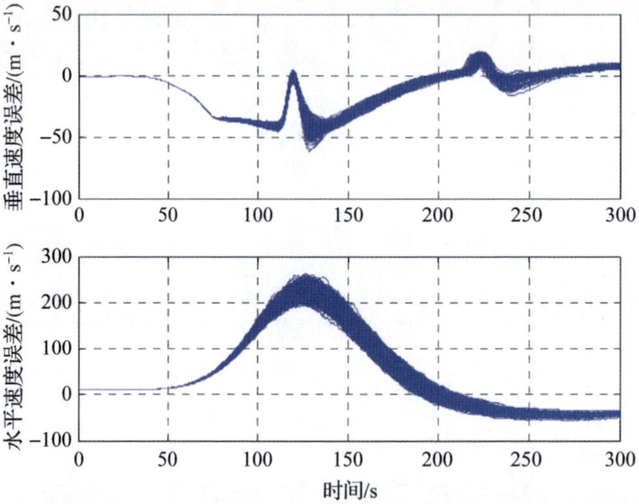

图 11.18 垂直速度误差和水平速度误差（算例2）

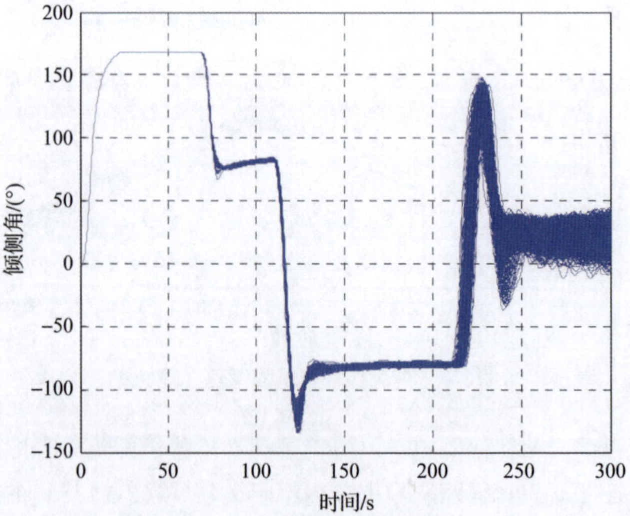

图 11.19 倾侧角剖面（算例2）

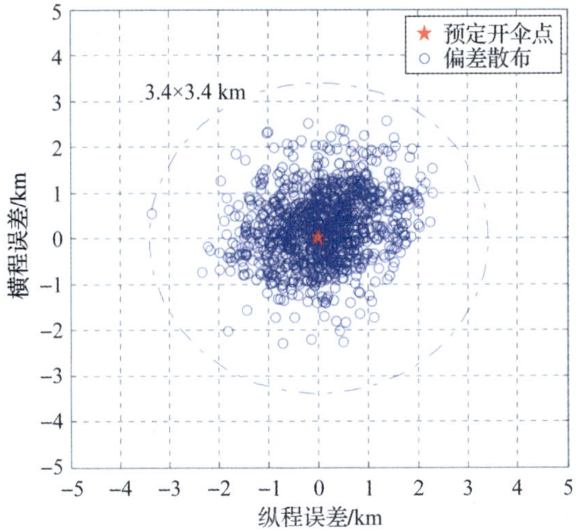

图 11.20　开伞点偏差（算例 3）

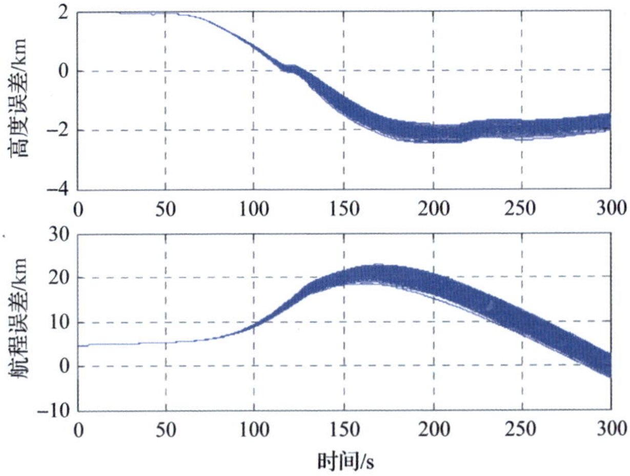

图 11.21　高度误差和航程误差（算例 3）

表 11.7　开伞点误差对比

仿真算例	文献［175］的仿真设置		本章的仿真设置		
	文献［175］的方法	本章方法验证算例	算例 1	算例 2	算例 3
开伞点误差	8 km[175]	1.2 km	1 km	2.2 km	3.4 km

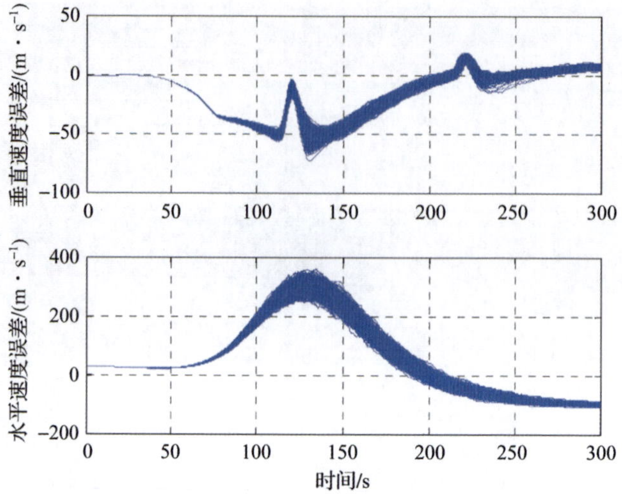

图 11.22 垂直速度误差和水平速度误差（算例 3）

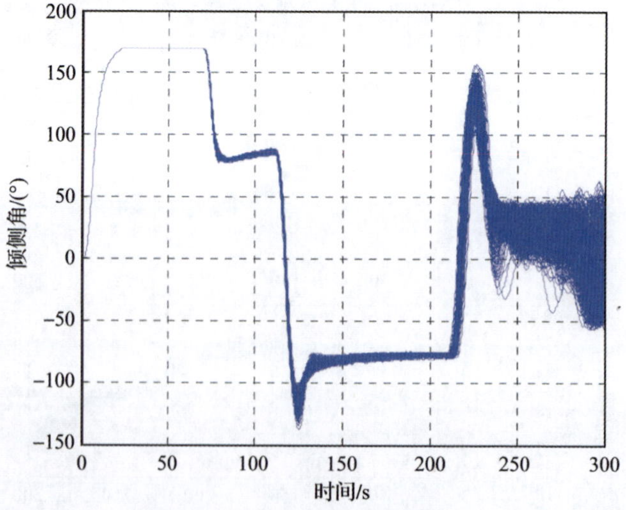

图 11.23 倾侧角剖面（算例 3）

11.3 小结

针对火星进入鲁棒最优制导问题，本章通过对鲁棒最优标称轨迹的鲁棒跟踪来实现鲁棒最优制导。相应地，本章还发展了基于径向基神经网络和二阶滑模的火星进入鲁棒跟踪制导算法，从而在不确定性条件下消除跟踪误差，实现对鲁棒最优标称轨迹的稳定鲁棒跟踪，进而使实际飞行轨迹逼近鲁棒最优轨迹。

第 12 章
火星进入预测校正制导方法

12.1 预测校正制导方法

无论是载人飞船的进入舱，还是无人飞行器的进入舱，为了成功地降落到火星上，必须解决好进入轨迹的设计和制导方法的选择问题。合适的进入轨迹设计和制导规律可以使进入时受到的过载减小、热负荷减轻，且可以减小着陆点的偏差[337]。以火星实验室为例，探测器进入的制导指的是探测器以配平攻角在大气中飞行，由配平攻角在探测器纵向平面内产生升力，利用姿控推力器控制探测器的倾侧角，从而改变升力在空间中的方向，达到轨迹控制的目的。

火星进入制导方法可以分为两类：标称轨迹法和预测制导法。标称轨迹法是在探测器的计算机中预先装订标称再入轨迹参数，它们既可以是时间的函数，也可以是速度的函数，甚至是参数组合的函数，然后依据测量得到的当前状态与标称状态的误差，再通过设计好的进入制导规律，获得下一时刻的控制量，以实现跟踪标称轨迹，最终到达预定区域。预测制导法则是根据当前测量到的状态，结合基准控制方案，预测落点位置，从落点位置的偏差出发，结合设计好的预测校正制导率不断地修正控制量[338]，以期能够在终端时刻使落点位置和条件达到可以接受的范围。由于预测制导法以落点位置作为参考量，而不是像标称轨迹法那样跟踪事先设计好的标称轨迹，会使预测落点法的落点精度更高，控制方案更容易实现。

12.1.1 纵向制导

预测校正制导法是指通过比较实时飞行状态对应的实际落点和理论落点间的偏差，控制这一偏差产生控制指令，对飞行器进行控制，到达理论落点位置。预测校正制导对初始条件不敏感，制导精度相比于标称轨迹制导大幅提高。但在线实时预测计算量很大，对机载计算机性能要求很高，目前还未实现实际工程应用。

本节以火星科学实验室（MSL）经典预测校正制导方法作为参考基准，与上一章的基于 RBF 神经网络的多滑模制导方法作比较。制导一般可以将横向制导与纵向制导分离，降低制导方案的求取难度。纵向动力学模型为

$$\begin{cases}\dot{r} = v\sin\gamma \\ \dot{v} = -D - g_M\sin\gamma \\ \dot{\gamma} = \dfrac{1}{v}L\cos\sigma + \left(\dfrac{v}{r} - \dfrac{g_M}{v}\right)\cos\gamma \\ \dot{s} = v\cos\gamma\end{cases} \tag{12-1}$$

预测校正制导的基本思想：首先将当前的飞行状态和控制输入到积分器，根据式（12-1）计算出当前飞行状态对应的实际落点位置；然后计算实际落点位置和给定理论落点位置的偏差，判断这一偏差是否小于某一给定的精度，如果不满足精度要求，则根据制导方法迭代产生新的控制，并重新输入到积分器进行预测。

火星科学实验室（MSL）预测校正制导方案的控制模型由下式给出：

$$\phi_d = \phi_{\text{des}}\left(\frac{v - v_f}{v_0 - v_f}\right) + \phi_{\min} \tag{12-2}$$

控制模型如图 12.1 所示。

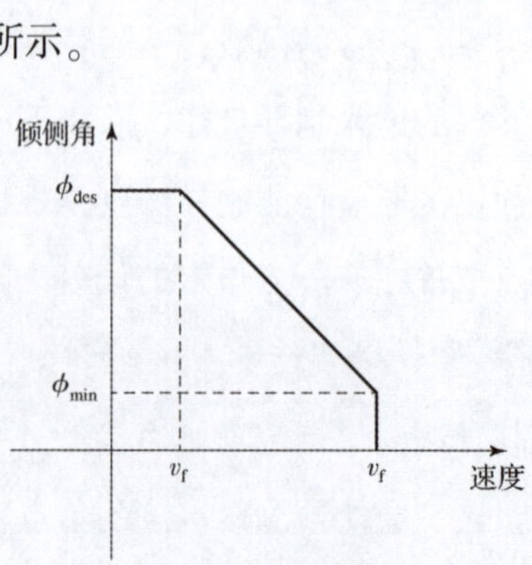

图 12.1　控制模型

预测校正：预测校正过程中只改变 ϕ_{des} 的大小，使探测器的最终航程达到预定目标，完成制导任务。对航程倾侧角公式进行泰勒展开，并忽略二次及以上极小项，可得：

$$\Delta Ds = \frac{\partial Ds}{\partial \phi_{des}} \Delta \phi_{des} \tag{12-3}$$

为了达到校正目的，需要另校正所产生的校正航程等于负的航程误差：

$$\Delta Ds = -Ds \tag{12-4}$$

综合以上两个式子，可以得出预测校正量：

$$\Delta \phi_{des} = -Ds \left[\frac{\partial Ds}{\partial \phi_{des}} \right]^{-1} \tag{12-5}$$

式中，

$$\frac{\partial Ds}{\partial \phi_{des}} = \frac{Ds(\phi_{des} = \phi_{pert}) - Ds(\phi_{des} = \phi_{cur})}{\phi_{per} - \phi_{cur}} \tag{12-6}$$

为了实现制导方法的有效性与稳定性，还需要对预测校正量进行限制，把校正量约束到某一范围：

$$|\Delta \phi_{des}| <= \Delta \phi_{max} \tag{12-7}$$

12.1.2　横向制导

侧向制导率设计：纵向轨迹计算得到倾侧角的余弦函数的大小，即 $\cos\sigma$ 的大小，根据余弦函数与正弦函数的特性可知，只有同时确定两个函数的大小，才能在一个周期内确定角度的正负及大小。所以，从根本上讲，纵向轨迹制导方法只得到了倾侧角的大小，而倾侧角的正负情况要通过其他方法获得，即侧向制导需要设计独立的制导方法。本节采用航向角误差走廊（侧向走廊）方法进行侧向制导，以确定倾侧角的正负。

航向角误差定义为当前航向角 Ψ 与设计航向角 Ψ_d 之差：

$$\Delta \Psi = \Psi - \Psi_d \tag{12-8}$$

根据航向角的物理意义可知，航向角应介于 0 到 π 之间，所以定义设计航向角为

$$\Psi_d = \arctan\left(\frac{\sin(\theta_T - \theta)}{\cos\lambda \tan\lambda_T - \sin\lambda \cos(\theta_T - \theta)} \right)$$

$$+0.5\pi\left(1-\operatorname{sign}\left(\frac{\sin(\theta_T-\theta)}{\cos\lambda\tan\lambda_T-\sin\lambda\cos(\theta_T-\theta)}\right)\right) \tag{12-9}$$

式中，λ_T，θ_T 为开伞点经纬度。

为了确保航向角误差在误差走廊内，在初始时刻，飞行器的飞行轨迹必须经过开伞点上空，因此，初始时刻的倾侧角符号应满足：

$$\operatorname{sgn}(\sigma_0) = -\operatorname{sgn}(\Delta\Psi_0) \tag{12-10}$$

当制导开始之后，倾侧角符号按下式确定：

$$\operatorname{sgn}(\sigma)=\begin{cases}\operatorname{sgn}(\sigma(t_{k-1})), & |\Delta\Psi| < \Delta\Psi_H(V)\\ -\operatorname{sgn}(\Delta\Psi(V)), & |\Delta\Psi| \geqslant \Delta\Psi_H(V)\end{cases} \tag{12-11}$$

航向角误差走廊如图 12.2 所示。

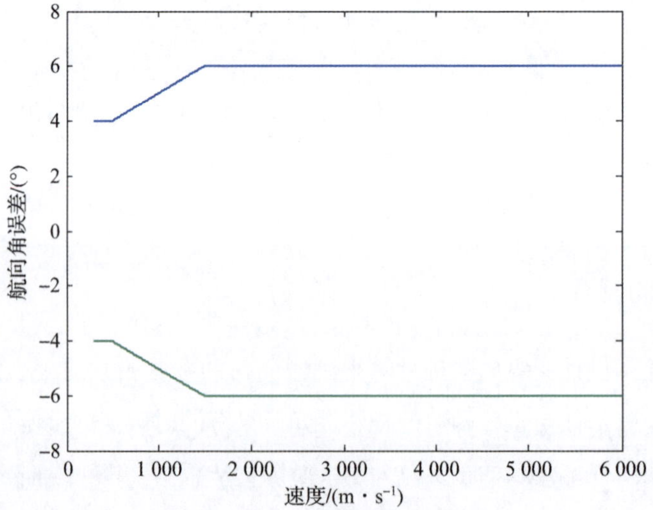

图 12.2 航向角误差走廊

12.1.3 仿真分析

(1) 只考虑初始状态误差对航程的影响，以验证该预测校正制导方法的有效性。倾侧角的设计不仅要确保飞行器最终经过开伞点上空，还要满足各种过程约束（过载约束、气动加热率约束及动压约束）。由于火星大气非常稀薄，飞行器进入大气层后，进入时间短，校正控制能力有限，所以初始状态误差不宜过大。初始进入状态误差如表 12.1 所示。

表 12.1　初始进入状态误差

状态	r/km	V/(m·s^{-1})	γ/(°)	θ/(°)	λ/(°)	ψ/(°)
初始值	3 522	6 000	−15.2	0	0	90
误差范围	±1	±50	±0.1	±0.017 2	±0.017 2	±0.5

获得仿真结果如图 12.3 ~ 图 12.5 所示。

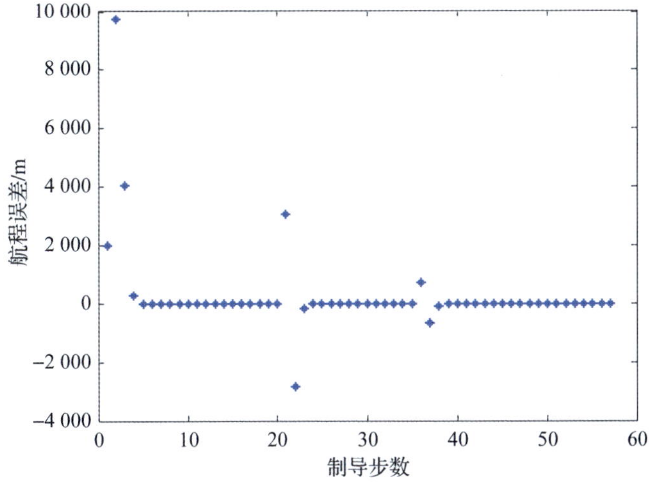

图 12.3　预测校正制导无大气模型误差时的航程差

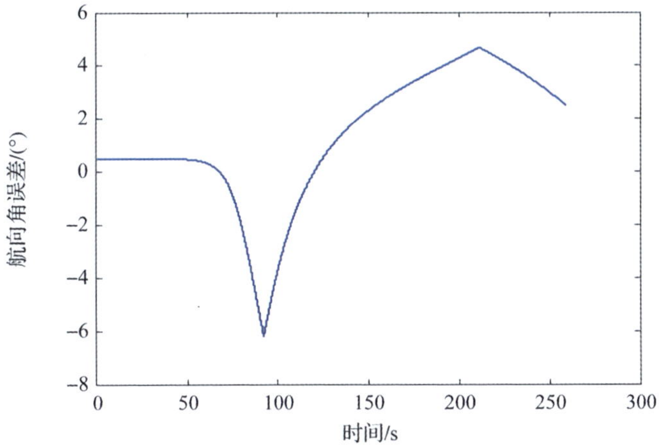

图 12.4　预测校正制导无大气模型误差时的航向角误差

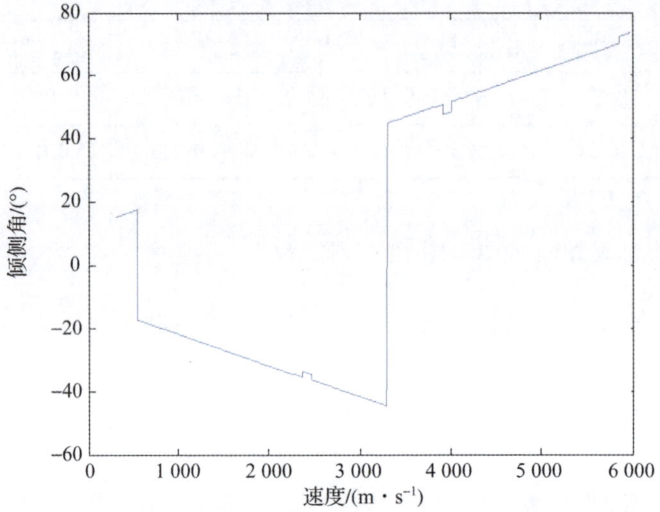

图 12.5 预测校正制导无大气模型误差时的控制量

从图 12.3 中可以看出，该预测校正制导方法能够较好地完成制导任务，航程误差为 $4.656\,6\times10^{-6}$ m，而且可以看出每当倾侧角变号时，都会产生一定的航程误差。从图 12.5 中可以看出，控制方案简单，仅有两次变号，容易实现。

(2) 但是由于在火星进入时制导系统模型存在极大的不确定性，所以在存在初始状态误差的基础上，加入如图 12.2 所示的参数误差用于仿真火星真实进入时的不确定性因素。

表 12.2 模型常值和随机误差

参数	常值误差/%	随机误差/%
大气密度	15	20
弹道系数	−10	10
升阻比	−10	10

仿真结果如图 12.6 ~ 图 12.8 所示。

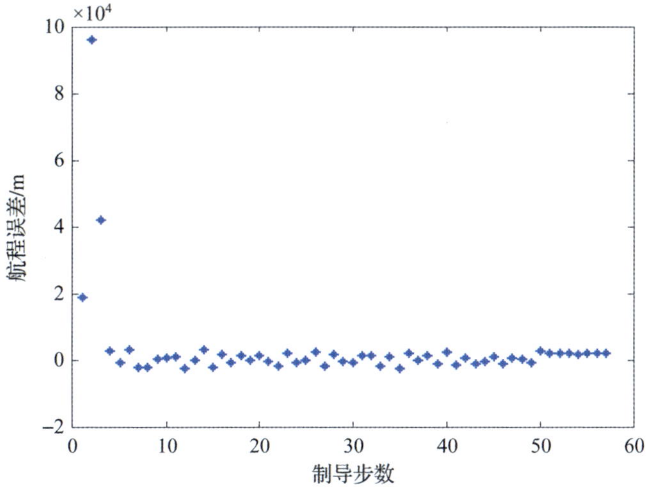

图 12.6　预测校正制导有大气模型误差时的航程差

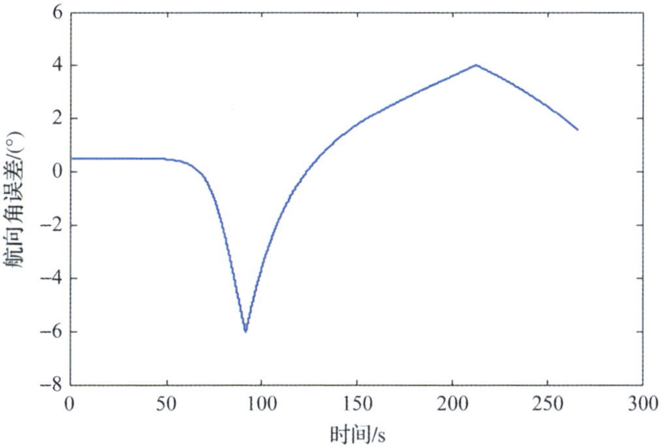

图 12.7　预测校正制导有大气模型误差时的航向角误差

从图 12.6 ~ 图 12.8 中可以看出，当考虑大气模型误差时，最终航程误差变大，为 2 136.5 m 左右，此时传统的预测校正算法已经降低了制导系统的制导效率，不能满足火星精确着陆的要求，因此迫切需要设计一种鲁棒性和稳定性好的制导算法来完成制导任务。

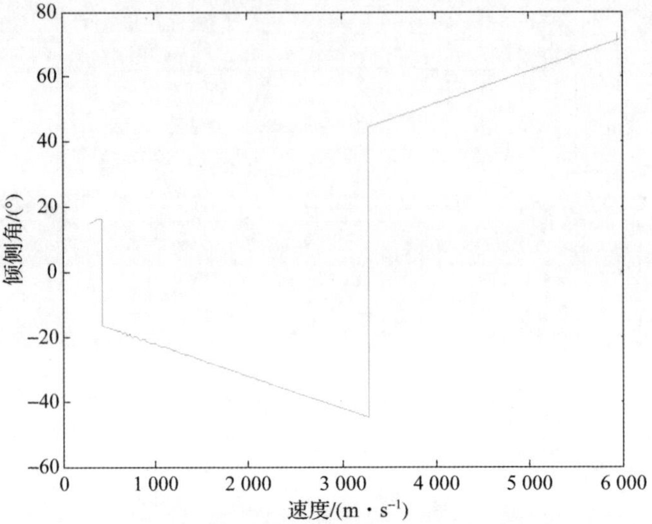

图 12.8 预测校正制导有大气模型误差时的控制量

12.2 ETPC 制导

ETPC 制导算法是 MSL 和天问一号任务中实际应用的制导律，虽然该方法需要参考轨迹，但不进行参考轨迹跟踪，而是根据伴随（对偶）系统理论和常值控制增量假设来消除航程误差，从而得到所需的控制增量，因此从算法逻辑上来说属于解析预测 - 校正制导。

有量纲的火星进入纵向动力学模型为

$$\begin{cases}\dot{R} = V\cos\gamma \\ \dot{V} = -D - g\sin\gamma \\ \dot{\gamma} = \dfrac{L\cos\sigma}{V} + \left(\dfrac{V}{r} - \dfrac{g}{V}\right)\cos\gamma \\ \dot{r} = V\sin\gamma\end{cases} \tag{12-12}$$

式中，各物理量的定义和取值参考 2.1.4 小节，本节不再赘述。

若定义状态量 $\boldsymbol{x} = [s, V, \gamma, r]^{\mathrm{T}}$，控制量 $u = \dfrac{L\cos\sigma}{D}$，状态增量 $\delta\boldsymbol{x} = \boldsymbol{x} - \boldsymbol{x}^*$ 和控制修正 $\delta u = u - u^*$，并将式（12 - 12）在参考轨迹 $\{\boldsymbol{x}^*, u^*\}$ 处一阶线性展开可

得线性误差系统：

$$\delta\dot{\boldsymbol{x}} = \boldsymbol{A}(\boldsymbol{x}^*, u^*)\delta\boldsymbol{x} + \boldsymbol{B}(\boldsymbol{x}^*, u^*)\delta u \tag{12-13}$$

$$\boldsymbol{A}(\boldsymbol{x}^*, u^*) = \left.\frac{\partial \boldsymbol{f}}{\partial \boldsymbol{x}}\right|_{x^*(t), u^*(t)}, \quad \boldsymbol{B}(\boldsymbol{x}^*, u^*) = \left.\frac{\partial \boldsymbol{f}}{\partial u}\right|_{x^*(t), u^*(t)} \tag{12-14}$$

其中，两个 Jacobian 矩阵的表达式为

$$\frac{\partial \boldsymbol{f}}{\partial \boldsymbol{x}} = \begin{bmatrix} 0 & a_{12} & a_{13} & 0 \\ 0 & a_{22} & a_{23} & a_{24} \\ 0 & a_{32} & a_{33} & a_{34} \\ 0 & a_{42} & a_{43} & 0 \end{bmatrix}$$

$$a_{12} = \cos\gamma,\ a_{13} = -V\sin\gamma,\ a_{22} = -D_V,\ a_{23} = -g\cos\gamma,\ a_{24} = -D_r - g_r\sin\gamma,$$

$$a_{32} = L_V\cos\sigma/V - L\cos\sigma/V^2 + (1/r + g/V^2)\cos\gamma,\ a_{33} = -(V/r - g/V)\sin\gamma,$$

$$a_{34} = L_r\cos\sigma/V + (-V/r^2 - g_r/V)\cos\gamma,\ a_{42} = \sin\gamma,\ a_{43} = V\cos\gamma,$$

$$\frac{\partial f}{\partial u} = [0 \quad 0 \quad b_3 \quad 0]^{\mathrm{T}},\ b_3 = D/V,\ g_r = -2GM/r^3$$

$$D_V = \rho_0 e^{-(r-R_0)/h_s} VS_r C_D/m,\ D_r = -D/h_s,\ L_V = \rho_0 e^{-(r-R_0)/h_s} VS_r C_L/m,\ L_r = -L/h_s$$

12.2.1　预测航程误差

假设当前时刻 t 到降落伞部署时刻 t_{f} 的飞行轨迹如图 12.9 所示，绿色曲线表示参考轨迹，红色实线表示实际轨迹。其中，t_{f} 时刻对应的航程分别为 R_{f}^* 和 R_{f}、高度分别为 r_{f}^* 和 r_{f}，二者之间的航程误差为 $\delta R_{\mathrm{f}} = R_{\mathrm{f}} - R_{\mathrm{f}}^*$，而此时距离预期着陆高度 r_{lan} 还差 $\delta r_{\mathrm{lan}} = r_{\mathrm{f}} - r_{\mathrm{lan}}$。

打开降落伞以后，探测器还需要经历降落伞减速和动力反推着陆两个过程，因此不妨假设还需要飞行 δt 时间才能到达预期着陆高度 r_{lan}，且这段时间内探测器的横向和纵向速度分量都匀减速到 0，那么根据图 12.9 所示的几何关系可以预测着陆时刻的航程误差 δR_{lan}：

$$\delta r_{\mathrm{lan}} = \frac{|\dot{r}_{\mathrm{f}}|\delta t}{2} \Rightarrow \delta t = \frac{2r_{\mathrm{lan}}}{|\dot{r}_{\mathrm{f}}|} \tag{12-15}$$

$$\delta R_{\mathrm{lan}} = \delta R_{\mathrm{f}} + \frac{|\dot{R}_{\mathrm{f}}|\delta t}{2} = \delta R_{\mathrm{f}} + |\dot{R}_{\mathrm{f}}|\frac{r_{\mathrm{lan}}}{|\dot{r}_{\mathrm{f}}|} \tag{12-16}$$

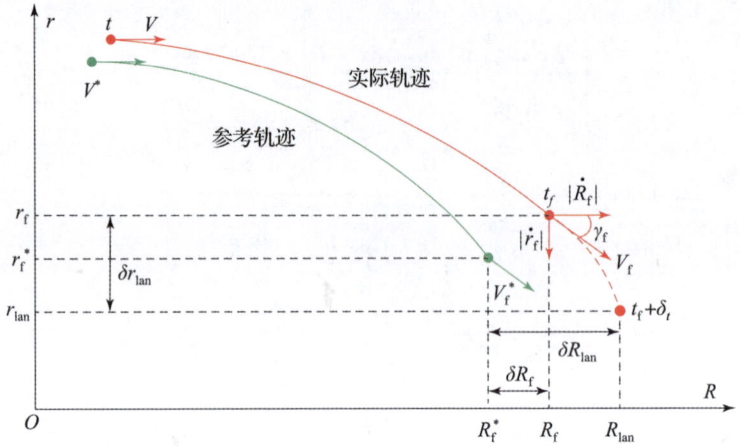

图 12.9 ETPC 制导算法原理示意图

式中，$|\dot{R}_{\mathrm{f}}|$和$|\dot{r}_{\mathrm{f}}|$分别为降落伞部署时刻探测器在垂直方向和水平方向上的速度大小。

注意到火星进入过程中末端航迹角小于0，且ETPC制导算法根据速度插值来计算当前时刻的状态增量$\delta\boldsymbol{x}$，因此对于速度变量有$V=V^*$和$V_{\mathrm{f}}=V_{\mathrm{f}}^*$，此时末端航迹角误差也不大，因此可以假设$\gamma_{\mathrm{f}}=\gamma_{\mathrm{f}}^*$，那么有

$$|\dot{R}_{\mathrm{f}}|=V_{\mathrm{f}}\cos\gamma_{\mathrm{f}}=V_{\mathrm{f}}^*\cos\gamma_{\mathrm{f}}^*,\quad|\dot{r}_{\mathrm{f}}|=|V_{\mathrm{f}}\sin\gamma_{\mathrm{f}}|=-V_{\mathrm{f}}^*\sin\gamma_{\mathrm{f}}^* \tag{12-17}$$

式中，V_{f}^*和γ_{f}^*为参考轨迹的末端速度和航迹角。

进一步，预测的着陆时刻航程误差δR_{lan}可表示为

$$\delta R_{\mathrm{lan}}=\delta R_{\mathrm{f}}-\cot\gamma_{\mathrm{f}}^*\delta r_{\mathrm{lan}}=R_{\mathrm{f}}-R_{\mathrm{f}}^*-\cot\gamma_{\mathrm{f}}^*(r_{\mathrm{f}}-r_{\mathrm{lan}}) \tag{12-18}$$

若近似$r_{\mathrm{f}}-r_{\mathrm{lan}}\approx r_{\mathrm{f}}-r_{\mathrm{f}}^*$，则有：

$$\delta R_{\mathrm{lan}}=\delta R_{\mathrm{f}}-\cot\gamma_{\mathrm{f}}^*\delta r_{\mathrm{lan}}=[1,0,0,\cot\gamma_{\mathrm{f}}^*]\delta x(t_{\mathrm{f}}) \tag{12-19}$$

即预测的着陆时刻航程误差δR_{lan}可以由t_{f}时刻的状态误差$\delta\boldsymbol{x}(t_{\mathrm{f}})$表示。

上述推导过程对着陆时刻的航程误差进行了预测，而t_{f}时刻的航程误差可以直接表示为$\delta R_{\mathrm{f}}=[1,0,0,0]\delta\boldsymbol{x}(t_{\mathrm{f}})$。

12.2.2 计算控制修正

对于式（12-13）所示的线性误差系统，根据线性系统理论，其伴随（对偶）系统满足

$$\dot{\boldsymbol{\lambda}}(t) = -\boldsymbol{A}^{\mathrm{T}}(\boldsymbol{x}^*, u^*)\boldsymbol{\lambda}(t) \tag{12-20}$$

式中，$\boldsymbol{\lambda} = [\lambda_R, \lambda_V, \lambda_\gamma, \lambda_r]^{\mathrm{T}}$。

那么根据式（12-13）和（12-20），$\boldsymbol{\lambda}^{\mathrm{T}}\delta\boldsymbol{x}$ 对时间 $\tau \in [t, t_{\mathrm{f}}]$ 的导数有：

$$\begin{aligned}\frac{\mathrm{d}(\boldsymbol{\lambda}^{\mathrm{T}}\delta\boldsymbol{x})}{\mathrm{d}\boldsymbol{\tau}} &= \dot{\boldsymbol{\lambda}}^{\mathrm{T}}\delta\boldsymbol{x} + \boldsymbol{\lambda}^{\mathrm{T}}\delta\dot{\boldsymbol{x}} \\ &= -\boldsymbol{\lambda}^{\mathrm{T}}\boldsymbol{A}(\boldsymbol{x}^*, u^*)\delta\boldsymbol{x} + \boldsymbol{\lambda}^{\mathrm{T}}\boldsymbol{A}(\boldsymbol{x}^*, u^*)\delta\boldsymbol{x} + \boldsymbol{\lambda}^{\mathrm{T}}\boldsymbol{B}(\boldsymbol{x}^*, u^*)\delta u \\ &= \boldsymbol{\lambda}^{\mathrm{T}}\boldsymbol{B}(\boldsymbol{x}^*, u^*)\delta u \end{aligned} \tag{12-21}$$

进一步将式（12-21）的左右两边从 t 时刻积分到 t_{f} 时刻可得：

$$\boldsymbol{\lambda}^{\mathrm{T}}(t_{\mathrm{f}})\delta\boldsymbol{x}(t_{\mathrm{f}}) - \boldsymbol{\lambda}^{\mathrm{T}}(t)\delta\boldsymbol{x}(t) = \int_t^{t_{\mathrm{f}}} \boldsymbol{\lambda}^{\mathrm{T}}(\tau)\boldsymbol{B}(\boldsymbol{x}^*, u^*)\delta u(\tau)\mathrm{d}\tau \tag{12-22}$$

此时，不妨假设控制修正 δu 在时域 $[t, t_{\mathrm{f}}]$ 内保持恒定，那么有：

$$\delta u(t) = \frac{\boldsymbol{\lambda}^{\mathrm{T}}(t_{\mathrm{f}})\delta\boldsymbol{x}(t_{\mathrm{f}}) - \boldsymbol{\lambda}^{\mathrm{T}}(t)\delta\boldsymbol{x}(t)}{\int_t^{t_{\mathrm{f}}} \boldsymbol{\lambda}^{\mathrm{T}}(\tau)\boldsymbol{B}(\boldsymbol{x}^*, u^*)\mathrm{d}\tau} = \frac{\boldsymbol{\lambda}^{\mathrm{T}}(t_{\mathrm{f}})\delta\boldsymbol{x}(t_{\mathrm{f}}) - \boldsymbol{\lambda}^{\mathrm{T}}(t)\delta\boldsymbol{x}(t)}{-\int_{t_{\mathrm{f}}}^{t} \boldsymbol{\lambda}^{\mathrm{T}}(\tau)\boldsymbol{B}(\boldsymbol{x}^*, u^*)\mathrm{d}\tau} \tag{12-23}$$

此时令 $\boldsymbol{\lambda}^{\mathrm{T}}(t_{\mathrm{f}}) = [1, 0, 0, \cot\gamma_{\mathrm{f}}^*]$，再结合式（12-19）可将式（12-23）改写为

$$\delta u(t) = \frac{\delta R_{\mathrm{lan}} - \boldsymbol{\lambda}^{\mathrm{T}}(t)\delta\boldsymbol{x}(t)}{-\lambda_u(t)},\ \lambda_u(t) \triangleq \int_{t_{\mathrm{f}}}^{t} \boldsymbol{\lambda}^{\mathrm{T}}(\tau)\boldsymbol{B}(\boldsymbol{x}^*, u^*)\mathrm{d}\tau \tag{12-24}$$

ETPC 制导算法中希望通过施加常值控制修正 δu 使着陆时刻的航程误差 $\delta R_{\mathrm{lan}} = 0$，且在 t 时刻 $\delta V = V - V^* = 0$，那么式（12-23）可进一步化简为

$$\delta u(t) = \frac{-\boldsymbol{\lambda}^{\mathrm{T}}(t)\delta\boldsymbol{x}(t)}{-\lambda_u(t)} = \frac{\boldsymbol{\lambda}^{\mathrm{T}}(t)\delta\boldsymbol{x}(t)}{\lambda_u(t)} = \frac{\lambda_R(t)\delta R(t) + \lambda_\gamma(t)\delta\gamma(t) + \lambda_r(t)\delta r(t)}{\lambda_u(t)} \tag{12-25}$$

至此，分别计算出分子和分母即可得到所需的常值控制修正 δu。

对于分母 $\lambda_u(t)$，对时间 t 求导可得：

$$\dot{\lambda}_u(t) = \boldsymbol{\lambda}^{\mathrm{T}}(t)\boldsymbol{B}(\boldsymbol{x}^*, u^*) = \frac{\lambda_\gamma D}{V} \tag{12-26}$$

而结合式（12-20）中定义的伴随系统，可以将 $\lambda_u(t)$ 扩充为伴随系统的一个分量，即

$$\begin{bmatrix} \dot{\boldsymbol{\lambda}}(t) \\ \dot{\lambda}_u(t) \end{bmatrix} = \begin{bmatrix} -\boldsymbol{A}^{\mathrm{T}}(\boldsymbol{x}^*, u^*) & \boldsymbol{0}_{4\times 1} \\ 0 \quad 0 \quad D/V \quad 0 & 0 \end{bmatrix} \begin{bmatrix} \boldsymbol{\lambda}(t) \\ \lambda_u(t) \end{bmatrix} \tag{12-27}$$

同时根据式（12－24）可知 $\lambda_u(t_f)=0$，那么在的伴随系统中：

$$\boldsymbol{\lambda}^{\mathrm{T}}(t_f)=[\lambda_R(t_f),\lambda_V(t_f),\lambda_\gamma(t_f),\lambda_r(t_f),\lambda_u(t_f)]=[1,0,0,\cot\gamma_f^*,0] \tag{12-28}$$

此时，将新的伴随系统（12－27）从 t_f 时刻反向积分到 t 时刻即可得到 $\boldsymbol{\lambda}(t)$ 的值。特别注意的是，由于 $\dot{\lambda}_R(t)\equiv 0$ 且 $\lambda_R(t_f)=1$，因此 $\lambda_R(t)\equiv 1$。

而对于分子中的三项状态增量，$\delta R(t)$ 在实际制导中可测，$\delta\gamma(t)$ 和 $\delta r(t)$ 则无法精确测量，因此将阻力加速度和高度变化率在参考轨迹处一阶泰勒展开可得：

$$D\approx D^*+D_V^*\delta V+D_r^*\delta r=D^*+D_r^*\delta r\Rightarrow\delta r=\frac{D-D^*}{D_r^*}=\frac{\delta D}{\dfrac{-D^*}{h_s}} \tag{12-29}$$

$$\dot{r}\approx\dot{r}^*+\dot{r}_V^*\delta V+\dot{r}_\gamma^*\delta\gamma=\dot{r}^*+\dot{r}_\gamma^*\delta\gamma\Rightarrow\delta\gamma=\frac{\dot{r}-\dot{r}^*}{\dot{r}_\gamma^*}=\frac{\delta\dot{r}}{V^*\cos\gamma^*} \tag{12-30}$$

至此，式（12－25）中右侧的变量全部已知，同时考虑到 ETPC 采用速度插值计算状态增量，则式（12－25）可改写为

$$\delta u(V)=\frac{\delta R(V)+\dfrac{\lambda_\gamma(V)\delta\dot{r}(V)}{V^*\cos\gamma^*}+\dfrac{\lambda_r(V)\delta D(V)}{\dfrac{-D^*}{h_s}}}{\lambda_u(V)} \tag{12-31}$$

不过，由于上述推导过程中采用了多个假设，且倾侧角翻转所需要的时间将引入纵向航程误差，因此 ETPC 制导律引入了过控系数 K 和校正航程 R_{bias} 来提高纵向航程精度，则 t 时刻的制导指令 $u(V)$ 为

$$u(V)=u^*(V)+K[\delta u(V)+R_{\text{bias}}] \tag{12-32}$$

式中，过控系数 K 在火星场景中一般取 2，地球场景中一般取 5，校正航程 R_{bias} 则通过数值仿真来确定。

12.2.3 横向制导

纵向制导确定当前时刻所需的控制量后，再根据控制量的定义可以反解出所需的倾侧角大小，但倾侧角的符号需要由横向制导确定。当速度大于 1 100 m/s，且横程误差超过给定的范围时，横向制导通过倾侧角符号翻转来减小横向误差。

倾侧角符号翻转阶段的横程边界为

$$Z=\begin{cases}\dfrac{(V-V_1)^2}{K_1+Y_1}, & 1100<V\leqslant 3\,600\\ Y_2, & V>3\,600\end{cases}\tag{12-33}$$

式中，$V_1=400\ \text{m/s}$，$Y_1=1\ 000\ \text{m}$，$K_1=300\ \text{m/s}^2$，$Y_1=15\ \text{km}$。横向制导的横程边界如图 12.10 所示。

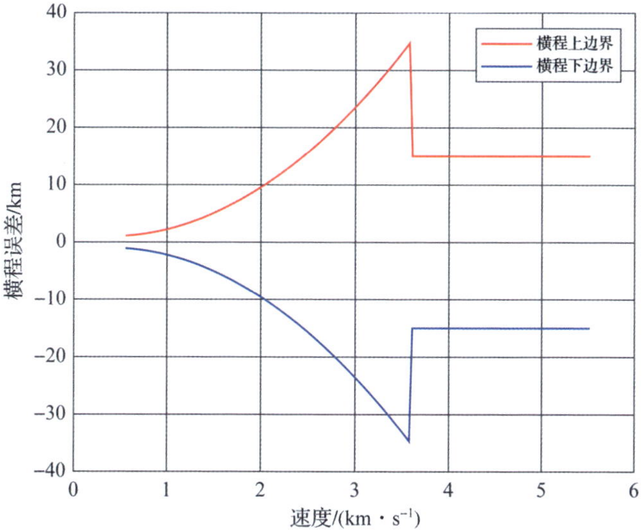

图 12.10　横向制导的横程边界

而当速度小于 1 100 m/s 时，通过倾侧角符号翻转来调整升力矢量方向的方式已经无法有效减小横程误差，因此需要通过航向校正来实现横程控制。此时倾侧角指令为

$$\sigma=K_2\arctan\left(\frac{R_\mathrm{T}}{CR_\mathrm{T}}\right)\tag{12-34}$$

式中，K_2 为航向校正的增益系数，本节中取 100；R_T 和 CR_T 分别为当前位置到目标位置的待飞航程和无控横程，其定义详见 2.1.6 小节。

12.2.4　仿真分析

ETPC 制导需要参考轨迹来提供伴随系统的信息和计算状态增量，因此需要

首先确定参考轨迹。由于纵向和横向运动解耦，给定倾侧角剖面后纵向运动轨迹即可决定，本节中倾侧角剖面定义为

$$\sigma = \begin{cases} -45°, & V \leqslant 2500 \\ -75°, & V > 2500 \end{cases} \tag{12-35}$$

仿真中火星和火星进入器的参数设置为 $R_0 = 3\ 397$ km，$g_0 = 3.712\ \mathrm{m/s^2}$，$\rho_0 = 0.015\ 8\ \mathrm{kg/m^3}$，$h_s = 9\ 354.5$ m，$m = 3\ 300$ kg，$S_r = 15.9\ \mathrm{m^2}$，$C_L = 0.348$，$C_D = 1.45$，$R_n = 0.66$ m，$k_Q = 1.902\ 7 \times 10^{-4}$，$r_0 = 3\ 522$ km，$V_0 = 6\ 000$ m/s，$\gamma_0 = -11.5$ m/s，$s_0 = 0$ km。此时根据所给定的倾侧角剖面，以 0.5 s 步长进行仿真，直到末端高度为 10 km 时停止，得到的参考轨迹数据如表 12.3 所示。

表 12.3 参考轨迹数据

状态	r/km	θ/(°)	λ/(°)	V/(m·s^{-1})	γ/(°)	ψ/(°)	s/km
初始值	3 522	0	0	6 000	−11.5	90	0
末端值	3 407	15.664 2°	10.809 1°	600	−16.465 8°	34.936 7°	1 149.756 7

为了检验 ETPC 算法对于初始状态偏差的灵敏度，根据所示的初始偏差进行 100 次蒙特卡洛仿真，如表 12.4 所示。

表 12.4 蒙特卡洛仿真误差项

状态	r/km	θ/(°)	λ/(°)	V/(m·s^{-1})	γ/(°)	ψ/(°)	s/km
3σ 或极值	±3	0.1	0.1	60	0.2	±0.05	±1
分布类型	均匀	高斯	高斯	高斯	高斯	均匀	均匀

根据上述仿真设置得到的蒙特卡洛仿真结果如图 12.11 所示。

从仿真结果可知，ETPC 制导算法的精度较高，横向制导逻辑和航向校正可以有效地控制横向航程误差，仿真中绝大部分落点的位置误差均小于 2 km。但 ETPC 方法的缺点也很明显，实际轨迹对应的倾侧角需要进行多次符号翻转，而现实场景下倾侧角不可能实现瞬时翻转，因此必然存在制导误差。

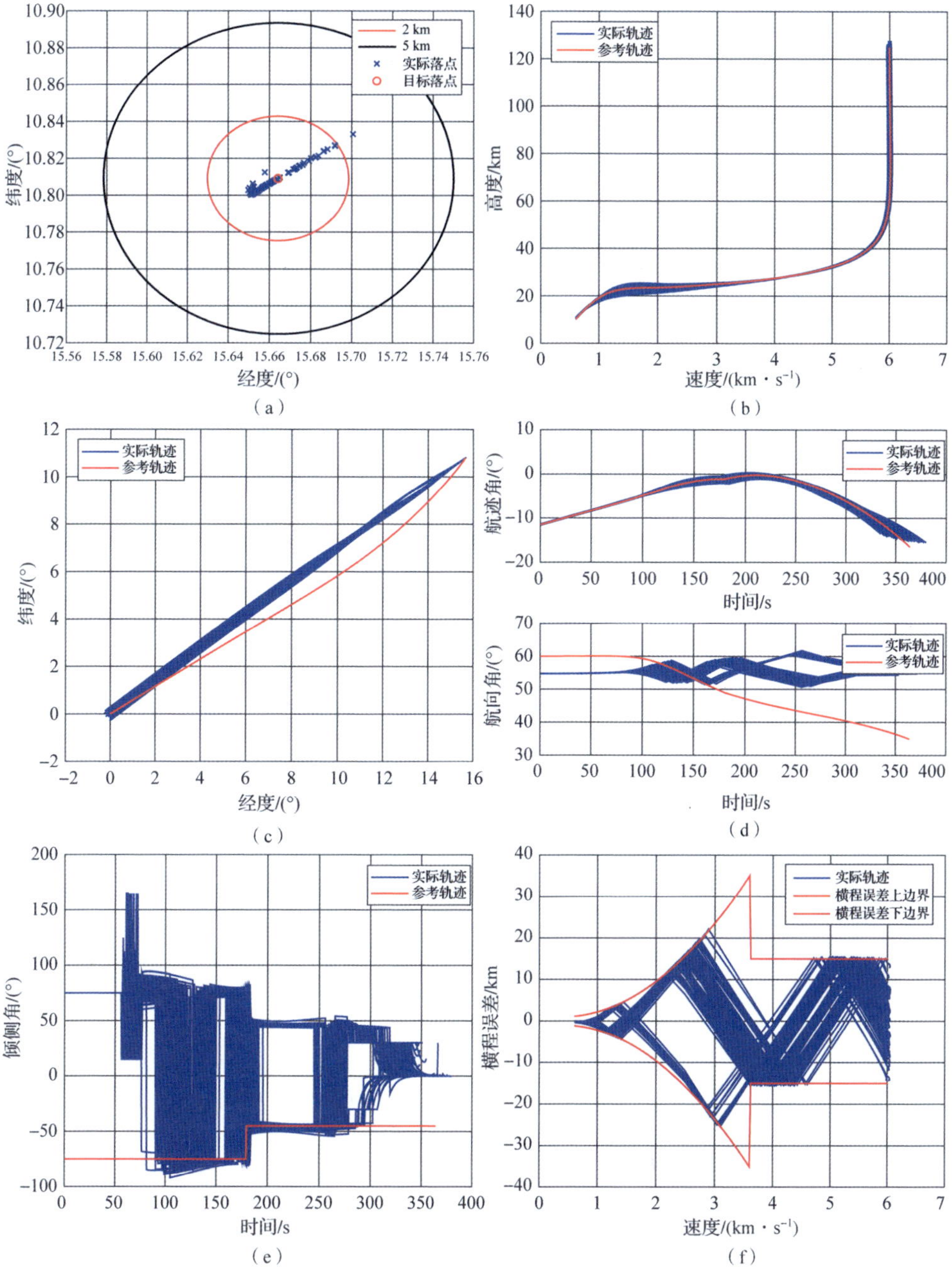

图 12.11　考虑初始状态误差时的蒙特卡洛仿真结果

(a) 实际落点误差；(b) 实际轨迹的速度 - 高度剖面；

(c) 落点经纬度剖面；(d) 实际轨迹的航迹角和航向角剖面；

(e) 实际轨迹的倾侧角剖面；(f) 实际轨迹的横程误差剖面

12.3 小结

本章主要研究了数值预测校正和解析预测校正两类制导方法。数值预测校正制导方法中，采用数值积分来预测末端纵向航程误差，然后根据倾侧角和纵向航程的一阶线性关系来计算校正纵向航程误差所需的倾侧角增量。而解析预测校正制导方法以 ETPC 制导方法为代表，通过合理假设来预测着陆时刻的纵向航程误差，然后通过伴随系统建立纵向航程误差和制导增量之间的关系，并计算出制导增量。上述两类方法制导精度较高，计算较为方便，但由于纵向和横向制导分离，在实际应用的时候必须对倾侧角翻转导致的制导误差进行补偿。

第 13 章 火星进入计算制导方法

火星环境不确定性和飞行器系统参数偏差是火星进入过程中普遍存在的不确定因素，导致进入末端状态出现偏差。当前，MSL、Mars 2020 和“天问一号”等探测器均采用基于参考轨迹自适应的 ETPC 制导算法降低不确定因素对火星进入轨迹的影响，但由于依赖参考轨迹，容易因为不确定性因素违反路径约束。同时，ETPC 算法为了降低计算复杂度而采用了纵向与横向制导解耦的策略，通过倾侧角翻转实现横向制导，对控制系统的响应速度要求较高。随着探测器计算能力的进步，计算能力不再是制约算法性能的主要因素，因此通过高精度数值计算实时调整制导指令成为可能，同时可以降低不确定性因素对制导算法性能的影响。由于该思路依赖数值计算，因此也被称为计算制导。

较早的计算制导方法是预测 - 校正制导，该方法以给定的倾侧角剖面对高精度动力学模型进行积分来预测进入段的纵向航程，然后采用数值优化方法，如牛顿迭代法、割线法等，通过调整倾侧角剖面来最小化纵向航程误差，从而得到纵向制导指令，最后结合横向制导算法实现制导。但预测 - 校正制导方法处理热流密度等路径约束时较为困难，导致算法适应性受限。近年来，凸优化方法具有理论全局最优和多项式计算复杂度两项优点，当问题有解时凸优化方法可以保证在多项式时间内收敛到全局最优解，因此基于凸优化方法的计算制导方法逐渐成为研究热点。

为了提高火星进入制导算法的鲁棒性和精度，本章基于模型预测控制和凸优化理论，从参考轨迹跟踪和在线轨迹优化两方面分别提出了最优反馈跟踪制导和最优计算制导，从而提高制导算法的收敛性、鲁棒性和精度。本章首先回顾标准模型预测控制的基本框架，然后详细介绍最优反馈跟踪制导和最优计算制导方法，最后通过蒙特卡洛仿真对比所提方法和现有的 LQR 制导、ETPC 制导方法在火星进入任务中的性能。

13.1 标准模型预测控制

模型预测控制代表一类控制框架，其核心包括预测模型、反馈校正和滚动优化三个环节。其中，预测模型用于预测原始系统在预测时域内的输出；反馈校正环节中，考虑到存在误差和干扰时，预测模型的输出将与原始系统的实际输出不完全相符，因此将预测输出和实际输出相减得到预测误差，并将其引入滚动优化环节，从而为控制指令的设计提供反馈信息；滚动优化则首先通过优化方法确定预测模型在预测时域内的输入，并在控制时域内将优化得到的输入施加给原始系统完成一次控制，最后更新预测时域，重复上述整个预测、校正和优化过程实现闭环控制。根据所要实现的控制形式，模型预测控制的滚动优化环节一般求解跟踪控制问题和镇定（或调节）控制问题。

对于标准模型预测控制，通常考虑如下线性离散系统：

$$\boldsymbol{x}(k+i+1\mid k)=\boldsymbol{A}(k+i\mid k)\boldsymbol{x}(k+i\mid k)+\boldsymbol{B}(k+i\mid k)\boldsymbol{u}(k+i\mid k) \tag{13-1}$$

式中，$i=0,1,\cdots,p$，表示预测时域 $[k,k+p]$ 内的第 i 个时刻，标记 $k+i\mid k$ 表示第 k 时刻对某一变量在第 $k+i$ 时刻的预测值。

进行滚动优化时，通常在预测时域内将实际问题描述为一个最优控制问题，一般性的目标函数为

$$\begin{aligned}J=&(\boldsymbol{x}(k+p+1\mid k)-\boldsymbol{x}^*(k+p+1\mid k))^{\mathrm{T}}\boldsymbol{Q}_{\mathrm{f}}(\boldsymbol{x}(k+p+1\mid k)-\boldsymbol{x}^*(k+p+1\mid k))+\\&\sum_{i=1}^{p}(\boldsymbol{x}(k+i\mid k)-\boldsymbol{x}^*(k+i\mid k))^{\mathrm{T}}\boldsymbol{Q}(\boldsymbol{x}(k+i\mid k)-\boldsymbol{x}^*(k+i\mid k))+\\&\sum_{i=1}^{p}\boldsymbol{u}(k+i\mid k)^{\mathrm{T}}\boldsymbol{R}\boldsymbol{u}(k+i\mid k)+\\&\sum_{i=1}^{p-1}(\boldsymbol{u}(k+i+1\mid k)-\boldsymbol{u}(k+i\mid k))^{\mathrm{T}}\boldsymbol{R}_d(\boldsymbol{u}(k+i+1\mid k)-\boldsymbol{u}(k+i\mid k))\end{aligned} \tag{13-2}$$

其中，$\boldsymbol{Q}_{\mathrm{f}}$ 和 $\boldsymbol{Q}$ 为误差权重矩阵，$\boldsymbol{R}_d$ 和 $\boldsymbol{R}$ 为控制权重矩阵，通常均为非负定对称矩阵，含有 $\boldsymbol{Q}_{\mathrm{f}}$ 和 $\boldsymbol{Q}$ 的项防止状态误差过大，含有 $\boldsymbol{R}$ 和 $\boldsymbol{R}_d$ 的项则分别防止控制量过大和控制量变化过快。如果矩阵 $\boldsymbol{Q}$ 为 0，那么滚动优化只需要关注末端状态误差，即求解镇定控制问题；如果矩阵 $\boldsymbol{Q}$ 不为 0，那么需要保证预测时域内的状态误差足够小，即求解跟踪控制问题。

此外，滚动优化环节应在每个采样时刻满足全部的约束条件：

$$\boldsymbol{C}(\boldsymbol{x}(\boldsymbol{k}+i\mid k),\ \boldsymbol{u}(k+i\mid k))\leqslant 0 \tag{13-3}$$

$$\boldsymbol{x}_{\min}\leqslant\boldsymbol{x}(k+i\mid k)\leqslant\boldsymbol{x}_{\max},\ \boldsymbol{u}_{\min}\leqslant\boldsymbol{u}(k+i\mid k)\leqslant\boldsymbol{u}_{\max} \tag{13-4}$$

其中，式（13－3）为包含状态量和控制量的路径约束，式（13－4）为状态量和控制量的容许范围。

13.2　最优反馈跟踪制导

最优反馈跟踪制导方法在模型预测控制框架下，通过离线或者在线轨迹优化算法给出火星进入的参考轨迹，然后在预测时域内，将跟踪制导对应的最优控制问题近似为二次约束二次规划（QCQP）问题，接着在线求解 QCQP 问题得到反馈控制修正，并将其与参考轨迹的前馈控制量相加得到最优制导指令，从而在控制时域内完成制导仿真，最后更新预测时域和控制时域，重复上述过程直到制导结束。最优反馈跟踪制导本质上是在滚动时域上求解 QCQP 问题，且因为根据状态误差计算控制修正，对制导过程中的外部干扰具有较高的鲁棒性。

13.2.1　QCQP 问题

QCQP 问题实际上是一类含有二次目标函数和二次约束条件的问题，其问题形式和 LQR 问题相近，因此本节从 LQR 问题入手介绍 QCQP 问题，并分析两类问题的异同。

火星进入制导时无量纲模型矢量形式为

$$\dot{\boldsymbol{x}}(t)=\boldsymbol{f}(\boldsymbol{x}(t),u(t))+\boldsymbol{f}_{\omega}(\boldsymbol{x}(t)) \tag{13-5}$$

式中，$\boldsymbol{x}=[r,\theta,\phi,V,\gamma,\psi]^{\mathrm{T}}$，$u=\sigma$，函数 $\boldsymbol{f}$ 和 $\boldsymbol{f}_{\omega}$ 分别由不包含和包含火星自转角

速度 ω_0 的项构成。式（13-5）在参考轨迹 $\boldsymbol{x}^*(t)$ 和 $\boldsymbol{u}^*(t)$ 附近的线性误差系统可以表示为

$$\delta\dot{\boldsymbol{x}}(t)=\boldsymbol{A}^*\delta\boldsymbol{x}(t)+\boldsymbol{B}^*\delta u(t) \tag{13-6}$$

$$\boldsymbol{A}^*=\left.\frac{\partial \boldsymbol{f}}{\partial x}\right|_{x^*(t),u^*(t)},\ \boldsymbol{B}^*=\left.\frac{\partial \boldsymbol{f}}{\partial u}\right|_{x^*(t),u^*(t)} \tag{13-7}$$

$$\delta\boldsymbol{x}(t)=\boldsymbol{x}(t)-\boldsymbol{x}^*(t),\ \delta\boldsymbol{u}(t)=u(t)-u^*(t) \tag{13-8}$$

式中，$\delta\boldsymbol{x}(t)$ 和 $\delta u(t)$ 分别表示状态增量和控制修正，矩阵 $\boldsymbol{A}^*$ 和 $\boldsymbol{B}^*$ 的表达式参考 5.2.4 小节。

如果在滚动优化环节求解 LQR 问题，则首先在时域 $[t_0,t_f]$ 上给定二次型目标函数：

$$J=\frac{1}{2}\delta\boldsymbol{x}^{\mathrm{T}}(t_f)\boldsymbol{P}_f\delta\boldsymbol{x}(t_f)+\frac{1}{2}\int_{t_0}^{t_f}\delta\boldsymbol{x}^{\mathrm{T}}(t)\boldsymbol{Q}\delta\boldsymbol{x}(t)+\delta u^{\mathrm{T}}(t)R\delta u(t)\mathrm{d}t \tag{13-9}$$

式中，$\boldsymbol{P}_f$ 和 $\boldsymbol{Q}$ 为半正定矩阵，R 为正数。目标函数（13-9）要求保持尽可能小的控制修正和状态误差。

根据最优控制理论可知，最优控制修正 $\delta u(t)$ 满足：

$$-\dot{\boldsymbol{P}}(t)=\boldsymbol{P}(t)\boldsymbol{A}+\boldsymbol{A}^{\mathrm{T}}\boldsymbol{P}(t)-\boldsymbol{P}(t)\boldsymbol{B}\boldsymbol{R}^{-1}\boldsymbol{B}^{\mathrm{T}}\boldsymbol{P}(t)+\boldsymbol{Q},\ \boldsymbol{P}(t_f)=\boldsymbol{P}_f \tag{13-10}$$

$$\delta u(t)=-\boldsymbol{K}(t)\delta\boldsymbol{x}=-\boldsymbol{R}^{-1}(t)\boldsymbol{B}^{\mathrm{T}}(t)\boldsymbol{P}(t)\delta\boldsymbol{x}(t) \tag{13-11}$$

式中，$\boldsymbol{K}(t)$ 表示控制修正增益。式（13-10）为关于矩阵 $\boldsymbol{P}(t)$ 的微分 Ricatti 方程，将其从 t_f 到 t_0 反向积分可以得到 $\boldsymbol{P}(t)$。

由于微分 Ricatti 方程是非线性方程，通常难以获得解析解，而采用计算机程序迭代求解又无法满足控制系统对实时性能的需求。不过，对于绝大多数实际问题来说，矩阵 $\boldsymbol{P}(t)$ 的收敛速度远快于问题本身的响应速度。此外，由于系统需要在参考轨迹附近线性化，因此没有必要在目标函数（13-9）中惩罚末端状态误差和指定末端时间。综合以上两点，目标函数可以调整为

$$J=\frac{1}{2}\int_{t_0}^{\infty}\delta\boldsymbol{x}^{\mathrm{T}}(t)\boldsymbol{Q}\delta\boldsymbol{x}(t)+\delta u^{\mathrm{T}}(t)R\delta u(t)\mathrm{d}t \tag{13-12}$$

与有限时间问题类似，无限时间 LQR 问题的最优控制修正 $\delta u(t)$ 满足：

$$0=\boldsymbol{P}(t)\boldsymbol{A}+\boldsymbol{A}^{\mathrm{T}}\boldsymbol{P}(t)-\boldsymbol{P}(t)\boldsymbol{B}\boldsymbol{R}^{-1}\boldsymbol{B}^{\mathrm{T}}\boldsymbol{P}(t)+\boldsymbol{Q} \tag{13-13}$$

$$\delta u(t)=-\boldsymbol{K}(t)\delta\boldsymbol{x}=-\boldsymbol{R}^{-1}(t)\boldsymbol{B}^{\mathrm{T}}(t)\boldsymbol{P}(t)\delta\boldsymbol{x}(t) \tag{13-14}$$

式（13-13）为代数 Ricatti 方程，可以实时求解。这样一来，在 LQR 制导方法

中，只需要计算出当前时刻的控制修正增益 $\boldsymbol{K}$，然后根据状态误差确定控制修正即可，最后更新当前时刻，重复上述过程直到制导完成。

与通过求解 LQR 问题设计跟踪制导律类似，最优反馈跟踪制导方法中同样需要定义与式（13 -9）类似的二次目标函数，但不同点在于，最优反馈跟踪制导方法进一步考虑了倾侧角幅值约束、路径约束和状态约束条件，此时跟踪制导问题可描述为

$$\text{P13}-1\text{: } \underset{\delta x,\ \delta u}{\text{minimize}}(13-9) \tag{13-15}$$

$$\text{subject to } \delta\boldsymbol{x}(t_0)=\delta\boldsymbol{x}_0,\ (13-6),(2-58),\ \boldsymbol{x}_{\min}\leqslant\boldsymbol{x}(t)\leqslant\boldsymbol{x}_{\max},\ u_{\min}\leqslant u(t)\leqslant u_{\max} \tag{13-16}$$

式中，$\boldsymbol{x}(t)=\delta\boldsymbol{x}(t)+\boldsymbol{x}^*(t)$，$u(t)=\delta u(t)+u^*(t)$。

为了保证原非线性系统（13 -5）在参考轨迹附近线性化的有效性，还需要增加关于状态增量和控制修正的二次型约束，即信赖域约束：

$$\|\delta\boldsymbol{x}\|_2\leqslant\delta_x,\quad \|\delta u\|_2\leqslant\delta_u \tag{13-17}$$

此外，由于火星进入制导并不要求控制量（倾侧角）的控制能量最小，只需要满足赋值约束即可，因此可以将式（13 -9）中的 R 设置为 0。

至此，我们可以参考 5. 2 节的 LGR 伪谱模型预测凸优化方法，在预测时域内将连续最优控制问题 P13 -1 离散，并将其中的非凸项一阶线性化，则轨迹跟踪对应的最优控制问题可表述为

$$\text{P13}-2\text{: } \underset{\delta\boldsymbol{X}_k,\ \delta\boldsymbol{U}_k}{\text{minimize}}\quad \frac{1}{2}\delta\boldsymbol{X}_{N+1}^{\mathrm{T}}\boldsymbol{P}_f\delta\boldsymbol{X}_{N+1}+\frac{1}{2}\sum_{k=1}^{N}\delta\boldsymbol{X}_k^{\mathrm{T}}\boldsymbol{Q}\delta\boldsymbol{X}_k \tag{13-18}$$

$$\text{subject to } \delta\boldsymbol{X}_1=\delta\boldsymbol{x}_0,\ \boldsymbol{x}_{\min}\leqslant\boldsymbol{X}_k\leqslant\boldsymbol{x}_{\max},\ u_{\min}\leqslant U_k\leqslant u_{\max} \tag{13-19}$$

$$\|\delta\boldsymbol{X}_k\|_2\leqslant\delta_x,\ \|\delta U_k\|_2\leqslant\delta_u,\ \sum_{i=1}^{N+1}\delta\boldsymbol{X}_iD_{ki}=\frac{t_{\mathrm{f}}-t_0}{2}[\boldsymbol{A}_k^*\delta\boldsymbol{X}_k+\boldsymbol{B}_k^*\delta\boldsymbol{U}_k],k=1,2,\cdots,N \tag{13-20}$$

式中，$\delta\boldsymbol{X}_k\triangleq\delta\boldsymbol{X}(\tau_k)$，$\boldsymbol{x}_k^*\triangleq\boldsymbol{x}^*(\tau_k)$，$\boldsymbol{X}_k\triangleq\boldsymbol{X}(\tau_k)=\delta\boldsymbol{X}_k+\boldsymbol{x}_k^*$，$U_k\triangleq U(\tau_k)=\delta U_k+u_k^*$。

问题 P13 -2 中除了线性约束条件，其余的约束条件和目标函数均为二次型，且根据 2. 4. 2 小节可知相应系数符合构成凸优化问题的条件，因此问题 P13 -2 为凸 QCQP 问题，可以采用内点法快速求解。

应当指出，问题 P13 -2 的形式和 5. 2 节 LGR 伪谱模型预测凸优化方法中所

需要求解的问题 P5 –3 非常接近。但二者的不同之处在于，问题 P13 –2 的参考轨迹已经是最优轨迹，求解一次即可获得满足全部约束条件的最优解 $\delta \boldsymbol{X}_k$ 和 δU_k，而问题 P5 –3 需要通过序列凸优化来迭代更新参考轨迹，直到参考轨迹和优化出的轨迹之间的差异足够小，即 $\delta \boldsymbol{X}_k$ 足够小才认为算法收敛。综上所述，模型预测凸优化跟踪制导算法具有以下几个优点。

（1）每个制导周期内只需要求解一次 QCQP 问题，因而计算速度满足实时性能的需求。

（2）由于将参考轨迹跟踪制导问题近似为凸 QCQP 问题，因此求解出的控制增量为 QCQP 问题的最优解，与原始最优控制问题的最优解非常接近。

（3）在求解 QCQP 问题时考虑了路径约束，而 LQR 方法没有考虑路径约束。

13.2.2 算法流程

根据以上描述，基于模型预测控制和凸优化理论的最优反馈跟踪制导方法的详细步骤如表 13.1 所示，完整的制导流程如图 13.1 所示。

表 13.1 最优反馈跟踪制导方法的详细步骤

步骤	执行内容
步骤 1	给定参考轨迹$\{\boldsymbol{x}^*(t_0),\cdots,\boldsymbol{x}^*(t_f),\boldsymbol{\sigma}^*(t_0),\cdots,\boldsymbol{\sigma}^*(t_f)\}$，同时令 $t_i:=t_0$
步骤 2	定义预测时域为［t_i,t_f］，给定预测时域内 LGR 伪谱配点的个数 N，给定控制时域为［t_i,t_c］；通过 Lagrange 插值得到预测时域［t_i,t_f］内的参考轨迹$\{\boldsymbol{x}^*(t_i),\cdots,\boldsymbol{x}^*(t_f),\boldsymbol{\sigma}^*(t_i),\cdots,\boldsymbol{\sigma}^*(t_f)\}$
步骤 3	在预测时域［t_i,t_f］内采用内点法求解问题 P13 –2，并通过 Lagrange 插值得到控制时域［t_i,t_c］内的控制量 $\boldsymbol{\sigma}(t_i),\cdots,\boldsymbol{\sigma}(t_c)$
步骤 4	将控制量 $\boldsymbol{\sigma}(t_i),\cdots,\boldsymbol{\sigma}(t_c)$ 作为制导指令，对非线性火星进入动力学模型(13 –5)进行数值积分，从而实现控制时域［t_i,t_c］内的制导仿真
步骤 5	若 $t_i<t_f$，令 $t_i:=t_c$，$\boldsymbol{x}(t_i):=\boldsymbol{x}(t_c)$，转到步骤 2；否则制导算法终止

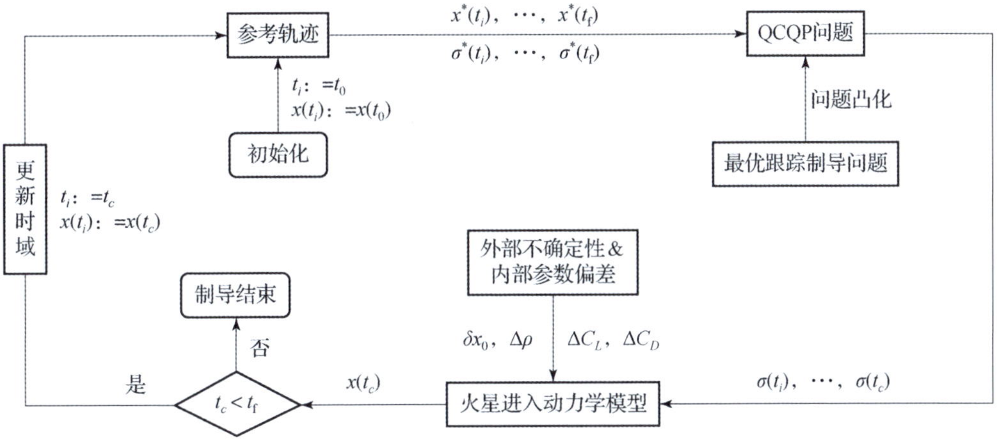

图 13.1　最优反馈跟踪制导方法的制导流程

13.3　最优计算制导

最优计算制导的核心思想是根据当前时刻的飞行状态在线优化出满足全部约束条件的飞行轨迹，然后将最优控制作为制导指令实现火星进入轨迹控制。该方法通过在线轨迹优化的方式来降低火星进入过程中各类不确定性对制导精度的影响，但对轨迹优化算法的计算效率要求较高。

从原理上来看，前文中提出的各类轨迹优化方法均可以作为滚动优化环节的求解器。但改进序列凸优化方法采用均匀离散格式，问题优化规模较大；而间接序列凸优化方法只考虑了纵向运动，无法控制横向运动；综合来看，伪谱模型预测凸优化方法在优化效率、动力学模型和计算精度方面具有较为明显的优势。因此，最优计算制导采用 LGR – PMPCP 方法实现在线轨迹优化，也在离散方式和参考轨迹更新两方面对 LGR – PMPCP 方法进行了改进，以提高算法和模型预测控制框架的适配程度。

13.3.1　改进策略

1. 节点减小策略

最优计算制导方法通过在线求解最优控制问题来得到火星进入制导指令，制导过程中剩余飞行时间（即模型预测控制的预测时域）不断缩减，采用固定数量的 LGR 伪谱配点进行动力学离散可能导致制导后半段状态量和控制量的过拟合，因此本节引入了节点减少策略，通过减小优化问题的规模来进一步提高算法的计算效率。具体来说：进行 N_G 次制导仿真后，伪谱配点数目 N 减少若干个，从而使轨迹优化的时域和节点数目适配，避免在较短时域内出现较多离散节点，否则将因为拟合阶次过高导致状态量和控制的无效振荡。

2. 参考轨迹更新策略

尽管通过 LGR – PMPCP 方法在线求解优化问题得到制导指令，但仍然可能存在滚动优化算法收敛时间过长甚至多次迭代后不收敛的可能，此时无法得到制导指令和下一次滚动优化的初始参考轨迹。为了防止这一情况的出现，首先给定滚动优化环节中 LGR – PMPCP 方法的最大迭代次数 $k_{\max}$，那么当算法的迭代次数达到最大迭代次数后，本次滚动优化停止，并将最后一次迭代得到的轨迹和控制量作为下一次滚动优化的初始参考轨迹；如果本次滚动优化中 LGR – PMPCP 方法出现无解的情况，则直接将上一次滚动优化得到的参考轨迹和最优控制作为本次滚动优化得到的解，然后进行本次制导和初始化下一次滚动优化环节。这样一来，能够保证每次的制导指令都是数值最优解。

13.3.2 算法流程

结合以上两点改进，本节给出模型预测凸优化最优计算制导方法的详细步骤和制导流程，分别如表 13.2 和图 13.2 所示。

表 13.2 最优计算制导方法的详细步骤

步骤	执行内容
步骤 1	给定参考轨迹 $\{\boldsymbol{x}^*(t_0),\cdots,\boldsymbol{x}^*(t_f),\boldsymbol{\sigma}^*(t_0),\cdots,\boldsymbol{\sigma}^*(t_f)\}$，同时令 $t_i:=t_0$
步骤 2	定义预测时域为 $[t_i,t_f]$，给定预测时域内 LGR 伪谱配点的个数 N，给定控制时域 $[t_i,t_c]$；通过 Lagrange 插值得到预测时域 $[t_i,t_f]$ 内的参考轨迹 $\{\boldsymbol{x}^*(t_i),\cdots,\boldsymbol{x}^*(t_f),\boldsymbol{\sigma}^*(t_i),\cdots,\boldsymbol{\sigma}^*(t_f)\}$

续表

步骤	执行内容
步骤 3	在预测时域$[t_i, t_f]$内采用 LGR – PMPCP 方法求解问题 P5 – 3。如果问题 P5 – 3 在 $k = k_{max}$次迭代内无解，则通过 Lagrange 插值参考轨迹$\{\boldsymbol{x}^*(t_i), \cdots, \boldsymbol{x}^*(t_f), \sigma^*(t_i), \cdots, \sigma^*(t_f)\}$获得到控制时域$[t_i, t_c]$内的控制量$\sigma(t_i), \cdots, \sigma(t_c)$，且本次滚动优化结束；如果问题 P5 – 3 在 k_{max}次迭代内有解，则将求解问题 P5 – 3 得到的解$\{\boldsymbol{x}(t_i), \cdots, \boldsymbol{x}(t_f), \sigma(t_i), \cdots, \sigma(t_f)\}$替换参考轨迹$\{\boldsymbol{x}^*(t_i), \cdots, \boldsymbol{x}^*(t_f), \sigma^*(t_i), \cdots, \sigma^*(t_f)\}$，并将其作为下一次滚动优化的参考轨迹，然后通过 Lagrange 插值参考轨迹$\{\boldsymbol{x}(t_i), \cdots, \boldsymbol{x}(t_f), \sigma(t_i), \cdots, \sigma(t_f)\}$获得到控制时域$[t_i, t_c]$内的控制量$\sigma(t_i), \cdots, \sigma(t_c)$，同时本次滚动优化结束
步骤 4	将控制量$\sigma(t_i), \cdots, \sigma(t_c)$作为制导指令，对非线性火星进入动力学模型（13 – 5）进行数值积分，从而实现控制时域$[t_i, t_c]$内的制导仿真
步骤 5	若$t_i < t_f$，令$t_i := t_c$，$\boldsymbol{x}(t_i) := \boldsymbol{x}(t_c)$，同时根据制导次数决定是否减少节点，然后转到步骤 2；否则制导算法终止

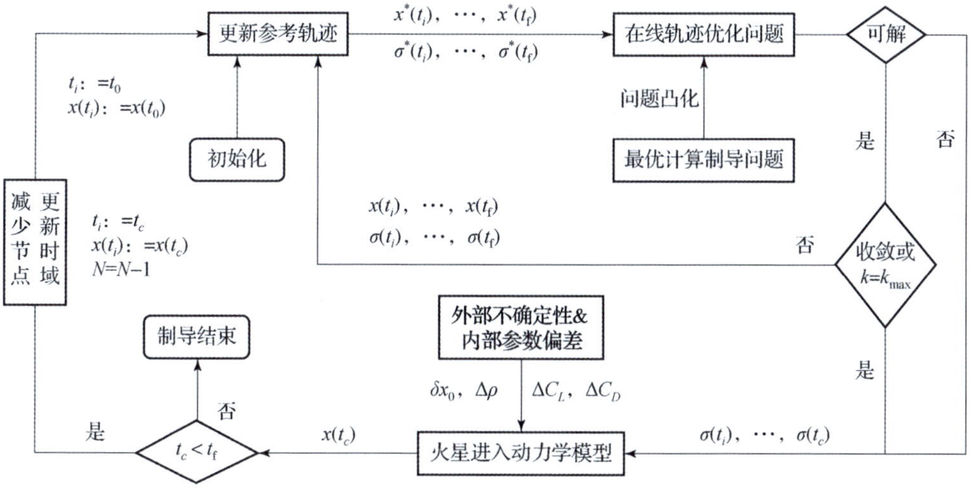

图 13.2　最优计算制导方法的制导流程

13.4 仿真分析

为了验证最优反馈跟踪制导和最优计算制导的性能，本节通过数值仿真将这两类方法和经典的 LQR 制导算法、实际任务中应用的 ETPC 制导算法进行对比。本节仿真算例与 4.2.5 小节算例类似，主要参数设置如表 13.3 所示。火星和进入器的相关参数为 $R_0 = 3\ 397.2$ km，$g_0 = 3.711\ 4$ m/s^2，$\rho_0 = 0.015\ 8$ kg/m^3，$h_s = 9\ 354.5$ m，$C_D = 1.45$，$C_L = 0.36$，$m = 2\ 804$ kg，$S_r = 15.9$ m^2，$k_Q = 1.902\ 7 \times 10^{-4}$ kg$^{0.5}$s$^{0.15}$/m$^{1.15}$，$R_n = 6.476$ m，$\dot{Q}_{\max} = 70$ W/cm^2，$q_{\max} = 8.5$ kPa，$a_{\max} = 18.5\ g_0$。

表 13.3 数值仿真的初始条件和误差

物理量	初始值	末端值	容许范围	初始误差(3σ 值)
h/km	125	10	[0, 150]	0.2
θ/(°)	-90	-70	[-180, 180]	0.05
ϕ/(°)	-45	-41	[-180, 180]	0.05
V/(m·s^{-1})	5 500	自由	[0, 6 000]	20
γ/(°)	-13.5	自由	[-80, 80]	0.05
ψ/(°)	85	自由	[-180, 180]	0.05
σ/(°)	自由	自由	[-80, 80]	—

同时，火星进入过程中升力系数和阻力系数也会发生变化，因此蒙特卡洛仿真过程中升力和阻力系数始终考虑了 5% 的均匀分布误差：

$$\tilde{C}_L = C_L(1 + \Delta C_L),\ \tilde{C}_D = C_D(1 + \Delta C_D),\ \Delta C_L, \Delta C_D \sim U(-0.05, 0.05) \tag{13-21}$$

式中，$\tilde{C}_L$ 和 $\tilde{C}_D$ 表示仿真时的升力系数和阻力系数；ΔC_L 和 ΔC_D 为气动系数误差，服从最大值为 0.05，最小值为 -0.05 的均匀分布。

此外，由于指数模型不能完全准确地表征火星大气密度，因此火星进入制导仿真时必须考虑火星大气误差的影响。参考文献 [197] 给出建立火星大气密度误差的模型如下：

$$\tilde{\rho} = \rho(1 + \Delta\rho),\ \Delta\rho = F(h)A(h) \tag{13-22}$$

$$F(h) = a_1 + a_2\sin\left[\frac{\left(\dfrac{h}{1000} - a_3\right)}{a_4}\right] + b_2\cos^2\left[\frac{\left(\dfrac{h}{1000} - b_3\right)}{b_4}\right] + c_2\cos^3\left[\frac{\left(\dfrac{h}{1000} - c_3\right)}{c_4}\right] \tag{13-23}$$

$$A(h) = d_1\exp\left[\frac{\left(\dfrac{h}{1000} - d_3\right)}{40}\right] \tag{13-24}$$

式中，ρ 表示根据 2.1.1 小节火星大气密度模型 2 计算得到的大气密度，$\tilde{\rho}$ 表示仿真时的大气密度；h 表示飞行高度，单位 m；其余各个随机参数的分布类型和取值如表 13.4 所示。

表 13.4　大气密度误差参数

物理量	分布类型	平均值	极值/3σ 值
a_1，a_2，b_2，c_2	均匀分布	0.5	[0, 1]
a_3，b_3，c_3	均匀分布	60	[30, 90]
a_4，b_4，c_4	均匀分布	20	[10, 30]
d_1	高斯分布	0.36	0.018
d_2	高斯分布	120	15

根据上述大气密度误差模型，可以得到如图 13.3 所示的大气密度误差曲线，其中大气密度误差在 0 ~ 60 km 的空域时约为 20%，在 80 km 的空域时约为 50%、在 120 km 的空域时约为 100%，呈现“高空大、低空小”的特点，符合火星大气密度误差的实际情况。

仿真中设置制导周期为 0.5 s，而 LQR 和最优反馈跟踪制导等基于参考轨迹的方法容易出现控制饱和，因此所有算法只有当阻力加速度超过 0.2 倍的球表面加速度后开始使用。LQR 制导方法中系数矩阵 $\boldsymbol{Q} = 10\boldsymbol{I}$，$R = 1$。最优反馈制导方法中系数矩阵 $\boldsymbol{Q} = \boldsymbol{Q}_f = 10\boldsymbol{I}$，$R = 0$，伪谱配点个数始终为 11，$\delta_u = 0.06$，$\delta_x = 0.6$，控制时域长度为 5 s，即求解一次 QCQP 问题后根据最优控制量插值得到 10

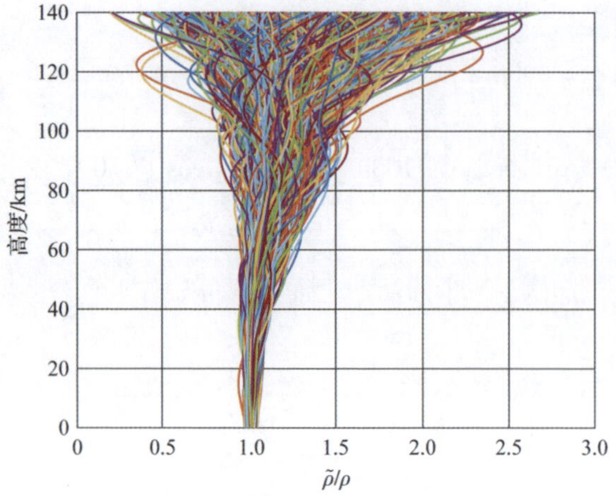

图 13.3 数值仿真中大气密度误差

次制导所需要的制导指令。ETPC 制导方法的具体步骤和参数则参考文献[38]。

上述三类方法的参考轨迹通过 GPOPS 工具箱优化得到，优化时考虑三个路径约束，优化目标为总航程最小，控制量为倾侧角速度，飞行时长固定为 360 s，状态量的初始和末端条件与表 13.3 一致，默认 IPOPT 求解器，网格收敛误差为 10^{-6}，优化得到的参考轨迹如图 13.4 所示。

最优计算制导方法中，初始伪谱离散配点数为 32，每隔 30 次制导后减少一个节点，控制时域的长度为 5 s，即求解一次轨迹优化问题后根据最优控制量插值得到 10 次制导所需要的制导指令，每次滚动优化的最大迭代次数为 10 次，收敛条件为

$$\varepsilon = \left[\frac{100}{R_0}, \frac{0.1\pi}{180}, \frac{0.1\pi}{180}, \frac{10}{V_s}, \frac{0.1\pi}{180}, \frac{0.1\pi}{180}\right] \tag{13-25}$$

同时，为了提高最优计算制导方法的计算效率，制导方法的初始参考轨迹通过 5.2.3 小节给出的 LGR-PMPCP 算法优化得到，而 LGR-PMPCP 算法的初始参考轨迹以常值倾侧角 0°为控制输入对原始动力学积分 360 s 得到。

13.4.1 无偏工况仿真

为了验证算法的正确性，首先在不考虑初始偏差、大气密度和气动系数偏差的无偏工况下对最优反馈跟踪制导和最优计算制导进行测试，同时对比 LQR 制导方法和 ETPC 制导方法的性能，各类制导方法得到的仿真结果如图 13.5 所示。

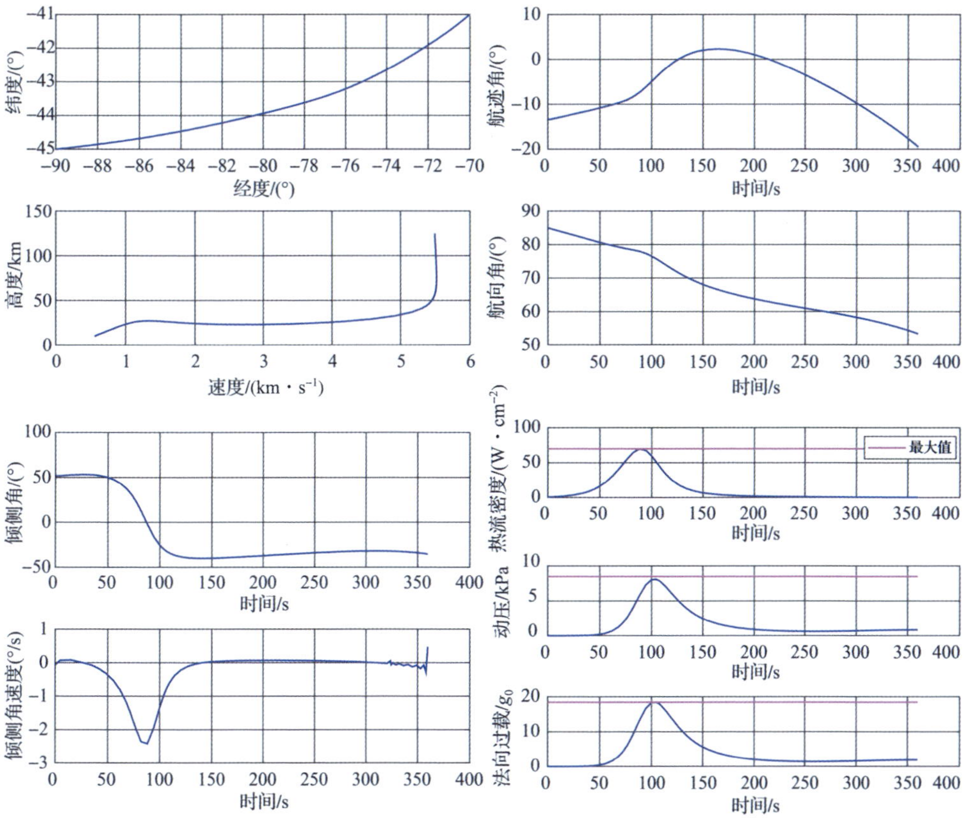

图 13.4　最优反馈制导、LQR 制导和 ETPC 制导的参考轨迹

仿真结果显示，无偏工况下四类制导方法的火星进入制导落点位置误差均小于 1 km，表明算法正确，且所有方法在制导过程中都没有违反路径约束。在三类跟踪制导方法中，ETPC 制导方法的位置误差最大，而最优计算制导方法由于采用在线轨迹规划方式进行制导，制导精度较好。四类制导方法的主要差别在于倾侧角剖面。由于制导算法只在阻力加速度大于 0.2 倍地球表面重力加速度以后才开始作用，因此三类跟踪制导方法的倾侧角剖面在开始时完全一致。LQR 和最优反馈制导方法在设计思路上采用了动力学模型线性化的方式，制导指令是在参考控制量的基础上增加控制修正量得到的，所以制导指令和参考倾侧角剖面相差不大。但 ETPC 方法采用了纵向制导和横向制导解耦的制导策略，导致制导时倾侧角符号将发生翻转，倾侧角变化范围大，且算法考虑到倾侧角有 ±15°的控制死区和最大 165°的控制极限，当制导指令小于 15°时倾侧角将出现振荡，而最优

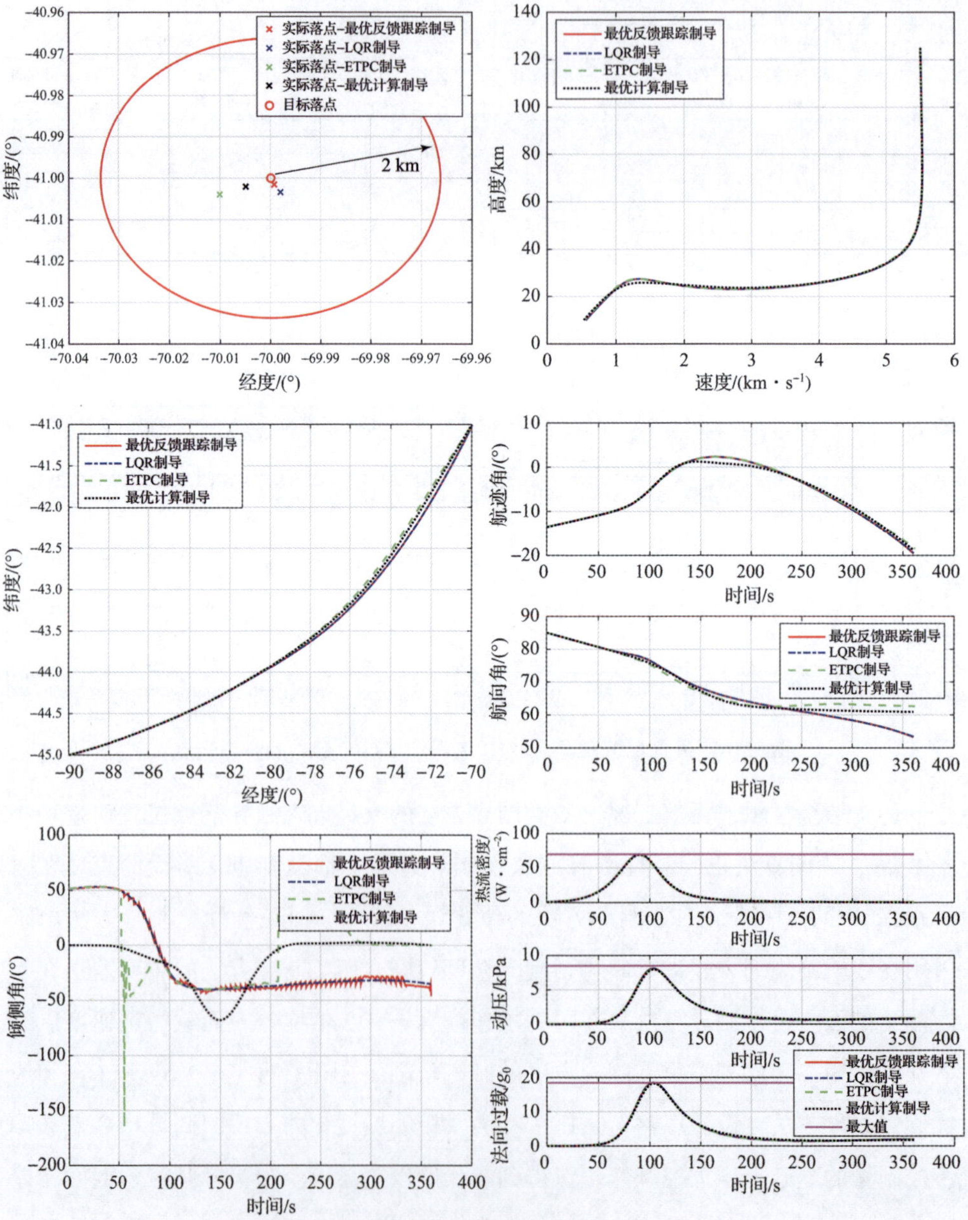

图 13.5 无偏工况下四类制导方法的实际轨迹

计算制导由于采用伪谱法对动力学进行近似，因而无偏工况下所需的制导指令较为光滑。此外，图 13.6 统计了最优计算制导每次滚动优化所需的计算耗时，每次不超过 0.2 s 的耗时远远小于 5 s 的控制时域，表明最优计算制导具备在线应用的潜力。

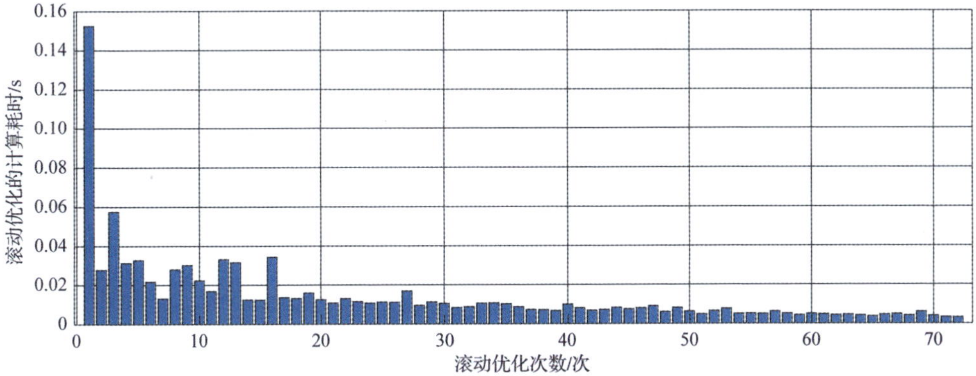

图 13.6　最优计算制导中滚动优化的计算耗时统计

13.4.2　蒙特卡洛仿真

为了进一步验证最优反馈跟踪制导和最优计算制导方法对火星进入过程中各类不确定因素的鲁棒性，本节进行 1 000 次蒙特卡洛仿真，仿真中初始状态误差、大气密度和气动系数误差已经在本节前文中给出。LQR 制导、最优反馈跟踪制导、ETPC 制导和最优计算制导方法的蒙特卡洛仿真结果如图 13.7 ~ 图 13.10 所示。

蒙特卡洛仿真结果表明，所有制导方法均可以实现火星进入制导，但制导效果各异。首先从仿真精度上来看，ETPC 制导的实际落点全部位于目标落点 2 km 以内，最优计算制导则有 4 个实际落点位置误差超过 2 km，而最优反馈跟踪制导和 LQR 制导的实际落点位置误差较大，且 LQR 制导中有多个实际落点位于目标落点 5 km 以外。四类制导方法中落点位置误差的直方图如图 13.11 所示，其中 ETPC 制导和最优计算制导的实际落点位置误差几乎都小于 1.5 km，而 LQR 制导和最优反馈跟踪制导方法的实际落点在 0 ~ 5 km 以内均有分布。

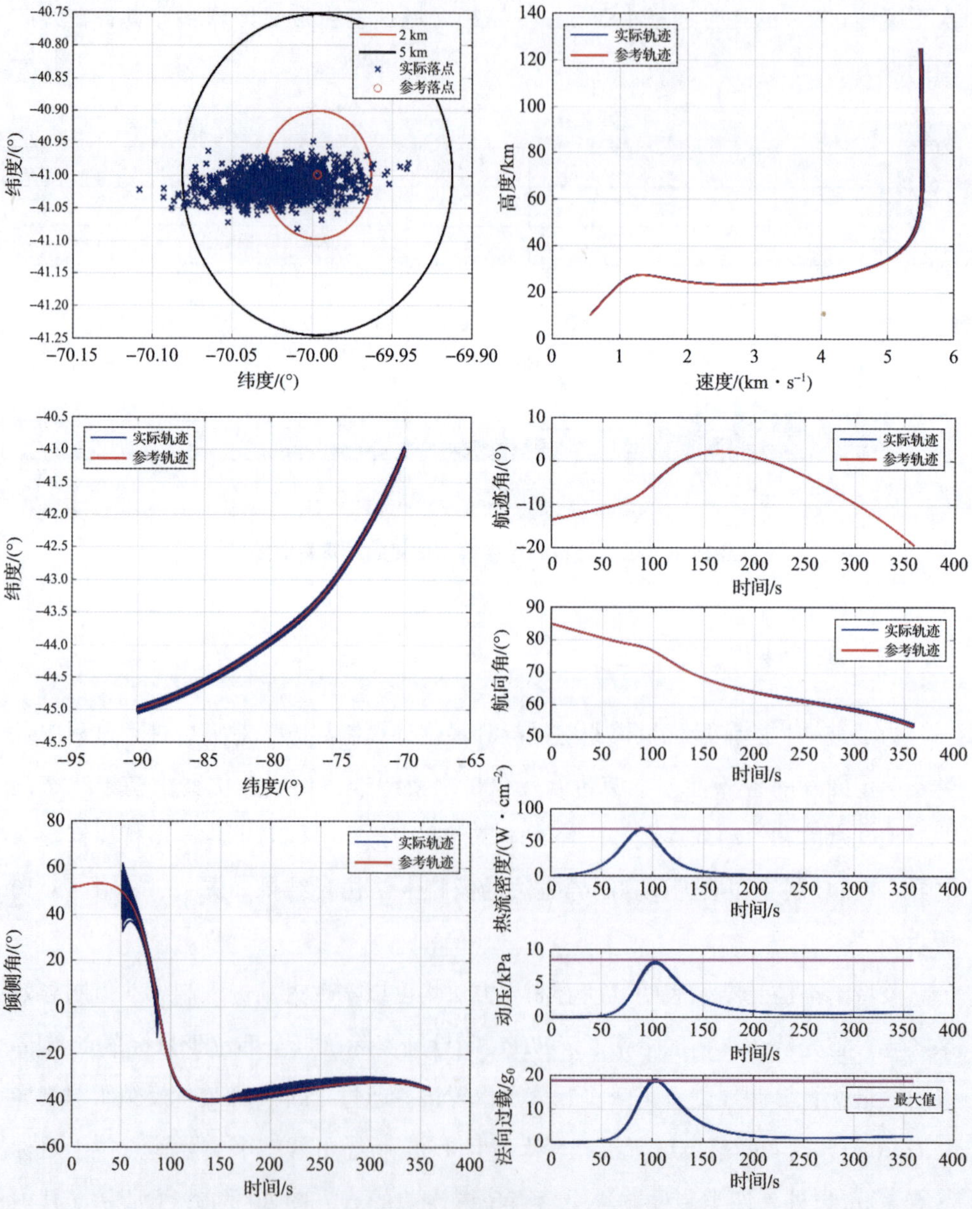

图 13.7 LQR 制导的蒙特卡洛仿真结果

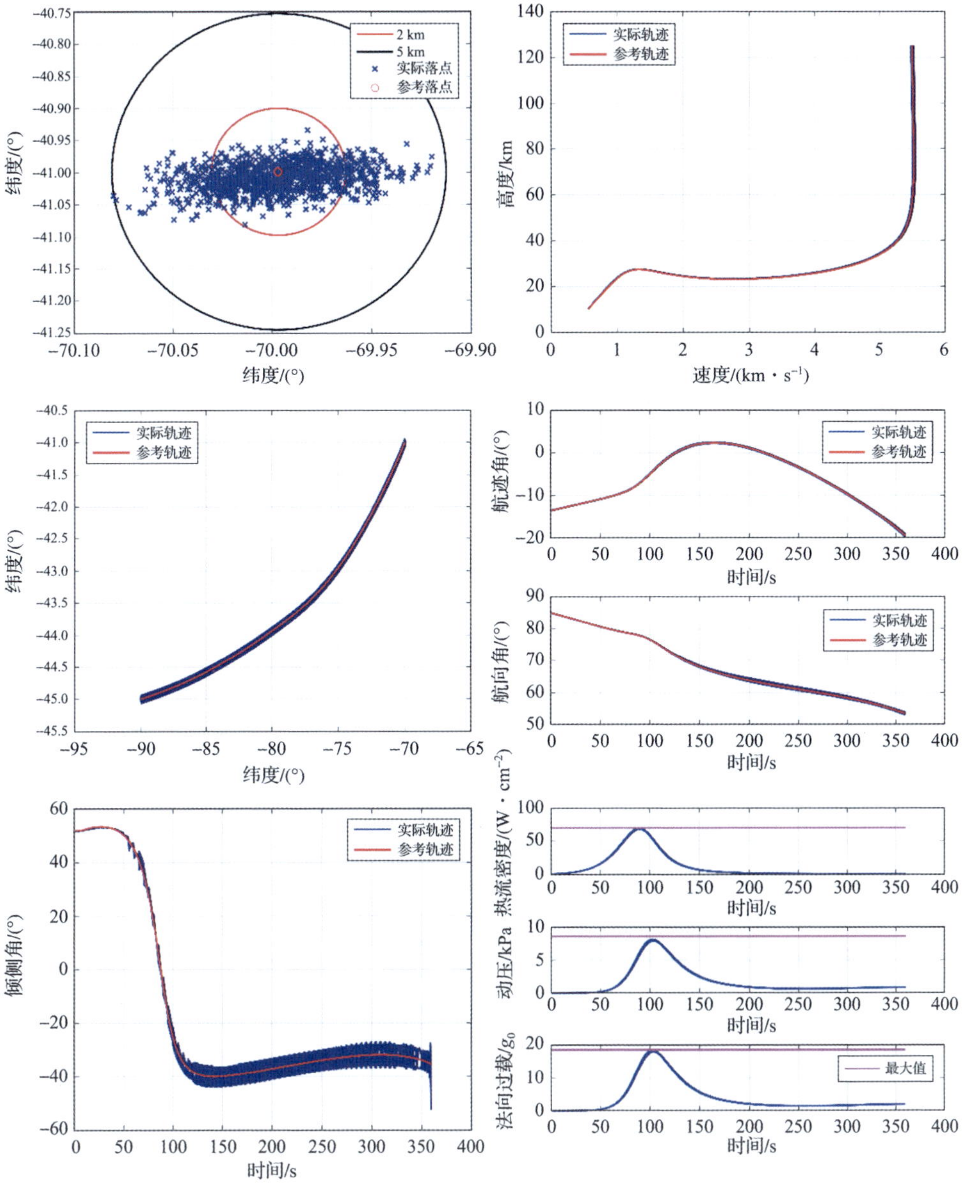

图 13.8 最优反馈跟踪制导的蒙特卡洛仿真结果

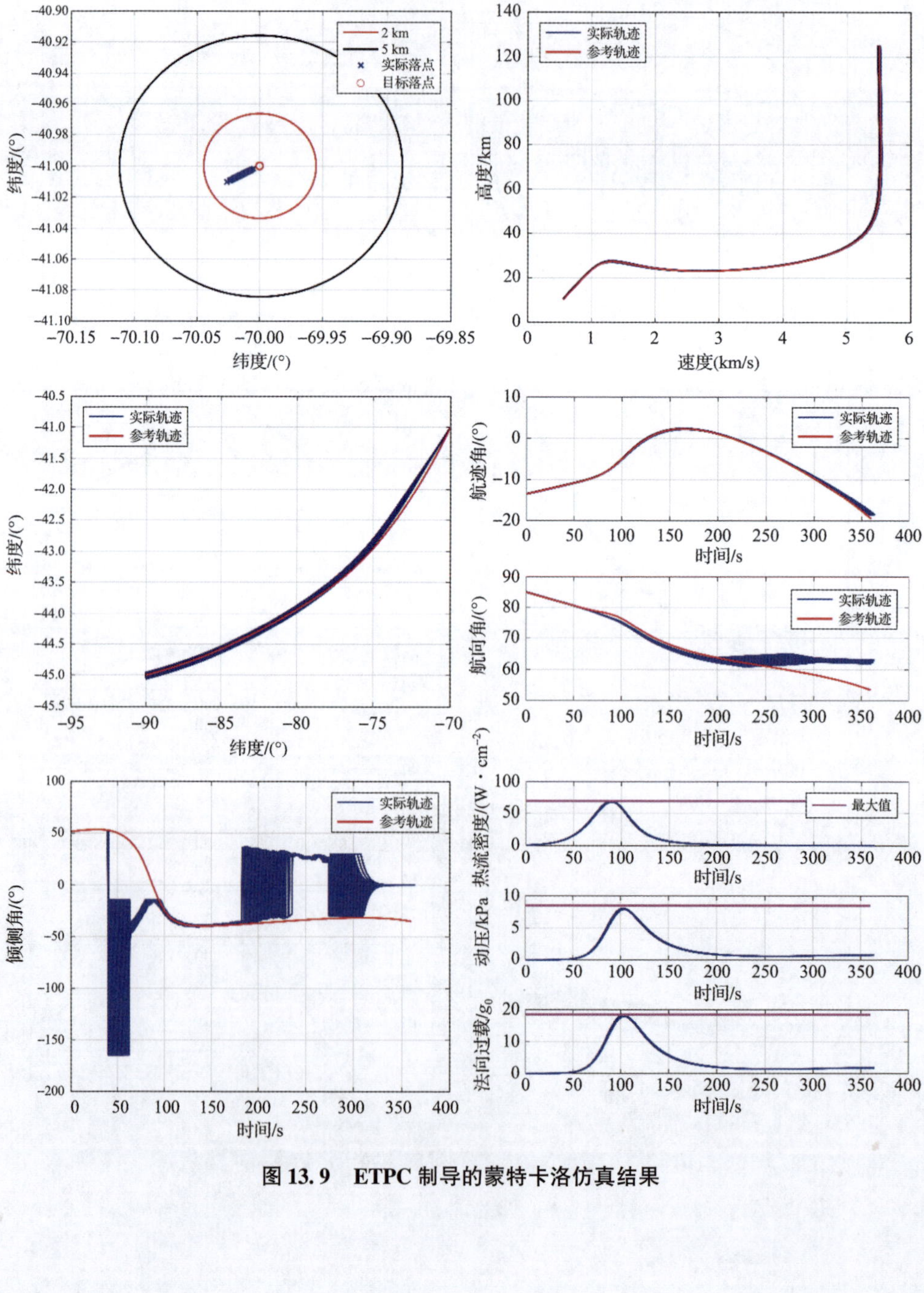

图 13.9 ETPC 制导的蒙特卡洛仿真结果

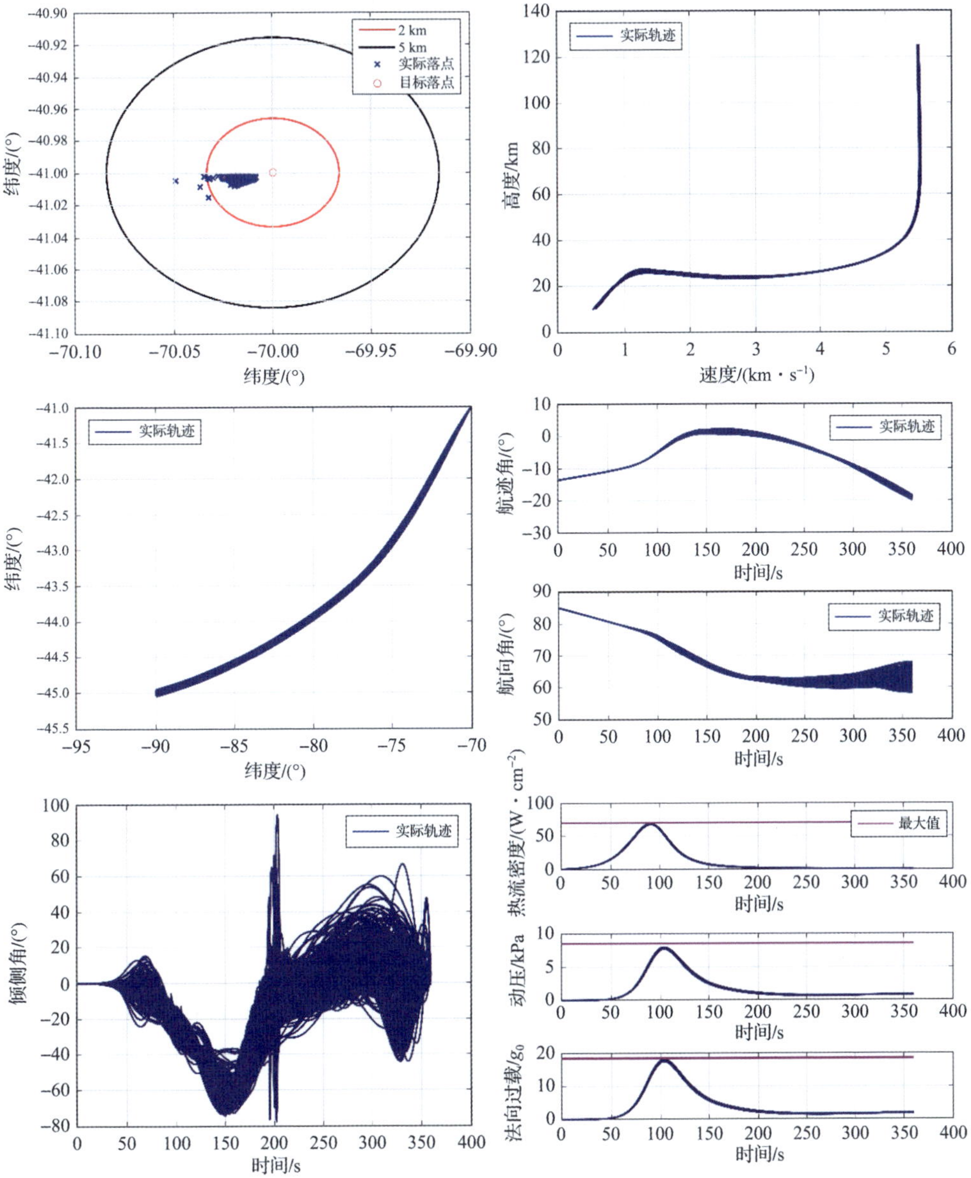

图 13.10　最优计算制导的蒙特卡洛仿真结果

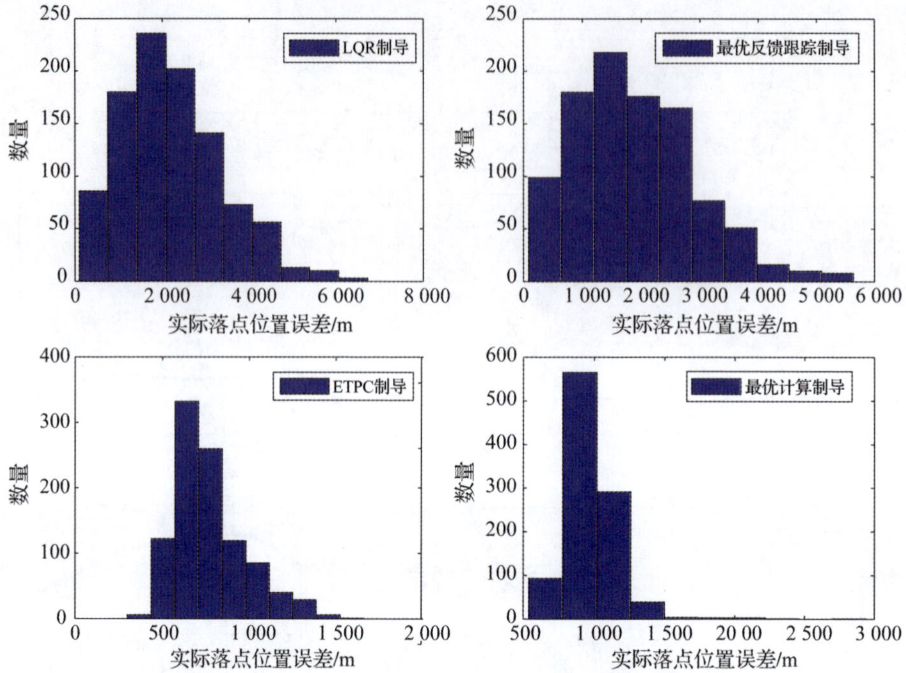

图 13.11 蒙特卡洛仿真的落点位置误差直方图

从算法原理上来看，LQR 制导和最优反馈跟踪制导方法均是基于小扰动假设，先将实际系统在参考轨迹附近线性化以后，分别通过求解代数 Riccati 方程或 QCQP 问题来得到控制修正，因此实际轨迹始终维持在参考轨迹附近，以保证小扰动假设有效。但由于这两类方法的目标函数要求整个飞行轨迹上的状态增量尽可能小，而不是最小化末端状态增量，因此末端的实际落点位置误差较大。而 ETPC 制导方法的目的就是通过施加控制修正来消除末端时刻的纵向航程误差，并不要求跟踪参考轨迹，因此制导精度最高。同时，最优计算制导的在线轨迹优化算法则考虑了末端时刻的状态约束，因而同样具有相当高的制导精度。上述论述与表 13.5 中给出的落点位置误差数据统计结果相符。

表 13.5 蒙特卡洛仿真的落点位置误差数据

物理量	LQR 制导	最优反馈跟踪制导	ETPC 制导	最优计算制导
均值/m	2 230.5	1 898.5	771.69	979.55
标准差/m	1 167.6	1 026.2	204.48	187.81

续表

物理量	LQR 制导	最优反馈跟踪制导	ETPC 制导	最优计算制导
最大值/m	6 717.3	5.638 8	1 660.3	2 939.0
最小值/m	102.17	86.91	300.61	538.20
违反约束次数	20	22	426	130

表 13.5 不仅反映了四类制导方法的精度，也给出了 1 000 次蒙特卡洛仿真中违反路径约束的轨迹数量，同时结合图 13.7 ~ 图 13.10 的结果可知，两类参考轨迹跟踪方法的违反约束次数明显小于 ETPC 制导和最优计算制导。实际上，参考轨迹跟踪制导方法通过将实际轨迹保持在参考轨迹附近，只要参考轨迹满足路径约束，那么实际轨迹满足路径约束的概率较大。需要说明的是，尽管最优反馈跟踪制导方法考虑了路径约束，但由于较大的火星大气密度误差和气动系数误差，仍然有可能导致实际轨迹违反路径约束。不过，从违反约束次数上来看，LQR 制导和最优反馈跟踪制导分别为 20 和 22 次，没有明显差别。

由于 ETPC 制导方法属于解析预测—校正方法，不要求将实际轨迹维持在参考轨迹附近，且制导算法中没有考虑路径约束，导致违反路径约束的仿真次数较多，共有 426 次。而对于最优计算制导方法来说，其滚动优化环节求解包含路径约束的最优控制问题，因此飞行过程中因为大气密度和气动系数偏差而频繁违反路径约束的次数明显小于 ETPC 制导方法，只有 130 次。

而从图 13.7 ~ 图 13.10 的控制剖面来看，LQR 制导和最优反馈跟踪制导的倾侧角变化幅度较小，最优计算制导方法的倾侧角剖面较为光滑，ETPC 制导方法对应的倾侧角变化幅度则较大。如图 13.10 中 200 s 附近的倾侧角剖面所示，在不确定性因素非常大情况下，最优计算制导为了满足路径约束会产生较大的倾侧角。实际上，ETPC 制导方法虽然制导精度最优，但其所需的倾侧角剖面在火星大气密度较为稀薄的区域变化频繁，对控制器执行机构的伺服性能要求较高，否则将导致制导精度下降。综合来看，最优计算制导方法在制导精度和控制剖面品质方面较优。

此外，由于火星进入末端需要打开降落伞，因此末端时刻的高度和速度应满足开伞条件，所以这两项也是评判火星进入制导性能的重要指标。如表 13.3 所示，本节的蒙特卡洛仿真要求末端高度为 10 km，即制导算法得到的末端高度应尽可能接近 10 km。图 13.12 给出了四类制导方法的末端速度－高度剖面，从图中可知，LQR 制导和最优反馈跟踪制导的末端高度分布较为集中，分别处于 [10, 10.25] km 和 [9.8, 10.3] km 的区间。而最优计算制导方法的大部分末端高度在 10～10.3 km 的范围内，只有少部分末端高度在 9.6～10 km。同时，ETPC制导方法的末端高度位于 10.35～10.6 km。综上所述，在制导结束时刻的末端高度方面，LQR 制导和最优反馈跟踪制导方法优于 ETPC 制导和最优计算制导。但也应当指出，表 13.6 的数据显示最优反馈跟踪制导的标准差比其他三类方法更大，即末端高度分布更离散。

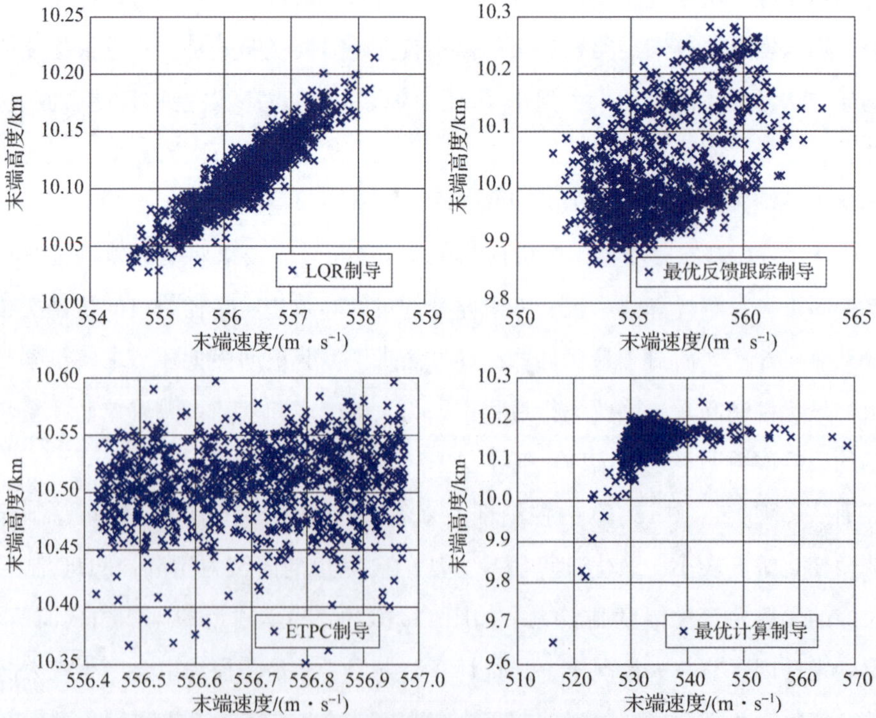

图 13.12 蒙特卡洛仿真的末端速度和高度剖面

表 13.6 蒙特卡洛仿真的末端高度数据

物理量	LQR 制导	最优反馈跟踪制导	ETPC 制导	最优计算制导
均值/km	10.112 2	10.025 7	10.507 2	10.149 6
标准差/km	0.030 9	0.090 3	0.034 7	0.036 8

续表

物理量	LQR 制导	最优反馈跟踪制导	ETPC 制导	最优计算制导
最大值/km	10.221 4	10.282 1	10.597 5	10.241 1
最小值/km	10.027 6	9.869 5	10.351 3	9.653 8

最后，图 13.13 展示了 1 000 次蒙特卡洛仿真中最优计算制导滚动优化的平均计算耗时。从图中可知，除了第一次轨迹优化需要进行较长时间的优化，其余滚动优化的计算耗时都在 0.1 s 以内。这表明最优计算制导即使在含有状态误差情况下，其计算效率仍能满足制导的实时性需求。

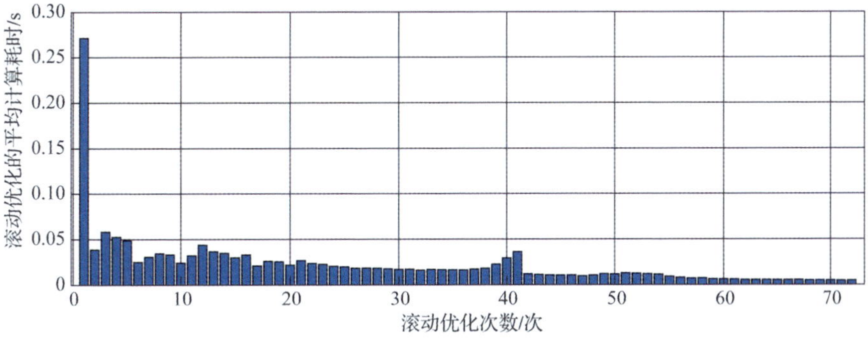

图 13.13　最优计算制导中滚动优化的平均计算耗时

13.5　小结

为了提高火星进入制导算法的鲁棒性和精度，本章在模型预测控制框架下，将求解凸优化问题作为滚动优化的内核，开发了最优反馈跟踪制导和最优计算制导两类方法。其中，最优反馈跟踪制导将参考轨迹跟踪问题近似为 QCQP 问题，通过求解一次凸优化问题即可根据状态增量确定控制修正；而最优计算制导则以在线轨迹优化为核心，采用序列凸优化方法优化当前时刻到末端时刻的飞行轨迹，然后在滚动时域内实现制导。

不同于经典的 LQR 制导和工程实际应用的 ETPC 制导，本章所提的两类制导方法不仅在同等不确定性因素下的制导精度更高，且可以满足火星进入过程中的路径约束，有效地提高了火星进入制导的安全性。

参考文献

[1] 林来兴. 火星探测器发展简述及远景展望 [J]. 国际太空, 2020 (10): 29 - 32.

[2] 张扬眉. 国外火星探测发展态势分析 [J]. 国际太空, 2020 (8): 29 - 36.

[3] 张扬眉. 世界火星探测一览表 [J]. 国际太空, 2020 (8): 49 - 50.

[4] https://en.wikipedia.org/wiki/List_of_missions_to_Mars

[5] 李爽, 江秀强. 火星 EDL 导航、制导与控制方案综述与启示 [J]. 宇航学报, 2016, 37 (5): 499 - 511.

[6] LI S, JIANG X. Review and prospect of guidance and control for Mars atmospheric entry [J]. Progress in Aerospace Sciences, 2014, 69: 40 - 57.

[7] INGOLDBY R N. Guidance and control system design of the Viking planetary lander [J]. Journal of Guidance and Control, 1978, 1 (3): 189 - 196.

[8] EULER G L A, HOPPER F W. Design and reconstruction of the Viking lander descent trajectories [J]. Journal of Guidance and Control, 1978, 1 (5): 372 - 378.

[9] BRAUN R D, POWELL R W, ENGELUND W C, et al. Mars Pathfinder six - degree - of - freedom entry analysis [J]. Journal of Spacecraft and Rockets, 1995, 32 (6): 993 - 1000.

[10] SPENCER D A, BLANCHARD R C, BRAUN R D, et al. Mars Pathfinder entry, descent, and landing reconstruction [J]. Journal of Spacecraft and Rockets, 1999, 36 (3): 357 - 366.

[11] DESAI P N, KNOCKE P C. Mars exploration rovers entry, descent, and landing trajectory analysis [J]. The Journal of the Astronautical Sciences, 2007, 55 (3): 311 -323.

[12] DESAI P N, LEE W J, STELTZNER A. Entry, descent, and landing scenario for the mars exploration rover mission [J]. The Journal of the Astronautical Sciences, 2007, 55 (4): 421 -430.

[13] SCHMIDT R. Mars Express—ESA's first mission to planet Mars [J]. Acta Astronautica, 2003, 52 (2): 197 -202.

[14] CHICARRO A, MARTIN P, TRAUTNER R. The Mars Express mission: an overview [J]. Mars Express: the scientific payload, 2004, 1240: 3 -13.

[15] UNDERWOOD J, BOWN N. An entry, descent and landing system for the beagle2 mars mission [C] // 16th AIAA Aerodynamic Decelerator Systems Technology Conference and Seminar. 2001: 2052.

[16] BONETTI D, ZAIACOMO DE G, BLANCO G, et al. ExoMars 2016: Schiaparelli coasting, entry and descent post flight mission analysis [J]. Acta Astronautica, 2018, 149: 93 -105.

[17] FERRI F, AHONDAN A, COLOMBATTI G, et al. Atmospheric mars entry and landing investigations & analysis (AMELIA) by ExoMars 2016 Schiaparelli Entry Descent module: The ExoMars entry, descent and landing science [C]//2017 IEEE International Workshop on Metrology for AeroSpace (MetroAeroSpace). IEEE, 2017: 262 -265.

[18] 孙泽洲, 饶炜, 贾阳, 等. "天问一号" 火星探测器关键任务系统设计 [J]. 空间控制技术与应用, 2021, 47 (5): 9 -16.

[19] JIANG X, YANG B, LI S. Overview of China's 2020 Mars mission design and navigation [J]. Astrodynamics, 2018, 2 (1): 1 -11.

[20] PRINCE J L, DESAI P N, QUEEN E M, et al. Mars phoenix entry, descent, and landing simulation design and modeling analysis [J]. Journal of Spacecraft and Rockets, 2011, 48 (5): 756 -764.

[21] GARCIA M D, FUJII K K. Mission design overview for the Phoenix Mars Scout

mission [C]//AAS/AIAA Space Flight Mechanics Meeting, 2007, AAS-07-247.

[22] OBERHETTINGER D, SKULSKY E D, BAILEY E S. Assessment of Mars phoenix EDL performance [C]//2011 Aerospace Conference. IEEE, 2011: 1-6.

[23] KARLGAARD C D, KORZUN A M, SCHOENENBERGER M, et al. Mars InSight entry, descent, and landing trajectory and atmosphere reconstruction [J]. Journal of Spacecraft and Rockets, 2021, 58 (3): 865-878.

[24] WITKOWSKI A, KANDIS M, KIPP D, et al. Mars InSight Parachute System Performance [C]//AIAA Aviation 2019 Forum. 2019: 3481.

[25] ABILLEIRA F, HALSELL A, FUJII K, et al. Final Mission and navigation design for the 2016 Mars Insight Mission [C]//26th AAS/AIAA Space Flight Mechanics Meeting, 2016, AAS-16-257.

[26] ABILLEIRA F, FRAUENHOLZ R, FUJII K, et al. 2016 Mars Insight Mission design and navigation [C]//24th AAS/AIAA Space Flight Mechanics Meeting, 2014, AAS-14-363.

[27] ABILLEIRA F, HALSELL A, KRUIZINGA G, et al. 2018 Mars Insight trajectory reconstruction and performance from launch through landing [C]//AAS/AIAA Astrodynamics Specialist Conference, 2019, AAS-19-204.

[28] PRAKASH R, BURKHART P D, CHEN A, et al. Mars science laboratory entry, descent, and landing system overview [C]//2008 IEEE Aerospace Conference. IEEE, 2008: 1-18.

[29] MENDECK G F, CRAIG MCGREW L. Entry guidance design and postflight performance for 2011 Mars Science Laboratory mission [J]. Journal of Spacecraft and Rockets, 2014, 51 (4): 1094-1105.

[30] KORNFELD R P, PRAKASH R, DEVEREAUX A S, et al. Verification and validation of the Mars Science Laboratory/Curiosity rover entry, descent, and landing system [J]. Journal of Spacecraft and Rockets, 2014, 51 (4): 1251-1269.

[31] DUTTA S, BRAUN R D. Statistical entry, descent, and landing performance reconstruction of the mars science laboratory [J]. Journal of Spacecraft and Rockets, 2014, 51 (4): 1048 -1061.

[32] BRUGAROLAS P. Guidance, navigation and control for the entry, descent, and landing of the mars 2020 mission [C] // 40th Annual Guidance and Control Conference, 2017, AAS 17 -031.

[33] NELESSEN A, SACKIER C, CLARK I, et al. Mars 2020 entry, descent, and landing system overview [C] // 2019 IEEE Aerospace Conference. IEEE, 2019: 1 -20.

[34] DUTTA S, KARLGAARD C D, KASS D, et al. Post - flight Analysis of Atmospheric Properties from Mars 2020 Entry, Descent, and Landing [C] // AIAA SCITECH 2022 Forum. 2022: 0422.

[35] MENDECK G, CARMAN G. Guidance design for Mars smart landers using the entry terminal point controller [C] // AIAA Atmospheric Flight Mechanics Conference and Exhibit. 2002: 4502.

[36] IVES D, GELLER D, CARMAN G. Apollo - derived Mars precision lander guidance [C] //23rd atmospheric flight mechanics conference. 1998: 4570.

[37] 甘庆忠. 火星大气进入制导方法研究 [D]. 哈尔滨: 哈尔滨工业大学, 2017.

[38] 郑艺裕. 火星进入轨迹设计, 优化及制导方法研究 [D]. 哈尔滨: 哈尔滨工业大学, 2017.

[39] https://mars. nasa. gov/mars2020/timeline/landing/entry - descent - landing/

[40] 饶炜, 孙泽洲, 董捷, 等. 天问一号火星进入、下降与着陆系统设计与实现 [J]. 中国科学: 技术科学, 2020: 1 -13.

[41] 黄翔宇, 郭敏文, 李茂登, 等. 天问一号进入下降着陆过程 GNC 关键技术 [J]. 国际太空, 2021 (7): 14 -18.

[42] 李茂登, 黄翔宇, 徐超, 等. 天问一号火星探测器 EDL 过程自主导航技术 [J]. 宇航学报, 2022, 43 (1): 11 -20.

[43] 陈正, 崔祜涛, 田阳, 等. 天问一号着陆器 EDL 过程建模与仿真 [J]. 宇

航学报，2022，43（1）：91－102.

[44] 赵宇，王晓磊，黄翔宇，等. 天问一号火星软着陆制导、导航与控制系统[J]. 空间控制技术与应用，2021，47（5）：48－57.

[45] 赵宇，袁利，王晓磊，等. 天问一号着陆巡视器进入舱 GNC 系统设计与实现[J]. 宇航学报，2022，43（1）：1－10.

[46] 杨昌昊，祁玉峰，饶炜，等. 天问一号火星探测器气动热防护系统设计与实现[J]. 中国科学：技术科学，2022，52（2）：253－263.

[47] HUANG X, LI M, WANG X, et al. The Tianwen－1 guidance, navigation, and control for Mars entry, descent, and landing [J]. Space: Science & Technology, 2021: 9846185.

[48] GUO M, HUANG X, LI M, et al. Adaptive entry guidance for the Tianwen－1 mission [J]. Astrodynamics, 2022, 6 (1): 17－26.

[49] 饶炜，孙泽洲，孟林智，等. 火星着陆探测任务关键环节技术途径分析[J]. 深空探测学报，2016，3（2）：121－128.

[50] 黄悦琛. 火星进入不确定性最优轨迹规划与制导方法研究[D]. 长沙：国防科学技术大学，2018.

[51] 朱新波，谢攀，徐亮，等. "天问一号"火星环绕器总体设计综述[J]. 航天返回与遥感，2021，42（3）：1－12.

[52] 李健，房冠辉，吕智慧，等. 天问一号火星探测器伞系减速分系统设计与验证[J]. 中国科学：技术科学，2022，52（2）：264－277.

[53] 冯继航，黄帅，李云飞，等. 2020 中美阿火星探测任务分析[J]. 飞控与探测，2022，5（2）：14－23.

[54] DRAKE B G, HOFFMAN S J, BEATY D W. Human exploration of Mars, design reference architecture 5. 0 [C] // 2010 IEEE Aerospace Conference. IEEE, 2010: 1－24.

[55] MOORE C L. Technology development for human exploration of Mars [J]. Acta Astronautica, 2010, 67 (9－10): 1170－1175.

[56] CRAIG D A, HERRMANN N B, TROUTMAN P A. The evolvable mars campaign－study status [C] //2015 IEEE Aerospace Conference. IEEE, 2015:

1 – 14.

[57] POLSGROVE T, CHAPMAN J, SUTHERLIN S, et al. Human Mars lander design for NASA's evolvable mars campaign [C] // 2016 IEEE Aerospace Conference. IEEE, 2016: 1 – 15.

[58] KORZUN A M, DUBOS G F, IWATA C K, et al. A concept for the entry, descent, and landing of high – mass payloads at Mars [J]. Acta Astronautica, 2010, 66 (7 – 8): 1146 – 1159.

[59] POLSGROVE T, DWYER – CIANCIOLO A M. Human mars entry, descent and landing architecture study overview [C]//AIAA SPACE 2016. 2016: 5494.

[60] DWYER A C. Changing entry, descent and landing: Paradigms for human Mars lander [C]//15th International Planetary Probe Workshop, 2018.

[61] WERCINSKI P. Adaptable deployable entry & placement technology (ADEPT) for cubesat delivery to Mars surface [C] // Mars CubeSat/NanoSat Workshop. 2014 (ARC – E – DAA – TN19332).

[62] CASSELL A M, BRIVKALNS C A, BOWLES J V, et al. Human Mars mission design study utilizing the adaptive deployable entry and placement technology [C]//2017 IEEE Aerospace Conference. IEEE, 2017: 1 – 16.

[63] HARPER B P, BRAUN R D. Preliminary Design Study of Asymmetric Hypersonic Inflatable Aerodynamic Decelerators for Mars Entry [R]. AE8900 MS Special Problems Report, Guggenheim School of Aerospace Engineering Georgia Institute of Technology Atlanta, GA, 2014.

[64] CIANCIOLO A D, DILLMAN R, BRUNE A, et al. Human Mars Entry, Descent and Landing Architecture Study: Deployable Decelerators [C] // AIAA SPACE and Astronautics Forum and Exposition. 2018: 5191.

[65] KORZUN A M, TANG C, RIZK Y, et al. Powered Descent Aerodynamics for Low and Mid Lift – to – Drag Human Mars Entry, Descent and Landing Vehicles [C] // AIAA Scitech 2020 Forum. 2020: 1510.

[66] PRICE H W, BRAUN R D, MANNING R, et al. A high – heritage blunt – body entry, descent, and landing concept for human Mars exploration [C] // 54th

AIAA Aerospace Sciences Meeting. 2016: 0219.

[67] POLSGROVE T, DWYER - CIANCIOLO A M, ROBERTSON E A, et al. Human Mars Entry, Descent, and Landing Architecture Study: Rigid Decelerators [C]//2018 AIAA SPACE and Astronautics Forum and Exposition. 2018: 5192.

[68] JOHNSON B J, CERIMELE C J, STACHOWIAK S, et al. Mid - lift - to - drag ratio rigid vehicle control system design and simulation for human Mars entry [C]//2018 AIAA Guidance, Navigation, and Control Conference. 2018: 0615.

[69] HUGHES S, CHEATWOOD F, DILLMAN R, et al. Hypersonic inflatable aerodynamic decelerator (HIAD) technology development overview [C]//21st AIAA Aerodynamic Decelerator Systems Technology Conference and Seminar. 2011: 2524.

[70] BECK R A, WHITE S, ARNOLD J, et al. Overview of initial development of flexible ablators for hypersonic inflatable aerodynamic decelerators [C]//21st AIAA Aerodynamic Decelerator Systems Technology Conference and Seminar. 2011: 2511.

[71] DILLMAN R, DINONNO J, BODKIN R, et al. Flight performance of the inflatable reentry vehicle experiment 3 [C]// International Planetary Probe Workshop (IPPW - 10). 2013 (NF1676L - 16379).

[72] O'KEEFE S, BOSE D. IRVE - II post - flight trajectory reconstruction [C]// AIAA Atmospheric Flight Mechanics Conference. 2010: 7515.

[73] LICHODZIEJEWSKI D, KELLEY C, TUTT B, et al. Design and testing of the inflatable aeroshell for the IRVE - 3 flight experiment [C]// 53rd AIAA/ASME/ASCE/AHS/ASC Structures, Structural Dynamics and Materials Conference 20th AIAA/ASME/AHS Adaptive Structures Conference 14th AIAA. 2012: 1515.

[74] LITTON D, BOSE D, CHEATWOOD F, et al. Inflatable re - entry vehicle experiment (IRVE) - 4 overview [C]//21st AIAA Aerodynamic Decelerator Systems Technology Conference and Seminar. 2011: 2580.

[75] STEINFELDT B A, THEISINGER J E, KORZUN A M, et al. High mass Mars entry, descent, and landing architecture assessment, AIAA - 2009 - 6684 [R]. Reston: AIAA, 2009.

[76] REZA S, HUND R, KUSTAS F, et al. Aerocapture inflatabledecelerator (AID) for planetary entry, AIAA -2007 -2516 [R]. Reston: AIAA, 2007.

[77] SAMAREH J A. Estimating mass of inflatable aerodynamic decelerators using dimensionless parameters [C]//8th International Planetary Probe Workshop. Washington, D. C., NASA, 2011.

[78] VENKATAPATHY E, ARNOLD J, FERNANDEZ I, et al. Adaptive deployable entry and placement technology (ADEPT): a feasibility study for human missions to Mars, AIAA2011 -2608 [R]. Reston: AIAA, 2011.

[79] HUGHES S J, WARE J S, DEL CORSO J A, et al. Deployable aeroshell flexible thermal protection system testing, AIAA -2009 -2926 [R]. Reston: AIAA, 2009.

[80] VENKATAPATHY E. Adaptive deployable entry placement technology: a technology development project funded by game changing development program of the office of the chief technologist [C]//9th International Planetary Probe Workshop. Washing ton, D. C.: NASA, 2012.

[81] SMITH B, VENKATAPATHY E, WERCINSKI P, et al. Venus in situ explorer mission design using a mechanically deployed aerodynamic decelerator [C]// 2013 IEEE Aerospace Conference. New York: IEEE, 2013.

[82] KORZUN A M, BRAUN R D, CRUZ J R. A Survey of supersonic retropropulsion technology for Mars entry, descent, and landing [C]//2008 IEEE Aerospace Conference. New York: IEEE, 2008.

[83] EDQUIST K T, DYAKONOV A A, KORZUN A M, et al. Development of supersonic retro - propulsion for future Mars entry, descent, and landing systems, AIAA -2010 -5046 [R]. Reston: AIAA, 2010.

[84] KORZUN A M, BRAUN R D. Performance characterization of supersonic retropropulsion for application to high - mass Mars entry, descent, and landing,

AIAA - 2009 - 5613 [R]. Reston: AIAA, 2009.
[85] KORZUN A M. Aerodynamic and performance characterization of supersonic retropropulsion for application to planetary entry and descent [D]. Atlanta, GA: Georgia Institute of Technology, 2012.
[86] ALKANDRY H. Aerodynamic interactions of propulsive deceleration and reaction control system jets on Mars - entry aeroshells [D]. Ann Arbor: University of Michigan, 2012.
[87] SOSTARIC R R, ZUMWALT C, GARCÍA - LLAMA E, et al. Trajectory guidance for Mars robotic precursors: aerocapture, entry, descent, and landing [C]//International Planetary Probe Workshop (IPPW - 8). 2011 (JSC - CN - 23876).
[88] CIANCIOLO A D, POLSGROVE T T. Human Mars entry, descent, and landing architecture study: Phase 2 summary [C] // 2018 AIAA SPACE and Astronautics Forum and Exposition. 2018: 5190.
[89] CALDERON D, GARCIA J A, NEWTON H, et al. Human Mars Entry, Descent, and Landing Architecture Study: Phase 3 Summary [C] // AIAA SciTech Forum. 2020 (JSC - E - DAA - TN76588).
[90] CIANCIOLO A D, POWELL R W. Entry, descent, and landing guidance and control approaches to satisfy Mars human mission landing criteria [C]//AAS/AIAA Space Flight Mechanics Meeting. 2017 (AAS Paper 17 - 254).
[91] JOHNSON B J, LU P, SOSTARIC R R. Mid Lift - to - Drag Rigid Vehicle 6 - DoF Performance for Human Mars Entry, Descent, and Landing: A Fractional Polynomial Powered Descent Guidance Approach [C] // AIAA Scitech 2020 Forum. 2020: 1513.
[92] KOELSCH R. 3 - DOF entry descent and landing simulations of a conceptual entry vehicle for human missions to Mars [C]//AIAA SPACE 2011 Conference & Exposition. 2011: 7295.
[93] SOSTARIC R R, CERIMELE C J, ROBERTSON E A, et al. A rigid mid lift - to - drag ratio approach to human Mars entry, descent, and landing [C]//

AIAA Guidance, Navigation, and Control Conference. 2017: 1898.

[94] 马广富，龚有敏，郭延宁，等. 载人火星探测进展及其 EDL 过程 GNC 关键技术 [J]. 航空学报，2020，41（7）：116 - 133.

[95] CALDERON D, GARCIA J A, NEWTON H, et al. Human Mars entry, Descent, and Landing Architecture Study: Phase 3 Summary [C]//AIAA SciTech Forum, 2020, JSC - E - DAA - TN76588.

[96] LAFLEUR J M, CERIMELE C J. Mars entry bank profile design for terminal state optimization [J]. Journal of Spacecraft Rockets 2011; 48 (6): 1012 - 1024.

[97] GRANT M J, MENDECK G F. Mars science laboratory entry optimization using particle swarm methodology [C]//AIAA atmospheric flight mechanics conference and exhibit, 2007, AIAA 2007 - 6393.

[98] LAVAGNA M, PARIGINI C, ARMELLIN R. PSO algorithm for planetary atmosphere entry vehicles multidisciplinary guidance design [C]// AIAA/AAS astrodynamics specialist conference and exhibit, 2006, AIAA 2006 - 6027.

[99] BETTS J T. Survey of numerical methods for trajectory optimization [J]. Journal of guidance, control, and dynamics, 1998, 21 (2): 193 - 207.

[100] KELLY M. An introduction to trajectory optimization: How to do your own direct collocation [J]. SIAM Review, 2017, 59 (4): 849 - 904.

[101] https: //github. com/MatthewPeterKelly/OptimTraj

[102] ZHAO J, LI S. Mars atmospheric entry trajectory optimization with maximum parachute deployment altitude using adaptive mesh refinement [J]. Acta Astronautica, 2019, 160: 401 - 413.

[103] 赵吉松，张建宏，李爽. 高超声速滑翔飞行器再入轨迹快速、高精度优化 [J]. 宇航学报，2019（9）：1034 - 1043.

[104] 赵吉松. 求解轨迹优化问题的局部配点法的稀疏性研究 [J]. 宇航学报，2017，38（12）：1263 - 1272.

[105] FAHROO F, ROSS I M. Direct trajectory optimization by a Chebyshev pseudospectral method [J]. Journal of Guidance, Control, and Dynamics,

2002, 25 (1): 160 - 166.

[106] BENSON D A, HUNTINGTON G T, THORVALDSEN T P, et al. Direct trajectory optimization and costate estimation via an orthogonal collocation method [J]. Journal of Guidance, Control, and Dynamics, 2006, 29 (6): 1435 - 1440.

[107] HUNTINGTON G, BENSON D, RAO A. A comparison of accuracy and computational efficiency of three pseudospectral methods [C] // AIAA guidance, navigation and control conference and exhibit. 2007: 6405.

[108] BENSON D. A Gauss pseudospectral transcription for optimal control [D]. Gambridge: Massachusetts Institute of Technology, 2005.

[109] FAHROO F, ROSS I. Trajectory optimization by indirect spectral collocation methods [C]//Astrodynamics specialist conference. 2000: 4028.

[110] YAN H, FAHROO F, ROSS I M. Optimal feedback control laws by Legendre pseudospectral approximations [C]//Proceedings of the 2001 American Control Conference. (Cat. No. 01CH37148). IEEE, 2001, 3: 2388 - 2393.

[111] GONG Q, KANG W, ROSS I M. A pseudospectral method for the optimal control of constrained feedback linearizable systems [J]. IEEE transactions on automatic control, 2006, 51 (7): 1115 - 1129.

[112] TIAN B, FAN W, SU R, et al. Real - time trajectory and attitude coordination control for reusable launch vehicle in reentry phase [J]. IEEE Transactions on Industrial Electronics, 2014, 62 (3): 1639 - 1650.

[113] 廖宇新, 李惠峰, 包为民. 基于间接 Radau 伪谱法的滑翔段轨迹跟踪制导律 [J]. 宇航学报, 2015, 36 (12): 1398 - 1405.

[114] LIAO Y, LI H, BAO W. Indirect Radau pseudospectral method for the receding horizon control problem [J]. Chinese Journal of Aeronautics, 2016, 29 (1): 215 - 227.

[115] ROSS I M, SEKHAVAT P, FLEMING A, et al. Optimal feedback control: foundations, examples, and experimental results for a new approach [J]. Journal of Guidance, Control, and Dynamics, 2008, 31 (2): 307 - 321.

[116] YANG L, ZHOU H, CHEN W. Application of linear gauss pseudospectral method in model predictive control [J]. Acta Astronautica, 2014, 96: 175 - 187.

[117] YANG L, LIU X, CHEN W, et al. Autonomous entry guidance using linear pseudospectral model predictive control [J]. Aerospace Science and Technology, 2018, 80: 38 - 55.

[118] DESAI P N, CONWAY B A. Two - timescale discretization scheme for collocation [J]. Journal of guidance, control, and dynamics, 2008, 31 (5): 1316 - 1322.

[119] DESAI P N, CONWAY B A. Six - degree - of - freedom trajectory optimization using a two - timescale collocation architecture [J]. Journal of guidance, control, and dynamics, 2008, 31 (5): 1308 - 1315.

[120] ZERAR M, CAZAURANG F, ZOLGHADRI A. Coupled linear parameter varying and flatness - based approach for space re - entry vehicles guidance [J]. IET control theory & applications, 2009, 3 (8): 1081 - 1092.

[121] 蔡伟伟. 空天飞行器轨迹规划与控制研究 [D]. 长沙: 国防科学技术大学, 2015.

[122] 蔡伟伟, 杨乐平, 刘新建, 等. 基于微分平坦的高超声速滑翔飞行器轨迹规划 [J]. 国防科技大学学报, 2014, 36 (2): 61 - 67.

[123] 刘莉, 杨乐平, 蔡伟伟, 等. 基于微分平坦的滑翔式再入轨迹优化设计 [J]. 弹箭与制导学报, 2015 (3): 33 - 36.

[124] 刘莉, 杨乐平, 蔡伟伟. 高超声速再入轨迹跟踪控制的微分变换方法 [J]. 国防科技大学学报, 2017 (3): 23 - 29.

[125] LIU X, LU P, PAN B. Survey of convex optimization for aerospace applications [J]. Astrodynamics, 2017, 1 (1): 23 - 40.

[126] LIU X, SHEN Z, LU P. Entry trajectory optimization by second - order cone programming [J]. Journal of Guidance, Control, and Dynamics, 2016, 39 (2): 227 - 241.

[127] LIU X, SHEN Z, LU P. Solving the maximum - crossrange problem via

successive second - order cone programming with a line search [J]. Aerospace Science and Technology, 2015, 47: 10 - 20.

[128] ZHAO D J, SONG Z Y. Reentry trajectory optimization with waypoint and no - fly zone constraints using multiphase convex programming [J]. Acta Astronautica, 2017, 137: 60 - 69.

[129] WANG Z, GRANT M J. Constrained trajectory optimization for planetary entry via sequential convex programming [J]. Journal of Guidance, Control, and Dynamics, 2017, 40 (10): 2603 - 2615.

[130] WANG Z. Optimal trajectories and normal load analysis of hypersonic glide vehicles via convex optimization [J]. Aerospace Science and Technology, 2019, 87: 357 - 368.

[131] SAGLIANO M, MOOIJ E, THEIL S. Onboard trajectory generation for entry vehicles via adaptive multivariate pseudospectral interpolation [J]. Journal of Guidance, Control, and Dynamics, 2016, 40 (2): 466 - 476.

[132] SAGLIANO M, MOOIJ E. Optimal drag - energy entry guidance via pseudospectral convex optimization [C] // 2018 AIAA Guidance, Navigation, and Control Conference. 2018: 1315.

[133] YU C M, ZHAO D J, YANG Y. Efficient Convex Optimization of Reentry Trajectory via the Chebyshev Pseudospectral Method [J]. International Journal of Aerospace Engineering, 2019: 1414279.

[134] WANG J, CUI N, WEI C. Rapid trajectory optimization for hypersonic entry using convex optimization and pseudospectral method [J]. Aircraft Engineering and Aerospace Technology, 2019, 91 (4): 669 - 679.

[135] ZHOU X, HE R Z, ZHANG H B, et al. Sequential convex programming method using adaptive mesh refinement for entry trajectory planning problem [J]. Aerospace Science and Technology, 2021, 109: 106374.

[136] 李俊, 江振宇. 一种高超声速滑翔再入在线轨迹规划算法 [J]. 北京航空航天大学学报, 2020, 46 (3): 579 - 587.

[137] LONG J, GAO A, CUI P, et al. Mars atmospheric entry guidance for optimal

terminal altitude [J]. Acta Astronautica, 2019, 155: 274 - 286.

[138] HALBE O, RAJA R G, PADHI R. Robust reentry guidance of a reusable launch vehicle using model predictive static programming [J]. Journal of Guidance, Control, and Dynamics, 2014, 37 (1): 134 - 148.

[139] ZHENG Y, CUI H, AI Y. Indirect trajectory optimization for mars entry with maximum terminal altitude [J]. Journal of Spacecraft and Rockets, 2017, 54 (5): 1068 - 1080.

[140] 吴旭忠，唐胜景，郭杰，等. 基于同伦方法的跳跃式再入轨迹优化 [J]. 北京理工大学学报，2014，34 (3): 221 - 225.

[141] MALL K, TAHERI E. Entry trajectory optimization for mars science laboratory class missions using indirect uniform trigonometrization method [C] // 2020 American Control Conference (ACC). IEEE, 2020: 4182 - 4187.

[142] MALL K, GRANT M J, TAHERI E. Uniform trigonometrization method for optimal control problems with control and state constraints [J]. Journal of Spacecraft and Rockets, 2020, 57 (5): 995 - 1007.

[143] YU Z, CUI P, CRASSIDIS J L. Design and optimization of navigation and guidance techniques for Mars pinpoint landing: review and prospect [J]. Progress in Aerospace Sciences, 2017, 94: 82 - 94.

[144] STEINFELDT B A, GRANT M J, MATZ D A, et al. Guidance, navigation, and control system performance trades for Mars pinpoint landing [J]. Journal of Spacecraft and Rockets, 2010, 47 (1): 188 - 198.

[145] WOLF A A, ACIKMESE B, CASOLIVA J, et al. Improving the landing precision of an MSL - class vehicle [C] // 2012 IEEE Aerospace Conference, 2012: 1 - 10.

[146] GUIZZO G P, BERTOLI A, DELLA T A, et al. Mars and Moon exploration passing through the European precision landing GNC test facility [J]. Acta Astronautica, 2008, 63 (1 - 4): 74 - 90.

[147] GRANT M, CLARK I, BRAUN R. Rapid entry corridor trajectory optimization for conceptual design [C] // AIAA atmospheric flight mechanics conference.

2010：7810.

[148] BENITO J, MEASE K D. Reachable and controllable sets for planetary entry and landing [J]. Journal of Guidance, Control, and Dynamics, 2010, 33 (3): 641 -654.

[149] EREN U, DUERI D, AçõKMESE B. Constrained reachability and controllability sets for planetary precision landing via convex optimization [J]. Journal of Guidance, Control, and Dynamics, 2015, 38 (11): 2067 -2083.

[150] LONG J T, GAO A, CUI P Y. Controllable set analysis for planetary landing under model uncertainties [J]. Advances in Space Research, 2015, 56 (2): 281 -292.

[151] HUANG Y, LI H, ZHANG J. Uncertainty analysis of reachable set for planetary entry using polynomial chaos [J]. Advances in Space Research, 2017, 60 (11): 2491 -2504.

[152] REN G, CUI H, CUI P, et al. A rapid uncertainty propagation method for pre - parachute phase of Mars entry [C] //2011 Chinese control and decision conference (CCDC). IEEE, 2011: 3142 -3147.

[153] 任高峰. 火星精确着陆轨迹规划与制导算法研究 [D]. 哈尔滨：哈尔滨工业大学, 2014.

[154] PRABHAKAR A, FISHER J, BHATTACHARYA R. Polynomial chaos - based analysis of probabilistic uncertainty in hypersonic flight dynamics [J]. Journal of guidance, control, and dynamics, 2010, 33 (1): 222 -234.

[155] 于正湜, 崔平远. 行星着陆自主导航与制导控制研究现状与趋势 [J]. 深空探测学报, 2016, 3 (4): 345 -355.

[156] LORENZONI L V, SANMARTIN M, STELTZNER A, et al. Preliminary assessment of MSL EDL sensitivity to Martian environments [C] //2007 IEEE aerospace conference, IEEE, 2007: 1 -8.

[157] SHIDNER J, DAVIS J, CIANCIOLO A, et al. Large mass, entry, descent and landing sensitivity results for environmental, performance, and design parameters [C] // AIAA/AAS Astrodynamics Specialist Conference.

2010: 7973.

[158] SEEBINDER D, BÜSKENS C. Real - time atmospheric entry trajectory computation using parametric sensitivities [C]//Proceeding of the 6th International Conference on Astrodynamics Tools and Techniques. 2016.

[159] ZHENG Y, CUI H. Mars atmospheric entry guidance using a sensitivity method [J]. IEEE Transactions on Aerospace and Electronic Systems, 2017, 53 (4): 1672 - 1684.

[160] BENITO J, MEASE K. Nonlinear predictive controller for drag tracking in entry guidance [C]//AIAA/AAS Astrodynamics Specialist Conference and Exhibit. 2008: 7350.

[161] BENITO J, MEASE K. Mars entry guidance with improved altitude control [C]// AIAA/AAS Astrodynamics Specialist Conference and Exhibit. 2006: 6674.

[162] BENITO J, MEASE K. Entry trajectory planning for higher elevation landing [J]. AAS paper, 2007: 7 - 309.

[163] MEASE K D, LEAVITT J A, BENITO J, et al. Advanced hypersonic entry guidance for Mars pinpoint landing [C]//Proceedings of the NASA Science Technology Conference (NSTC2007), University of Maryland University College, MD, USA. 2007: 19 - 21.

[164] LIANG Z, DUAN G, REN Z. Mars entry guidance based on an adaptive reference drag profile [J]. Advances in Space Research, 2017, 60: 692 - 701.

[165] FURFARO R, WIBBEN D. Mars atmospheric entry guidance via multiple sliding surface guidance for reference trajectory tracking [C]//AIAA/AAS Astrodynamics Specialist Conference. 2012: 4435.

[166] WU C, LI S, YANG J, et al. Disturbance observer based constrained multi - model predictive control for Mars entry trajectory tracking [C]//Proceedings of 2014 IEEE Chinese Guidance, Navigation and Control Conference. IEEE, 2014: 2341 - 2346.

[167] HUANG Y C, LI H Y, ZHANG J, et al. Mars atmospheric entry guidance design by sliding mode disturbance observer - based control [J]. Procedia

Engineering, 2015, 99: 1062 - 1075.

[168] DAI J, XIA Y Q. Mars atmospheric entry guidance for reference trajectory tracking [J]. Aerospace Science and Technology, 2015, 45: 335 - 345.

[169] LU K, XIA Y, SHEN G, et al. Sliding mode control for Mars entry based on extended state observer [J]. Advances in Space Research, 2017, 60: 2009 - 2020.

[170] XIA Y, CHEN R, PU F, et al. Active disturbance rejection control for drag tracking in mars entry guidance [J]. Advances in Space Research, 2014, 53 (5): 853 - 861.

[171] ZHAO Z, YANG J, LI S, et al. Drag - based composite super - twisting sliding mode control law design for Mars entry guidance [J]. Advances in Space Research, 2016, 57 (12): 2508 - 2518.

[172] ZHAO Z, YANG J, LI S, et al. Finite - time super - twisting sliding mode control for Mars entry trajectory tracking [J]. Journal of the Franklin Institute, 2015, 352 (11): 5226 - 5248.

[173] DAI J, GAO A, XIA Y. Mars atmospheric entry guidance for reference trajectory tracking based on robust nonlinear compound controller [J]. Acta Astronautica, 2017, 132: 221 - 229.

[174] SHEN G, XIA Y, ZHANG L, et al. A new compound control for Mars entry guidance [J]. Advances in Space Research, 2018, 62 (3): 580 - 592.

[175] LI S, PENG Y. Neural network - based sliding mode variable structure control for Mars entry [J]. Proceedings of the Institution of Mechanical Engineers, Part G: Journal of Aerospace Engineering, 2012, 226: 1373 - 1386.

[176] HORMIGO T, ARAÚJO J, CÂMARA F. Nonlinear dynamic inversion - based guidance and control for a pinpoint Mars entry [C] // AIAA guidance, navigation and control conference and exhibit. 2008: 6817.

[177] KRANZUSCH K M. Abort determination with non - adaptive neural networks for the Mars precision landers [J]. Acta Astronautica, 2008, 62 (1): 79 - 90.

[178] RESTREPO C, VALASEK J. Structured adaptive model inversion controller for

Mars atmospheric flight [J]. Journal of Guidance, Control, and Dynamics, 2008, 31 (4): 937 -953.

[179] LI S, PENG Y. Command generator tracker based direct model reference adaptive tracking guidance for Mars atmospheric entry [J]. Advances in Space Research, 2012, 49 (1): 49 -63.

[180] XIA Y, SHEN G, ZHOU L, et al. Mars entry guidance based on segmented guidance predictor - corrector algorithm [J]. Control Engineering Practice, 2015, 45: 79 -85.

[181] ZHENG Y, CUI H, AI Y. Constrained numerical predictor - corrector guidance for Mars precision landing [J]. Journal of Guidance, Control, and Dynamics, 2017, 40 (1): 179 -187.

[182] 李毛毛, 胡军. 火星进入段自适应预测校正制导方法 [J]. 宇航学报, 2017, 38 (5): 506 -515.

[183] 崔平远, 胡海静, 朱圣英. 火星精确着陆制导问题分析与展望 [J]. 宇航学报, 2014, 35 (3): 245 -253.

[184] 王大铁, 郭敏文. 航天器大气进入过程制导方法综述 [J]. 宇航学报, 2015, 36 (1): 1 -8.

[185] 李强, 夏群利, 崔莹莹, 等. 基于大气预估的 RLV 再入预测制导研究 [J]. 北京理工大学学报, 2013, 33 (1): 84 -88.

[186] 梁子璇, 任章. 基于在线气动参数修正的预测制导方法 [J]. 北京航空航天大学学报, 2013, 39 (7): 853 -857.

[187] 卢宝刚. 助推 - 滑翔导弹轨迹设计与制导方法研究 [D]. 哈尔滨: 哈尔滨工业大学, 2015.

[188] BRUNNER C W, LU P. Skip entry trajectory planning and guidance [J]. Journal of Guidance, Control, and Dynamics, 2008, 31 (5): 1210 -1219.

[189] LU P. Predictor - corrector entry guidance for low - lifting vehicles [J]. Journal of Guidance, Control, and Dynamics, 2008, 31 (4): 1067 -1075.

[190] SHEN Z, LU P. Onboard generation of three - dimensional constrained entry trajectories [J]. Journal of Guidance, control, and Dynamics, 2003, 26 (1):

111 – 121.

[191] XUE S, LU P. Constrained predictor – corrector entry guidance [J]. Journal of guidance, control, and dynamics, 2010, 33 (4): 1273 – 1281.

[192] LU P. Asymptotic analysis of quasi – equilibrium glide in lifting entry flight [J]. Journal of Guidance, Control, and Dynamics, 2006, 29 (3): 662 – 670.

[193] LU P. Entry guidance using time – scale separation in gliding dynamics [J]. Journal of Spacecraft and Rockets, 2015, 52 (4): 1253 – 1258.

[194] LU P. Entry guidance: a unified method [J]. Journal of Guidance, Control, and Dynamics, 2014, 37 (3): 713 – 728.

[195] LU P, BRUNNER C W, STACHOWIAK S J, et al. Verification of a fully numerical entry guidance algorithm [J]. Journal of Guidance, Control, and Dynamics, 2017, 40 (2): 230 – 247.

[196] LUGO R A, POWELL R, DWYER – CIANCIOLO A M. Overview of a Generalized Numerical Predictor – Corrector Targeting Guidance with Application to Human – Scale Mars Entry, Descent, and Landing [C] // AIAA Scitech 2020 Forum. 2020: 0846.

[197] ZHENG Y, CUI H, AI Y. Constrained Numerical Predictor – Corrector Guidance for Mars Precision Landing [J]. Journal of Guidance, Control, and Dynamics, 2017, 40 (1): 179 – 187.

[198] ZHENG Y, CUI H, TIAN Y. Improvements to entry terminal point controller for Mars atmospheric entry [C] // AIAA Atmospheric Flight Mechanics Conference. 2015: 2398.

[199] ZHENG Y. Mars entry guidance using a semi – analytical method [J]. Advances in Space Research, 2019, 63 (5): 1566 – 1575.

[200] LIANG Z, MEASE K D. Precision Guidance for Mars Entry with a Supersonic Inflatable Aerodynamic Decelerator [J]. Journal of Guidance, Control, and Dynamics, 2019, 42 (7): 1571 – 1578.

[201] LAFLEUR J, CERIMELE C. Angle of attack modulation for Mars entry terminal state optimization [C] // AIAA Atmospheric Flight Mechanics Conference.

2009: 5611.

[202] KOZYNCHENKO A I. Analysis of predictive entry guidance for a Mars lander under high model uncertainties [J]. Acta Astronautica, 2011, 68 (1-2): 121-132.

[203] POWELL R. Numerical roll reversal predictor corrector aerocapture and precision landing guidance algorithms for the Mars Surveyor Program 2001 missions [C]//23rd atmospheric flight mechanics conference. 1998: 4574.

[204] 王俊波, 曲鑫, 任章. 基于模糊逻辑的预测再入制导方法 [J]. 北京航空航天大学学报, 2011, 37 (1): 63-66.

[205] SMITH K M. Predictive lateral logic for numerical entry guidance algorithms [C]//AAS/AIAA Space Flight Mechanics Meeting. 2016 (JSC-CN-35110-1).

[206] SHEN Z, LU P. Dynamic lateral entry guidance logic [J]. Journal of Guidance, Control, and Dynamics, 2004, 27 (6): 949-959.

[207] LIANG Z, LIU S, LI Q, et al. Lateral entry guidance with no-fly zone constraint [J]. Aerospace science and technology, 2017, 60: 39-47.

[208] KAZMIERCZAK E J, NAKHJIRI N. Improvements to modeling and trajectory simulation of mars aerocapture and aerobraking [C]//2018 Space Flight Mechanics Meeting. 2018: 2228.

[209] https://software.nasa.gov/software/MFS-33158-1

[210] http://www-mars.lmd.jussieu.fr/

[211] 秦同, 王硕, 高艾, 等. 一种火星大气密度三维解析模型 [J]. 深空探测学报, 2014, 1 (2): 117-122.

[212] BOYD S, BOYD S P, VANDENBERGHE L. Convex optimization [M]. Cambridge: Cambridge university press, 2004.

[213] LUO Y, YANG Z. A review of uncertainty propagation in orbital mechanics [J]. Progress in Aerospace Sciences, 2017, 89: 23-39.

[214] 汤涛, 周涛. 不确定性量化的高精度数值方法和理论 [J]. 中国科学: 数学, 2015, 45 (7): 891-928.

[215] 陈小前, 姚雯, 欧阳琦. 飞行器不确定性多学科设计优化理论与应用

[M]. 北京：科学出版社，2013.

[216] BRAUN R D, MANNING R M. Mars exploration entry, descent, and landing challenges [J]. Journal of Spacecraft and Rockets, 2007, 44 (2): 310 - 323.

[217] YAO W, CHEN X, LUO W, et al. Review of uncertainty - based multidisciplinary design optimization methods for aerospace vehicles [J]. Progress in Aerospace Sciences, 2011, 47 (6): 450 - 479.

[218] 盛骤，谢式千，潘承毅. 概率论与数理统计 [M]. 北京：高等教育出版社，2003.

[219] HALDER A, BHATTACHARYA R. Dispersion analysis in hypersonic flight during planetary entry using stochastic Liouville equation [J]. Journal of Guidance, Control, and Dynamics, 2011, 34 (2): 459 - 474.

[220] KUMAR M, CHAKRAVORTY S, JUNKINS J L. A semianalytic meshless approach to the transient Fokker - Planck equation [J]. Probabilistic Engineering Mechanics, 2010, 25 (3): 323 - 331.

[221] SEPKA S A, WRIGHT M. Monte Carlo approach to FIAT uncertainties with applications for Mars science laboratory [J]. Journal of Thermophysics and Heat Transfer, 2015, 25 (4): 516 - 522.

[222] HU X, CHEN X, PARKS G T, et al. Review of improved Monte Carlo methods in uncertainty - based design optimization for aerospace vehicles [J]. Progress in Aerospace Sciences, 2016, 86: 20 - 27.

[223] HOSDER S, WALTERS R. Non - intrusive polynomial chaos methods for uncertainty quantification in fluid dynamics [C] // 48th AIAA Aerospace Sciences Meeting Including the New Horizons Forum and Aerospace Exposition. 2010: 129.

[224] ZHAO L Y, ZHANG X Q. Uncertainty quantification of a flapping airfoil with stochastic velocity deviations using the response surface method [J]. Open Mechanical Engineering Journal, 2011, 5 (1): 152 - 159.

[225] PRABHAKAR A, FISHER J, BHATTACHARYA R. Polynomial chaos - based analysis of probabilistic uncertainty in hypersonic flight dynamics [J]. Journal

of Guidance, Control, and Dynamics, 2010, 33 (1): 222 -234.

[226] TEREJANU G, SINGLA P, SINGH T, et al. Uncertainty propagation for nonlinear dynamic systems using Gaussian mixture models [J]. Journal of Guidance, Control and Dynamics, 2008, 31 (6): 1623 -1633.

[227] AUGUSTI G, BARATTA A, CASCIATI F. Probabilistic methods in structural engineering [M]. Boca Raton: CRC Press, 1984.

[228] HU Z, DU X. First order reliability method for time - variant problems using series expansions [J]. Structural and Multidisciplinary Optimization, 2015, 51 (1): 1 -21.

[229] BERTSIMAS D, BROWN D B, CARAMANIS C. Theory and applications of robust optimization [J]. SIAM Review, 2011, 53 (3): 464 -501.

[230] VALDEBENITO M A, SCHUëLLER G I. A survey on approaches for reliability - based optimization [J]. Structural and Multidisciplinary Optimization, 2010, 42 (5): 645 -663.

[231] DU X, GUO J, BEERAM H. Sequential optimization and reliability assessment for multidisciplinary systems design [J]. Structural and Multidisciplinary Optimization, 2008, 35 (2): 117 -130.

[232] LI M, AZARM S. Multiobjective collaborative robust optimization with interval uncertainty and interdisciplinary uncertainty propagation [J]. Journal of Mechanical Design, 2008, 130 (8): 719 -729.

[233] JIANG X, LI S. Computational guidance for planetary powered descent using collaborative optimization [J]. Aerospace Science and Technology, 2018, 76: 37 -48.

[234] RAHIMI A, DEV KUMAR K, ALIGHANBARI H. Particle swarm optimization applied to spacecraft reentry trajectory [J]. Journal of Guidance, Control, and Dynamics, 2013, 36 (1): 307 -310.

[235] HUNTINGTON G T. Advancement and analysis of a Gauss pseudospectral transcription for optimal control problems [D]. Gainesville: University of Florida, 2007.

[236] D'SOUZA S, SARIGUL - KLIJN N. Investigation of trajectory generation for a mission adaptive planetary entry guidance algorithm [C]//AIAA Atmospheric Flight Mechanics Conference, 2012: 4508.

[237] EBERHART R, KENNEDY J. Particle swarm optimization [C]//Proceedings of the IEEE international conference on neural networks. 1995, 4: 1942 - 1948.

[238] SHAN J, REN Y. Low - thrust trajectory design with constrained particle swarm optimization [J]. Aerospace Science and Technology, 2014, 36: 114 - 124.

[239] HAN P, SHAN J, MENG X. Re - entry trajectory optimization using an hp - adaptive Radau pseudospectral method [J]. Proceedings of the Institution of Mechanical Engineers, Part G: Journal of Aerospace Engineering, 2012, 227 (10): 1623 - 1636.

[240] JIANG X, LI S. Mars atmospheric entry trajectory optimization via particle swarm optimization and Gauss pseudo - spectral method [J]. Proceedings of the Institution of Mechanical Engineers, Part G: Journal of Aerospace Engineering, 2016, 230 (12): 2320 - 2329.

[241] RAO A V, BENSON D A, DARBY C, et al. Algorithm 902: Gpops, a matlab software for solving multiple - phase optimal control problems using the gauss pseudospectral method [J]. ACM Transactions on Mathematical Software (TOMS), 2010, 37 (2): 1 - 39.

[242] LI S, JIANG X, LIU Y. Innovative Mars entry integrated navigation using modified multiple model adaptive estimation [J]. Aerospace Science and Technology, 2014, 39: 403 - 413.

[243] LIU X, SHEN Z, LU P. Entry trajectory optimization by second - order cone programming [J]. Journal of Guidance, Control, and Dynamics, 2016, 39 (2): 227 - 241.

[244] SAGLIANO M, MOOIJ E. Optimal drag - energy entry guidance via pseudospectral convex optimization [J]. Aerospace Science and Technology, 2021, 117: 106946.

[245] WANG Z, GRANT M J. Constrained trajectory optimization for planetary entry via sequential convex programming [J]. Journal of Guidance, Control, and Dynamics, 2017, 40 (10): 2603 -2615.

[246] SZMUK M, ACIKMESE B. Successive convexification for 6 - dof mars rocket powered landing with free - final - time [C] // 2018 AIAA Guidance, Navigation, and Control Conference. 2018: 0617.

[247] SZMUK M, REYNOLDS T P, AÇIKMEŞE B. Successive convexification for real - time six - degree - of - freedom powered descent guidance with state - triggered constraints [J]. Journal of Guidance, Control, and Dynamics, 2020, 43 (8): 1399 -1413.

[248] LIU X, LI S, XIN M. Mars Entry Trajectory Planning with Range Discretization and Successive Convexification [J]. Journal of Guidance, Control, and Dynamics, 2022, 45 (4): 755 -763.

[249] MAO Y, SZMUK M, AÇIKMEŞE B. Successive convexification of non - convex optimal control problems and its convergence properties [C]//2016 IEEE 55th Conference on Decision and Control (CDC). IEEE, 2016: 3636 -3641.

[250] MAO Y, DUERI D, SZMUK M, et al. Successive convexification of non - convex optimal control problems with state constraints [J]. IFAC - PapersOnLine, 2017, 50 (1): 4063 -4069.

[251] LOFBERG J. YALMIP: A toolbox for modeling and optimization in MATLAB [C]//2004 IEEE international conference on robotics and automation (IEEE Cat. No. 04CH37508). IEEE, 2004: 284 -289.

[252] APS M. Mosek optimization toolbox for matlab [OL]. User's Guide and Reference Manual, Version, 2019, 4: 1 -373.

[253] 刘旭, 叶松, 林子瑞, 黄翔宇, 李爽. 火星大气进入轨迹伪谱凸优化设计方法 [J]. 宇航学报, 2022, 43 (1): 71 -80.

[254] OZA H B, PADHI R. Impact - angle - constrained suboptimal model predictive static programming guidance of air - to - ground missiles [J]. Journal of Guidance, Control, and Dynamics, 2012, 35 (1): 153 -164.

[255] MAITY A, OZA H B, PADHI R. Generalized model predictive static programming and angle – constrained guidance of air – to – ground missiles [J]. Journal of Guidance, Control, and Dynamics, 2014, 37 (6): 1897 – 1913.

[256] MATHAVARAJ S, PADHI R. Quasi – Spectral Unscented MPSP Guidance for Robust Soft – Landing on Asteroid [J]. Journal of Optimization Theory and Applications, 2021, 191 (2): 823 – 845.

[257] MONDAL S, PADHI R. Constrained Quasi – Spectral MPSP with Application to High – Precision Missile Guidance With Path Constraints [J]. Journal of Dynamic Systems, Measurement, and Control, 2021, 143 (3): 031001.

[258] ZHOU C, YAN X, TANG S. Generalized quasi – spectral model predictive static programming method using Gaussian quadrature collocation [J]. Aerospace Science and Technology, 2020, 106: 106134.

[259] YANG L, LIU X, CHEN W, et al. Autonomous entry guidance using linear pseudospectral model predictive control [J]. Aerospace Science and Technology, 2018, 80: 38 – 55.

[260] LI Y, CHEN W, YANG L. Multistage linear gauss pseudospectral method for piecewise continuous nonlinear optimal control problems [J]. IEEE Transactions on Aerospace and Electronic Systems, 2021, 57 (4): 2298 – 2310.

[261] HONG H, MAITY A, HOLZAPFEL F, et al. Model predictive convex programming for constrained vehicle guidance [J]. IEEE Transactions on Aerospace and Electronic Systems, 2019, 55 (5): 2487 – 2500.

[262] LIU X, LI S, XIN M. Pseudospectral Convex Optimization based Model Predictive Static Programming for Constrained Guidance [J]. IEEE Transactions on Aerospace and Electronic Systems, 2022.

[263] GUO X, ZHU M. Direct trajectory optimization based on a mapped Chebyshev pseudospectral method [J]. Chinese Journal of Aeronautics, 2013, 26 (2): 401 – 412.

[264] CAI W, ZHU Y, YANG L, et al. Optimal guidance for hypersonic reentry using inversion and receding horizon control [J]. IET Control Theory & Applications, 2015, 9 (9): 1347 -1355.

[265] WANG J, LIANG H, QI Z, et al. Mapped Chebyshev pseudospectral methods for optimal trajectory planning of differentially flat hypersonic vehicle systems [J]. Aerospace Science and Technology, 2019, 89: 420 -430.

[266] JACOB G L, NEELER G, RAMANAN R V. Mars entry mission bank profile optimization [J]. Journal of Guidance, Control, and Dynamics, 2014, 37 (4): 1305 -1316.

[267] ZHENG Y, CUI H, AI Y. Indirect trajectory optimization for mars entry with maximum terminal altitude [J]. Journal of Spacecraft and Rockets, 2017, 54 (5): 1068 -1080.

[268] LI Y, GUAN Y, WEI C, et al. Optimal control of ascent trajectory for launch vehicles: A convex approach [J]. IEEE Access, 2019, 7: 186491 -186498.

[269] LU P, SOSTARIC R R, MENDECK G F. Adaptive powered descent initiation and fuel -optimal guidance for Mars applications [C]//2018 AIAA Guidance, Navigation, and Control Conference. 2018: 0616.

[270] LU P. Propellant - optimal powered descent guidance [J]. Journal of Guidance, Control, and Dynamics, 2018, 41 (4): 813 -826.

[271] JIANG X, LI S, TAO T. Computational guidance for planetary powered descent using collaborative optimization [J]. Aerospace Science and Technology, 2018, 76: 37 -48.

[272] DARBY C L. Hp -pseudospectral method for solving continuous -time nonlinear optimal control problems [D]. Gainesville: University of Florida, 2011.

[273] SUTTON R S, BARTO A G. Reinforcement learning: an introduction [M]. Cambridge: MIT Press, 1998: 90 -113.

[274] GAUDET B, FURFARO R. Adaptive pinpoint and fuel efficient Mars landing using reinforcement learning [J]. IEEE/CAA Journal of Automatica Sinica, 2014, 1 (4): 397 -411.

[275] POWELL W B. Approximate dynamic programming: solving the curses of dimensionality [M]. Hoboken: John Wiley & Sons, 2011.

[276] MARTINEZ W L, MARTINEZ A R. Computational statistics handbook with MATLAB [M]. Boca Raton: CRC press, 2015.

[277] BISHOP C M. Pattern recognition and machine learning [M]. Berlin, Heidelberg: Springer, 2006.

[278] RAO A V, BENSON D, DARBY C L, et al. User's manual for GPOPS version 4. x: a MATLAB software for solving multiple – phase optimal control problems using hp – adaptive pseudospectral methods [R]. Technical Report, University of Florida, Gainesville, 2011: 1 –32.

[279] https://github. com/pat – coady/ (accessed 28 November 2018)

[280] GILL P E, MURRAY W, SAUNDERS M A. SNOPT: an SQP algorithm for large – scale constrained optimization [J]. SIAM Review, 2005, 47 (1): 99 –131.

[281] RAO A V, BENSON D, DARBY C L, et al. User's manual for GPOPS version 4. x: a MATLAB software for solving multiple – phase optimal control problems using hp – adaptive pseudospectral methods [M]. Gainesville: University of Florida, 2011.

[282] MACKAY D J C. Bayesian interpolation [J]. Neural Computation, 1992, 4 (3): 415 –447.

[283] GRANT M, BOYD S. CVX: Matlab software for disciplined convex programming [OL]. CVX Research, 2013.

[284] SZMUK M, AÇIKMEŞE B, BERNING A W. Successive convexification for fuel – optimal powered landing with aerodynamic drag and non – convex constraints [C]//AIAA Guidance, Navigation, and Control Conference. 2016: 0378.

[285] MAO Y, SZMUK M, AÇIKMEŞE B. Successive convexification of non – convex optimal control problems and its convergence properties [C]//2016 IEEE 55th Conference on Decision and Control (CDC), IEEE, 2016: 3636 –3641.

[286] LEAVITT J, MEASE K. Feasible Trajectory Generation for Atmospheric Entry Guidance [J]. Journal of Guidance, Control, and Dynamics, 2007, 30 (2):

473 -481.

[287] SHEN H J, SEYWALD H, POWELL R W. Desensitizing the Minimum - Fuel Power Descent for Mars Pinpoint Landing [J]. Journal of Guidance Control and Dynamics, 2010, 33 (1): 108 -115.

[288] SEYWALD H, KUMAR R R. Desensitized optimal Trajectories [C]. Spaceflight mechanics 1996, 1996: 103 -115.

[289] SEYWALD H. Desensitized optimal trajectories with control constraints [J]. Advances in the Astronautical Sciences, 2003, 114: 737 -743.

[290] SHEN H, SEYWALD H, POWELL R. Desensitizing the Pin - Point Landing Trajectory on Mars [C]//AIAA/AAS Astrodynamics Specialist Conference and Exhibit. 2008: 6943.

[291] TANG S, CONWAY B A. Optimization of Low - Thrust Interplanetary Trajectories Using Collocation and Nonlinear Programming [J]. Journal of Guidance Control and Dynamics, 1995, 18 (3): 599 -604.

[292] ACIKMESE B, PLOEN S. Convex Programming Approach to Powered Descent Guidance for Mars Landing [J]. Journal of Guidance, Control, and Dynamics, 2007, 30 (5): 1353 -1366.

[293] MARGRAVES C R, PARIS S W. Direct Trajectory Optimization Using Nonlinear Programming and Collocation [J]. Journal of Guidance Control and Dynamics, 1987, 10 (4): 338 -342.

[294] GHANEM R, YADEGARAN I, THIMMISETTY C, et al. Probabilistic approach to NASA Langley research center multidisciplinary uncertainty quantification challenge problem [J]. Journal of Aerospace Information Systems, 2015, 12 (1): 170 -188

[295] HALDER A, BHATTACHARYA R. Beyond Monte Carlo: A computational framework for uncertainty propagation in planetary entry, descent and landing [C]//AIAA Guidance, Navigation, and Control Conference. 2010: 8029.

[296] XIU D. Numerical methods for stochastic computations: a spectral method approach [M]. Princeton: Princeton University Press, 2010.

[297] CHENG K, LU Z. Adaptive sparse polynomial chaos expansions for global sensitivity analysis based on support vector regression [J]. Computers and Structures, 2018, 194: 86 -96.

[298] WANG F, XIONG F, JIANG H, et al. An enhanced data - driven polynomial chaos method for uncertainty propagation [J]. Engineering Optimization, 2018, 50 (2): 273 -292.

[299] MAîTRE O P L, KNIO O M. Spectral methods for uncertainty quantification [M]. Berlin: Springer, 2010.

[300] KLIMKE A, WOHLMUTH B. Algorithm 847: spinterp: piecewise multilinear hierarchical sparse grid interpolation in MATLAB [J]. ACM Transactions on Mathematical Software, 2005, 31 (4): 561 -579.

[301] JIANG X. Uncertainty quantification for Mars atmospheric entry using polynomial chaos and spectral decomposition [C] // 2018 AIAA Guidance, Navigation, and Control Conference. 2018: 1317.

[302] PREMPRANEERACH P, HOVER F S, TRIANTAFYLLOU M S, et al. Uncertainty quantification in simulations of power systems: multi - element polynomial chaos methods [J]. Reliability Engineering and System Safety, 2010, 95 (6): 632 -646.

[303] KARNIADAKIS G, SHERWIN S. Spectral/hp element methods for computational fluid dynamics [M]. Oxford: Oxford University Press, 2005.

[304] CAMERON R H, MARTIN W T. The orthogonal development of nonlinear functionals in series of Fourier - Hermite functionals [J]. Annals of Mathematics, 1947, 48 (2): 385 -392.

[305] DEB M K, BABUŠKA I M, ODEN J T. Solution of stochastic partial differential equations using Galerkin finite element techniques [J]. Computer Methods in Applied Mechanics and Engineering, 2001, 190 (48): 6359 -6372.

[306] JIA B, CAI S, CHENG Y, et al. Stochastic collocation method for uncertainty propagation [C] // AIAA Guidance, Navigation, and Control Conference. 2012: 4935.

[307] HELTON J C, DAVIS F J. Latin hypercube sampling and the propagation of uncertainty in analyses of complex systems [J]. Reliability Engineering and System Safety, 2003, 81 (1): 23 -69.

[308] NG L W T, ELDRED M. Multifidelity uncertainty quantification using non - intrusive polynomial chaos and stochastic collocation [C]//53rd AIAA/ASME/ASCE/AHS/ASC Structures, Structural Dynamics and Materials Conference. 2012: 1852.

[309] LIANG C, MAHADEVAN S. Bayesian sensitivity analysis and uncertainty integration for robust optimization [J]. Journal of Aerospace Information Systems, 2015, 12 (1): 189 -203.

[310] HOSDER S, WALTERS R W, BALCH M. Point - collocation nonintrusive polynomial chaos method for stochastic computational fluid dynamics [J]. AIAA Journal, 2010, 48 (12): 2721 -2730.

[311] CHI H, MASCAGNI M, WARNOCK T. On the optimal Halton sequence [J]. Mathematics and Computers in Simulation, 2005, 70 (1): 9 -21.

[312] ÖKTEN G, GöNCü A. Generating low - discrepancy sequences from the normal distribution: box - muller or inverse transform [J]. Mathematical and Computer Modeling, 2011, 53 (5 -6): 1268 -1281.

[313] ESCRIBANO T M V. Poincaré sections and resonant orbits in the restricted three - body problem [D]. West Lafayette: Purdue University, 2010.

[314] HUANG Y, LI H. Reliability - based trajectory optimization using nonintrusive polynomial chaos for Mars entry mission [J]. Advances in Space Research, 2018, 61: 2854 -2869.

[315] D'SOUZA S, SARIGUL - KLIJN N. Investigation of trajectory generation for a mission adaptive planetary entry guidance algorithm [C]// AIAA Atmospheric Flight Mechanics Conference. 2012: 4508.

[316] CHAI R, SAVVARIS A, TSOURDOS A. Violation learning differential evolution - based hp - adaptive pseudospectral method for trajectory optimization of space maneuver vehicle [J]. IEEE Transactions on Aerospace and

Electronic Systems, 2017, 53 (4): 2031 –2044.

[317] WANG Z Q, GUO B Y. Legendre – Gauss – Radau collocation method for solving initial value problems of first order ordinary differential equations [J]. Journal of Scientific Computing, 2012, 52 (1): 226 –255.

[318] ZHAO Y, TSIOTRAS P. A density – function based mesh refinement algorithm for solving optimal control problems [C]//Infotech and Aerospace Conference. 2009: 2009 –2019.

[319] REN Y, SHAN J. Reliability – based soft landing trajectory optimization near asteroid with uncertain gravitational field [J]. Journal of Guidance, Control, and Dynamics, 2015, 38 (9): 1810 –1820.

[320] JIANG X, LI S. Analysis of uncertainty propagation in Mars entry using non – intrusive polynomial chaos [C] // AAS/AIAA Astrodynamics Specialist Conference, 2018: 19 –23.

[321] KIUREGHIAN A D, DAKESSIAN T. Multiple design points in first and second – order reliability [J]. Structural Safety, 1998, 20 (1): 37 –49.

[322] YANG C, KUMAR M. An adaptive Monte Carlo method for uncertainty forecasting in perturbed two – body dynamics [J]. Acta Astonautica, 2019, 155: 369 –378.

[323] LI S, PENG Y. Mars entry trajectory optimization using DOC and DCNLP [J]. Advances in Space Research, 2011, 47 (3): 440 –452.

[324] PATELLI E, BROGGI M, ANGELIS M D, et al. OpenCossan: An Efficient Open Tool for Dealing With Epistemic and Aleatory Uncertainties [C]// International Conference on Vulnerability & Risk Analysis & Management. 2014: 2564 –2573.

[325] CUI P, ZHAO Z, YU Z, DAI J. Terminal altitude maximization for Mars entry considering uncertainties [J]. Acta Astronautica, 2018, 145: 446 –455.

[326] KOZYNCHENKO A I. Analysis of predictive entry guidance for a Mars lander under high model uncertainties [J]. Acta Astronautica, 2011, 68: 121 –132.

[327] KAUFMAN H, BARKANA I, SOBEL K. Direct adaptive control algorithms

[M]. New York: Springer, 1994.

[328] TALOLE S, BENITO J, MEASE K. Sliding mode observer for drag tracking in entry guidance [C]//AIAA Guidance, Navigation and Control Conference and Exhibit. 2007: 6851.

[329] BENITO J, MEASE K D. Nonlinear Predictive Controller for Drag Tracking in Entry Guidance [C] In: AIAA/AAS Astrodynamics Specialist Conference and Exhibit, Honolulu, Hawaii, August 18 – 21, 2008.

[330] IWAI Z, MIZUMOTO I, DENG M C. A Parallel Feedforward Compensator Virtually Realizing Almost Strictly Positive Real Plant [C]//Proceedings of the 33rd Conference on Decision and Control, Lake Buena Vita, 1994: 2827 – 2832.

[331] HARPOLD J C, GRAVES C A. Shuttle entry guidance [J]. The Journal of the Astronautical Sciences, 1979, 37 (3): 239 – 268.

[332] SHEN Z, LU P. Dynamic later entry guidance logic [R]. AIAA – 2004 – 4773, 2004.

[333] MANRIQUE J B. Advances in Spacecraft Atmospheric Entry Guidance [D]. Irvine: University of California, Irvine, 2010.

[334] ZERAR M, CAZAURANG F, ZOLGHADRI A. Coupled linear parameter varying and flat – ness based approach for space reentry vehicles guidance [J]. IET Control Theory and Application, 2009, 3 (8): 1081 – 1092.

[335] FURFARO R, CERSOSIMO D, WIBBEN D R. Asteroid precision landing via multiple sliding surfaces guidance techniques [J]. Journal of Guidance, Control, and Dynamics, 2013, 36 (4): 1075 – 1092.

[336] 张泽旭. 神经网络控制与 MATLAB 仿真 [M]. 哈尔滨: 哈尔滨工业大学出版社, 2011.

[337] KAMESWARAN S, BIEGLER L T. Convergence Rates for Dynamic Optimization Using Radau Collocation [C]//SIAM Conference on Optimization, Sweden, 2005.

[338] NOVAK D M, VASILE M. Improved Shaping Approach to the Preliminary Design of Low – Thrust Trajectories [J]. Journal of Guidance, Control, and Dynamics, 2011, 34 (1): 128 ~ 147.

索　　引

A~Z（英文）

B

C

D

E～F

G

J

K

N ~ R

S

X

Y

Z